Web开发技术丛书

FastAPI Web
开发入门、进阶与实战

FASTAPI WEB INTRODUCTION, ADVANCED,
AND PRACTICAL DEVELOPMENT

钟远晓 著

机械工业出版社
CHINA MACHINE PRESS

图书在版编目（CIP）数据

FastAPI Web 开发入门、进阶与实战 / 钟远晓著 .—北京：机械工业出版社，2023.9
（Web 开发技术丛书）

ISBN 978-7-111-73648-6

I.① F… Ⅱ.①钟… Ⅲ.①网页制作工具 Ⅳ.① TP393.092.2

中国国家版本馆 CIP 数据核字（2023）第 147297 号

机械工业出版社（北京市百万庄大街 22 号　邮政编码 100037）
策划编辑：孙海亮　　　　　　　责任编辑：孙海亮　　张翠翠
责任校对：李小宝　　李　杉　　责任印制：常天培
北京铭成印刷有限公司印刷
2023 年 10 月第 1 版第 1 次印刷
186mm×240mm · 31.75 印张 · 1 插页 · 709 千字
标准书号：ISBN 978-7-111-73648-6
定价：129.00 元

电话服务　　　　　　　　　　网络服务
客服电话：010-88361066　　　机 工 官 网：www.cmpbook.com
　　　　　010-88379833　　　机 工 官 博：weibo.com/cmp1952
　　　　　010-68326294　　　金 书 网：www.golden-book.com
封底无防伪标均为盗版　　　机工教育服务网：www.cmpedu.com

FastAPI 框架诞生于 2018 年 12 月，如今已经活跃在各大厂家的产品中，如 HttpRunner（一个通用测试框架），这足以说明它越来越受到人们的喜爱。截至本书完稿时，FastAPI 在 GitHub 上已收获 54100 余颗星，且仍然在快速增长中，与 Flask 这个老牌框架的距离在慢慢拉近（Flask 有 61800 余颗星）。

在国内，使用 FastAPI 开发 Web 应用程序已经开始流行。特别是在测试领域，国内有非常多的企业在生产环境中将 FastAPI 作为主要开发框架。越来越多的 Python 程序员慢慢从 Flask 框架迁移到 FastAPI，并开始在生产环境中进行应用。

作者之所以被 FastAPI 吸引，主要是因为它同时支持同步和异步特性。对于同步来说，从 Flask 迁移过来没什么压力；对于异步来说，FastAPI 在单线程的模式下也可以支持更多的任务并发处理，结合依赖注入和各种模型校验等，可以给开发人员带来更快、更高效、更便捷的体验。当然，FastAPI 还有很多其他优秀的特性，本书会进行深入分析。

FastAPI 的流行之风已形成，但是国内却少有完整地介绍如何将 FastAPI 应用到生产环境中的教程，这对想使用 FastAPI 的用户来说无疑是一个坏消息。为此作者在公众号上发布了一系列与 FastAPI 基础使用相关的文章，得到了读者的广泛好评。有不少读者建议作者写一本内容全面、讲解具体、实战性强的图书，于是，本书诞生了。

适合阅读本书的读者

要想快速且顺畅地掌握本书内容，需要广大读者掌握 Python 基础知识。若读者对 Python 完全不了解，则建议先对 Python 进行简单学习，以便无障碍地阅读本书。

具体来说，适合阅读本书的读者如下：

❑ 所有 Python Web 初中级开发人员。

❑ 想要从其他框架（如 Flask、Django 等）转向 FastAPI 的 Python 工程师。

❑ Python Web 开发爱好者。

❑ Python Web 方向的后端工程师 / 运维工程师。

❑ 想使用 FastAPI 进行测试开发工作的工程师。

本书特点

本书的项目中包括了一些常用的知识点,从基础到实战都有所涉及,对于一些常见疑难问题,也有所陈述并提供了对应的解决方案,希望读者可以从中受益。

本书主要在作者多年的项目实践经验基础上编写而成,有以下特点。

（1）**内容全面,可满足初中级读者的需求**。本书从基础使用、运行原理到进阶扩展再到高级应用,都进行了深度讲解。无论是初级读者的安装部署、快速上手需求,还是中级读者的二次开发、高级实践需求,本书都能很好地满足。

（2）**内容实用,可真正帮助读者高效工作**。本书所有的案例均来自实际开发项目,围绕一线实践需求展开。尤其对消息队列的使用、缓存限流器的原理和使用、错误统计的实现等读者关心的内容,本书进行了深度解读。通过阅读本书,读者可以真正上手开发自己的项目,并实现独立部署上线。

（3）**内含一个大型的完整案例及多个来自一线的小案例**。为了帮助读者把所学知识落地到实际工作中,本书给出了大量案例,读者可以边阅读边实操。另外,为了完整展现开发全流程,让读者掌握使用 FastAPI 开发项目的方法,本书还给出了一个大型综合案例——预约挂号系统,其中包括项目框架结构规划、路由分组模块化、数据表模型设计、数据库配置、API 实现、异常错误处理、日志记录、订单处理、接口测试、部署上线等内容。

（4）**提供完整且可运行的示例源代码**。每章所涉及的示例代码都是完整可运行的。通过示例代码,读者可以看到 FastAPI 对相关功能的实现过程,也能直观体验具体业务逻辑的处理过程。

开发工具版本说明

本书使用的开发工具版本如下:

❑ Python 3.9.5。

❑ FastAPI 0.72.0。

❑ PyCharm IDE 2021.2。

❑ 本地环境开发主要使用 Windows 10,生产环境部署基于 Linux 的 CentOS 7.6。

反馈与交流

本书中的所有示例代码均托管于码云（https://gitee.com/xiaozhong1988/fastapi_tutorial）上，读者可以通过安装 Git 客户端来获取相关示例代码。

虽然作者使用 FastAPI 框架已有些时日，并在生产环境中进行了正式应用，但是不同企业或个人的业务环境、使用场景千差万别，加之作者的水平有限，所以本书给出的部分代码的写法可能不是最优的，也可能存在错误。关于代码错误和优化的相关问题，欢迎大家批评指正，也恳请读者不吝赐教。

读者可以关注公众号"程序员小钟同学"，也可以加入 QQ 群（247491107），与众多 FastAPI 的爱好者一起学习交流。

致谢

首先要感谢 FastAPI 框架的作者 Tiangolo 创造了这么优秀的产品。

其次要感谢 TurboSnail 研发团队的领航员马杰老师，是他带我进入软件开发领域。

还要感谢在 IT 之路上能让作者坚持下来并给予很多指导和帮助的陈焕老师，在作者灰心丧气时，陈老师给予了鼓励及支持，没有陈老师的帮助就没有作者在 IT 领域的成就。感谢在本书编写的过程中给予作者帮助的郭志强、李时滨及 IT 之路上的其他伙伴们，他们给作者的帮助是无价的。感谢龙艳给予作者的肯定和支持。还要特别感谢哥哥钟远幸给予的建议和指导。

另外，还要感谢教导过并时时记挂着作者的刘善初和黄宗宜老师。

最后要特别感谢在创作本书期间家人给予的帮助，特别是父亲和母亲的无私关怀和照顾。

目 录 *Contents*

第 1 章 *Chapter 1*

初识 FastAPI

随着计算机技术的发展，对于语言并发编程的需求越来越强烈。在 Python 中，早期并发模式的实现主要依赖多线程或者多进程，但是因为历史遗留的 GIL（全局解释器锁）问题，Python 多线程未能把多核的优势发挥得淋漓尽致。在 Python 中使用的多线程，其实是一种"伪多线程"，因为它只是实现了表面一致并发，本质上还是通过线程调度来出让 GIL，从而达到并发的效果，这还是一种"单核单线程"模式。对于多核 CPU，Python 多线程无法分布到多核 CPU 上执行，所以说在某种程度上没有把 CPU 使用率"压榨"到极致。

如何解决这种困境问题呢？ Python 引入了协程的概念，随着 Python 版本的不断迭代更新，随之而生的 asyncio 异步应用也日趋成熟，且应用广泛。FastAPI 之所以备受喜爱，就是因为对异步特性的支持让它有别于如 Flask 和 Django 等其他同步框架。本章就从框架开始讲起。

 说明　本章相关代码位于 \FastAPI_tutorial\chapter01 目录下。

1.1　FastAPI 框架概述

FastAPI 框架不仅具有 Flask 或 Django 的 Web 核心功能，还兼具异步特性，可以同时兼容同步和异步这两种模式的运行。也就是说，用户可以使用同步的方式编写 API，也可以使用异步的方式来编写 API。不仅如此，它对于一些插件的自定义扩展相当简单，插件间可以相互独立。用户可以根据实际业务需求来定义不同的组件或插件来扩展并集成到 FastAPI 中。

1.1.1　FastAPI 与其他 Web 框架

关于框架的选择，每个人都有自己的偏好和考虑因素。选择一个合适的框架，应考虑多方面因素，包括但不限于开发效率、团队技术栈、公司自身业务场景、框架自身的可维护性、社区支持和文档等。不同的框架适用于不同的场景和应用，而选择框架的最终目的是提高开发效率，实现业务需求。框架对于应用开发本身只是一个辅助实现业务逻辑的工具。早期，在 FastAPI 框架还没开发出来之前，类似 Bottle、Flask、Django、Sanic 等框架的使用非常广泛，现在 FastAPI 框架越来越流行。尽管每种框架各有优缺点，但都可以用来实现业务需求并提高开发效率。因此，选择哪一种框架，应该根据实际需求和个人喜好来确定，而不是追求某种框架的"完美性"。

众多框架中，Bottle 是一个比较小众的框架，是众多 Web 框架中最简单、快速和轻量级的 WSGI 微型 Web 框架，整个框架只有一个文件模块。框架本身除了 Python 标准库之外，不产生其他第三方的依赖项。虽然 Bottle 比较小众，但是编写小的应用 API 它也是可以胜任的。框架本身没有完美之说，Bottle 的轻量、不依赖第三方这些特性，也让它自身存在一定的局限，比如插件生态比较少，很多功能需要自己实现扩展，比如参数校验、Session 的支持等。

Flask 也是一个轻量级的 Web 应用框架，是基于 Werkzeug WSGI 工具箱和 Jinja2 模板引擎而开发出来的。Flask 自己也宣称是一个 Micro Framework 的框架。Flask 之所以比 Bottle 更加受欢迎，是因为它自身的设计非常好，对于一些功能插件也保留了弹性扩展，而且它是持续更新维护的。从这一点上，就足以让更多的人愿意使用它。Flask 框架的插件生态也非常好，有非常多的可用第三方插件，开箱即用。

Django 是一个大而全的框架，是一个完整的 Web 开发框架。对于小业务场景来说，使用 Django 框架会过于笨重，部分模块也无法进行定制。但是 Django 仍然是 Python Web 框架中非常流行的框架之一，国内外的一些大企业都是其用户，如国内腾讯的蓝鲸智云 PaaS 平台，国外则有图片分享社交应用 Instagram、Pinterest 等。如果需要构建健壮的全栈式网站，那么 Django 框架是比较好的选择。

Sanic 和 FastAPI 框架一样，是一个异步框架。它是首批基于 asyncio 的极端快速 Python 框架之一。它允许使用 Python 3.5 中添加的 async/await 语法，这使得用户的代码不阻塞，速度更快。它不仅是一个框架，也是一个服务器，可以随时为用户编写的 Web 应用程序提供部署服务。对于 Sanic 框架，官网有详细介绍，这里不过多叙述。

FastAPI 框架则集众框架之所长。对于 FastAPI 框架的详细说明，读者可以自行查阅，网址为 https://FastAPI.tiangolo.com/alternatives/。

1.1.2　FastAPI 的特性

FastAPI 之所以能被多数人认可并使用，主要原因与它所具备的一些特性有着极大的关系。FastAPI 为了构建快速的 API 而生。FastAPI 的特性主要有：

❑ 是一个支持 ASGI（Asynchronous Server Gateway Interface）协议的 Web 应用框架，

也就是说，它同时兼容 ASGI 和 WSGI 的应用。

❑ 天然支持异步协程处理，能快速处理更多的 HTTP 请求。

❑ 使用了 Pydantic 类型提示的特性，可以更加高效、快速地进行接口数据类型校验及模型响应等处理。

❑ 基于 Pydantic 模型，它还可以自动对响应数据进行格式化和序列化处理。

❑ 提供依赖注入系统的实现，它可以让用户更高效地进行代码复用。

❑ 它支持 WebSocket、GraphQL 等。

❑ 支持异步后台任务，可以方便地对耗时的任务进行异步处理。

❑ 支持服务进程启动和关闭事件回调监听，可以方便地进行一些插件的扩展初始化。

❑ 支持跨域请求 CORS、压缩 Gzip 请求、静态文件、流式响应。

❑ 支持自定义相关中间件来处理请求及响应。

❑ 支持开箱即用 OpenAPI（以前被称为 Swagger）和 JSON Schema，可以自动生成交互式文档。

❑ 使用 uvloop 模块，让原生标准的 asyncio 内置的事件循环更快。

> 💡 ASGI 是异步服务器网关接口，和 WSGI 一样，都是为 Python 语言定义的 Web 服务器和 Web 应用程序或框架之间的一种简单而通用的接口。但是 ASGI 是 WSGI 的一种扩展的实现，并且提供异步特性和 WebSocket 等的支持。同时 ASGI 也是兼容 WSGI 的，在某种程度上可以理解为 ASGI 是 WSGI 的超集，所以 ASGI 可以支持同步和异步同时运行，内部可以直接通过一个转换装饰器进行相互切换。

首先从快速特性来说，基于异步协程方式的 Web 框架目前是多数开发者寻求的一个关键点，在多核 CPU 下如何更加高效地提高 CPU 使用效率也是当下众多异步 Web 框架的关注点，而 FastAPI 融合原生 asyncio 异步协程的特性刚好迎合了这个契机。

FastAPI 基于 Starlette 和 Pydantic 做了很多封装，简化了一些编码工作。如相关的参数类型提示、参数校验、直接输出模型响应报文等，都为开发者提供了很多便利，让程序员可以更加顺畅、快速地进行编码工作。

另外，FastAPI 还配备了 OpenAPI 规范（OAS），它自动生成了 OpenAPI 模式。基于 OpenAPI，用户可以直接、快速地对 API 文档进行查看和调试，可以让用户使用相同的代码来定义序列化和相关数据验证，这种所见即所得的开箱体验是非常好的。

> 👤 OpenAPI 规范（OAS）是一个定义标准的与具体编程语言无关的 RESTful API 的规范。

目前在国内，越来越多的后端开发者从使用 Flask 框架慢慢转移到了 FastAPI 框架。本书会从 FastAPI 框架的基础知识到具体项目的实战内容进行叙述。如果读者有 Flask 框架的使用体验，过渡到 FastAPI 框架是轻而易举的。如果读者没有任何的 Web 框架开发经验，那么学习本书可以帮助读者使用 FastAPI 进行实际项目开发。

1.2 异步编程基础

我们知道 FastAPI 框架的最大特性就是异步支持，在深入 FastAPI 框架的应用之前，需要先简单了解一些关于异步编程方面的知识。

前面提到 ASGI 是一种接口协议，它是为了规范支持异步的 Python Web 服务器、框架和应用之间的通信而定制的，同时囊括了同步和异步应用的通信规范，并且向后兼容 WSGI 协议。由于最新的 HTTP 支持异步长连接，而传统的 WSGI 应用支持单次同步调用，即仅在接收一个请求后返回响应，从而无法支持 HTTP 长轮询或 WebSocket 连接。在 Python 3.5 增加 async/await 特性之后，基于 asyncio 异步协程的应用编程变得更加方便。ASGI 协议规范就是用于 asyncio 框架中底层服务器 / 应用程序的接口。

1.2.1 并发编程机制

通常，计算机的任务主要分为两种，一种是计算型密集任务，另一种则是 IO 密集型任务（如输入 / 输出阻塞、磁盘 IO、网络请求 IO）。程序处理并发问题的常见方案是多线程和多进程，那么为什么需要使用多线程和多进程方式来实现并发呢？这就需要回到同步 IO 编程模式的问题上。

在同步 IO 编程中，由于 CPU 处理任务计算的速度远高于内存执行任务的速度，所以会遇到 IO 阻塞引发的执行效率低的问题。即当业务逻辑执行的是一个 IO 密集型任务时，由于 CPU 遇到同步的 IO 任务，因此当前处理 IO 任务的线程会被挂起，其他需要 CPU 执行的代码则会处于等待执行的状态，此时需要等待同步的 IO 任务执行完成后，CPU 才可以继续执行后续的任务，这就造成了 CPU 使用效率低的问题。

引入多线程和多进程方式在某种程度上可以实现多任务并发执行。线程相互之间独立执行，互不影响。对于 IO 型任务，通常通过多线程调度来实现表面上的并发；对于计算密集型任务，则使用多进程来实现并发。

> 🧑‍💼 其实，无论是多线程还是多进程或协程都无法实现真正的并行。

虽然引入多线程和多进程方式在某种程度上可以实现多任务并发执行，但是也相应地存在一定的缺点，特别是在 Python 中，主要体现为：

- ❑ Python 多进程并发缺点：
  - ○ 进程的创建和销毁代价非常高。
  - ○ 需要开辟更多的虚拟空间。
  - ○ 多进程之间上下文的切换时间长。
  - ○ 需要考虑多进程之间的同步问题。
- ❑ Python 多线程并发缺点：
  - ○ 每一个线程都包含一个内核调用栈（Kenerl Stack）和 CPU 寄存器上下文表（该表列出了 CPU 中的寄存器以及它们的名称、大小、功能和对应的指令等信息）。

- 共享同一个进程空间会涉及同步问题。
- 线程之间上下文的切换需要消耗时间。
- 受限于 GIL，在 Python 进程中只允许一个线程处于运行状态，多线程无法充分利用 CPU 多核。
- 受 OS 调度管制，线程是抢占式多任务并发的（需要关心同步问题）。

相对**同步 IO** 而生的**异步 IO**，要解决的问题是在处理任务时，若遇到 IO 阻塞，则会变为**非 IO 阻塞**，也就是说遇到 IO 任务时，CPU 不会等待 IO 任务执行完成，而是直接继续后续任务的执行。从某种程度上，提高了 CPU 的使用率。

异步 IO 本身是一种和语言无关的并发编程设计范例，很多语言对它都有相关实现，它是基于一种单进程、单线程的机制来设计的。

异步 IO 的本质是基于事件触发机制来实现异步回调。在 IO 处理上主要采用了 IO 复用机制来实现非阻塞操作，如在众多的 Python Web 框架中比较流行的 tornado 框架，就是比较早出现的一个非阻塞式服务器，它的出现就是为了应对 C10K 的问题处理。tornado 之所以能解决 C10K 的问题，主要是受益于其非阻塞的方式和对 epoll 的运用，它每秒甚至可以处理数以千计的连接。这种异步非阻塞是在一个单线程内完成的。在一个线程内可以高效处理更多的 IO 任务，这就是异步 IO 的魅力所在。

对于上面内容中涉及的术语，一些读者区分起来可能会有些困难。这些术语是理解协程的关键点。理解了这几个术语，有助于理解什么是异步编程，从而加深对异步编程的理解。

1.2.2　并发与并行

并发通常是指在单核 CPU 情况下可以同时运行多个应用程序。然而本质上，操作系统（单核 CPU 的情况）在处理任务时任一时刻点都只有一个程序在 CPU 中运行。人们之所以可以"看到"多个应用程序（多任务）同时执行，是因为操作系统给每个应用程序（任务）都分配了一定的时间片，每个程序（任务）执行完分配的时间片后，操作系统会通过调度切换到下一个任务中去执行，而这个时间片相对于人类来说短到无法被感知，所以就会感觉系统在并发处理相关任务。本质上说，多任务其实是交叉执行的，并发只是一种"假象"。比如，在单核计算机上，当运行 QQ 客户端后，还会运行微信客户端及其他应用程序，其实这时所有的应用程序都在一个 CPU 上执行，这些应用是通过时间片调度切换来获取执行权的。

并行是相对于单核 CPU 而言的。如果计算机是单核的 CPU，那么任务的执行就不会存在并行的说法；如果计算机使用的是多核 CPU，那么任务就可以分配到不同的 CPU 上执行，在这种情况下，在多个 CPU 上执行的任务互不干扰、互不影响，这是真正的多任务同时执行，也是一种真正的并行表现。比如，在双核计算机中，当运行 QQ 客户端和微信客户端时，有可能 QQ 客户端运行在 CPU1 上，而微信客户端运行在 CPU2 上，它们对 CPU 的占用是独享的，执行的过程互不影响。

综上所述，读者可以理解为：

❑ 并行包含了并发，并发是并行的一种特殊表现。

❑ 并发通常是对单核 CPU 任务执行过程的一种组织结构描述的说明，并行是对程序执行过程中一种状态的描述，其主要目的是充分利用多核 CPU 加速任务执行。

❑ 由于一个系统运行的任务数量远超过 CPU 数量，所以在现在的操作系统中没有绝对的真正并行的任务。

1.2.3　同步与异步

通常所说的**同步**（Synchronous），其实是在强调多个任务执行的一个完整过程，其中的某个任务在执行过程中不允许被中断。多个任务的执行必须是协调一致且有序的，某个任务在执行过程中如遇到阻塞，则其他任务需要等待。

相对于同步来说，**异步**（Asynchronous）强调多个任务可以分开执行，彼此之间互不影响，某一个任务遇到阻塞，其他任务不需要等待，但是任务执行的结果依然是保持一致的。如果一个任务被分为多个任务单元，那么这些任务单元都是可以分开执行的，多任务单元的执行可以是无序的。

这里类比煮米饭这个任务来理解上述两个概念。这个任务可以被分为如下几个步骤来执行：洗锅→下米→放水→点火→煮熟米饭。

用**同步**来处理，则对于上面的每一个步骤，人们必须按顺序一步一步地完成，中途不可以做其他的事情，即便是"从点火到等待煮熟米饭"这段时间内都不允许做其他事情。这样问题就很明显了，"从点火到等待煮熟米饭"这段时间有 10～20min，这段时间只能等，不能做其他事情，很浪费时间。而用**异步**来处理，则"从点火到等待煮熟米饭"这段时间不需要一直等待，可以去刷剧，此时刷剧和等待煮熟米饭就是异步完成的。

综上所述，读者可以这样理解：

❑ 同步和异步是程序"获得关注消息"通知的机制，是与消息的通知机制有关的一种描述。

❑ 同步和异步是一种线程处理方式或手段，它们的区别是遇到 IO 请求是否等待。

　○ 同步：代码调用 IO 操作时，必须等待 IO 操作完成才返回。

　○ 异步：代码调用 IO 操作时，不必等待 IO 操作完成就可返回。

　○ 异步操作是可以被阻塞的，只不过它不是在处理消息时被阻塞，而是在等待消息通知时被阻塞。

1.2.4　阻塞与非阻塞

阻塞（Blocking）和**非阻塞**（Nonblocking）都是针对 CPU 对线程的调度来说的。当调用的函数（任务）遇到 IO 时**会进行线程挂起的操作**，此时就需要等待返回 IO 执行结果，在等待的过程中无法处理其他任务，称此时的任务执行操作处于**阻塞**状态。比如，使用 requests 库请求网页地址，从提交请求处理到等待响应报文返回时执行的操作就是处于阻塞状态，这个请求等待服务器响应返回的过程是一个同步请求的处理过程，因为在这个执行过程中不可以去处理其他任务。

当调用的函数遇到 IO 时，若**不会进行线程挂起的操作**，则不需要等待返回 IO 执行结果，此时可以去做其他任务，称此时的任务执行操作处于**非阻塞**状态。

综上所述，读者可以这样理解：

❑ 阻塞和非阻塞描述的是程序的运行状态，表示的是程序在等待消息（无所谓同步或者异步）时的状态。

❑ 阻塞和非阻塞是线程的状态，线程要么处于阻塞状态，要么处于非阻塞状态，两者并不冲突。它们的主要区别是在数据没准备好的情况下调用函数时当前线程是否立即返回。

   ○ 阻塞：调用函数时当前线程被挂起。

   ○ 非阻塞：调用函数时当前线程不会被挂起，而是立即返回。

1.3 asyncio 协程概念

我们已经知道，不论是多线程还是多进程，在 Python 中所用的并发模式都是"假象"。操作系统针对进程和线程进行操作的过程中，需要消耗的资源比较多。而早期多数 Web 框架都是基于多线程模式来进行并发支持的，在这种情况下进行多用户请求并发处理时，需要为每一个请求创建新的线程并进行对应的处理，这就需要消耗更多资源。

因为系统硬件资源始终有限，所以不可能无限量创建线程或进程来处理更多的并发任务。但是人们对并发的需求却越来越大，怎么办？只能另辟蹊径，考虑在单一进程或线程中是否可以同时处理更多的请求，所以一些 IO 多路复用模型应运而生。

虽然 IO 多路复用模型可以让任务执行时不再阻塞在某个连接上，而是当任务处理有数据到达时（阻塞结束）才触发回调并响应请求，但是这种机制依赖于"回调"。这种回调机制使用起来非常复杂，且容易出现链路式回调，编码实现也不够直观，所以后来这种链路式回调机制就慢慢被新的协程机制所替代。

相对于线程来说，协程不存在于操作系统中，它只是一种程序级别上的 IO 调度。读者可以将它理解为对现有线程进行的一次分片任务处理，线程可以在代码块之间来回切换执行，而非逐行执行，因此能够支持更快的上下文切换，减少线程的创建开销和切换开销，从而大大提高了系统性能。

asyncio 是 Python 官方提供的用于构建协程的并发应用库，是 FastAPI 实现异步特性的重要组成部分。基于 asyncio，可以在单线程模式下处理更多的并发任务，它是一个异步 IO 框架，而异步 IO 其实是基于事件触发机制来实现异步回调的，在 IO 处理上主要采用了 IO 复用机制来实现非阻塞操作。在开始使用 asyncio 之前，需要先初步了解 asyncio 的一些核心知识点。

asyncio 的核心是 Eventloop（事件循环），它以 Eventloop 为核心来实现协程函数结果的回调。它提供了相关协程任务的注册、取消、执行及回调等方法来实现并发。

在 Eventloop 中执行的任务其实就是人们定义的各种协程对象。通常，每一个协程对象内部都会包含自身需要等待处理的 IO 任务。当 Eventloop 处理协程任务时，遇到需要等待处理的 IO 任务，会自动执行权限切换，自动去执行下一个协程任务。当上一个 IO 任务完成时，会在下一次事件循环返回最终等待结果的状态。这种多任务交替轮换的协同处理机制可以有效提高 CPU 的使用率，进而提升并发能力。

定义一个协程函数（Coroutine）的核心是 async 关键词。通过该关键词，人们可以把一个普通的函数转换为一个协程函数，转变后协程函数的运行就不像普通函数那样了，它需要依赖于上面提到的 Eventloop。当对协程函数执行"**协程函数 ()**"时，"**协程函数 ()**"表示一个协程对象。此时执行"**await 协程函数 ()**"表示创建了对应的 Task 并放入循环事件（也可以通过 asyncio.create_task() 来创建 Task），该 Task 就是协程函数要执行的逻辑。

1.4　asyncio 协程简单应用

本节通过几个简单的案例来说明同步和异步之间的差异，通过案例，我们可以从代码层面体会同步和异步是如何提升运行效率的。

读者可以从码云上下载代码，每一章或节都有对应的案例说明，不同的章节分布在不同的目录下，以下案例位于 \fastapi_tutorial\chapter01\contrast_sync_async。

案例说明：这里循环请求 50 次，以百度首页为对比对象。首先使用**单线程**、**同步代码**的方式请求处理，具体示例代码如下。

```python
import requests
import time

def take_up_time(func):
    def wrapper(*args, **kwargs):
        print("开始执行---->")
        now = time.time()
        result = func(*args, **kwargs)
        using = (time.time() - now) * 1000
        print(f"结束执行,消耗时间为: {using}ms")
        return result
    return wrapper

def request_sync(url):
    response = requests.get(url)
    return response

@take_up_time
def run():
    for i in range(0, 50):
        request_sync('https://www.baidu.com')

if __name__ == '__main__':
    run()
```

上述代码说明：

❑ 首先导入了 requests 库以及 time 库。

❑ 然后定义了一个名为 take_up_time 的装饰器。它主要用于计算被装饰函数的业务逻辑执行所需的时间。

❑ 紧接着定义了 request_sync() 函数。在函数内部，通过 requests 向百度首页地址发起请求处理。

❑ 最后定义了一个 run() 函数。该函数使用 @take_up_time 进行装饰处理，且在 run() 函数内部，通过 for 循环的方式进行遍历，通过调用 request_sync() 函数进行请求处理。

上述代码的执行结果为：

```
开始执行---->
结束执行,消耗时间为: 2562.246561050415ms
```

上面的案例在使用 requests 同步库请求 50 次百度首页地址的情况下，显示消耗的时间约为 2562ms。接下来更换为一个异步的 HTTP 请求库，改写并发请求处理，具体代码如下。

```
import aiohttp,asyncio,time

def take_up_time(func):
    def wrapper(*args, **kwargs):
        print("开始执行---->")
        now = time.time()
        result = func(*args, **kwargs)
        using = (time.time() - now) * 1000
        print(f"结束执行,消耗时间为: {using}ms")
        return result
    return wrapper

async def request_async():
    async with aiohttp.ClientSession() as session:
        async with session.get('https://www.baidu.com') as resp:
            pass

@take_up_time
def run():
    tasks = [asyncio.ensure_future(request_async()) for x in range(0, 49)]
    loop = asyncio.get_event_loop()
    tasks = asyncio.gather(*tasks)
    loop.run_until_complete(tasks)

if __name__ == '__main__':
    run()
```

上述代码说明：

❑ 首先导入了 aiohttp、asyncio 以及 time 库。其中，asyncio 用于异步处理，aiohttp 用于异步请求处理。

❑ 然后定义了一个名为 take_up_time 的装饰器。它主要用于计算被装饰函数的业务逻辑执行所需的时间。

❑ 紧接着定义了一个 request_async() 协程函数。在该协程函数内部，主要通过 aiohttp 发起异步请求处理。

❑ 最后定义了一个 run() 函数。该函数使用 @take_up_time 进行装饰处理，且在 run() 函数内部，通过 for 循环的方式批量创建协程任务，并添加到 tasks 列表中，之后通过调用 asyncio.gather(*tasks) 批量并发调用 request_async() 协程函数来进行请求处理。

上述代码的执行结果为：

```
开始执行---->
结束执行,消耗时间为: 329.7533988952637ms
```

上面的案例在使用 aiohttp 异步库请求 50 次百度首页地址的情况下，显示消耗的时间约为 329ms。由此可见，同样是并发处理 50 次，同样是在单线程的情况下，使用异步协程的方式处理请求比同步处理耗时更短了。这就是异步的特性。

第 2 章　*Chapter 2*

初试 FastAPI

第 1 章介绍了 FastAPI 的一些特性，从中可以知道学习 FastAPI 是非常有必要的。要实现"学以致用"的目标，就必须考虑如何把学到的知识应用到实际项目中。所以，本章根据工作实践介绍如何搭建 FastAPI 的基本应用环境，然后从一个简单的全后端渲染项目案例开始，介绍 FastAPI 的基本使用方法。

 本章相关代码位于 \fastapi_tutorial\chapter02 目录下。

2.1　搭建开发环境

学习任何语言，通常都要从搭建本地环境开始，因为只有跨过了环境搭建这道门槛，接下来的开发和部署工作才会水到渠成。

2.1.1　安装 Python 语言包

本书所用的 Python 开发包基于 Python 3.9.10，因为 FastAPI 要求的最低版本是 Python 3.6+，且 Python 3.9.10 支持任意表达式均可以做装饰器等新特性。下面具体介绍本地环境的搭建方法。

本书的所有代码都是基于 Windows 系统在本地进行开发的，开发完成后再部署到 Linux 系统。如果读者需要在其他系统下进行本地开发，则可以参阅其他书籍或资料进行环境搭建。

步骤 1　登录 Python 官网的下载界面（https://www.Python.org/downloads/），如图 2-1

所示，从中选择合适的版本。这里选择 Python 3.9.10，建议读者也选择这一版本，这样不仅便于后面的学习，也可以避免出现兼容性等各类问题，毕竟各版本之间会存在差异。

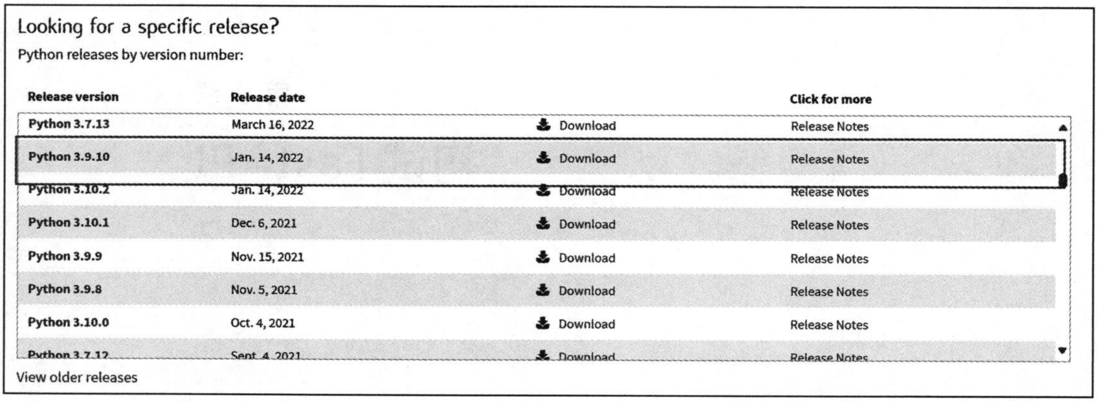

Looking for a specific release?

Python releases by version number:

Release version	Release date		Click for more
Python 3.7.13	March 16, 2022	Download	Release Notes
Python 3.9.10	Jan. 14, 2022	Download	Release Notes
Python 3.10.2	Jan. 14, 2022	Download	Release Notes
Python 3.10.1	Dec. 6, 2021	Download	Release Notes
Python 3.9.9	Nov. 15, 2021	Download	Release Notes
Python 3.9.8	Nov. 5, 2021	Download	Release Notes
Python 3.10.0	Oct. 4, 2021	Download	Release Notes
Python 3.7.12	Sept. 4, 2021	Download	Release Notes

View older releases

图 2-1　Python 官网的下载界面

步骤 2　选择 Windows 64 位的安装包。图 2-2 所示是当前开发环境所安装的版本，读者可以根据系统自身的情况来选择适合自己系统的安装包。

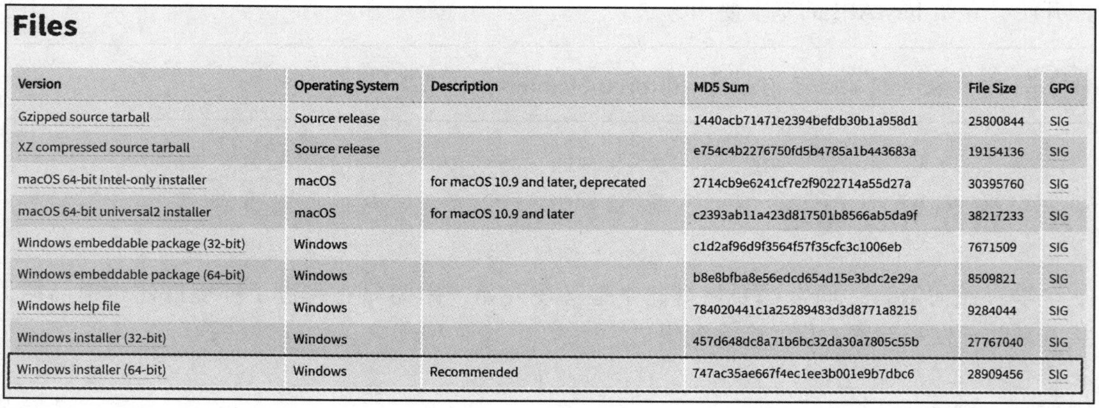

Files

Version	Operating System	Description	MD5 Sum	File Size	GPG
Gzipped source tarball	Source release		1440acb71471e2394befdb30b1a958d1	25800844	SIG
XZ compressed source tarball	Source release		e754c4b2276750fd5b4785a1b443683a	19154136	SIG
macOS 64-bit Intel-only installer	macOS	for macOS 10.9 and later, deprecated	2714cb9e6241cf7e2f9022714a55d27a	30395760	SIG
macOS 64-bit universal2 installer	macOS	for macOS 10.9 and later	c2393ab11a423d817501b8566ab5da9f	38217233	SIG
Windows embeddable package (32-bit)	Windows		c1d2af96d9f3564f57f35cfc3c1006eb	7671509	SIG
Windows embeddable package (64-bit)	Windows		b8e8bfba8e56edcd654d15e3bdc2e29a	8509821	SIG
Windows help file	Windows		784020441c1a25289483d3d8771a8215	9284044	SIG
Windows installer (32-bit)	Windows		457d648dc8a71b6bc32da30a7805c55b	27767040	SIG
Windows installer (64-bit)	Windows	Recommended	747ac35ae667f4ec1ee3b001e9b7dbc6	28909456	SIG

图 2-2　安装的版本

步骤 3　打开下载好的安装包，然后直接运行 Python-3.9.10-amd64.exe 文件，根据相关的提示进行安装即可。安装程序的初始界面如图 2-3 所示，在该界面上勾选 Add Python 3.9 to PATH 复选框，这样系统会自动配置环境变量，以方便后续直接在命令行工具里执行相关的 Python 命令。

步骤 4　安装包安装完成后，在“开始”菜单处查询 Python 3.9 版本，如图 2-4 所示。

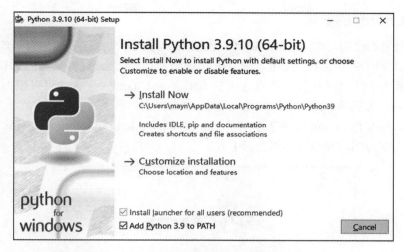

图 2-3 安装程序的初始界面

图 2-4 "开始"菜单中的 Python 3.9 版本

💡 笔者的本地机中安装了多个 Python 版本,所以图 2-4 中才显示多个 Python 运行入口。若读者的本地机中也有类似的情况,则可以直接指定使用哪个版本来开发。后续使用相关集成工具时,可以使用虚拟环境来搭建不同项目下的不同 Python 版本环境和相关的依赖库。

步骤 5 打开 Python 3.9 自带的 IDLE,如果出现图 2-5 所示的界面,则表示 Python 3.9.10 环境已经构建成功了。

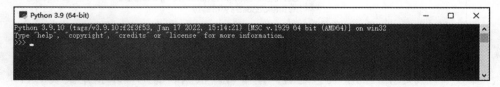

图 2-5 Python 3.9 环境构建成功的界面

2.1.2 PyCharm 的安装

如果项目全部使用自带的 IDLE 或其他代码来编写，那么往往会因为自带的 IDLE 中代码提示功能很少而举步维艰。使用好的 IDE 辅助编写代码会事半功倍，并且 IDE 还可以提供辅助高效开发的工具或插件。本书选用的 IDE 是 PyCharm，读者也可以根据自己的喜好来选择 VS Code 等其他 IDE。下面开始安装 PyCharm。

步骤 1 进入 PyCharm 官网下载界面（https://www.jetbrains.com/pycharm/），如图 2-6 所示，单击 "DOWNLOAD" 按钮进行下载。

图 2-6　PyCharm 官网下载界面

步骤 2 在图 2-7 所示的界面中选择需要的版本进行下载。PyCharm 官网提供了专业版和社区版两个版本。和社区版相比，专业版可以提供更丰富的功能，如远程连接和实用模板等。社区版是免费的，而专业版需要付费，但有一个月的免费试用期。读者可以根据自己的需要来权衡使用哪一个版本。这里选择的是社区版。

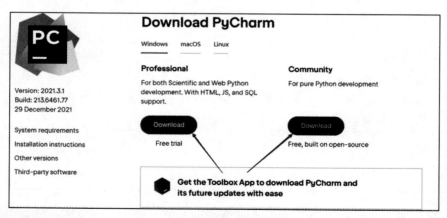

图 2-7　专业版和社区版选择界面

步骤 3 下载好相关的安装包之后，读者可以根据自身的需求指定安装的目录（见图 2-8），然后等待安装即可。

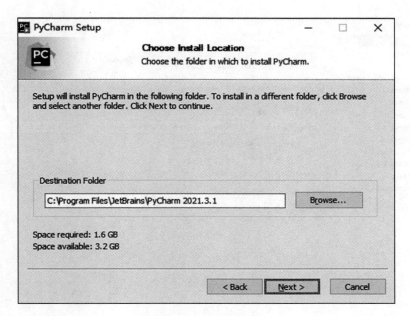

图 2-8　选择安装目录

　　整个 IDE 的安装过程相对简单，一直单击"Next"按钮即可，具体过程就不介绍了。

2.1.3　PyCharm IDE 配置解析器

　　通过上一小节的操作，PyCharm 已经成功安装到本地的 Windows 系统上，接下来就要选择并配置项目解析器了。由于本地环境可能安装了很多版本的 Python，所以需要为开发的项目分配指定的解析器，这样有利于在多项目下实现解析器的环境隔离，避免项目之间产生冲突。下面通过一个简单的新建项目案例来说明如何进行解析器的配置。

　　步骤 1　新建一个项目，并将其命名为 FastAPIlearn，这里将项目存放于 D:\code\python\local_python\fastapilearn 目录下。为这个新建的项目指定使用 Python 3.9 的解析器，IDE 工具会自动识别出当前环境下安装的所有 Python 版本，这里选择 Python 3.9，解析器生成的目录为 C:\Users\mayn\.virtualenvs\fastapilearn。在该项目中使用 Virtualenv 来进行虚拟环境的搭建，搭建界面如图 2-9 所示。

> 💡 Virtualenv 主要用于构建一个独立、虚拟的 Python 环境，这样可以为不同的项目分配一个专属的 Python 环境，使各个项目彼此独立，从而避免混合项目依赖包的污染。

　　步骤 2　新建项目完成后，进入编辑代码界面，在 IDE 底部选择 Terminal 选项，接着输入"python"来验证环境，如图 2-10 所示。

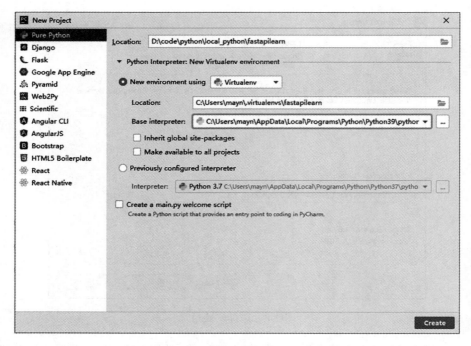

图 2-9 使用 Virtualenv 搭建虚拟环境的界面

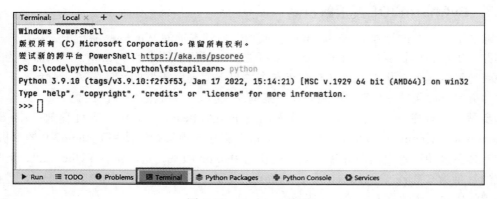

图 2-10 Terminal 选项

　　步骤 3　新建一个 main.py 文件，通过完成一段"你好，FastAPI 框架！"程序继续验证环境，如图 2-11 所示。

　　步骤 4　在 main.py 编辑器的界面空白处右击，在出现的右键菜单中选择"Run 'main'"命令，如图 2-12 所示。

　　步骤 5　查看编辑器执行结果输出界面，如果出现了图 2-13 所示的界面，则说明项目环境已经搭建完成了。

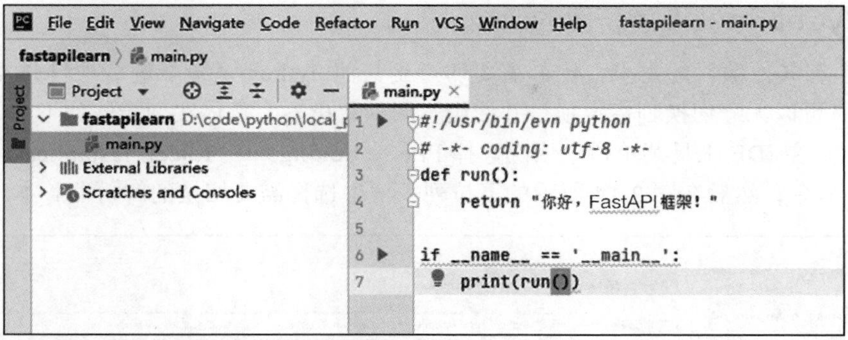

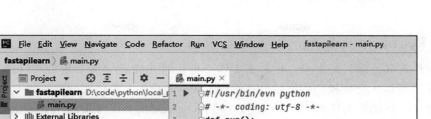

图 2-11　使用"你好，FastAPI 框架！"程序验证环境

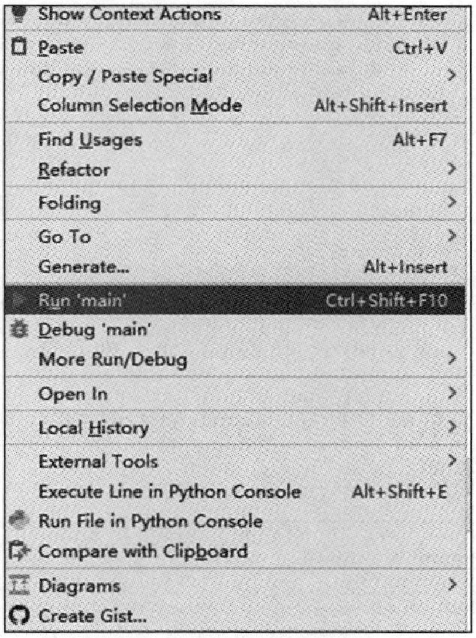

💡 Show Context Actions	Alt+Enter
📋 Paste	Ctrl+V
Copy / Paste Special	▶
Column Selection Mode	Alt+Shift+Insert
Find Usages	Alt+F7
Refactor	▶
Folding	▶
Go To	▶
Generate...	Alt+Insert
Run 'main'	Ctrl+Shift+F10
🐞 Debug 'main'	
More Run/Debug	▶
Open In	▶
Local History	▶
External Tools	▶
Execute Line in Python Console	Alt+Shift+E
📄 Run File in Python Console	
📋 Compare with Clipboard	
〓 Diagrams	▶
○ Create Gist...	

图 2-12　选择"Run 'main'"命令

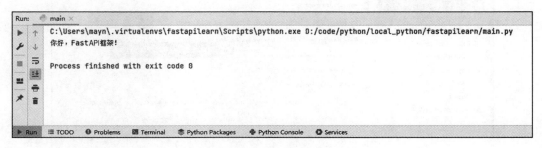

图 2-13　项目环境搭建成功界面

2.1.4　PyCharm IDE 解析器的切换

　　如果还有其他项目的需求，比如需要切换到其他 Python 系统下进行项目开发，那么通过 IDE 工具可以无缝切换到指定项目并使用不同的解析器，具体实现步骤如下。

　　步骤 1　在 IDE 工具菜单栏中依次选择 File → Settings → Project: fastapilearn → Python Interpreter 命令，然后在图 2-14 所示的下拉列表框中选择需要切换的解析器版本。

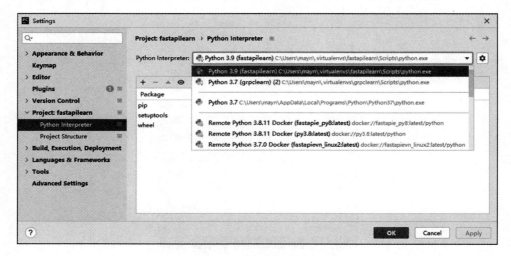

图 2-14　解析器版本下拉列表框

　　步骤 2　如果在图 2-14 所示的下拉列表框中没有找到自己需要的解析器，还可以手动进行添加，添加界面如图 2-15 所示。

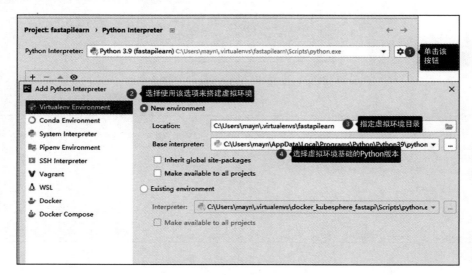

图 2-15　手动添加解析器界面

2.1.5　PIP 安装源的设置

通过前面小节的一系列工作，本地环境已经准备完成，但在实际的项目开发过程中，很有可能需要用到很多第三方的依赖包，这些依赖包默认从 https://pypi.org/simple 获取，由于该地址的服务器不在国内，所以在获取的过程中可能因为网络问题而导致出现安装失败或者超时等情况。这里需要进行 PIP 安装源设置，指定使用国内的安装源。

1. 关于 PIP 命令的介绍

通常使用 PIP 来安装依赖包，因此有必要学习 PIP 的常用命令，可以使用 help 命令来查看 PIP 的具体命令，具体如下：

```
> pip help
```

查询结果如下。

```
$ pip help

Usage:
    pip <command> [options]

Commands:
    install                      安装软件包
    download                     下载软件包
    uninstall                    卸载软件包
    freeze                       按需要的格式输出软件包
    list                         软件包列表
    show                         显示已安装软件包的相关信息
    check                        验证已安装的软件包是否具有兼容的依赖项
    config                       管理本地和全局配置

General Options:
    -h, --help                   显示帮助信息
    --isolated                   在隔离模式下运行PIP，忽略环境变量和用户配置
    -v, --verbose                可以通过添加选项提供更多输出，最多可使用3次
    -V, --version                显示版本信息并退出
    -q, --quiet                  通过修改选项来减少输出，最多可以使用3次（对应于WARNING、
                                 ERROR和CRITICAL日志级别）
    --log <path>                 添加日志路径
    --no-input                   禁止输入提示
    --proxy <proxy>              以[user:passwd@]proxy.server:port格式指定代理
    --retries <retries>          设置每个连接可尝试的最大重试次数（默认为5次）
    --timeout <sec>              设置套接字超时（默认为15s）
    --exists-action <action>     路径已存在时的默认操作：s表示切换，i表示忽略，w表示
                                 擦除，b表示备份，a表示中止
    --trusted-host <hostname>    将主机端口设置为可信任，无论是否有有效的HTTPS
    --cert <path>                PEM编码的CA证书包的路径。如果提供，则覆盖默认值。有关
                                 详细信息，请参阅PIP文档中的"SSL证书验证"
    --client-cert <path>         SSL客户端证书的路径，即包含私钥和PEM格式证书的文件所在位置
    --cache-dir <dir>            将缓存数据存储在<dir>中
    --no-cache-dir               禁用缓存
    --disable-pip-version-check  不定期检查PyPI以确定是否有新版本的PIP可供下载，表示无索引
```

```
--no-color                          限制彩色输出
--no-Python-version-warning         针对即将到来的不受支持的Python发出弃用警告
--use-feature <feature>             启用可能不支持向后兼容的新功能
--use-deprecated <feature>          启用不推荐的功能，将来该功能会被删除
```

2. 关于 PIP 安装源的介绍

国内可以使用的 PIP 安装源有以下几个。

❑ 清华：https://pypi.tuna.tsinghua.edu.cn/simple。

❑ 阿里云：http://mirrors.aliyun.com/pypi/simple/。

❑ 豆瓣：http://pypi.douban.com/simple/。

❑ 中国科学技术大学：https://pypi.mirrors.ustc.edu.cn/simple/。

❑ 山东理工大学：http://pypi.sdutlinux.org/。

下面进行具体配置。这里分两种方法进行介绍。

方法 1：使用 IDE 命令行 +PIP 的方式，通过切换安装源来安装依赖库。

如果只是临时使用，则完全可以采用更换安装源的方式来安装依赖库。打开 IDE 中的 Terminal 选项，然后输入以下命令：

```
> pip install -i https://mirrors.aliyun.com/pypi/simple requests
```

如果后续想永久使用，则可以指定安装源来安装依赖库。此时应先设置全局安装源，然后进行安装操作。打开 IDE 中的 Terminal 选项，然后输入以下命令：

```
> pip config set global.index-url https://mirrors.aliyun.com/pypi/simple
> pip install requests
```

方法 2：使用 IDE 安装依赖库时切换安装源。

步骤 1 在 IDE 工具菜单栏中依次选择 File → Settings → Project: FastAPIlearn → Python Interpreter，会出现图 2-16 所示的界面。

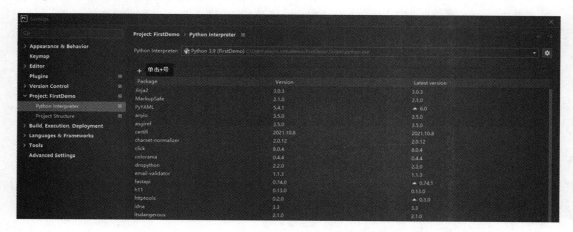

图 2-16　选择 Python Interpreter 后出现的界面

步骤 2　单击图 2-16 中的 +，在随后出现的图 2-17 所示的界面中单击"Manage Repositories"按钮。

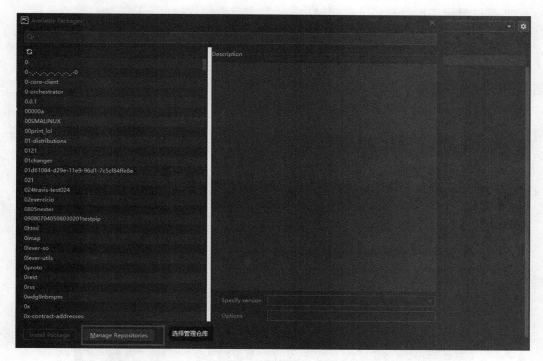

图 2-17　单击"Manage Repositories"按钮

步骤 3　单击图 2-18 中的 + 可以添加安装源，单击选中安装源之后出现的 − 可以删除安装源。

图 2-18　添加或者删除安装源

上述内容设置完成后，使用 PIP 或 IDE 安装依赖库时就会从指定的安装源下载依赖库了。

2.2 新建 FastAPI 项目

2.1 节已经把本地开发环境搭建成功了，针对类似的依赖包安装可能超时或失败等问题，本书也给出了对应的解决方案。接下来就要小试牛刀，正式进入 FastAPI 框架应用的介绍了。

2.2.1 新建简单项目

第一次打开 PyCharm 时会出现图 2-19 所示的界面，其中"Projects"（项目）选项卡中包括创建新项目（New Project）、打开新的项目（Open）、从仓库导入新的项目（Get from VCS）3 个选项，读者可以结合自己的实际情况来选择。

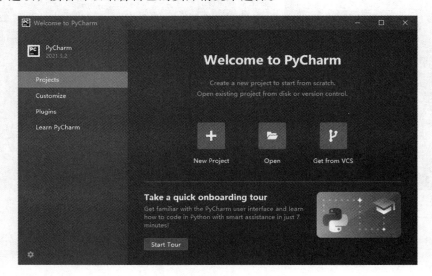

图 2-19　PyCharm 首界面

如果读者之前已打开过 PyCharm IDE，则默认会直接打开上次打开过的项目。此时也可以通过菜单栏中的"New Project"选项进行新建项目的操作，New Project 界面如图 2-20 所示。

在 New Project 界面上会显示要新建项目的配置信息，如图 2-21 所示。下面新建一个新的项目并将其命名为 chapter01，指定项目当前使用的 Python 解析器为 Python 3.9.10 版本。当配置好选项信息之后，单击界面下方的"Create"按钮。

对图 2-21 中所示的选项信息简单介绍如下：

❏ Location：新建项目代码的存储路径。

❏ New environment using Virtualenv：表示当前项目使用 Virtualenv 来构建新的虚拟环境。

　❍ Location：新的虚拟环境的创建目录。

○ Base interpreter：新的虚拟环境使用的 Python 解析器。

❑ Previously configured interpreter：表示可以选择的已存在的虚拟环境。

❑ Create a main.py welcome script：默认给当前项目创建一个 main.py 的脚本文件。

为了便于后续工程示例代码的管理，这里的项目配置如图 2-22 所示。

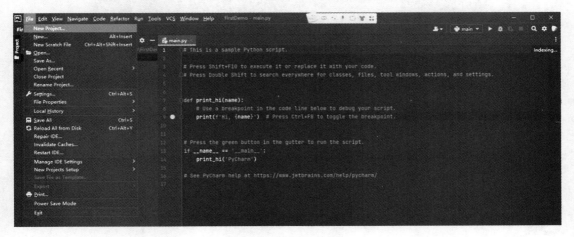

图 2-20 New Project 界面

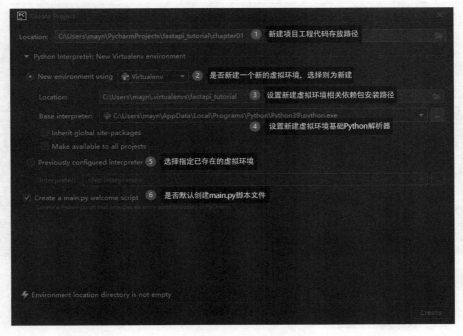

图 2-21 新建项目的配置信息

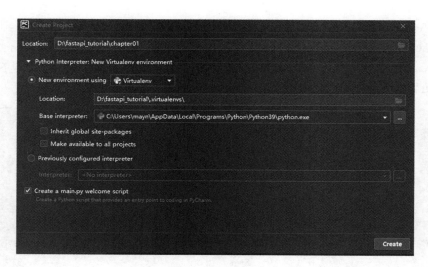

图 2-22　项目配置

注意 这里设定新建的虚拟环境的目录为 D:\fastapi_tutorial\.virtualenvs，这样可便于后续项目使用同一个虚拟环境，主要是为了方便管理项目。读者也可以为每一个项目案例单独分配独立虚拟环境。

项目创建完成后的界面如图 2-23 所示。

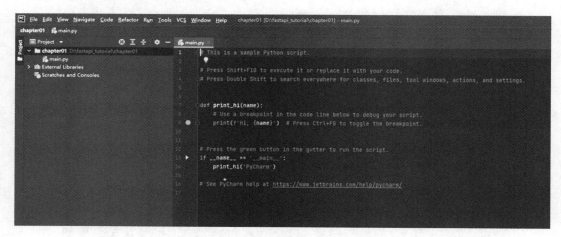

图 2-23　项目创建完成后的界面

2.2.2　项目依赖库的安装

本小节介绍安装当前项目需要使用的相关依赖库。之前介绍过通过 PIP 安装相关依赖库的方法，这里选择的是**使用 IDE 下的命令行进行依赖包的安装**（下文中的所有依赖库都会使用这一种方式来安装）。

下面对 FastAPI 框架会用到的依赖库进行简单说明。

1. 常用依赖库

FastAPI 框架常用的主要依赖库如下：

❑ email.validator：主要用于邮件格式校验处理。

❑ requests：使用单例测试 TestClient 或请求第三方接口时需要使用该依赖库。

❑ aiofiles：主要用于异步处理文件读写操作。

❑ jinja2：主要供用户渲染静态文件模板时使用，当项目要使用后端渲染模板时安装该依赖库。

❑ Python-multipart：当需要获取 From 表单数据时，只有通过这个库才可以提取表单的数据并进行解析。

❑ itsdangerous：用于在 SessionMiddleware 中间件中生成 Session 临时身份令牌。

❑ graphene：需要 GraphQLApp 支持时安装这个依赖库。

❑ orjson：主要用于 JSON 序列化和反序列化，如使用 FastAPI 提供的 ORJSONResponse 响应体处理时，则需要安装这个依赖库。

❑ ujson：主要用于 JSON 序列化和反序列化，如需要使用 FastAPI 提供的 UJSONResponse 响应体时就需要安装该依赖库。

❑ uvicorn：主要用于运行和加载服务应用程序 Web 服务。

2. 单独安装的方法

如果希望单独引入某个依赖包，则可以在 Terminal 会话窗口中输入如下命令（这里以安装 uvicorn 依赖包为例）：

```
> pip install fastapi
> pip install "uvicorn[standard]"
```

3. 全部安装的方法

如果仅安装某个或某几个依赖包，那么在使用过程中可能会因为缺失其他依赖包而产生异常，而且这类问题处理起来会比较麻烦。为了避免出现这样的问题，读者还可以进行全部安装：

```
pip install fastapi[all]
```

 注意　这里选择的是全部安装。对于部分章节所依赖的库，也会有相关说明。

执行完成上述的安装命令后，可以通过 pip list 命令查看当前解析器下所有的依赖库：

```
$ pip list
```

```
Package                     Version
------------------          ---------
anyio                       3.5.0
asgiref                     3.5.0
certifi                     2021.10.8
charset-normalizer          2.0.12
click                       8.0.4
colorama                    0.4.4
dnspython                   2.2.0
email-validator             1.1.3
fastapi                     0.74.1
h11                         0.13.0
sniffio                     1.2.0
starlette                   0.17.1
typing-extensions           4.1.1
ujson                       4.3.0
urllib3                     1.26.8
uvicorn                     0.15.0
watchgod                    0.7
websockets                  10.1
wheel                       0.36.2
```

可以通过 IDE 查看解析器下的相关安装，如图 2-24 所示。

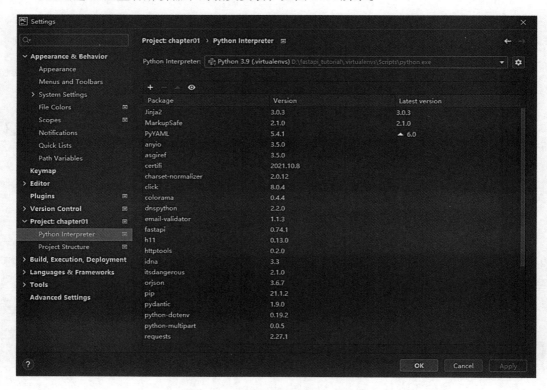

图 2-24　查看解析器下的相关安装

2.3　简单项目介绍

前面已经把项目需要的依赖包安装好了，项目的目录结构如图 2-25 所示。

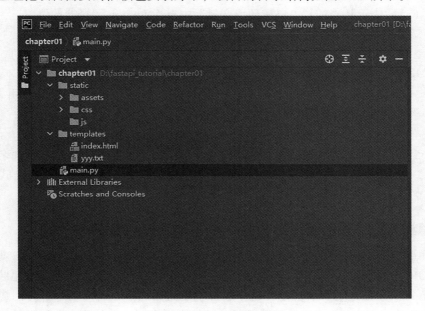

图 2-25　项目的目录结构

项目目录说明如下。

- static：存放 HTML 模板的静态资源文件。
  - assets：存放 HTML 模板中使用的图片资源。
  - css：存放 HTML 模板中使用的 CSS 样式文件资源。
  - js：存放 HTML 模板中使用的 JS 相关的脚本文件资源。
- templates：存放具体的 HTML 模板文件。其中的 index.html 是要渲染的具体的 HTML 文件。
- main.py：应用程序启动入口文件。

2.3.1　创建 app 实例对象

main.py 文件是应用程序服务启动入口文件，所以需要在里面实例化一个 FastAPI 的 app 实例对象，它是对整个应用程序服务的对象封装。该文件的代码如下。

```
#!/usr/bin/env Python
# -*- coding: utf-8 -*-
from fastapi import FastAPI
from typing import Optional
app = FastAPI(title="学习FastAPI框架文档",
```

```
       description = "以下是关于FastAPI框架文档的介绍和描述",
       version = "0.0.1")
```

上述代码说明：

❑ 第 1 行：表示从当前"PATH 环境变量"中查找 Python 解释器的位置。为了节省篇
幅，后续类似这样的默认设置不再重复展示。

❑ 第 2 行：定义当前源文件的编码方式。为了节省篇幅，后续类似这样的默认设置都
不再重复展示。

❑ 第 3 行：从当前项目所处的解析器中导入之前安装的 FastAPI 依赖包，并从 FastAPI
包导入一个 FastAPI 类，FastAPI 类是当前整个应用程序的描述。

❑ 第 4 行：导入一个类型提示模块，用于描述参数类型声明。

❑ 第 5 行：通过实例化 FastAPI 类得到一个应用程序实例对象，并将其命名为 app 对
象，它代表当前程序进程的一个实例。其中，对应的参数主要用于交互式 API 文档
信息的配置。

2.3.2　添加 API 请求路由注册

路由注册与 Flask 框架所提供的路由注册的本质是一样的。所谓路由注册，就是提供一
个对应的 URL 地址来关联或绑定定义的**函数**。在常见的 Web 框架中，通常使用装饰器的形
式对需要绑定的函数进行映射绑定，这个过程就是路由注册，也可以理解为创建视图的过
程。以下示例在 2.3.1 小节给出的代码的基础示例上新增了相关的路由注册，具体如下。下
面的代码基于 app 实例对象提供的装饰器实现了路由注册功能。

```
from fastapi import FastAPI, APIRouter

app = FastAPI(title="学习FastAPI框架文档",
        description="以下是关于FastAPI框架文档的介绍和描述",
        version="0.0.1")

#使用app实例对象来装饰实现路由注册
@app.get("/app/hello", tags=['app实例对象注册接口—示例'])
def app_hello():
    return {"Hello": "app api"}
```

上述代码示例定义了一个 app_hello() 函数，然后通过 @app.get() 这个装饰器进行装
饰，从而创建一个 API 端点路由请求。该装饰器表示当前 API 只能使用 GET 请求方式进行
请求处理。@app.get("/app/hello", tags=['app 实例对象注册接口—示例 ']) 方法中的"/app/
hello"参数表示请求访问 URL 路径地址，tags 参数则表示这个 API 归属于"app 实例对象
注册接口—示例"这个分组标签下，它的主要作用是进行 API 分组归类，并显示在可视化
交互 API 文档中。

当通过浏览器进行访问，并使用 GET 方式请求"/app/hello"这个 URL 时，就会触发
app_hello() 函数的调用，并返回函数处理结果。

> **注意** 被 @app.get() 装饰的函数可以有两种，一种是使用 def 定义的同步函数，另一种是使用 async def 定义的协程函数。同步函数会运行于外部的线程池中，协程函数会运行于异步事件循环中。简单地说，同步函数是基于多线程并发模式进行相关处理的，而协程函数是基于单线程内的异步并发模式进行相关处理的。

2.3.3　添加后端渲染模板路由

对于一些应用来说，可能还需要使用后端渲染模板来展示前端页面。这里新增一个 API 端点路由来展示如何使用 FastAPI 来展示渲染 HTML 模板的页面。后端渲染模板有别于前后端分类开发模式，后端渲染模板会整合 HTML 到 FastAPI 服务中，而在前后端分离的项目中，FastAPI 仅提供了 API，前端页面通过访问 API 进行调用。

这里在项目目录中定义了一个 templates 文件夹，里面有一个 index.html 文件，该文件主要用于显示 HTML 渲染模板中的内容，文件完整代码如下：

```html
<!DOCTYPE html>
<html lang="en">
<head>
    <meta charset="UTF-8">
    <meta content="width=device-width, user-scalable=no, initial-scale=1.0,
        maximum-scale=1.0, minimum-scale=1.0"
        name="viewport">
    <meta content="ie=edge" http-equiv="X-UA-Compatible">
    <title>您好,欢迎您学习FastAPI框架! </title>
</head>
<body>
<div class="landing-content">
    <h1>
            您好! 欢迎您学习FastAPI框架!
    </h1>
</div>
</body>
</html>
```

定义好要显示在页面中的内容之后，就要定义 API 端点路由了，回到 main.py 文件中，与此相关的代码如下：

```python
#省略前面部分代码
import pathlib
from fastapi import Request
from fastapi.responses import HTMLResponse
from fastapi.templating import Jinja2Templates
from fastapi.staticfiles import StaticFiles

templates = Jinja2Templates(directory=f"{pathlib.Path.cwd()}/templates/")
staticfiles = StaticFiles(directory=f"{pathlib.Path.cwd()}/static/")
app.mount("/static", staticfiles, name="static")

@app.get('/', response_class=HTMLResponse)
```

```
async def get_response(request: Request):
    return templates.TemplateResponse("index.html",
                                      {"request": request})
```

上述代码引入了渲染模板所需的模块，包括 HTMLResponse、Jinja2Templates 和 StaticFiles，这些都是必须要有的。另外需要注意的是，在定义对应的模板渲染之前，需要挂载静态资源文件目录，只有完成挂载操作，在相关的模板中引入的静态资源才可以被正常访问。由于后端渲染模板相关知识已超出本书的范围，所以这里不再展开，有兴趣的读者可以参阅其他资料进行学习。

2.3.4 启动服务运行

至此，示例项目就创建完成了，相关的 API 端点路由及页面渲染都已经备齐，接下来就可以启动服务进行访问了。在启动服务之前，需要了解服务的启动方式。在本地的开发环境中，通常直接使用 uvicorn 进行服务启动，若是在生产环境中，则需要借助 gunicorn 进行部署，后文会对线上的生产环境进行详细介绍。本小节重点介绍本地开发环境中的服务启动。

在本地开发环境中，使用 uvicorn 启动服务分两种方式：

❑ 使用命令行方式启动。

❑ 导入 uvicorn 模块，使用代码方式启动。

1. 使用命令行方式启动服务

首先打开 Terminal 会话窗口并切换到 D:\fastapi_tutorial\chapter02\ 目录下，然后输入如下命令：

```
> uvicorn main:app --reload
```

上面的命令主要是通过命令行调用 uvicorn 库并传入指定的参数 " main:app --reload " 来启动对应 main 模块的 app 对象。

上述代码中，--reload 命令主要用于热启动，这个参数的主要作用是在编写代码阶段，若需要对当前代码进行改动，那么代码改动完后程序会自动重启服务的进程，使修改即时生效，这样可以提高编码效率。注意，--reload 仅用于项目编码调试阶段，正式部署到生产环境后应尽量避免使用该参数。

此时，控制台输出的信息如图 2-26 所示。

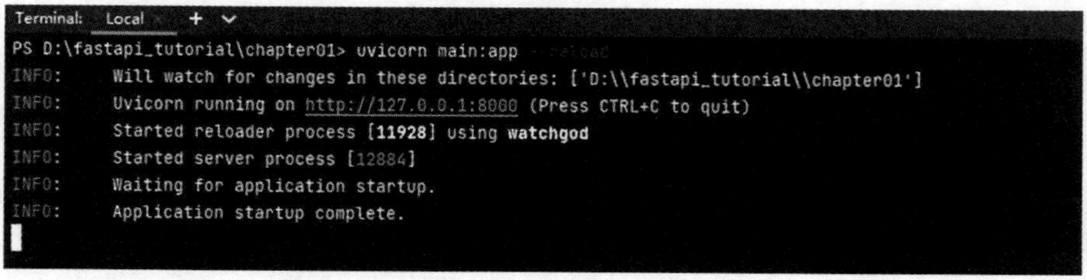

图 2-26　控制台输出的信息（一）

从图 2-26 可以看出，服务已经运行在地址为 127.0.0.1（回环地址）的主机上，使用的端口号是 8000，使用的 ASGI 服务容器是 uvicorn。

如果希望对外允许访问服务，那么可以将 -- host 参数设置为 0.0.0.0。如果希望自定义监听端口，那么可以添加 --port 参数。对外允许访问设置成功后，服务所在的局域网内的所有人都可以通过访问内网分配的端口（IP+8000）或自定义的端口来访问服务。设置完成后用如下命令启动服务：

```
> uvicorn main:app --reload --host 0.0.0.0 --port 8888
```

服务启动后，控制台输出的信息如图 2-27 所示。

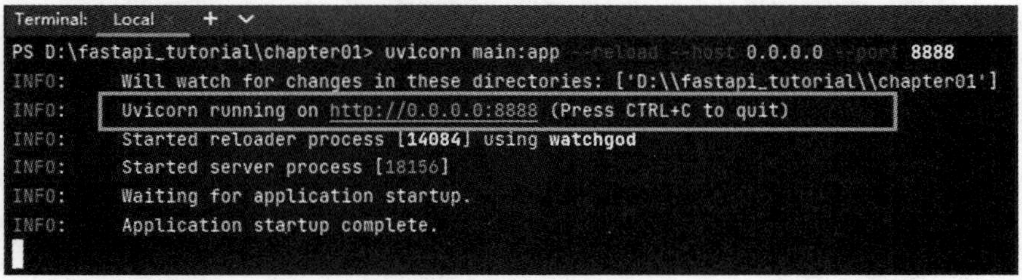

图 2-27　控制台输出的信息（二）

此时可以查看自己的计算机被分配到的内网 IP 地址。在控制台中输入查看 IP 的命令 ipconfig，会显示图 2-28 所示的结果。

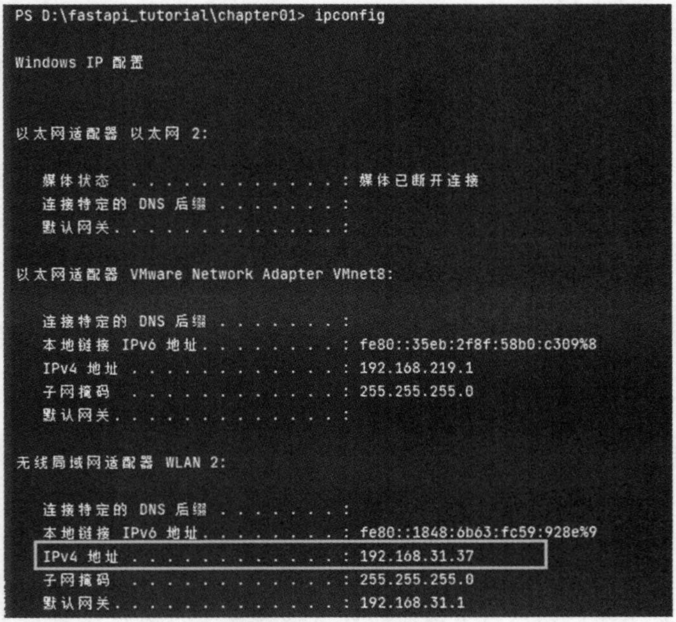

图 2-28　查看内网 IP 地址

由图 2-28 可知，本示例中，计算机的 IP 地址为 192.168.31.37（不同的计算机可能不一样），此时可以通过浏览器访问 http://192.168.31.37:8888/ 得到 HTML 中渲染的模板内容，如图 2-29 所示。

图 2-29　HTML 中渲染的模板内容

如果想通过域名来访问 API，则可以配置本地的 Host 进行对应的域名和 IP 地址映射。当然，这种方式仅限于本地测试，在真实的线上生成环境中进行域名映射需要指向公网的 IP 地址。

图 2-30 所示为使用 SwitchHosts 工具来修改本地计算机 Host 的域名映射结果。

图 2-30　使用 SwitchHosts 工具修改本地计算机 Host 的域名映射结果

配置完成后，使用浏览器再次访问 http://www.zyx.com:8888/ ，发现可以得到与之前一样的结果。

host 参数主要用于绑定服务 Host 的 IP 地址，这里所说的 IP 地址指的是计算机主机的请求地址，通常这个地址分为公网 IP 地址和内网 IP 地址。服务采用默认配置启动时绑定的是当前的内网 IP 地址，上面采用的 127.0.0.1 是一个回环地址，也可以认为 127.0.0.1 和 localhost 是等价的。值得注意的是，localhost 是一个域名，这个域名指向的 IP 地址是 127.0.0.1。

下面对几个 IP 地址相关的概念进行简单介绍。

❑ 公网 IP 地址：互联网上的所有人都可以通过这个 IP 地址访问到服务。公网 IP 地址一般需要向服务提供商申请获得，如在阿里云购买云服务器时通常会配备一个公网 IP 地址。

❑ 内网 IP 地址：主要是指个人计算机内的局域网地址。如果服务是通过内网 IP 开启的，则通常只能使用本机上或所属局域网内其他内网的 IP 地址进行访问，外部人员是无法通过内网 IP 地址进行访问的。

❑ 0.0.0.0：代表本机上所有的 IP 地址，也包括了回环地址 127.0.0.1。如果本机存在多网卡的情况，则 0.0.0.0 是所有网卡 IP 的集合。如果使用 host=0.0.0.0 绑定了 IP 地址，那么表示服务进程会接收来自所有网卡上的 IP 地址的请求。此时如果本机的防火墙关闭或开启相关允许机制，则当前局域网内的其他人也可以通过访问本机的 IP 地址的形式请求到接口服务。

2. 使用代码方式启动服务

这里介绍的启动方式是，在 main.py 中导入 uvicorn 模块，然后使用 uvicorn.run() 函数来启动服务，具体的代码如下：

```
#省略前面部分代码
if __name__ == '__main__':
    import uvicorn
    uvicorn.run(app='main:app', host="127.0.0.1", port=8000, reload=True)
```

对于上述代码，当代码模块在当前文件夹内直接运行时，if __name__ == '__main__': 以下的代码块将被运行。如果代码模块是被导入的，那么 if __name__ == '__main__': 以下的代码块不会被运行。其中，uvicorn.run(app='main:app', host="127.0.0.1", port=8000, reload=True) 等同于使用命令行方式启动服务。

上述代码中 app 参数默认有 3 种类型：

❑ 可以是 ASGIApplication 的一个实例对象。在上面的代码中，FastAPI 实例化后的 app 对象就是一个 ASGIApplication 实例对象。

❑ 可以是一个可调用的对象。

❑ 可以是一个字符串，但是这里的字符串类型必须是使用代码方式启动服务时所用的"模块名称 +app 对象名"，只有这样才可以找到模块下对应的 ASGIApplication 实例的 app 对象。

在使用代码方式启动服务时，如果通过 app 参数直接传递 ASGIApplication 的一个实例的对象代码如下：

```
>uvicorn.run(app=app, host="127.0.0.1", port=8000, reload=True)
```

那么会出现如下告警异常提示信息：

```
>WARNING: You must pass the application as an import string to enable 'reload'
    or 'workers'.
```

上述提示信息的意思是，如果要开启热启动或使用多进程的方式启动服务，则应使用与传入字符串类似的方式。此时可对代码进行如下修改，之后就可以正常启动服务了。

```
>uvicorn.run(app='main:app', host="127.0.0.1", port=8000, reload=True)
```

运行上述代码，在 main.py 文件所在界面的空白部分单击鼠标右键，在弹出的快捷菜单中选择 "Run.'main'" 命令即可启动服务，服务启动后的界面如图 2-31 所示。

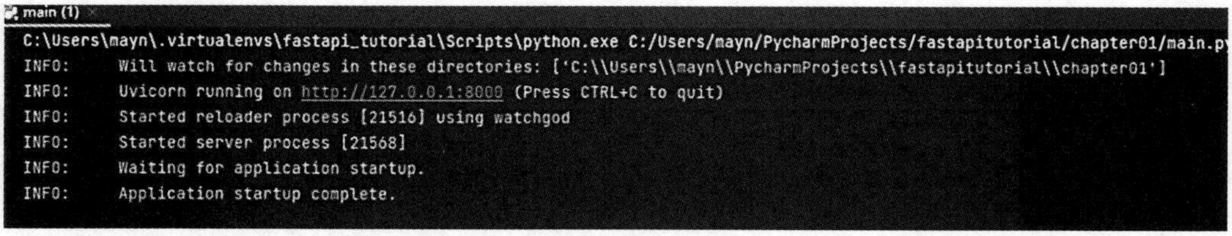

图 2-31　服务启动后的界面

当服务启动完成后，此时在浏览上访问 http://127.0.0.1:8000/，就可以看到浏览器返回了 HTML 中渲染的模板内容信息。

在 main.py 文件中，还可以自动获取当前模块的名称 main，这样不管当前模块名称怎么变化，都可以自动进行识别。具体代码如下：

```
if __name__ == "__main__":
    import uvicorn
    import os
    app_modeel_name = os.path.basename(__file__).replace(".py", "")
    print(app_modeel_name)
    uvicorn.run(f"{app_modeel_name}:app", host='127.0.0.1', reload=True)
```

有了上面的代码，再使用 uvicorn.run 启动服务时就不需要再手写其他代码了，后续所有的启动都可以基于此完成。

2.3.5　uvicorn 参数说明

使用 uvicorn 这个 ASGI 服务器来启动服务时，可以传入的参数非常多。这里列举几个常用的参数，如表 2-1 所示。

表 2-1　uvicorn 参数及说明

参数	说明
app	表示当前应用的 app，也就是 FastAPI 的实例对象
host	表示即将绑定本机的哪一个套接字地址，默认值是 127.0.0.1
port	表示服务启动时指定的端口号，默认值是 8000（值范围是 0～65535）
uds	表示使用 UNIX 方式绑定套接字，如 --uds/tmp/uvicorn.sock，通常用于单机内 Ngixn 反向代理
fd	表示使用对应的文件描述符绑定到套接字，通常用于单机上的同一进程内
loop	表示当前异步循环事件使用哪一种模式，默认为 auto
http	表示 HTTP 实现使用哪一种模式，默认为 auto
ws	表示 WebSocket 协议实现使用哪一种模式，默认为 auto
ws-max-size	表示 WebSocket 传输消息最大的字节数
lifespan	表示生命周期的一种实现机制，它基于异步上下文管理器处理程序代替单独的启动和关闭处理程序
env-file	表示配置当前应用程序使用的环境配置文件

（续）

参数	说明
log-config	表示当前应用程序日志配置文件，它支持 .ini、.json、.yaml 等几种格式的文件
access-log	表示当前应用 access log 日志的开关，默认为 True
log-level	表示当前应用记录日志的等级
interface	表示当前使用哪一种接口类型作为应用程序接口，有 ASGI3、ASGI2 或 WSGI 可选，默认是 auto
reload	表示是否启动热重启机制，值为 True 表示启动，主要在本地开发时代码修改后触发重新加载，服务重新启动。需注意，在生产环境中请勿开启。另外，当值为 True 且应用使用了多进程或多线程的工作模式时，多进程或多线程无法很好地工作，以至于重新加载代码可能会导致一些不可预测的行为
root-path	表示设置当前 ASGI 应用程序的 URL 地址"根路径"
reload-dir	表示指定要监视 Python 文件更改的目录。默认是监视整个当前目录的修改情况
reload-include	表示指定监听的文件或目录，可以多次使用，默认情况下包括了 .py 的文件监视
reload-exclude	表示指定过滤排除监视的文件或目录。默认情况下排除以下模式：.*、.py[cod]、.sw.*、~*
reload-delay	表示热重启机制延迟间隔时间
workers	表示服务启动时的工作进程数，默认值为 1
proxy-headers	表示是否启动获取代理请求头信息 X-Forwarded-Proto、X-Forwarded-For、X-Forwarded-Port，默认为 True
limit-concurrency	表示在请求触发 http503 响应之前允许的最大并发连接数或任务数
limit-max-requests	表示在终止进程之前需要服务的最大请求数
timeout-keep-alive	表示请求保持活动状态的连接超时时间，指定时间没有收到任何请求数据时则关闭，默认值为 5
backlog	表示允许等待处理的最大连接数，默认值为 2048
ssl-keyfile	表示启用 HTTPS 时使用的证书的 .key 文件（SSL 密钥文件），默认值为 None
ssl-certfile	表示启用 HTTPS 时使用的证书的 .cer 文件（SSL 证书文件），默认值为 None
ssl-keyfile-password	表示启用 HTTPS 时使用的证书（SSL 密钥文件）的密码，默认值为 None
ssl-version	表示启用要使用的 SSL 版本号，默认值是 2
ssl-cert-reqs	表示是否需要客户端证书，默认值为 0
ssl-ca-certs	表示使用的 CA 证书文件
ssl-ciphers	表示使用的 CA 证书文件的密码
factory	表示指定的一个 ASGI 应用程序工厂。当想要启动多个进程或者多个线程来处理请求时，可以提供一个工厂函数来创建多个应用程序实例

　　uvicorn 提供的参数比较多，这里不可能逐一展开介绍，更多内容可以访问 uvicorn 的官网来学习：https://www.uvicorn.org/。

2.3.6　查看交互式 API 文档

　　FastAPI 框架的优越特性还表现在服务启动后可以直接查看自己编写的 API 文档。

FastAPI 提供了两种可视化交互式 API 文档模式——Swagger UI、ReDoc。

Swagger UI：它是一个流行的开源项目，可以为 API 自动生成交互式文档。Swagger UI 允许人们通过用户界面来测试和交互式地调用 API 路由。

ReDoc：它是另一个流行的开源项目，提供了一个响应式的文档查看器。类似于 Swagger UI，ReDoc 可以帮助用户快速地浏览、测试和理解 API 路由的工作方式。

Swagger UI 模式下，服务启动之后，通过浏览器访问 http://127.0.0.1:8000/docs#/ 可以看到图 2-32 所示的结果。

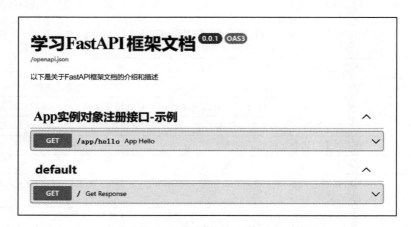

图 2-32　Swagger UI 模式下服务启动后的界面

ReDoc 模式下，服务启动之后，通过浏览器访问 http://127.0.0.1:8000/redoc 可以看到图 2-33 所示的结果。

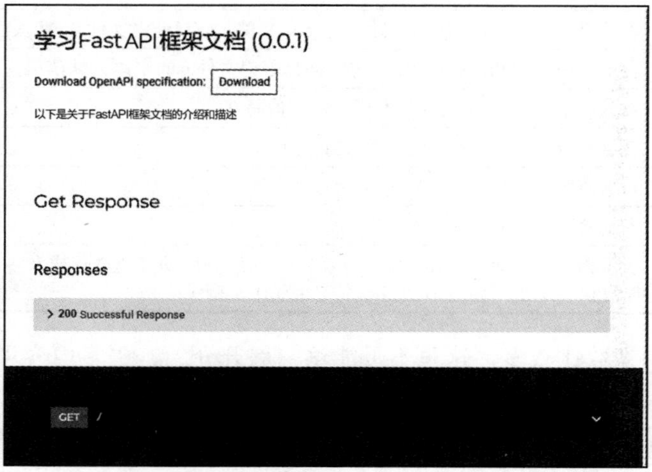

图 2-33　ReDoc 模式下服务启动后的界面

通过交互式 API 文档可以看到，FastAPI 框架会自动列举 app 中所有定义的 API 端点路由信息，此时还可以通过单击 API 交互文档对应的接口进行访问。

如图 2-34 所示，使用第一种交互式 API 文档，单击"Execute"按钮之后，会自动请求到后端定义的"/app/hello"请求接口。此时，接口会返回响应的数据报文内容信息。

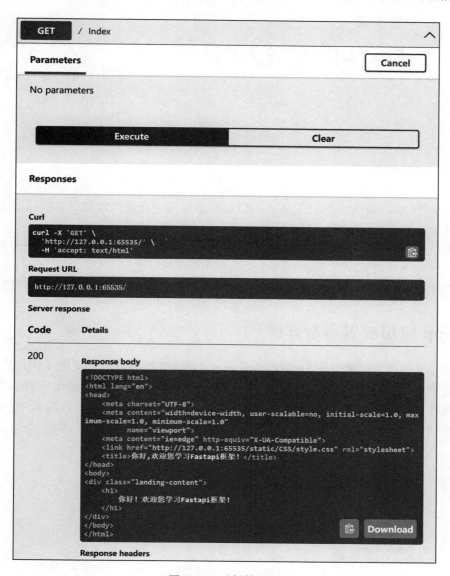

图 2-34　示例结果图

Chapter 3 第 3 章

FastAPI 基础入门

第 2 章已经对 FastAPI 进行了概述，但如果要开发企业级的项目，那么还需要学习更多的知识点。本章主要对 FastAPI 的一些入门知识进行更详细的介绍。

 说明　本章相关代码位于 \fastapi_tutorial\chapter03 目录下。

3.1　app 应用配置参数详解

通过前面的章节可知，从 FastAPI 包中导入 FastAPI 类并进行相关的实例化之后，app 对象就是整个服务应用的实例对象。这个 FastAPI 类包含了非常多的参数项。值得注意的是，这里的参数项多数起到全局作用，所以在使用过程中需要结合实际情况来进行设置。查看 FastAPI 类的源码，该类部分代码如下：

```
class FastAPI(Starlette):
    def __init__(
        self,
        *,
        debug: bool = False,
        routes: Optional[List[BaseRoute]] = None,
        title: str = "FastAPI",
        description: str = "",
        version: str = "0.1.0",
        openapi_url: Optional[str] = "/openapi.json",
        openapi_tags: Optional[List[Dict[str, Any]]] = None,
        servers: Optional[List[Dict[str, Union[str, Any]]]] = None,
        dependencies: Optional[Sequence[Depends]] = None,
        default_response_class: Type[Response] = Default(JSONResponse),
        docs_url: Optional[str] = "/docs",
```

```
    redoc_url: Optional[str] = "/redoc",
    swagger_ui_oauth2_redirect_url: Optional[str] = "/docs/oauth2-redirect",
    swagger_ui_init_oauth: Optional[Dict[str, Any]] = None,
    middleware: Optional[Sequence[Middleware]] = None,
    exception_handlers: Optional[
        Dict[
            Union[int, Type[Exception]],
            Callable[[Request, Any], Coroutine[Any, Any, Response]],
        ]
    ] = None,
    on_startup: Optional[Sequence[Callable[[], Any]]] = None,
    on_shutdown: Optional[Sequence[Callable[[], Any]]] = None,
    terms_of_service: Optional[str] = None,
    contact: Optional[Dict[str, Union[str, Any]]] = None,
    license_info: Optional[Dict[str, Union[str, Any]]] = None,
    openapi_prefix: str = "",
    root_path: str = "",
    root_path_in_servers: bool = True,
    responses: Optional[Dict[Union[int, str], Dict[str, Any]]] = None,
    callbacks: Optional[List[BaseRoute]] = None,
    deprecated: Optional[bool] = None,
    include_in_schema: bool = True,
    swagger_ui_parameters: Optional[Dict[str, Any]] = None,
    **extra: Any,
```

通过上面的代码可以看到，实例化一个 app 对象可以配置很多的参数项。

3.1.1　开启 Debug 模式

FastAPI 类中内置了一个 Debug（调试）功能，通过它，人们可以实现类似使用 Flask 框架时在网页中看到错误堆栈信息明细的功能。这个功能在排查错误时非常有用。开启 Debug 参数项的代码如下（示例代码位于 \fastapi_tutorial\chapter03\debugshow 目录之下）：

```
from fastapi import FastAPI
from fastapi.responses import PlainTextResponse

app = FastAPI(debug=True)
@app.get('/')
def index():
    1988/0
    return PlainTextResponse('您好！欢迎您学习FastAPI框架！')
```

在上面的代码中，实例化 app 对象时设置了 debug 的参数值为 True，即 FastAPI (debug= True)，并且创建了一个 API，在接口函数内部设置一个"1988/0"的错误"ZeroDivision-Error"。启动服务，并使用浏览器访问 http://127.0.0.1:8000/ 地址，此时，页面会显示出详细的错误堆栈异常信息，如图 3-1 所示。

通过堆栈异常信息，用户可以快速定位到错误问题点的具体位置。在项目的本地开发调试阶段开启 Debug 模式非常有用，但需要注意，在线上生产环境中应避免开启这个功能。另外，如果定义了全局异常处理，则不建议同时开启 Debug 模式，否则全局异常处理会失效。

500 Server Error

ZeroDivisionError: division by zero

Traceback

File D:\pythonProject\fastapi_tutorial\chapter01\main.py, line *9*, in index ⊟

```
6.
7.   @app.get('/')
8.   def index():
9.         1998 / 0
10.       return PlainTextResponse(' 您好！欢迎您学习FastAPI框架！')
11.
12.
```

File D:\pythonProject\fastapi_tutorial\chapter01\venv\lib\site-packages\anyio_backends_asyncio.py, line *807*, in **run** ⊞

File D:\pythonProject\fastapi_tutorial\chapter01\venv\lib\site-packages\anyio_backends_asyncio.py, line *877*, in **run_sync_in_worker_thread** ⊞

File D:\pythonProject\fastapi_tutorial\chapter01\venv\lib\site-packages\anyio\to_thread.py, line *33*, in **run_sync** ⊞

File D:\pythonProject\fastapi_tutorial\chapter01\venv\lib\site-packages\starlette\concurrency.py, line *41*, in **run_in_threadpool** ⊞

File D:\pythonProject\fastapi_tutorial\chapter01\venv\lib\site-packages\fastapi\routing.py, line *192*, in **run_endpoint_function** ⊞

File D:\pythonProject\fastapi_tutorial\chapter01\venv\lib\site-packages\fastapi\routing.py, line *273*, in **app** ⊞

图 3-1　错误堆栈异常信息

3.1.2　关于 API 交互式文档参数

我们知道，FastAPI 框架支持自动生成 API 可视化交互式文档。在调试接口的过程中，常用的是基于 Swagger UI 模式生成文档，本小节重点介绍 API 可视化交互式文档的一些常用参数的配置项，配置示例代码如下（示例代码位于 \fastapi_tutorial\chapter03\swaggershow 目录之下）：

```python
from fastapi import FastAPI

app = FastAPI(
    title="文档的标题",
    description='关于该API文档一些描述信息补充说明',
    version='v1.0.0',
    openapi_prefix='',
    swagger_ui_oauth2_redirect_url="/docs/oauth2-redirect",
    swagger_ui_init_oauth=None,
    docs_url='/docs',
    redoc_url='/redoc',
    openapi_url="/openapi/openapi_json.json",
    terms_of_service="https://terms/团队的官网网站/",
    deprecated=True,
    contact={
        "name": "邮件接收者信息",
        "url": "https://xxx.cc",
        "email": "308711822@qq.com",
```

```
    },
    license_info={
        "name": "版权信息说明License v3.0",
        "url": "https://xxxxxxx.com",
    },
    openapi_tags=[
        {
            "name": "接口分组",
            "description": "接口分组信息说明",
        },
    ],
    #配置服务请求地址相关的参数信息
    servers=[
        {"url": "/", "description": "本地调试环境"},
        {"url": "https://xx.xx.com", "description": "线上测试环境"},
        {"url": "https://xx2.xx2.com", "description": "线上生产环境"},
    ]
)

@app.get(path="/index")
async def index():
    return {"index": "index"}
```

启动服务，通过浏览器访问 http://127.0.0.1:8000/docs 地址，可以看到图 3-2 所示的结果。

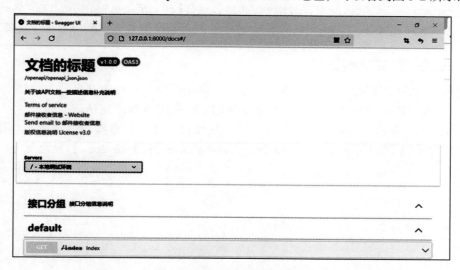

图 3-2　API 可视化交互式文档参数项配置显示结果

从上面的代码中可以看出一些参数项配置信息的应用场景，各参数项说明如下：

❑ title：表示整个 API 文档的标题和文档网站标题，默认为 FastAPI。

❑ description：表示该 API 文档描述的补充说明，它支持使用 Markdown 格式来编写。

❑ version：表示 API 文档版本号信息。

❑ openapi_prefix：配置访问 openapi_json.json 文件路径的前缀，默认为空字符串。

- swagger_ui_oauth2_redirect_url：配置在 swagger_ui 中，使用 OAuth 2 进行身份认证时的授权 URL 重定向地址。
- swagger_ui_init_oauth：自定义 OAuth 认证信息配置，默认为 None。
- docs_url：自定义 swagger_ui 交互式文档访问请求地址，默认为 docs。
- redoc_url：自定义 redoc_ui 交互式文档访问请求地址，默认为 redoc。
- openapi_url：配置访问 openapi_json.json 文件路径。
- terms_of_service：团队服务条款的 URL。如果提供，则该值必须是一个 URL。该参数为非必要参数。
- deprecated：是否全局标注所有的 API 为废弃标识，默认为 None。
- contact：配置公开的 API 服务条款 URL 信息，主要字段信息如下。
  - name：联系人 / 组织的识别名称。
  - url：指向联系信息的 URL，必须采用 URL 的格式。
  - email：联系人 / 组织的电子邮件地址，必须采用电子邮件地址的格式。
- license_info：配置公开 API 的许可信息。它可以包含多个字段。
  - name：API 的许可证名称。
  - url：指向联系信息的 URL，必须采用 URL 的格式。
- openapi_tags：默认的接口分组列表信息，可以定义相关 API 的分组 Tag 名称。
- servers：配置请求 API 使用的 host 地址，通过这个配置可以划分多个环境 URL。

3.1.3 关闭交互式文档访问

自动生成 API 可视化交互式文档虽然方便，但是在生产环境中开启此文档访问会带来安全隐患。为了解决此类安全问题，通常会使用某种策略机制限制访问，如启动相关的身份认证、IP 白名单等。如果项目不允许访问 API 文档，那么最直接的做法就是直接禁用，关闭访问，如以下代码所示（位于 \fastapi_tutorial\chapter03\close_docs 目录之下）：

```
from fastapi import FastAPI
app = FastAPI(
    docs_url=None,
    redoc_url=None,
    #或者直接设置openapi_url=None
    openapi_url=None,
)
```

在上面的代码中，设置了 docs_url=None 和 redoc_url=None，此时访问 http://127.0.0.1:8000/docs 的请求都会返回 "Not Found" 的提示，表示找不到该路由的访问地址。使用这种方式可达到关闭 API 交互式文档访问的目的。另外，还可以通过设置 openapi_url=None 或禁用 OpenAPI Schema 来关闭 API 交互式文档访问。

3.1.4 全局 routes 参数说明

在对 FastAPI 类进行实例化时，有一个预设的 routes 路由列表参数，它保存了 app 中所有 API 端点的路由信息。示例代码如下（位于 \fastapi_tutorial\chapter03\demo_routers 目录之下）：

```
from fastapi import FastAPI, Request
from fastapi.responses import JSONResponse
from fastapi.routing import APIRoute

async def fastapi_index():
    return JSONResponse({"index": "fastapi_index"})

async def fastapi_about():
    return JSONResponse({"about": "fastapi_about"})

routes = [
    APIRoute(path="/fastapi/index", endpoint=fastapi_index, methods=["GET",
        "POST"]),
    APIRoute(path="/fastapi/about", endpoint=fastapi_about, methods=["POST"]),
]
app = FastAPI(routes=routes)
```

在上面的代码中，定义了一个 routes 列表，里面保存着已经实例化的 APIRoute 对象实例，此时把 routes 传入 FastAPI 中，就可以完成一系列 API 端点路由的注册。当服务启动，访问 API 可视化交互式文档地址时，即可看到所有 API 已注册完成了，如图 3-3 所示。

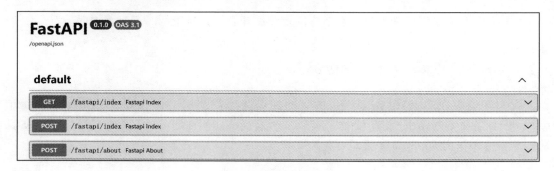

图 3-3　API 注册完成

3.1.5　全局异常 / 错误捕获

exception_handlers 参数主要用于捕获在执行业务逻辑处理过程中抛出的各种异常，如以下代码所示（位于 \fastapi_tutorial\chapter03\global_exception 目录之下）：

```
from fastapi import FastAPI
from starlette.responses import JSONResponse

async def exception_not_found(request, exc):
    return JSONResponse({
        "code": exc.status_code,
```

```
                "error": "没有定义这个请求地址"},
                status_code=exc.status_code)

    exception_handlers = {
        404: exception_not_found,
    }

    app = FastAPI(exception_handlers=exception_handlers)
```

上述代码中，定义了一个用于捕获响应码为 404 的异常 / 错误处理器。通过对异常 / 错误的捕获，用户可以自定义实现异常 / 错误结果的返回。因为当前服务没有注册任何相关的路由，所以当服务启动后会访问一个不存在的 API 地址，如 http://127.0.0.1:8000/index。此时，浏览器会返回一个 JSONResponse 类型的响应报文，结果如图 3-4 所示。

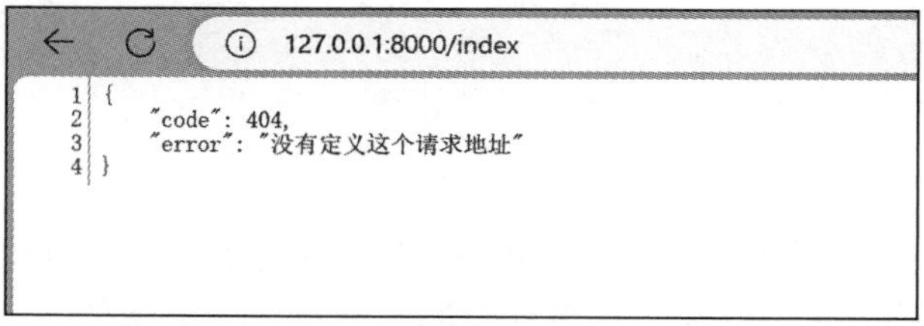

图 3-4　全局捕获 404 响应码错误结果

更多的异常 / 错误处理，后文有对应的章节展开介绍，这里暂时不过多说明。

3.2　API 端点路由注册和匹配

我们知道，在 FastAPI 框架中，所有的注册路由都会统一保存到 app.routes 中。app. routes 保存了所有的路由注册信息。如果需要查看当前应用注册的所有路由信息，那么在启动服务后打印输出 app.routes 值即可。

3.2.1　路由节点元数据

元数据是一组用于描述数据的数据，主要用于组织、查找和理解数据（通常指描述数据属性的信息）。在 API 可视化交互式文档中有很多字段用于对数据进行描述。通过前面的学习可以知道，在实现 API 端点路由注册的过程中，路由装饰器提供了非常多的参数。下面对 app.get() 的路由装饰器参数进行说明。装饰器部分的代码如下：

```
def get(
    self,
    path: str,
    *,
    response_model: Optional[Type[Any]] = None,
    status_code: Optional[int] = None,
    tags: Optional[List[Union[str, Enum]]] = None,
```

```
        dependencies: Optional[Sequence[Depends]] = None,
        summary: Optional[str] = None,
        description: Optional[str] = None,
        response_description: str = "Successful Response",
        responses: Optional[Dict[Union[int, str], Dict[str, Any]]] = None,
        deprecated: Optional[bool] = None,
        operation_id: Optional[str] = None,
        response_model_include: Optional[Union[SetIntStr, DictIntStrAny]] = None,
        response_model_exclude: Optional[Union[SetIntStr, DictIntStrAny]] = None,
        response_model_by_alias: bool = True,
        response_model_exclude_unset: bool = False,
        response_model_exclude_defaults: bool = False,
        response_model_exclude_none: bool = False,
        include_in_schema: bool = True,
        response_class: Type[Response] = Default(JSONResponse),
        name: Optional[str] = None,
        callbacks: Optional[List[BaseRoute]] = None,
        openapi_extra: Optional[Dict[str, Any]] = None,
) -> Callable[[DecoratedCallable], DecoratedCallable]:
```

其中与 API 可视化文档显示有关的字段信息说明如下：

❑ tags：设置 API 文档中接口所属组别的标签名，可以将其理解为分组名称，支持设定多个所属分组。

❑ summary：设置 API 文档中该路由接口的名称，默认值为当前被装饰的函数（又称端点函数或视图函数）的名称。

❑ description：设置 API 文档中对该路由功能的详细描述。

❑ response_description：设置 API 文档中对该路由响应报文信息结果的描述。

❑ deprecated：设置 API 文档中是否将该路由标记为废弃接口。

❑ operation_id：自定义设置路径操作中使用的 OpenAPI 的 operation_id 名称。

❑ name：设置 API 文档中该路由接口的名称。其功能和 summary 类似，但是 name 主要供用户反向查询使用。两者同时存在时会优先显示 summary 值。

❑ openapi_extra：用于自定义或扩展 API 文档中对应的 **openapi_extra** 字段的功能。

❑ include_in_schema：表示该路由接口相关信息是否在 API 文档中显示。

与响应报文处理有关的字段信息说明如下：

❑ path：定义路由访问的 URL 地址。

❑ response_model：定义函数处理结果中返回的 JSON 的模型类，这里会把输出数据转换为对应的 response_model 中声明的数据模型。

❑ status_code：定义响应报文状态码。

❑ response_class：设置响应报文使用的 Response 类，默认返回 JSONResponse。

❑ responses：设定不同响应报文状态码下不同的响应模型。

❑ response_model_include：设置响应模型的 JSON 信息中包含哪些字段，参数格式为集合 { 字段名 , 字段名 , …}。

❑ response_model_exclude：设定响应模型的 JSON 信息中需要过滤哪些字段。

❏ response_model_exclude_unset：设定不返回响应模型的 JSON 信息中没有值的字段。

❏ response_model_exclude_defaults：设定不返回响应模型的 JSON 信息中有默认值的字段。

❏ response_model_exclude_none：设定不返回响应模型的 JSON 信息中值为 None 的字段。

其他字段信息：

❏ dependencies：用于配置当前路径装饰器的依赖项列表。

3.2.2 路由 URL 匹配

我们知道，URL 地址是绑定路径装饰器和对应视图函数（同步函数或协程函数）的纽带。实际上，项目开发中可能会根据各种需求对 URL 的绑定有一定的要求，如多地址绑定同一个视图函数，还有 URL 存在同名时的优先匹配等。本小节根据一些场景来介绍几种常见问题的处理方法。

本小节示例代码位于 \fastapi_tutorial\chapter03\more_routers 目录之下。

1. 多重 URL 地址绑定函数

如果读者对 Web 开发有一定的基础，那么应该听说过 RESTful 这种 API 设计规范，通常要求 HTTP 请求方法符合这个规范。RESTful API 常用的 HTTP 方法主要有如下几个：

❏ GET：读取数据库信息。

❏ POST：创建新增数据。

❏ PUT：更新已有数据。

❏ PATCH：更新数据，通常仅更新部分数据。

❏ DELETE：删除数据信息。

在项目开发过程中，如果一个视图函数需要同时支持多个请求地址的访问，则需要使用多个装饰器（多个 URL 地址）来装饰绑定视图函数，示例代码如下：

```
#使用app实例对象来装饰实现路由注册
@app.get('/', response_class=JSONResponse)
@app.get('/index', response_class=JSONResponse)
@app.post('/index', response_class=JSONResponse)
@app.get("/app/hello", tags=['app实例对象注册接口-示例'])
def index():
    return {"Hello": "app api"}
```

在上述示例代码中，index 视图函数同时被多个装饰器装饰，并且配置不同的方法、不同的 URL 地址，所以下面几种方式得到的最终结果是一致的。

❏ 使用 GET 方式请求，http://127.0.0.1:8000/。

❏ 使用 GET 方式请求，http://127.0.0.1:8000/index。

❏ 使用 GET 方式请求，http://127.0.0.1:8000/app/hello。

❏ 使用 POST 方式请求，http://127.0.0.1:8000/index。

还有其他实现方式可以关联绑定视图函数，代码如下：

```
@app.get('/')
def index():
    return {"Hello": "fastapi"}
...
def index():
    return {"Hello": "fastapi"}
app.get("/")(index)
```

上面的两种实现方式是等价的，只是一种使用装饰器形式，另一种使用传参形式。

2. 同一个 URL 下的动态和静态路由优先级

从访问 URL 的可变性角度，可以把路由划分为静态路由（固定请求 URL）和动态路由（可变请求 URL）。如果动态和静态路由 URL 同时存在，那么请求访问的优先级是怎样的呢？示例代码如下：

```
from fastapi import FastAPI

app = FastAPI()

#动态路由
@app.get('/user/{userid}')
async def login(userid: str):
    return {"Hello": "dynamic"}

#静态路由
@app.get('/user/userid')
async def login():
    return {"Hello": "static"}
```

如上面的代码所述，定义了两个路由，它们的 URL 地址几乎一样，区别在于 URL 地址中的 userid 参数，一个是动态路由中的动态参数，另一个是静态路由中的路径参数的一部分。当启动服务后，如果同时访问 http://127.0.0.1:8000/user/userid，则此时的路由访问原则是“谁先注册就优先访问谁”。所以最终显示的结果为 {"Hello": "dynamic"}。如果调换注册顺序，则此时会显示 {"Hello": "static"}。

如果访问动态路由地址，且请求访问的地址为 http://127.0.0.1:8000/user/useridtest，则会匹配访问到动态路由地址，其中地址上的 "useridtest" 会转换为一个路径参数，此时输出的结果为 {"Hello": "dynamic"}。

3. 一个 URL 配置多个 HTTP 请求方法

FastAPI 还提供了 @app.api_route() 来支持配置路由函数使用不同的 HTTP 请求方法，示例代码如下：

```
app = FastAPI(routes=None)
@app.api_route(path="/index", methods=["GET", "POST"])
async def index():
    return {"index": "index"}
```

另外，还可以直接使用 FastAPI 提供的 app.add_api_route() 方法来实现类似 @app.api_route() 的功能。app.add_api_route() 需要传入一个 endpoint（端点）参数（endpoint 参数可以理解为需要绑定关联的同步函数或协程函数，也就是视图函数）。示例代码如下：

```
app = FastAPI(routes=None)
async def index():
    return JSONResponse({"index": "index"})
app.add_api_route(path="/index2", endpoint=index, methods=["GET","POST"])
```

本小节示例代码位于 \fastapi_tutorial\chapter03\static_dynamic 目录之下。

3.2.3　基于 APIRouter 实例的路由注册

我们已经学过如何进行一个简单 API 端点路由的注册，这里补充介绍对其他路由添加注册的实现方式以及注册过程中需要注意的细节问题。

API 端点路由注册方式大致可以分为 3 种：

❑ 基于 app 实例对象提供的装饰器或函数进行注册。

❑ 基于 FastAPI 提供的 APIRouter 类的实例对象提供的装饰器或函数进行注册。

❑ 通过直接实例化 APIRoute 对象且添加的方式进行注册。

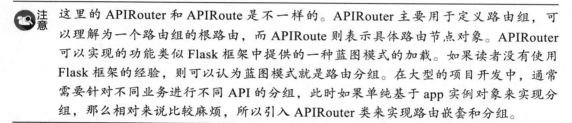

注意　这里的 APIRouter 和 APIRoute 是不一样的。APIRouter 主要用于定义路由组，可以理解为一个路由组的根路由，而 APIRoute 则表示具体路由节点对象。APIRouter 可以实现的功能类似 Flask 框架中提供的一种蓝图模式的加载。如果读者没有使用 Flask 框架的经验，则可以认为蓝图模式就是路由分组。在大型的项目开发中，通常需要针对不同业务进行不同 API 的分组，此时如果单纯基于 app 实例对象来实现分组，那么相对来说比较麻烦，所以引入 APIRouter 类来实现路由嵌套和分组。

1. 路由注册方式

基于 APIRouter 的实例对象实现路由注册，本质上是向路由中添加子路由，也就是所说的蓝图模式，代码如下：

```
from fastapi import FastAPI
from fastapi import APIRouter

app = FastAPI(routes=None)

router_uesr = APIRouter(prefix="/user", tags=["用户模块"])
router_pay = APIRouter(prefix="/pay", tags=["支付模块"])

@router_uesr.get("/user/login")
def user_login():
    return {"ok": "登录成功！"}

@router_pay.get("/pay/order")
def pay_order():
    return {"ok": "订单支付成功！"}
```

在上面的代码中，引入了 APIRouter 这个新类，通过该类实例化两个不同的 APIRouter 对象，并将它们分别绑定关联到 user_login() 和 pay_order() 两个视图函数上。进行 APIRouter 实例化时，相关参数项说明如下。

❏ prefix：当前整个全局路由对象请求 URL 地址前缀。

❏ tags：API 分组归属标签。

当完成路由分组和对应视图函数绑定后，还需要使用 app.include_router() 把 APIRouter 对象添加到 app 路由列表里面。include_router() 函数的执行过程其实就是把所有子 router 中的路由都拆解出来并添加到根 router，经过处理后，路由节点就注册完成了。相关实现代码如下：

```
#添加路由分组
app.include_router(router_uesr)
app.include_router(router_pay)
```

在上面的代码中，实现了相关路由分组注册。此时访问 API 可视化交互式文档地址，就可以看到不同的接口分布在不同的 tag（标签）下，文档显示结果如图 3-5 所示。

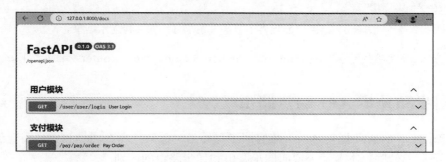

图 3-5　路由分组标签的文档显示结果

2. 给路由配置多个 HTTP 请求方法

APIRouter 实例对象提供 api_route 的装饰器来支持配置多个 HTTP 请求方法，同时也可以使用 add_api_route() 传入具体要绑定的端点函数，示例代码如下：

```
router_uesr = APIRouter(prefix="/user", tags=["用户模块"])

@router_uesr.get("/user/login")
def user_login():
    return {"ok": "登录成功! "}

@router_uesr.api_route("/user/api/login",methods=['GET','POST'])
def user_api_route_login():
    return {"ok": "登录成功! "}

def add_user_api_route_login():
    return {"ok": "登录成功! "}
router_uesr.add_api_route("/user/add/api/login",methods=['GET','POST'],endpoint=
add_user_api_route_login)
```

```
app.include_router(router_uesr)
```

启动服务，访问 API 可视化交互式文档地址，文档显示结果如图 3-6 所示。

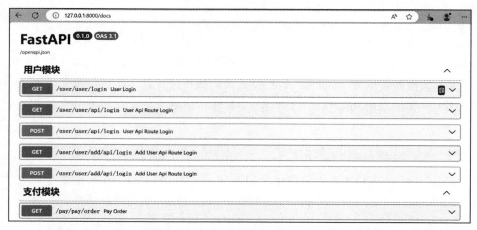

图 3-6　给路由配置多个 HTTP 请求方法的文档显示结果

本小节示例代码位于 \fastapi_tutorial\chapter03\demo_more_routers 目录之下。

3.3　同步和异步 API 端点路由

我们知道，FastAPI 框架是一个兼容同步和异步的框架，那么同步和异步表现到路由函数上是怎么区分的呢？本节就来说明同步路由和异步路由的区别。

3.3.1　同步 API 端点路由

这里所说的同步路由的主要表现形式为：当使用 URL 地址绑定的关联视图函数是一个**同步函数**（使用 def 定义的函数）时，就把这个绑定过程理解为一个同步路由注册的过程。示例代码如下：

```python
from fastapi import FastAPI
import threading
import time
import asyncio
app = FastAPI(routes=None)

@app.get(path="/sync")
def sync_function():
    time.sleep(10)
    print("当前同步函数运行的线程ID:",threading.current_thread().ident)
    return {"index": "sync"}
```

在上面的代码中，在视图函数内部通过 threading.current_thread().ident 来查看处理当前请求的线程 ID。启动服务，访问对应的同步 API，得到的结果如下：

```
当前同步函数运行的线程ID: 1628
INFO:       127.0.0.1:28540 - "GET /sync HTTP/1.1" 200 OK
当前同步函数运行的线程ID: 6992
INFO:       127.0.0.1:28541 - "GET /sync HTTP/1.1" 200 OK
```

从上面的输出结果可以看到，当发起多个请求时，每个请求的执行所产生的**线程 ID 都是不一样的**，这也说明了同步路由的并发处理机制是基于多线程方式来实现的。

3.3.2　异步 API 端点路由

这里所说的异步路由的主要表现形式为：当使用 URL 地址绑定的视图函数是一个**协程函数**（使用 async def 定义的函数）时，就把这个绑定过程理解为一个异步路由注册的过程，示例代码如下：

```
from fastapi import FastAPI
import threading
import time
import asyncio
app = FastAPI(routes=None)

@app.get(path="/async")
async def async_function():
    await asyncio.sleep(10)
    print("当前协程运行的线程ID:", threading.current_thread().ident)
    return {"index": "async"}
```

启动服务，访问对应的异步 API，得到的结果如下：

```
当前协程运行的线程ID: 3692
INFO:       127.0.0.1:28951 - "GET /async HTTP/1.1" 200 OK
当前协程运行的线程ID: 3692
INFO:       127.0.0.1:28951 - "GET /async HTTP/1.1" 200 OK
```

从上面的输出结果可以看出，当发起多个访问请求时，每个请求的执行都运行在**同一个线程内**，所以可以理解为每个请求本质上都是运行在**同一个线程的循环事件中**，所以它们的线程 ID 是一样的，这也说明了异步路由的并发处理机制是基于单线程方式运行的。

> **注意** 通常不建议在异步操作中使用同步函数，因为在一个线程中执行同步函数时肯定会引发阻塞。比如，一般不会在异步协程函数中使用 time.sleep()，而是使用 await asyncio.sleep()。

本小节示例代码位于 \fastapi_tutorial\chapter03\async_sync 目录之下。

3.4　多应用挂载

在实际项目开发过程中，如果项目比较庞大，则除了使用 APIRouter 进行模块划分之外，还可以使用主应用挂载子应用的方式来进行划分。

3.4.1　主从应用挂载

主应用挂载子应用的好处有：app 独立管理；各自所属的 API 交互式文档是独立的，可以分开访问。具体挂载步骤如下。

步骤 1　创建主 app 应用对象实例，注册所属的路由信息，代码如下：

```
from fastapi import FastAPI
from fastapi.responses import JSONResponse

app = FastAPI(title='主应用',description="我是主应用文档的描述",version="v1.0.0")
@app.get('/index',summary='首页')
async def index():
    return JSONResponse({"index": "我是属于主应用的接口！"})
```

步骤 2　创建子 app 对象的实例，注册所属的路由信息，代码如下：

```
subapp = FastAPI(title='子应用',description="我是子应用文档的描述",version="v1.0.0")
@subapp.get('/index',summary='首页')
async def index():
    return JSONResponse({"index": "我是属于子应用的接口！"})
```

步骤 3　通过调用 app.mount(subapp) 进行主应用挂载子应用关联，设置子应用请求 URL 地址为 /subapp，代码如下：

```
app.mount(path='/subapp',app=subapp,name='subapp')
```

步骤 4　启动服务，分别查看主应用和子应用的独立文档。

❏　主应用交互式文档地址为 http://127.0.0.1:8000/docs。

❏　子应用交互式文档地址为 http://127.0.0.1:8000/subapp/docs。

本小节示例代码位于 \fastapi_tutorial\chapter03\mount_app\FastAPIapp.py 目录下。

3.4.2　挂载其他 WSGI 应用

如果已开发好了 WSGI 应用程序（如 Flask 或 Django 等应用），也可以通过 FastAPI 无缝进行挂载关联，这样就可以通过 FastAPI 部署来启动 WSGI 的应用程序。FastAPI 提供了一个名为 WSGI Middleware 的中间件，通过它可以挂载 WSGI 应用程序。具体挂载步骤如下：

步骤 1　安装 Flask 包。

```
> pip install flask
```

步骤 2　创建 FastAPI 主应用，注册所属的路由信息，代码如下：

```
from fastapi import FastAPI
from fastapi.responses import JSONResponse
app = FastAPI(title='主应用',description="我是主应用文档的描述",version="v1.0.0")
@app.get('/index',summary='首页')
async def index():
    return JSONResponse({"index": "我是属于FastAPI应用的接口！"})
```

步骤 3　创建 Flask 子应用，注册所属的路由信息，代码如下：

```
from flask import Flask
from fastapi.middleware.wsgi import WSGIMiddleware
flask_app = Flask(__name__)
@flask_app.route("/index")
def flask_main():
    return {"index": "我是属于flask_app应用的接口！"}
```

步骤 4　进行挂载关联，设置子应用请求 URL 地址为 /flaskapp，代码如下：

```
app.mount(path='/flaskapp', app=WSGIMiddleware(flask_app), name='flask_app')
```

步骤 5　启动服务，分别访问不同的路由地址，最终不同的请求会分发到不同路由上，且会由不同的框架进行处理并返回最终数据，如图 3-7 和图 3-8 所示。

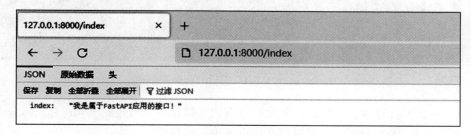

图 3-7　主应用的路由访问结果

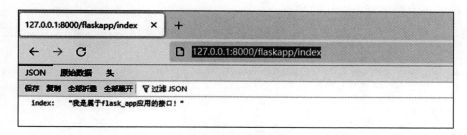

图 3-8　子应用的路由访问结果

本小节示例代码位于 \fastapi_tutorial\chapter03\mount_app\flaskapp.py 目录下。

3.5　自定义配置 swagger_ui

在使用 API 可视化交互式文档的过程中，有时候相关网络是正常的，但是依然无法正常加载可视化 API 文档界面，这主要是由 swagger_ui 内置的 HTML 模板导致的，相关的 swagger-ui.css 和 swagger-ui-bundle.js 资源是从第三方的 CDN 服务商上加载的，第三方的 CDN 服务出现问题就会导致无法正常加载可视化 API 文档界面的情况。为了避免出现这种情况，以及在无网络情况下也能正常访问 API 交互式文档，就需要自定义（或改造）并渲染

HTML 模板中的一些变量，让 swagger-ui.css 和 swagger-ui-bundle.js 等静态资源从本地进行加载。

通过查阅源码可以知道，docs 模板内容渲染的 HTML 内容位于 ...\FastAPI\openapi\docs.py 模块中，里面有 get_swagger_ui_html() 方法文档，其中有 HTML 输出模板的内容。用户可以通过替换对应输出模板的参数实现本地资源加载，具体替换步骤如下。

步骤 1 查看可以替换的参数信息内容，如图 3-9 所示。

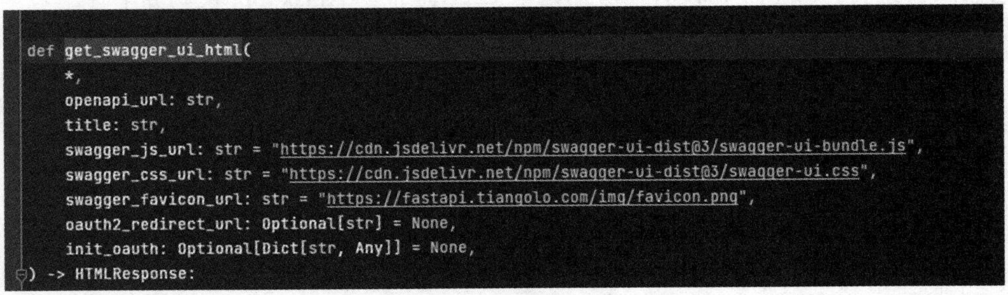

```
def get_swagger_ui_html(
    *,
    openapi_url: str,
    title: str,
    swagger_js_url: str = "https://cdn.jsdelivr.net/npm/swagger-ui-dist@3/swagger-ui-bundle.js",
    swagger_css_url: str = "https://cdn.jsdelivr.net/npm/swagger-ui-dist@3/swagger-ui.css",
    swagger_favicon_url: str = "https://fastapi.tiangolo.com/img/favicon.png",
    oauth2_redirect_url: Optional[str] = None,
    init_oauth: Optional[Dict[str, Any]] = None,
) -> HTMLResponse:
```

图 3-9　swagger_ui 中 HTML 模板的可替换参数信息内容

通过图 3-9 所示的函数传递的参数值可以看出，默认的 swagger_js_url 和 swagger_css_url 使用了第三方 CDN 地址，所以可以从这里入手进行改造。

步骤 2 下载 swagger_js_url 和 swagger_css_url 对应的资源文件，然后将它们放到 static 文件夹之下。

步骤 3 挂载相关静态资源文件，设置读取路径并自定义访问 docs 路由，代码如下：

```
from fastapi import FastAPI
from fastapi.openapi.docs import (get_redoc_html, get_swagger_ui_html, get_
swagger_ui_oauth2_redirect_html, )
from fastapi.staticfiles import StaticFiles
import pathlib

app = FastAPI(docs_url=None)
app.mount("/static", StaticFiles(directory=f"{pathlib.Path.cwd()}/static"),
    name="static")

@app.get('/docs', include_in_schema=False)
async def custom_swagger_ui_html():
    return get_swagger_ui_html(
        openapi_url=app.openapi_url,
        title=app.title + " - Swagger UI",
        oauth2_redirect_url=app.swagger_ui_oauth2_redirect_url,
        swagger_js_url="/static/swagger-ui-bundle.js",
        swagger_css_url="/static/swagger-ui.css",
        swagger_favicon_url="https://fastapi.tiangolo.com/img/favicon.png"
    )

if __name__ == '__main__':
    import uvicorn
```

```
uvicorn.run(app='main:app', host="127.0.0.1", port=8000, reload=True)
```

步骤 4　启动服务，然后查看浏览器请求信息（打开浏览器，按下 F12 键），此时会发现 swagger_js_url 和 swagger_css_url 已经默认从本地加载了，如图 3-10 所示。

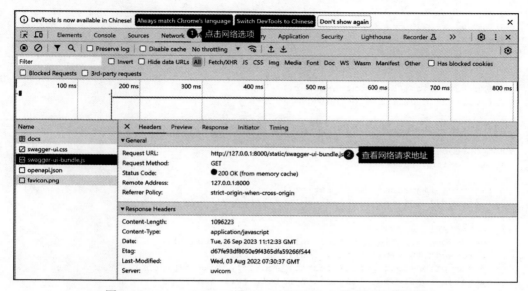

图 3-10　swagger_js_url 和 swagger_css_url 从本地加载界面

读者可以按上述步骤配置 redoc 模式下的静态资源。

本节示例代码位于 \fastapi_tutorial\chapter03\localswagger 目录下。

3.6　应用配置信息读取

通常，应用程序在启动前需要读取相关的配置参数或服务项，如应用密钥信息、数据库用户名和密码信息等。大部分的配置参数不会硬编码到项目中，因为部分参数要随时根据环境变量的变化而变化，所以一般做法是把配置参数写入外部文件或环境变量中。在大型微服务式应用中，还可能把参数写入线上的配置中心（如 nacos、etcd 等）进行统一管理，通过这些配置中心可以做到不重新打包、不发布版本就变更参数项。

3.6.1　基于文件读取配置参数

如果配置参数不是写入环境变量中，而是写入类似 Windows 的 *.ini 文件中，那么可以通过 Python 自带的 configparser 来解析读取配置参数。下面介绍读取配置参数的具体步骤。

步骤 1　定义配置文件 conf.int 的内容，具体如下：

```
[fastapi_config]
debug = True
```

```
title = "FastAPI"
description = "FastAPI文档明细描述"
version = v1.0.0

[redis]
ip = 127.0.0.1
port = 6379
password = 123456
```

步骤 2　导入 configparser 模块解析配置文件，代码如下：

```
config = configparser.ConfigParser()
config.read('conf.ini', encoding = 'utf-8')
```

步骤 3　读取指定的配置参数信息，代码如下：

```
from fastapi import FastAPI
import configparser

config = configparser.ConfigParser()
config.read('conf.ini', encoding='utf-8')

app = FastAPI(
    debug=bool(config.get('fastapi_config', 'debug')),
    title=config.get('fastapi_config', 'title'),
    description=config.get('fastapi_config', 'description'),
    version=config.get('fastapi_config', 'version'),
)
```

关于 configparser 的更多应用，感兴趣的读者可以阅读官方文档。

本小节示例代码位于 \fastapi_tutorial\chapter03\configparser_config 目录下。

3.6.2　基于 Pydantic 和 .env 环境变量读取配置参数

通过环境变量的方式来读取配置参数是 FastAPI 官方推荐的方式，通过 Pydantic 可以直接解析出对应的配置参数项。Pydantic 还提供了参数类型校验的功能。读取配置参数的具体步骤如下。

步骤 1　安装读取环境变量的依赖包，方法如下：

```
>pip install python-doten
```

步骤 2　定义配置文件 .env 内容，具体内容如下：

```
DEBUG=true
TITLE="FastAPI"
DESCRIPTION="FastAPI文档明细描述"
vERSION="v1.0.0"
```

步骤 3　定义继承于 BaseSettings 模型的 Settings 子类，代码如下：

```
from pydantic import BaseSettings
class Settings(BaseSettings):
    debug: bool = False
```

```
    title: str
    description: str
    version: str

    class Config:
        env_file = ".env"
        env_file_encoding = 'utf-8'
```

步骤 4　创建 Settings 实例对象，完成 .env 文件解析，代码如下：

```
settings = Settings()
print(settings.debug)
print(settings.title)
print(settings.description)
print(settings.version)
```

除此之外，还可以在实例化的过程中指定读取 .env 文件的方式，此时，模型类中可以不再需要定义 Config 内部类，代码如下：

```
settings = Settings(_env_file='.env',_env_file_encoding='utf-8')
```

步骤 5　导入对应的 Settings 模块并提供给 FastAPI 的实例对象使用，代码如下：

```
settings = Settings(_env_file='.env', _env_file_encoding='utf-8')
app = FastAPI(
    debug=settings.debug,
    title=settings.title,
    description=settings.description,
    version=settings.version,
)
```

使用读取环境变量的方式，系统会自动解析当前的环境是否存在对应的值。如果环境变量值不存在且模型中定义的变量无默认值，则会触发校验异常；如果存在默认值，则该值就是模型中定义的默认值。

对于继承于 BaseSettings 子类的实现，还可以对指定字段进行更详细的校验定制，代码如下：

```
class Settings(BaseSettings):
    debug: bool = False
    title: str
    description: str
    version: str

    @validator("version", pre=pre)
    def version_len_check(cls, v: str) -> Optional[str]:
        if v and len(v) == 0:
            return None
        return v
```

引入 Pydantic 下的 validator 校验函数装饰器后，即可对指定的 version 字段执行特定校验。如在 version_len_check() 函数内部定义的校验规则如下：当 version 字段存在且长度为 0 时，返回 None，否则直接返回 version。

validator 装饰器中提供了如下几个参数值。

❑ fields：表示需要校验哪一个字段。

❑ pre：表示自定义的校验规则是否应在调用标准验证器之前调用此验证器，否则在之后执行。

❑ each_item：表示对于一些复杂的对象（集合、列表等）字段，是否验证单个元素而不是整体。

❑ check_fields：表示是否在定义的模型对象上进行字段是否存在的校验。

❑ always：表示当字段缺少值时，是否应调用此方法进行验证。

❑ allow_reuse：表示如果存在另一个验证器引用修饰函数，那么是否跟踪并引发错误抛出。

3.6.3　给配置读取加上缓存

通常，系统中用到的配置参数只会读取一次，如果每次调用参数都要进行一次 Settings 对象实例化，则可能引发性能问题（当然也可以进行单例的实现）。对于非单例模式的实例对象，可以通过添加缓存的方式来避免多次实例化，进而提高整体性能。添加缓存的实现代码如下：

```
from functools import lru_cache

@lru_cache()
def get_settings():
    return Settings()

app = FastAPI(
    debug=get_settings().debug,
    title=get_settings().title,
    description=get_settings().description,
    version=get_settings().version,
)
```

在上面的代码中，通过导入 functools 模块中的 lru_cache 装饰器，完成了 Settings 对象缓存处理。

本小节示例代码位于 \fastapi_tutorial\chapter03\env_config 目录下。

3.7　API 端点路由函数参数

在项目开发过程中，用户一般需要通过提交参数来访问 API，但是对于 API 来说，用户输入的信息永远是不可靠的，所以需要对用户输入的参数进行校验，比如字段参数类型是否一致、字段的长度不能超过多少等。参数的校验库比较多，此处仅列举几个常用的。

❑ WTForms：支持多个 Web 框架的 Form 组件，主要用于对用户请求数据进行验证。

❑ valideer：轻量级、可扩展的数据验证和适配库。

❑ validators：验证库。

❑ cerberus：用于 Python 的轻量级和可扩展的数据验证库。

❑ colander：用于对 XML、JSON、HTML 以及其他同样简单的序列化数据进行校验和反序列化的库。

❑ jsonschema：用来标记和校验 JSON 数据，可在自动化测试中验证 JSON 的整体结构和字段类型。

❑ schematics：一个 Python 库，用于将类型组合到结构中并验证它们，然后根据简单的描述转换数据的形状。

❑ voluptuous：主要用于验证以 JSON、YAML 等形式传入 Python 的数据。

FastAPI 相比于 Flask 以及其他框架，在参数读取和校验上具有更多优势，主要是因为它整合了 Pydantic 库。通过 Pydantic 库，用户可以直接定义数据接口 schema，并进行数据校验。

在一个 API 中，请求参数的提交有多种方式，使用 Pydantic 可以统一进行参数绑定解析，如 Path、Query、Body、Cookie 等都是封装好的、可直接用于参数解析的模块。在源码层面，Path、Query、Body、Cookie 等模块的父类都是 Param，而 Param 的父类是 Pydantic 库中的 FieldInfo 类。

本节详细讲解与请求参数解析相关的知识点。

3.7.1 路径操作及路径函数

通常，在配置 API 端点路由绑定视图函数的过程中会涉及两个概念——路径操作参数和路径函数参数，下面通过示例代码来理解它们的区别。

```python
from fastapi import FastAPI, status, Response,Query
from fastapi.responses import JSONResponse
from typing import List
app = FastAPI()
@app.post("/parameter/",summary='我是路径操作参数',status_code=status.HTTP_500_
    INTERNAL_SERVER_ERROR)
async def parameter(q: List[str] = Query(["test1", "test2"])):
    return {
        'message': q,
    }
```

其中，@app.post() 表示 API 端点的**路径操作**，也就是 API 装饰器，它里面的传输参数则可以理解为**路径操作参数**；async def parameter() 表示**视图函数**，该视图函数可以是同步函数，也可以是协程函数，其中需要传入的参数表示**路径函数参数**，这里称其为**视图函数参数**。

3.7.2 Path 参数

Path（路径）参数是路由 URL 地址可以动态传入的参数。例如，在请求地址 http://127.0.0.1:8000/user/s1234/article?name=xiaoxiao 中，路径地址为 /user/s1234/article，而"？"符号之后的参数则是后续要讲解的查询参数。

1. 路径参数变量的声明和获取

路径参数通常指 URL 地址中可变的参数，代码如下：

```
@app.get("/user/{user_id}/article/{article_id}")
async def callback(user_id: int, article_id: str):
    return {
        'user_id': user_id,
        'article_id': article_id
    }
```

在上面的代码中，声明了 user_id 和 article_id 两个**路径参数**变量，FastAPI 会自动把这两个参数传递到视图函数上。在视图函数中，对这两个路径参数的要求如下。

❑ user_id：int 类型，是必填项。如果传递过程中没有这个参数，则会抛出请求参数校验异常。

❑ article_id：字符串类型，是必填项。如果传递过程中没有这个参数，则会抛出请求参数校验异常。

上面路径参数的声明在 API 交互式文档中的显示结果如图 3-11 所示。

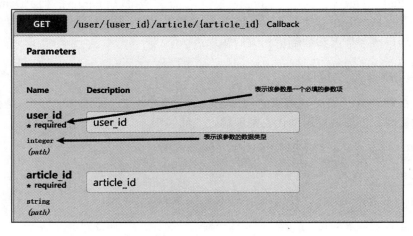

图 3-11　路径参数声明在 API 交互式文档中的显示结果

如果没有按既定参数校验规则提交参数，那么可打开浏览器访问 http://127.0.0.1:8000/user/s1234/article/xiaoxiao，得到图 3-12 所示的结果。

之所以会出现图 3-12 所示的校验异常结果，主要是因为 user_id 传入了非 int 类型的数据。如果按要求提交相关参数，则访问地址时会返回正常结果。

2. 带 "/" 的关键子路径参数

如果要求传入的路径参数是一种文件类型的路径，且要求把该变量值传入 URL 路径中，那么 URL 会识别出多重路径，相关代码如下：

```
@app.get("/uls/{file_path}")
```

```
async def callback_file_path(file_path: str):
    return {
        'file_path': file_path
    }
```

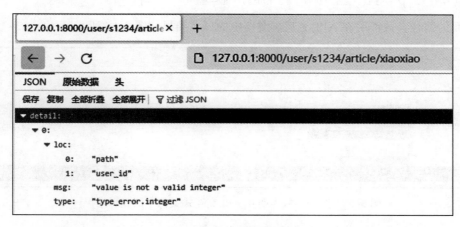

图 3-12　不符合校验规则的显示结果

如果此时提交的 file_path 变量值为 /file/1.txt，如访问 http://127.0.0.1:8000/uls//file/1. txt，则会出现 404 错误，无法匹配到正确的路由地址。此时只有把路径变量定义为 Path 类型，才能进行正确处理。相关代码如下：

```
@app.get("/uls/{file_path:path}")
async def callback_file_path_2(file_path: str):
    return {
        'file_path': file_path
    }
```

在上面的示例代码中，路径参数为 file_path:path。其中，path 表示该参数应匹配的任意路径，也可以理解为一种对路径的转换机制。此时再访问 http://127.0.0.1:8000/uls//file/1. txt，就能正常返回最终的处理结果了。

3. 枚举预设路径参数值

假设路径参数有几个预设值，则可以通过引入枚举类来定义路径参数值，代码如下：

```
from fastapi import FastAPI
from enum import Enum

class ModelName(str, Enum):
    name1 = "name1"
    name2 = "name2"
    name3 = "name3"

@app.get("/model/{model_name}")
async def get_model(model_name: ModelName):
```

```
    if model_name == ModelName.name1:
        return {"model_name": model_name, "message": "ok!"}
    if model_name.value == "name2":
        return {"model_name": model_name, "message": "name2 ok!"}
    return {"model_name": model_name, "message": "fail!"}
```

上面的路径参数声明在 API 交互式文档中的显示结果如图 3-13 所示。

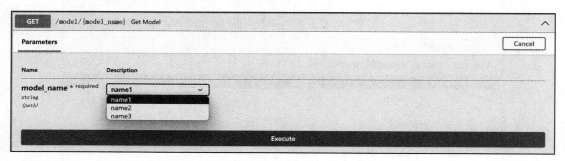

图 3-13　路径参数声明在 API 交互式文档中的显示结果

4. 路径参数的更多条件校验

如果需要对单独的一个参数进行多维度校验，则单纯采用上文的声明方式无法完成。
FastAPI 框架还提供了一个专门用于多维度条件校验的 Path 类来声明参数，代码如下：

```
@app.get("/pay/{user_id}/article/{article_id}")
async def read_user_item(user_id: int = Path(..., title="用户ID", description=
    '用户ID信息', ge=10000), article_id: str = Path(..., title="文章ID",
    description='用户所属文章ID信息', min_length=1, max_length=50)):
    return {
        'user_id': user_id,
        'article_id': article_id
    }
```

在上面的代码中，在视图函数中声明了两个 Path 参数。

❑ user_id：int 类型参数。

　　❍ ...：表示 user_id 是一个必填项。

　　❍ title：表示参数显示在 API 交互式文档中的标题名称。

　　❍ description：表示参数显示在 API 交互式文档中的详细描述。

　　❍ ge=10000：表示参数传值需要大于或等于 10000，若不满足，则会抛出请求参数
　　　校验异常。

　　❍ article_id：字符串类型参数。

　　❍ min_length=1：表示参数传值需要满足字符串长度大于 1，若不符合该条件，则
　　　会抛出请求参数校验异常。

　　❍ max_length=50：表示参数传值需要满足字符串长度小于 50，若不符合该条件，
　　　则会抛出请求参数校验异常。

通过 Path 类声明的参数，FastAPI 会自动进行路径变量参数值的提取，不需要其他处理。上面路径参数的声明在 API 交互式文档中的显示结果如图 3-14 所示。

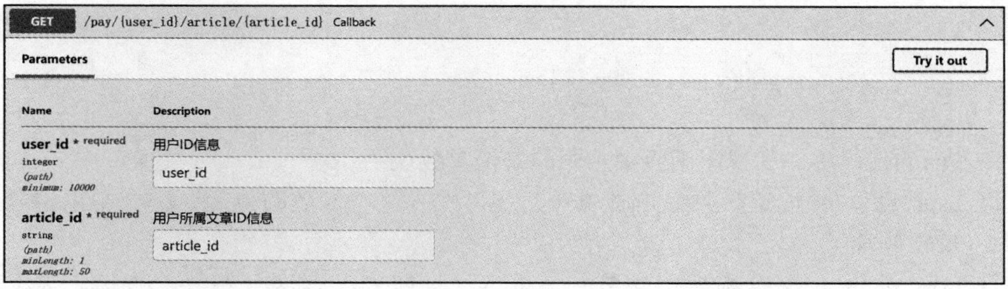

图 3-14　Path 类的路径参数声明在 API 交互式文档中的显示结果

5. 路径参数必填值说明

路径参数是 URL 的关键组成部分，如果缺少对路径参数值的传递，则构不成完整的 URL 请求，所以关于路径参数的定义需要注意：任何路径参数值都应该声明为必填项；若将路径参数声明为非必填项，如 user_id:int = Path(default=None)，则这个声明不会起作用，因为它还是一个路径参数。

6. 参数声明顺序问题

在视图函数中，声明的参数分为有默认值和无默认值两种。如果把有默认值参数放在无默认值参数的前面，那么 IDE 会提示告警，并且无法启动服务。如果坚持把有默认值的参数放在最前面，则需要在第一个参数前面加一个 *，代码如下：

```
@app.get("/items/{item_id}")
async def read_items(*,item_id: int = Path(...,), q: str):
    return 'OK'
```

此时，FastAPI 框架会将 * 之后的参数自动识别为关键字参数（键值对），也就是 **kwargs，并且它不会在意之后的参数是否有默认值。这里建议把无默认值的参数放在最前面。

本小节示例代码位于 \fastapi_tutorial\chapter03\parameter_path 目录下。

3.7.3　Query 参数

Query（查询）参数不属于路径参数的范畴，但是它会在 URL 地址上显示出来，如 http://127.0.0.1:8000/items/?skip=0&limit=10，其中，skip=0&limit 就是所谓的查询参数。

1. 查询参数必选和可选

对于查询参数的参数值，既可以设定为必填项，也可以设定为可选项，还可以设定为默认的查询参数值，代码如下：

```
@app.get("/query/")
async def read_item(user_id: int, user_name: Optional[str] = None, user_token:
str = 'token'):
    return {
        'user_id': user_id,
        'user_name': user_name,
        'user_token': user_token
    }
```

在上面的代码中，在视图函数中声明的查询参数说明如下。

❑ user_id：int 类型参数，是必填项，如果没有这个参数的传递，则会抛出请求参数校验异常。

❑ user_name：字符串类型参数，是可选项，如果没有这个参数的传递，则不会触发任何校验异常。Optional 的主要作用是参数值类型提示，方便 IDE 识别提示。Optional[str]=None 表示该参数值要么是字符串类型，要么是 None 类型。

❑ user_token：字符串类型参数，它的默认值为 "token"。

上面查询参数的声明在 API 交互式文档中的显示结果如图 3-15 所示。

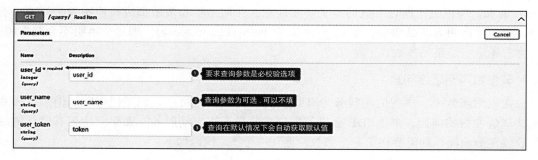

图 3-15　查询参数的声明在 API 交互式文档中的显示结果

如果输入的 user_id 参数值不是 int 类型，则交互式文档会提示校验值异常，如图 3-16 所示。

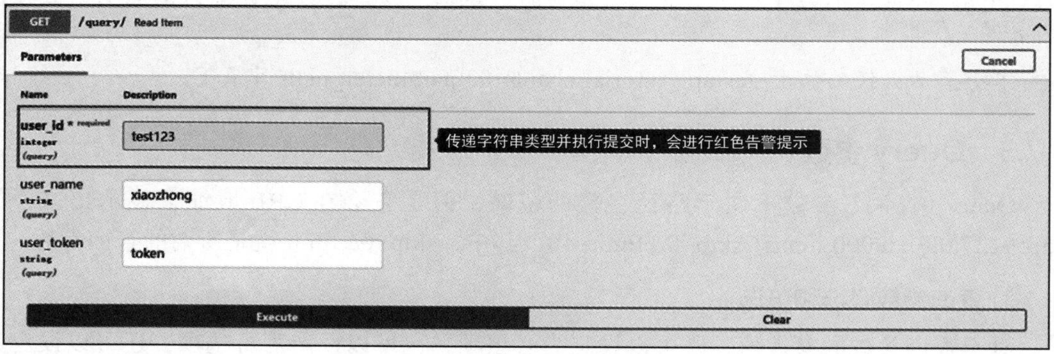

图 3-16　非 int 类型校验值结果

2. bool 类型参数转换

如果声明的查询参数是 bool 类型，那么 FastAPI 框架会对参数值类型进行自动转换，代码如下：

```
@app.get("/query/bool/")
async def read_items(isbool: bool = False):
    return {
        'isbool': isbool
    }
```

在上面的代码中，对 isbool 参数值的声明有如下几种方式。

❑ isbool = true/false

❑ isbool = 1/0（1 表示 true，0 表示 false）

❑ isbool = on/off（on 表示 true，off 表示 false）

当请求地址为以下几种时得到的结果是一样的：

❑ http://127.0.0.1:8000/query/bool/?isbool=true

❑ http://127.0.0.1:8000/query/bool/?isbool=1

❑ http://127.0.0.1:8000/query/bool/?isbool=on

如果 isbool 的值不是上面几种方式，则会提示参数校验异常，如图 3-17 所示。

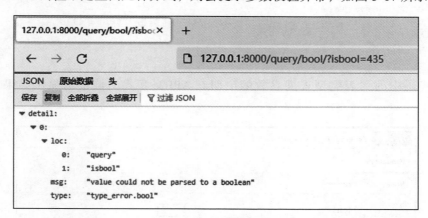

图 3-17　bool 类型参数校验异常结果

3. 参数多条件校验

和 Path 参数一样，FastAPI 框架还提供了一个专门用于在查询参数中进行多维度条件限制的 Query 类，代码如下：

```
@app.get("/query/morequery")
async def callback(
        user_id: int = Query(..., ge=10, le=100),
        user_name: str = Query(None, min_length=1, max_length=50, regex=
            "^fixedquery$"),
```

```
        user_token: str = Query(default='token', min_length=1, max_length=50),
):
    return {
        'user_id': user_id,
        'user_name': user_name,
        'user_token': user_token
    }
```

Query 类中的参数和 Path 中的大部分参数是相同的，所以这里不再重复说明。这里需要关注 user_id 字段，该字段在对 int 类型数据校验时涉及的参数说明如下：

❑ gt：表示大于。
❑ lt：表示小于。
❑ ge：表示大于或等于。
❑ le：表示小于或等于。

4. List 类型多值查询参数

对于某些 API，要求在 URL 地址上对同一个变量传递不同的值，这相当于把查询参数的变量定义为要传递的一个 List 类型的值，如对于 http://127.0.0.1:8000/query/list/?q=test1&q=test2，可以声明一个列表类型的查询参数来接收对应的值，代码如下：

```
@app.get("/query/list/")
async def query_list(q: List[str] = Query(["test1", "test2"])):
    return {
        'q': q
    }
```

上面代码中的列表类型查询参数的声明在 API 交互式文档中的显示结果如图 3-18 所示。

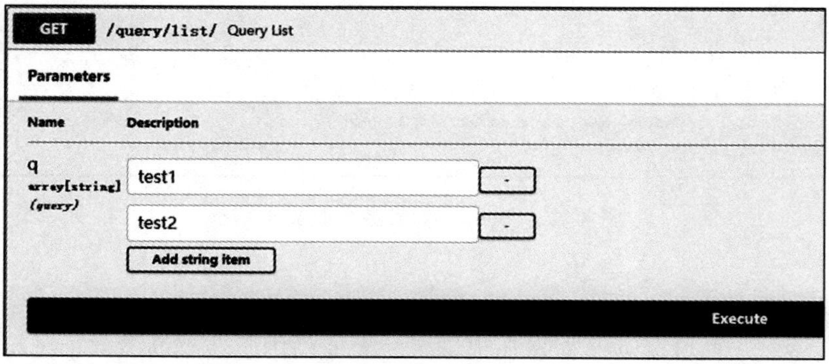

图 3-18 列表类型查询参数的声明在 API 交互式文档中的显示结果

从图 3-18 中可以看到，q 参数值已自动转换为数组类型的字符串，此时就可以给同一个变量传递不同的参数值了。

本小节的示例代码位于 \fastapi_tutorial\chapter03\parameter_query 目录下。

3.7.4　Body 参数

Body（请求体）参数表示在 HTTP 中提交请求体的数据，它既可以是某种文档类型的数据，也可以是文件类型或是表单类的数据。常见的请求体参数传递都是 JSON 格式的，如果是 JSON 格式的数据，则通常要求提交请求头字段 Content-Type 的格式为如下形式。

```
application/json; charset=UTF-8
```

FastAPI 框架提供了如下 3 种方式来接收 Body 参数，并自动把 JSON 格式的字符串转换为 dict 格式。

❑ 引入 Pydantic 模型来声明请求体并进行绑定。

❑ 直接通过 Request 对象获取 Body 的函数。

❑ 使用 Body 类来定义。

1. 用 Pydantic 模型声明请求体

基于 Pydantic 模型声明 Body，可以方便、快速地进行 Body 字段解析。下面介绍具体使用步骤。

步骤 1　创建对应的 Body 数据模型，代码如下：

```
from pydantic import BaseModel
from typing import Optional
class Item(BaseModel):
    user_id: str
    token: str
    timestamp: str
    article_id: Optional[str] = None
```

上述示例代码创建了 Item 模型类，该类继承自父类 BaseModel，其中声明的字段信息有 user_id、token、timestamp 和 article_id，除 article_id 之外都是必传字段。

步骤 2　把模型绑定到视图函数中，代码如下：

```
@app.post("/action/")
def read_item(item: Item):
    return {
        'user_id': item.user_id,
        'article_id': item.article_id,
        'token': item.token,
        'timestamp': item.timestamp
    }
```

完成上面两个步骤之后，FastAPI 框架会自动处理以下几种情况。

❑ 将请求体参数识别为 JSON 格式字符串，并自动将字段转换为相应的数据类型。

❑ 自动进行参数规则的校验。如果校验失败，则响应报文内容会自动返回一个错误，并准确指出错误数据的位置和信息。

❑ 为模型生成 JSON Schema 定义，并显示在 API 交互式文档中，Schema 会成为 OpenAPI Schema 的一部分。

❑ 在函数内部，可以直接访问模型对象的所有属性。

使用 Item 模型类声明具体 Body 参数后，模型生成的 JSON Schema 在可视化 API 交互式文档中的显示结果如图 3-19 所示。

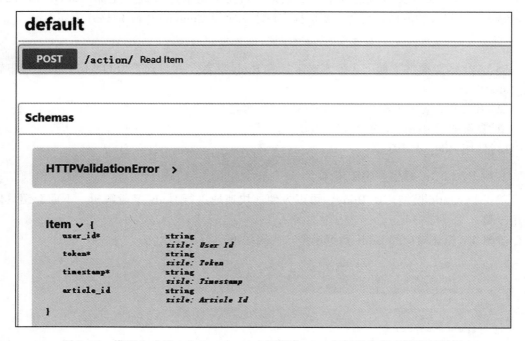

图 3-19　模型生成的 JSON Schema 在可视化 API 交互式文档中的显示结果

上述 Body 参数声明在 API 交互式文档中的显示结果如图 3-20 所示。

2. 单值 Request Body 字段参数定义

和 Path、Query 类一样，FastAPI 框架中也提供了对应的 Body 类来绑定 Body 请求体的参数，代码如下：

```python
@app.post("/action/body")
def callbackbody(
        token: str = Body(...),
        user_id: int = Body(..., gt=10),
        timestamp: str = Body(...),
        article_id: str = Body(default=None),
):
    return {
        'user_id': user_id,
        'article_id': article_id,
        'token': token,
        'timestamp': timestamp
    }
```

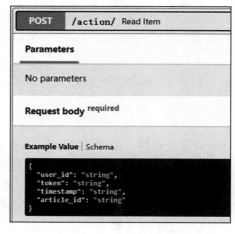

图 3-20　使用 Pydantic 模型声明请求体数据在 API 交互式文档中的显示结果

上述代码中，使用了单个Body类来定义传递的Body参数字段，并添加相关的校验规则。具体校验规则如下。

❑ token、user_id、timestamp 都是必填的字段。

❑ user_id 参数值需要大于或等于 10。

❑ article_id 是可选的字段。

上面的 Body 参数声明在 API 交互式文档中的显示结果如图 3-21 所示。

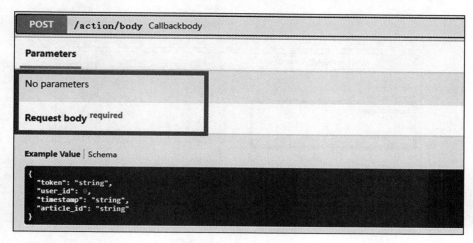

图 3-21　使用 Body 类声明请求体数据在 API 交互式文档中的显示结果

下面的代码可以把所有 Body 的参数项都设置为可选。

```python
@app.post("/action/body2")
def callbackbody(
        token: str = Body(default=None),
        user_id: int = Body(default=None, gt=10),
        timestamp: str = Body(default=None),
        article_id: str = Body(default=None),
):
    return {
        'user_id': user_id,
        'article_id': article_id,
        'token': token,
        'timestamp': timestamp
    }
```

运行上述代码，此时 Body 参数为非必填项，Body 参数声明在 API 交互式文档中的显示结果如图 3-22 所示。

3. Request Body 中的 embed 参数

在某些场景下，当把 Body 类和模型类结合起来时，需要把 Body 类中声明的参数变量名作为一个参数字段，该字段需要为请求体的一部分，实现代码如下：

```
class Item(BaseModel):
    user_id: int = Body(...,gt=10)
    token: str
    timestamp: str
    article_id: Optional[str] = None

@app.post("/action/")
def read_item(item: Item=Body(default=None,embed=False)):
    return {
        'body': item
    }
```

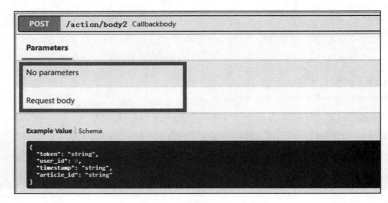

图 3-22   使用 Body 类声明非必填项请求体数据在 API 交互式文档中的显示结果

对上面代码中相关的 Body 参数项说明如下：

❑ default=None 表示这个模型作为请求体提交时是一个可选的字段，此时不会校验这个模型是否存在，尽管模型类中的 user_id、token、timestamp 等字段都是必填项，但还是会忽略对模型类中必填参数的校验。

❑ embed=False 表示 item 参数字段名**不会成为请求体的一部分**，如图 3-23 所示。

❑ embed=True 表示 item 参数字段名**会成为请求体的一部分**，如图 3-24 所示。

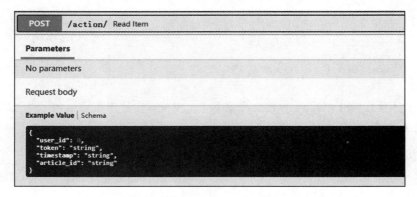

图 3-23   Body 中的 embed 参数为 False 的结果

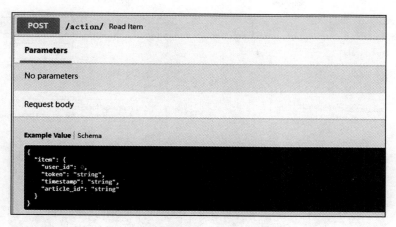

图 3-24　Body 中的 embed 参数为 True 的结果

4. 多个 Request Body 参数

对于一些复杂的请求体数据，有可能有嵌套要求，请求体格式要求如下：

```
{
    "item": {
        "name": "苹果",
        "description": "苹果手机",
        "price": 4212.0,
        "tax": 3.2
    },
    "user": {
        "username": "xiaoxiao",
        "full_name": "xiaozhong tongxue"
    }
}
```

此时需要声明多个模型的定义，代码如下：

```
class ItemUser(BaseModel):
    name: str
    description: str = None
    price: float
    tax: float = None

class User(BaseModel):
    username: str
    full_name: str = None

@app.put("/items/")
async def update_item(item: ItemUser, user: User):
    results = { "item": item, "user": user}
    return results
```

此时启动服务，上面的多个模型声明在 API 交互式文档中的显示结果如图 3-25 所示。

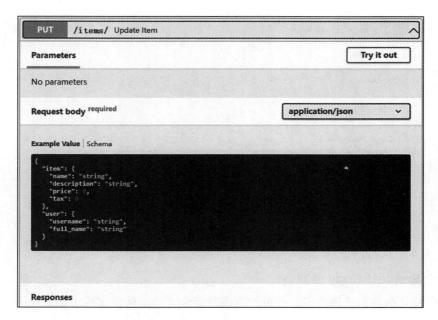

图 3-25　多个模型声明在 API 交互式文档中的显示结果

从显示结果可以看到，与开始要求的 Body 格式保持一致。

5. 多个模型类和单个 Request Body

请求体里面不仅存在多个 Request Body，而且存在某一个单一 Request Body 的字段信息，如请求体的格式信息，具体如下。

```
{
    "item": {
        "name": "Foo",
        "description": "The pretender",
        "price": 42.0,
        "tax": 3.2
    },
    "user": {
        "username": "dave",
        "full_name": "Dave Grohl"
    },
    "importance": 5
}
```

此时需要声明的模型和 Body 对象的代码如下：

```
@app.put("/items/")
async def update_item(item: Item, user: User, importance: int = Body(...,gt=0)
):
    results = {"item": item, "user": user, "importance": importance}
    return results
```

这里只需要在前文的基础上新增一个 Request Body 参数即可。此时启动服务，最终在 API 交互式文档中的显示结果如图 3-26 所示。

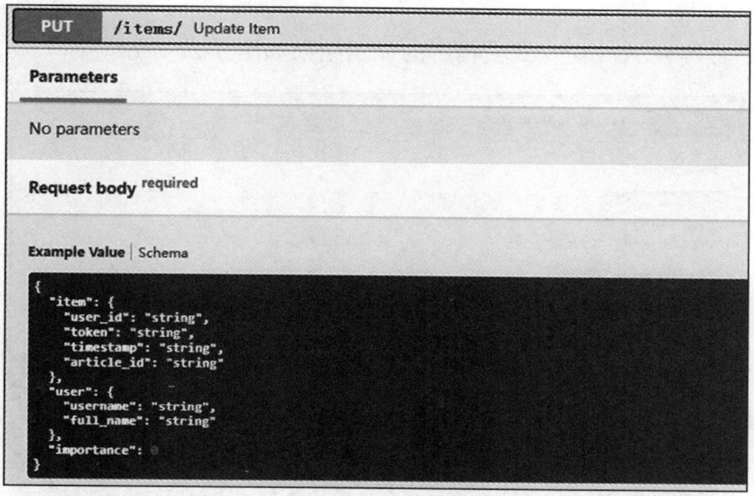

图 3-26　模型类和单个 Request Body 声明在 API 交互式文档中的显示结果

6. 模型类嵌套声明

更复杂一些的请求体结构可能还会涉及模型嵌套模型的情况，如下面的请求体格式。

```
{
    "item": {
        "name": "string",
        "description": "string",
        "price": 0,
        "tax": 0,
        "user": {
            "username": "string",
            "full_name": "string"
        }
    },
    "importance": 0
}
```

此时需要进行模型类的嵌套声明，代码如下：

```
#省略部分代码
class ItemUser2(BaseModel):
    name: str
    description: str = None
    price: float
    tax: float = None
    user: User

@app.put("/items/body4")
```

```
async def update_item(item: ItemUser2, importance: int = Body(...,gt=0)
):
    results = {"item": item, "user": item.user, "importance": importance}
    return results
```

启动服务，最终在 API 交互式文档中的显示结果如图 3-27 所示。

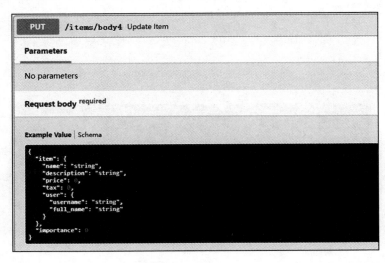

图 3-27 模型类中嵌套模型类的声明在 API 交互式文档中的显示结果

7. 嵌套模型为 List、Set 类型

还可以把 Pydantic 模型定义为 List、Set 等类型并嵌套到另一模型中，代码如下：

```
#省略部分代码
class ItemUser3(BaseModel):
    name: str
    description: str = None
    price: float
    tax: float = None
    user: User
    #新增模型嵌套并设置为集合类型
    tags: Set[str] = []
    users: List[User] = None

@app.put("/items/body5")
async def update_item(item: ItemUser3, importance: int = Body(...,gt=0)
):
    results = {"item": item, "user": item.user, "importance": importance}
    return results
```

需要注意，在嵌套的模型中定义的 tags 参数是一种 Set 类型字段，但在 API 交互式文档中，它转换为 List 类型了，所以此时该参数是按数组形式进行传递的。最终在 API 交互式文档中的显示结果如图 3-28 所示。

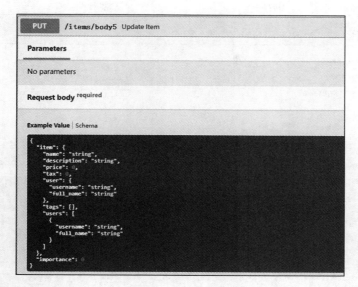

图 3-28　嵌套模型为 List、Set 类型后在 API 交互式文档中的显示结果

8. 任意 dict 字典类型构成请求体

除了上述几种定义请求体的方式之外，还可以使用字典类型来声明请求体，代码如下：

```
@app.post("/demo/dict/")
async def update_item(item: Dict[str, str], user: Dict[str, str], gornd:
Dict[str, Dict[str, str]]):
    results = {
        "item": item,
        "user": user,
        "gornd": gornd,
    }
    return results
```

启动服务，最终在 API 交互式文档中的显示结果如图 3-29 所示。

9. 模型中的 Field 字段

在 FastAPI 框架中，除了使用 Body 等模块来对相关的参数类型做额外的校验及元数据描述外，还可以使用 Pydantic 中的 Field 在 Pydantic 模型内部声明校验和定义元数据。Field 的工作原理与 Query、Path 和 Body 是一样的，甚至大部分的**参数都是完全相同的**。

因为 Field 主要应用于 Pydantic 模型内部，所以和 Query、Path 有所不同，这主要表现在 Field 仅可在模型内部定义，不可直接在视图函数中声明。如下代码是一种错误写法。

```
@app.post("/demo/field/")
async def update_item(name: str= Field(...,description="用户名称")):
    results = {
        "name": name
    }
    return results
```

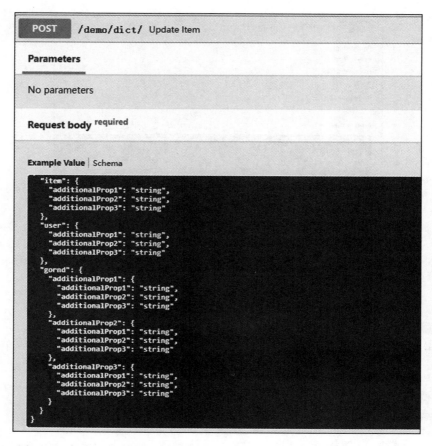

图 3-29　任意 dict 字典类型构成的请求体在 API 交互式文档中的显示结果

正确写法应该是在对应 Pydantic 模型类的属性中进行声明，代码如下：

```
class FieldItem(BaseModel):
    name: Optional[str] = Field(default = None, title="字段标题", description="字
        段描述", max_length=5)
    user_id: float = Field(..., gt = 1000, description = "用户ID需要大于等于1000")
    token: Optional[float] = None


@app.post("/demo/field/")
async def demo_field(name: FieldItem):
    results = {
        "name": name
    }
    return results
```

启动服务，最终在 API 交互式文档中的显示结果如图 3-30 所示。

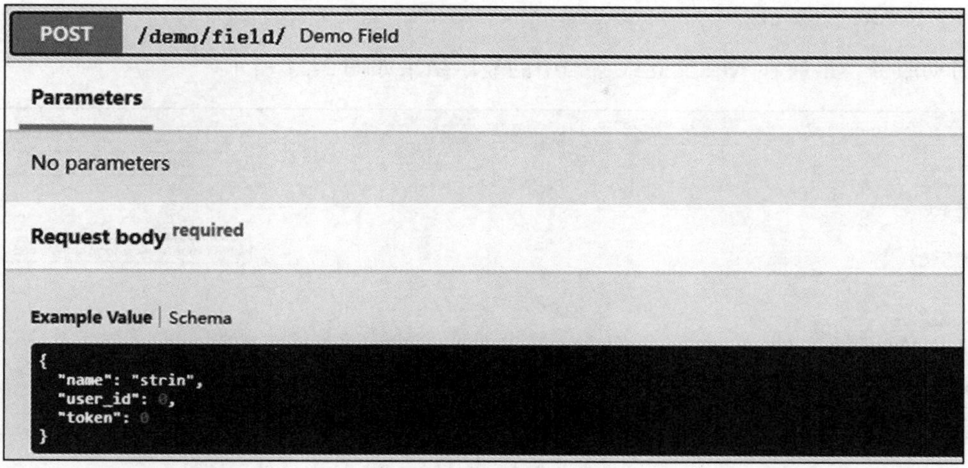

图 3-30　模型中 Field 字段声明在 API 交互式文档中的显示结果

本小节示例代码位于 \fastapi_tutorial\chapter03\parameter_body 目录下。

3.7.5　Form 数据和文件处理

在 Web 页面开发的过程中，通常会用表单标签 <form></form> 来定义需要传递的表单（Form）数据。表单数据默认使用 POST 的方式提交到 API 上，由于表单数据的传输过程使用一种"特殊"编码，所以与 JSON 不同，设置 Content-Type 格式的对应要求也不同。对于表单数据的传输，通常要求提交请求头字段 Content-Type 的方式是 application/x-www-form-urlencoded，这也是默认的方式。下面介绍如何在 FastAPI 框架中对 Form 参数进行解析读取。

1. 安装表单解析库

FastAPI 表单的处理需要借助第三方库，需要执行如下安装命令安装对应的依赖库。

```
> pip install python-multipart
```

2. Form 数据定义

FastAPI 中提供的 Form 类是基于 Body 模块扩展而来的，所以它的用法和 Body 是一样的，代码如下：

```
from fastapi import FastAPI, Form
app = FastAPI()

@app.post("/demo/login/")
async def login(username: str = Form(...,title="用户名",description="用户名字段描述",
    max_length=5),
                password: str = Form(...,title="用户密码",description="用户密码字段
                    描述", max_length=20)):
```

```
return {"username": username, "password": password}
```

启动服务，最终在 API 交互式文档中的显示结果如图 3-31 所示。

图 3-31　Form 数据声明在 API 交互式文档中的显示结果

观察文档提示可以发现，当前 API 请求发送表单格式的数据格式为 application/x-www-form-urlencoded。注意，通常表单参数在提交处理时，默认的请求头设置为 Content-Type: application/x-www-form-urlencoded。但是如果需要发送的表单数据是文件类型，则需要设置为 Content-Type:multipart/form-data。

3. File bytes 方式接收文件上传

FastAPI 中提供了专门用于接收处理文件的 File 类，它是基于 Form 模块扩展而来的，所以它的用法和 Form 一样，可以直接声明在视图函数中。下面的示例使用同步和异步的方式来接收前端上传的文件。需要注意，这里使用异步接收处理时使用了 aiofiles 第三方依赖库。使用该库前需要先安装，可执行如下安装命令：

```
pip install aiofiles
```

安装完成后，对应的示例代码如下：

```
from fastapi import FastAPI, File, UploadFile
from typing import List
import aiofiles
app = FastAPI()


@app.post("/sync_file",summary='File形式的-单文件上传')
def sync_file(file: bytes = File(...)):
    '''
    使用File类，文件内容会以bytes的形式读入内存，通常用于上传小的文件
    :param file:
    :return:
    '''
    with open('./data.bat', 'wb') as f:
        f.write(file)
    return {'file_size': len(file)}
```

```
@app.post("/async_file",summary='File形式的-单文件上传')
async def async_file(file: bytes = File(...)):
    '''
    基于File类，使用异步的方式进行文件接收处理
    :param file:
    :return:
    '''
    #若以异步方式执行with操作,则修改为async with
    async with aiofiles.open("./data.bat", "wb") as fp:
        await fp.write(file)
    return {'file_size': len(file)}
```

在上面的代码中，可以看到定义的两个视图函数，一个是同步类型的 sync_file() 视图函数，另一个是异步类型的 async_file() 视图函数，与它们对应的视图函数都用 file: bytes = File 参数声明具体要接收的文件。需要注意，File 参数接收到的内容是文件字节，它会将整个内容读取并存储到内存中，所以它主要用在上传小文件的场景中。

另外，在异步视图函数中，通过引入 aiofiles 异步库来异步写入文件。由于代码相对简单，这里不展开解读。关于 aiofiles 库的更多使用，读者可以自行学习。

启动服务，最终在 API 交互式文档中的显示结果如图 3-32 所示。

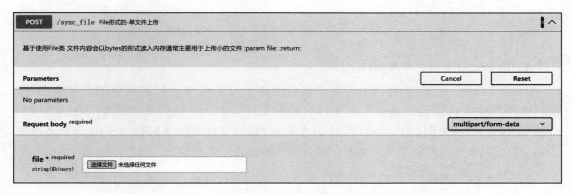

图 3-32　单文件上传接收处理在 API 交互式文档中的显示结果

观察文档提示可以发现，当前请求头的 Content-Type 已经变为 multipart/form-data 类型，这说明提交的是一个文件。在 AIP 文档中，也可以单击"浏览"按钮进行文件选取操作。当选择好文件并上传之后，程序会自动解析对应的文件数据并转换为字节形式的内容，然后写入当前程序所在的根目录下。

同步和异步的处理结果是一样的，只是运行处理机制不一样。

上面的示例中，仅是处理单一文件的上传。如果需要进行多文件上传，则需要把要接收的文件定义为 List 类型，代码如下：

```
#多文件上传
@app.post("/sync_file2",summary='File列表形式的-多文件上传')
```

```
def sync_file2(files: List[bytes] = File(...)):
    '''
    使用File类，运行多文件上传处理
    :param files:
    :return:
    '''
    return {"file_sizes": [len(file) for file in files]}
```

启动服务，最终在 API 交互式文档中的显示结果如图 3-33 所示。

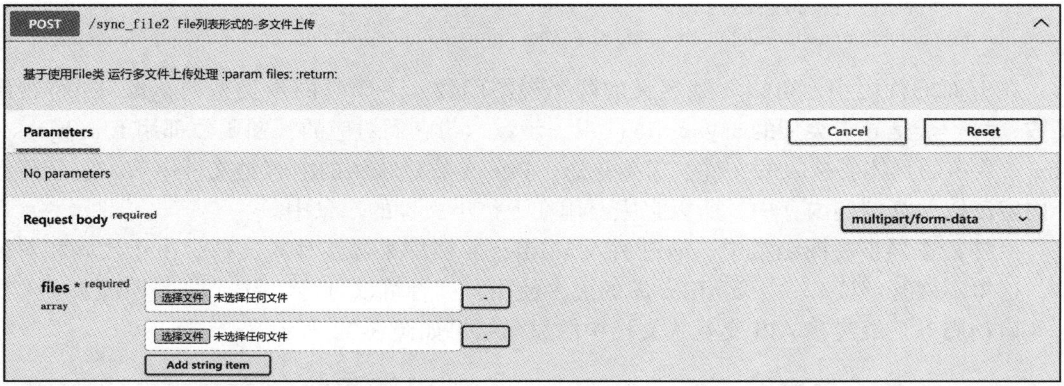

图 3-33　文件列表上传处理在 API 交互式文档中的显示结果

4. UploadFile 方式接收文件上传

上文示例中，直接使用 File 对象来接收处理上传的文件，但它接收的是字节数据，而且缺少相关文件元数据信息，如文件名称、文件大小、文件格式类型等。如果需要获取更多关于文件的元信息，则需要从请求头来截取。FastAPI 框架提供了一个更高级的 UploadFile 类来处理类似需求。下面介绍它的具体用法，代码如下。

```
@app.post("/uploadfiles",summary='UploadFile形式的-单文件上传')
async def uploadfiles(file: UploadFile = File(...)):
    result = {
        "filename": file.filename,
        "content-type": file.content_type,
    }
    content = await file.read()
    with open(f"./{file.filename}", 'wb') as f:
        f.write(content)
    return result
```

直接声明接收文件为 UploadFile 类型可获取更多的文件信息。UploadFile 提供的方法都是协程方法，所以它仅适用于异步协程函数，也就是说不建议使用在 def sync_file() 同步类型的视图函数中。

与 bytes 对比，UploadFile 具有以下几点优势。

❑ 使用 UploadFile 进行文件读取时，所获得的数据存储在内存中，当占用的内存达到阈值后将被保存在磁盘中。这种读取方式更适用于大图片、视频等大文件的上传处理。

❑ UploadFile 对象包含很多文件元数据，如文件名、文件类型等。

❑ 有文件对象的异步接口，可以对文件对象进行 write()、read()、seek() 和 close() 等操作。

UploadFile 也支持多文件上传处理，相关实现和 bytes 的方式一样，这里就不重复叙述了。通过上面的示例就完成了单一文件和多文件上传的应用实践。

本小节示例代码位于 \fastapi_tutorial\chapter03\parameter_form_and_file 目录下。

3.7.6　Header 参数

在 HTTP 请求过程中，通常需要提交一些自定义请求头信息，下面介绍如何在 FastAPI 框架中对请求头信息进行解析读取。

1. 请求头参数使用

FastAPI 提供了 Header 类用于请求头参数解析读取，代码如下：

```
@app.get("/demo/header/")
async def read_items(user_agent: Optional[str] = Header(None,convert_
    underscores=True),
            accept_encoding: Optional[str] = Header(None,convert_underscores=True),
            accept: Optional[str] = Header(None),
            accept_token: Optional[str] = Header(...,convert_underscores=False),
            ):
    return {
        "user_agent": user_agent,
        "accept_encoding": accept_encoding,
        "accept": accept,
        "token": accept_token,

    }
```

在上面的代码中，定义了 4 个请求头参数，其中，user_agent、accept_encoding、accept 都是浏览器默认携带的请求头参数，而 accept_token 是自定义的，且它是必传值。注意，定义 accept_token 时使用了**下画线命名法**。

这里要强调一点，在 Python 中，如果参数变量使用带横杠（即连字符）的方式定义，如 "User-Agent"，则会认定该变量是一个非法变量名称。而默认情况下，浏览器传递请求头参数时使用的都是带横杠的。此时，为了在代码中正常获取请求头参数，需要借助 Header 模块进行转换处理。

上面的示例中，定义的 Header 对象中的 convert_underscores 参数表示的意思是：如果在视图函数中声明的请求头参数使用了**下画线命名法**，那么是否对**下画线**进行转换。convert_underscores=True 表示转换，False 表示不转换。例如在视图函数中定义的 user_agent 变量，设置 convert_underscores=True 后，经过转换变为了 user-agent。而为 accept_ token 变量设置 convert_underscores=False 后，则不会进行转换，直接使用代码中声明的方式。

启动服务，最终在 API 交互式文档中的显示结果如图 3-34 所示。

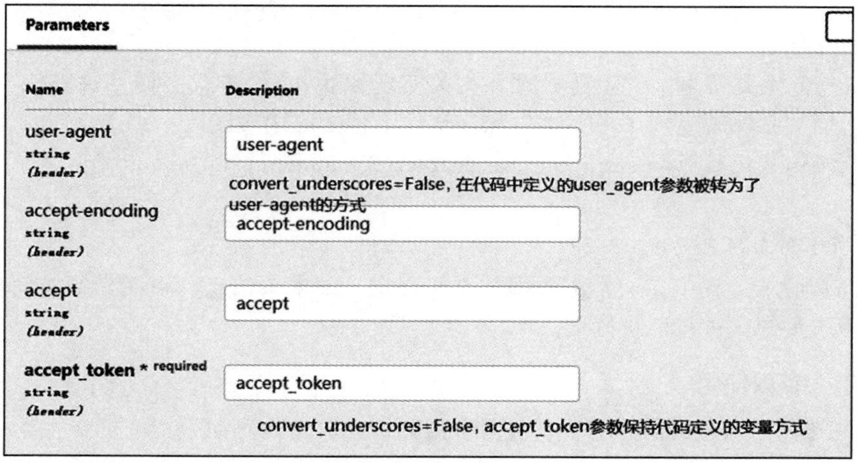

图 3-34   使用 Header 模块对下画线进行转换处理在 API 交互式文档中的显示结果

2. 重名请求头参数

重名请求头参数的定义和前文介绍的对查询列表形式的定义是一样的，也可以按照查询参数的多值方式进行处理，代码如下：

```python
@app.get("/headerlist/")
async def read_headerlist(x_token: List[str] = Header(None)):
    return {"X-Token values": x_token}
```

启动服务，最终 x_token 请求头参数值在 API 交互式文档中的显示结果如图 3-35 所示。

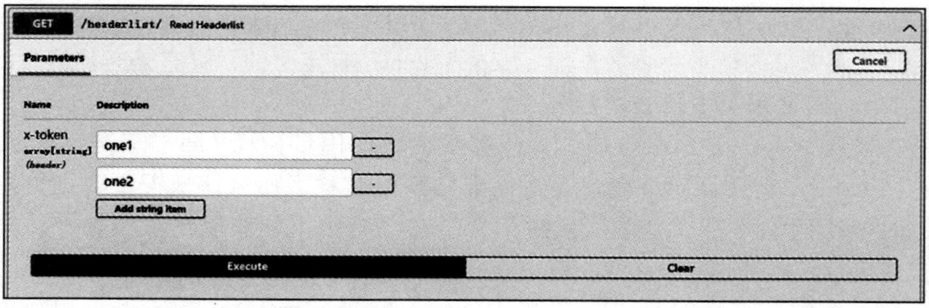

图 3-35   重名请求头参数值在 API 交互式文档中的显示结果

观察图 3-35 所示的结果可以看到，x_token 参数会转换为数组的形式。

本小节示例代码位于 \fastapi_tutorial\chapter03\parameter_header 目录下。

3.7.7　Cookie 参数设置和读取

HTTP 是无状态的，当使用浏览器浏览不同的 Web 页面时，服务器会打开新的会话发起 HTTP 请求，然而服务器不会自动维护客户端请求的上下文信息。此时，为了能让服务器记录用户状态信息，会引入一种会话跟踪技术——Session 和 Cookie。

当用户浏览信息时，服务器采取某种存储机制把用户的一些状态信息记录下来。在服务器上记录用户状态信息的传统机制是 Session，而 Cookie 用于接收服务器端签发的一些文本信息，这些文本信息用于标记当前的用户状态且保存在客户端。Cookie 字段信息和服务器中的 Session 会自动对应起来。可以这么理解：Cookie 是用于在客户端保持用户信息状态的方案，Session 是用于在服务器端保持用户信息状态的方案。

1. Cookie 的设置

Cookie 使用的常见场景是基于 Cookie 进行认证。下面梳理基于 Cookie 认证的整个流程。

步骤 1　用户通过浏览器登录网页，输入用户名及密码等信息，并提交到服务器接口进行登录校验。

步骤 2　在服务器接口登录校验成功后，根据用户名或其他方式设置的唯一 Cookie 键值对进行映射，之后写入响应报文中并返回浏览器。

步骤 3　浏览器接收服务器端响应报文中返回的 Cookie 键值对信息，并将其写入本地浏览器存储。

步骤 4　此时浏览器再请求其他接口信息，携带与本地对应的 Cookie 键值对信息并提交到服务器接口。

步骤 5　服务器接口根据客户端提交的键值对信息进行验证，如果服务器端存在对应的值，则表示验证成功，并返回服务器资源。

我们知道 Cookie 是用于客户端保持用户信息状态的方案，但是任何放置在客户端的信息都会存在被恶意篡改或伪造的风险，所以使用 Cookie 进行认证时，要注意对敏感内容进行加密处理。下面介绍如何在服务器端设置签发 Cookie，代码如下：

```
@app.get("/set_Cookie/")
def setCookie(response: Response):
    response.set_Cookie(key="xiaozhong", value="chengxuyuan-xiaozhongtongxue")
    return 'set_Cookie ok!'
```

在上面的代码中，首先引入 Response 响应报文处理模块，Response 主要用于与响应报文相关的封装处理模块，它可以直接写入对应的 Cookie。Response 对象提供了一个 set_Cookie() 方法来设置 Cookie 键值对信息。

启动服务，并使用浏览器访问路由地址 http://127.0.0.1:8000/set_Cookie/，会看到接口成功响应，返回信息为"set_Cookie ok!"，然后按 <F12> 键在浏览器上查看 Cookie 值信息，结果如图 3-36 所示。

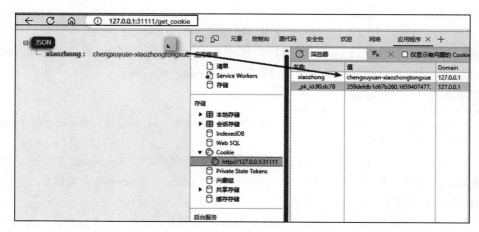

图 3-36 浏览器中 Cookie 值设置成功结果

从图 3-36 可以看出，已经成功设置了对应的 Cookie 值信息并保存到浏览器。

2. Cookie 的读取

上文已经成功在服务器端设置了 Cookie 值信息。FastAPI 也提供了类似 Body、Query 等封装好的模块 Cookie 类，直接导入 Cookie 即可使用，代码如下：

```
@app.get("/get_Cookie")
async def getcookie(xiaozhong: Optional[str] = Cookie(None)):
    return 'set_Cookie ok'
```

启动服务，并使用浏览器访问路由地址 http://127.0.0.1:8000/get_Cookie，可以看到接口成功响应返回信息，如图 3-37 所示。

图 3-37 使用代码读取的 Cookie 值和浏览器中的 Cookie 值对比

本小节示例代码位于 \fastapi_tutorial\chapter03\parameter_Cookie 目录下。

3.8　请求报文

我们知道，FastAPI 封装了很多用于参数解析、提取的模块。所有模块解析处理的对象其实都是请求报文的数据。如果读者已理解 HTTP 是超文本传输协议，那么就应该知道 HTTP 报文分为请求报文和响应报文，其中，请求报文是由下面几个部分构成的。

- ❏ 请求行：包括请求方法、URL、协议 / 版本。
- ❏ 请求报文头（Request Header）：它由一组名称 / 值对组成，其中名称表示某种类型的信息，而相应的值则提供该信息的具体内容。
- ❏ 空行：用来标识请求头的结束。
- ❏ 请求主体正文：主要是 Body 数据。

常见的 HTTP 请求报文头包括：

- ❏ User-Agent：指定发出请求的用户代理，通常是浏览器。
- ❏ Accept：指定客户端接收的响应主体类型（如 text/HTML）。
- ❏ Host：指定将处理请求的服务器的主机名和端口号。
- ❏ Cookie：指定与请求相关联的 Cookie。
- ❏ Referer：指定链接到当前页面的上一个页面的 URL。
- ❏ Authorization：指定用于进行身份验证的凭据。
- ❏ Cache-Control：指定缓存控制选项，以控制响应是否可以缓存及缓存方式。

在某些场景下，可能需要对请求报文中的一些信息做特殊处理，如在日志记录中需要获取所有请求参数信息、与请求参数签名认证匹配、获取客户端请求来源 IP 等。此时就需要引入 FastAPI 提供的 Request 模块来解析一次请求中的请求报文内容。

FastAPI 是基于 Starlette 扩展而来的，它提供的 Request 其实是直接使用了 Starlette 的 Request，所以也可以直接导入 Starlette 的请求报文 Request。

3.8.1　Request 对象

当需要解析请求报文内容时，可以把 Request 对象当作一个查询参数来显式声明到绑定的视图函数上，代码如下：

```
from fastapi import FastAPI,Request
app = FastAPI()

@app.get("/get_request/")
async def get_request(request: Request):
    form_data= await request.form()
    body_data = await request.body()
    return {
        'url': request.url,
        'base_url': request.base_url,
        'client_host ': request.client.host,
        'query_params': request.query_params,
        'json_data':await request.json() if body_data else None,
```

```
            'form_data':form_data,
            'body_data': body_data,
        }
```

在上面的代码中，在视图函数参数中显式声明了 request: Request 对象后，就可以通过 request 直接获取这一次请求中包含的属性值信息了，如这次请求的来源 URL、来源 IP、查询参数信息等。在视图函数内部定义了一些方法，说明如下：

❑ request.form()、request.body()、request.json() 返回的是一个协程对象，所以只有在协程函数中才可以正常进行读取解析。

❑ 如果需要在同步函数中获取具体的 request.form() 、request.body()、request.json() 值信息，则需要将同步转换为异步方式。

❑ request.json() 能正确读取到值的前提是 request.body() 有具体的值，所以需要添加 body_data 是否有值的判断。

启动服务，并使用浏览器访问 http://127.0.0.1:8000/get_request/?name=xiaoxiao&pw=xiao 地址，会看到接口成功响应返回信息，如图 3-38 所示。

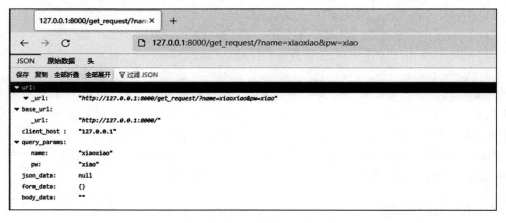

图 3-38　接口成功响应返回信息

3.8.2　更多 Request 属性信息

除了请求 IP 和查询参数信息之外，还有很多属性值信息可以获取，其中，Request 所包含的属性或函数如表 3-1 所示。

表 3-1　Request 所包含的属性或函数

属性或函数	说明
app	表示当前请求所属的上下文应用对象
url	表示当前请求完整的 URL 对象
base_url	表示请求的服务 URL 地址

（续）

属性或函数	说明
method	表示此次请求使用的 HTTP 方式
client	包含当前请求来源的客户端信息，如客户来源 host 和端口号信息
Cookies	表示请求报文中提交的 Cookies 值字典类型信息
headers	表示请求报文中提交的所有请求头信息
path_params	表示当前请求提交的路径参数字典信息
query_params	表示当前请求提交的查询参数
seesion	表示当前请求中包含的 Seesion 信息
state	表示请求服务的一个状态值，通常用于处理请求上下文值的传递，通过该属性可以附加信息到请求上下文中
json()	表示请求提交的 Body 值信息，此时返回已完成 JSON 格式化的数据。注意，此函数是一个 async 的协程函数
body()	表示请求提交的 Body 值信息，此时 body() 返回值的类型是 bytes。注意，此函数是一个 async 的协程函数
form()	表示请求提交的 form 表单值信息。注意，此函数是一个 async 的协程函数
scope	表示设置请求报文的请求范围

request.url 的 URL 对象包含的属性或函数如表 3-2 所示。

表 3-2　URL 对象包含的属性或函数

属性或函数	说明
_url	表示当前请求完整的 URL 对象
components	表示请求 URL 包括哪些部分，如协议、请求地址、路径、查询参数等
path	表示请求 URL 的路径信息
port	表示请求 URL 的端口号
quety	表示请求 URL 提交的字符串形式的查询参数
scheme	表示请求 URL 使用的是协议、HTTP 还是 HTTPS
is_secure	表示请求 URL 是否启用 HTTPS 安全校验

关于 Request 文件处理及其在中间件中的使用，后面章节会进行详细描述。

本小节示例代码位于 \fastapi_tutorial\chapter03\parameter_request 目录下。

3.9　响应报文

所谓的"响应报文体"，指相关路由绑定的视图函数的处理结果，通常包含响应头及响应报文体等信息。HTTP 报文可分为请求报文和响应报文，其中，HTTP 响应报文的组成如下：

❑ 状态行：主要包括协议 / 版本、状态码、状态信息，如 HTTP/1.1 200 OK。

❑ 响应头（Response Header）：它由一组名称 / 值对组成，其中名称表示某种类型的信息，而相应的值则提供该信息的具体内容。

❑ 空行：用来标识响应头的结束。

❑ 响应正文主体：主要是响应内容信息。

常见的 HTTP 请求响应报文头包括：

❑ Content-Type：指定响应主体的媒体类型（如 text/HTML）。

❑ Accept：指定客户端接收的响应主体类型（如 text/HTML）。

❑ Content-Length：指定响应主体的长度。

❑ Cookie：指定与请求相关联的 Cookie。

❑ Server：指定正在运行的 Web 服务器软件。

❑ Date：指定响应生成的日期和时间。

❑ Cache-Control：指定缓存控制选项，以控制响应是否可以缓存及其缓存方式。

❑ Set-Cookie：在响应中设置 Cookie。

❑ Location：指定重定向目标的 URL。

对于 API 来说，一般只关心具体的报文主体内容。

3.9.1　HTTP 状态码分类

在 HTTP 响应报文中存在一个状态码值，它主要用于表示请求服务器响应处理结果的一个状态。FastAPI 提供了多种方式来设置对应的响应码。对响应状态码值进行设置，一般要结合实际业务。常见的响应状态码分类及说明如下：

❑ 1×× （信息性状态码）：指示正在继续处理请求。如：

　　○ 100 Continue：服务器已收到请求头，并且客户端应继续发送请求主体。

　　○ 101 Switching Protocols：客户端请求升级为其他协议，如 WebSocket。

❑ 2×× （成功状态码）：表示成功类型，主要用于表示服务器已收到请求且已成功处理。如：

　　○ 200 OK：请求成功，服务器返回请求的数据。

　　○ 201 Created：请求成功，服务器创建了一个新资源。

　　○ 204 No Content：请求成功，但响应不包含任何数据。

❑ 3×× （重定向状态码）：指示必须采取进一步的行动才能完成请求。如：

　　○ 301 Moved Permanently：资源永久移动到新位置。

　　○ 302 Found：资源已暂时移动到新位置。

　　○ 304 Not Modified：客户端缓存仍然有效。

❑ 4×× （客户端错误状态码）：表示客户端发生错误，主要用于客户端请求在提交参数错误或语法错误时，服务器给出无法完成请求的错误提示。如：

　　○ 400 Bad Request：请求无效或无法被服务器理解。

   ○ 401 Unauthorized：请求需要身份验证。

   ○ 403 Forbidden：服务器拒绝请求。

   ○ 404 Not Found：请求的资源不存在。

❑ 5××（服务器错误状态码）：表示服务器请求处理时发生了错误。主要用于表示在服务器处理请求的过程中发生不可预期的错误，导致服务进程崩溃或超时等错误异常类型。如：

   ○ 500 Internal Server Error：服务器遇到意外情况并无法完成请求。

   ○ 503 Service Unavailable：服务器当前无法处理请求，因为它过载或正在进行维护。

3.9.2　指定 HTTP 状态码

我们知道 HTTP 状态码表示的是请求处理结果状态，如果需要指定处理结果响应码，则可以直接在路径操作参数中指定 status_code 参数的值，代码如下：

```
from fastapi import FastAPI, status, Response
from fastapi.responses import JSONResponse

app = FastAPI()

@app.get("/set_http_code/demo1/", status_code=500)
async def set_http_code():
    return {
        'message': 'ok',
    }

@app.get("/set_http_code/demo2/", status_code=status.HTTP_500_INTERNAL_SERVER_
    ERROR)
async def set_http_code():
    return {
        'message': 'ok',
    }

@app.get("/set_http_code/demo3/")
async def set_http_code(response: Response):
    response.status_code = status.HTTP_500_INTERNAL_SERVER_ERROR
    return {
        'message': 'ok',
    }

@app.get("/set_http_code/demo4/")
async def set_http_code():
    return JSONResponse(status_code=status.HTTP_500_INTERNAL_SERVER_ERROR, content={
        'message': 'ok',
    })
```

在上面的代码中，使用了多种方式来展示如何指定一个响应码，如在 @app.get("/set_http_code/demo1/"）路由操作中，指定了 status_code 参数的值是 500，它表示服务端程序错误。启动服务，最终该状态码在 API 交互式文档中的显示结果如图 3-39 所示。

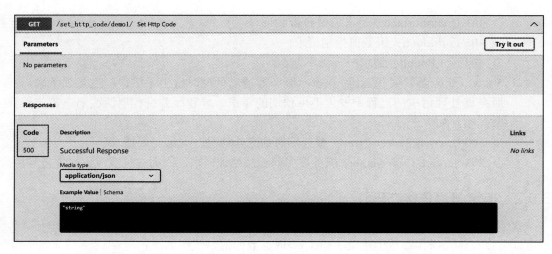

图 3-39　通过路径操作参数指定响应报文状态码在 API 交互式文档中的显示结果

执行接口的请求处理，最终响应结果的状态码返回 500，如图 3-40 所示。

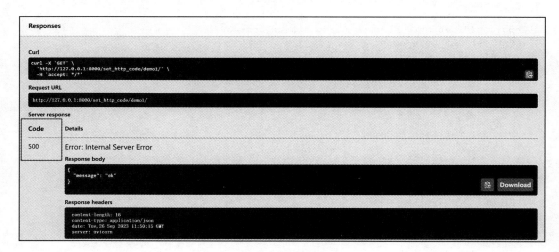

图 3-40　响应报文状态码的结果

3.9.3　使用 response_model 定义响应报文内容

如果需要使用直接输出 Pydantic 模型的方式来返回响应报文内容，那么可以通过直接定义 response_model 来实现。response_model 参数作为响应报文模型进行输出有以下优点。

❑ 直接将输出的数据转换为 Model 中声明的类型并进行相关数据验证。

❑ 完善 OpenAPI，为 Response 添加 JSON Schema 和 Example Value 描述。

❑ 对输出数据字段进行过滤处理。

　　需要注意，response_model 也是一个路径操作参数，所以它需要放在路径操作参数进行声明，示例代码如下：

```
from fastapi import FastAPI
from pydantic import BaseModel
app = FastAPI()

class UserIn(BaseModel):
    username: str
    password: str
    email: str
    full_name: str = None

class UserOut(BaseModel):
    username: str
    email: str
    full_name: str = None

@app.post("/user/", response_model=UserOut)
async def create_user(*, user: UserIn):
    return user
```

上述代码的说明如下：

❑ 使用 UserOut 模型作为响应报文内容，把它当作**路径操作参数**上传入 response_model 中。

❑ 使用 UserIn 模型作为请求体参数，在对应路径函数中，把它当作**路径函数参数进行声明**。

启动服务，模拟一些测试数据进行接口请求，如图 3-41 所示。

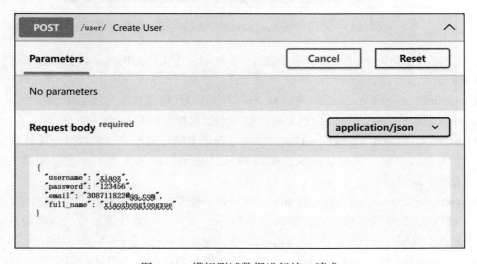

图 3-41　模拟测试数据进行接口请求

执行接口请求，查看请求结果响应报文，结果如图 3-42 所示。

从图 3-42 所示的输出结果可以看到，响应报文仅输出了 UserOut 模型中定义的 3 个字段，而 UserIn 模型中定义的 password 字段已被忽略。上面这种基于模型输出的方式，可以自动把 UserIn 的实例转换为 UserOut 的实例，又可以针对某些字段进行过滤。

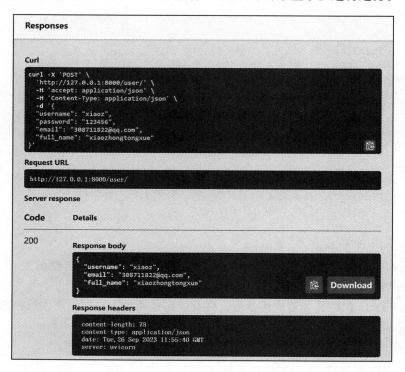

图 3-42　使用 response_model 作为响应报文输出结果

除了设置 response_model 响应报文之外，FastAPI 还支持使用如下辅助参数来进行数据过滤和限制。

❑ response_model_exclude：指定响应模型中返回数据应排除过滤的字段。

❑ response_model_include：指定响应模型中返回数据应包含的字段。

❑ response_model_exclude_unset：表示是否指定响应模型中返回数据应排除过滤返回值为空的字段。该参数的默认值是 False，表示返回值为空的数据返回输出，True 表示不返回。

❑ response_model_exclude_defaults：表示是否指定响应模型中返回数据应排除过滤带有默认值的字段。该参数的默认值是 False，表示带有默认值的数据返回输出，True 表示不返回。

❑ response_model_exclude_none：表示是否指定响应模型中返回数据应排除过滤字段为 None 值的字段。该参数的默认值是 False，表示 None 值的字段数据返回输出，True 表示不返回。

3.9.4　Response 类型

对于响应报文来说，写 API 时通常会结合实际业务来定制响应报文体的类型，比如，常规 API 一般返回 JSON 格式的报文体类型，但是也不排除其他接口需要返回字符串类型，如 HTML 模板、数据流、XML 等类型。Response 响应报文类是 FastAPI 中所有响应报文体的基类。基于 Response，FastAPI 扩展了很多其他类型的 Response 响应报文体，具体如下：

❑ HTMLResponse：处理 HTML 文本格式的响应报文类型。

❑ JSONResponse 、ORJSONResponse、UJSONResponse：处理纯 JSON 格式的响应报文类型。

❑ PlainTextResponse：处理纯文本格式的响应报文类型。

❑ RedirectResponse：需要重定向处理的响应报文类型。

❑ StreamingResponse：处理字节流响应报文类型。

❑ FileResponse：处理文件响应报文类型。

1. HTMLResponse 响应报文

第 2 章介绍过一个渲染后端模板的示例，示例用 templates.TemplateRespons() 输出指定文件夹下的 HTML 内容并将其作为响应体报文。这里可以直接使用 HTMLResponse 的方式来进行输出，代码如下：

```python
from fastapi import FastAPI

app = FastAPI()
from fastapi.responses import HTMLResponse

def generate_html_response():
    html_content = """
    <html>
        <head>
            <title>FastAPI框架学习</title>
        </head>
        <body>
            <h1>欢迎学习FastAPI框架! </h1>
        </body>
    </html>
    """
    return HTMLResponse(content=html_content, status_code=200)

@app.get("/", response_class=HTMLResponse)
async def index():
    return generate_html_response()
```

上面的代码直接指定 response_class 的响应模型类型为 HTMLResponse，并在响应报文中直接通过 generate_html_response() 函数返回 HTML 字符串内容，进而完成了 HTML 页面的渲染。用户也可以通过直接使用 FileResponse 来输出整个 HTML 的页面内容，只是这种方式无法传入自定义的参数。

2. JSONResponse 响应报文

JSON 格式的响应报文是开发 API 时最常用的类型。特别是对前后端分离项目来说，后端提供的 API 通常都是 JSON 格式的响应报文，代码如下：

```
from fastapi import FastAPI
from fastapi.responses import JSONResponse
app = FastAPI()

@app.post("/api/v1/json1/")
async def index():
    #默认返回类型就是JSONResponse
    return {"code": 0, "msg": "ok", "data": None}

@app.post("/api/v1/json2/")
async def index():
    return JSONResponse(status_code=404, content={"code": 0, "msg": "ok", "data":
        None})
```

在上面的代码中，第一个接口直接返回一个 dict。在 FastAPI 底层，该接口会自动封装一个 Response 来包装字典类型的数据并返回。由于第一个接口中没有设置类型，因此默认最终返回响应报文时，使用了 JSONResponse 类型进行响应。第二个接口指定了使用 JSONResponse 类来返回响应报文。该 JSONResponse 类可以定制的参数比较多。另外，还可以基于 JSONRespons 类来扩展更多通用的响应报文类型。

3. PlainTextResponse 响应报文

当某些接口需要直接返回一个字符串类型时，可以使用 PlainTextResponse 响应报文来处理，代码如下：

```
from fastapi import FastAPI
from fastapi.responses import PlainTextResponse
app = FastAPI()

@app.post("/api/v1/text1/")
async def index():
    return 'ok'

@app.post("/api/v1/text2/")
async def index():
    return PlainTextResponse(status_code=404, content='ok')
```

上述代码中，两个接口返回的 Response 响应报文体中 headers 中的 content-type（内容类型）是不一样的。由于框架默认响应报文返回的就是 JSONResponse，所以当访问 http://127.0.0.1:8000/api/v1/text1/ 时返回的是 JSON 格式响应体类型，如图 3-43 所示。

当访问 http://127.0.0.1:8000/api/v1/text2/ 时返回的是纯 text/plain 格式的响应体类型，如图 3-44 所示。

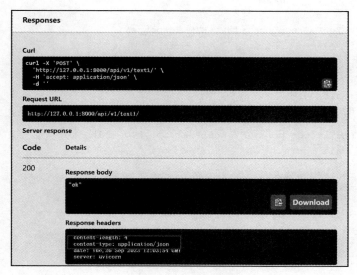

图 3-43　返回 JSON 格式响应体类型

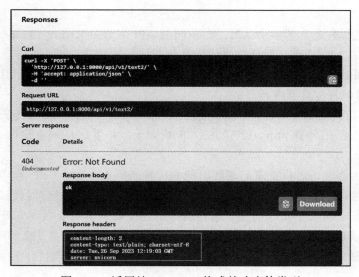

图 3-44　返回纯 text/plain 格式的响应体类型

4. RedirectResponse 重定向

URL 重定向（或称为网址重定向）通常称为 URL 请求转发，主要用于当使用者浏览某个网址时，引导跳转到另一个网址上。通常，重定向报文会在响应头中响应一个 3XX 的状态码来表示页面跳转。重定向示例代码如下：

```
from fastapi import FastAPI
from fastapi.responses import HTMLResponse,RedirectResponse,JSONResponse
app = FastAPI()
```

```python
@app.get("/baidu", response_class=HTMLResponse)
async def index():
    #外部地址重定向
    return RedirectResponse("https://wwww.baidu.com")

@app.get("/redirect1")
async def index():
    #内部地址重定向
    return RedirectResponse("/index",status_code=301)


@app.get("/redirect2")
async def index():
    #内部地址重定向
    return RedirectResponse("/index",status_code=302)

@app.get("/index")
async def index():
    return {
        'code':200,
        'messgaee':'重定向成功'
    }
```

在上面的代码中定义了多个 API，在不同的 API 中通过 RedirectResponse 来作为响应报文，并设置对应的响应码。对最终这些 API 执行访问的结果说明如下：

❑ 当访问 http://127.0.0.1:8000/baidu 时，浏览器会自动重新跳转到 https://www.baidu.com，返回百度首页内容。

❑ 当访问 http://127.0.0.1:8000/redirect1 和 http://127.0.0.1:8000/redirect2 时，浏览器会自动重新跳转到 http://127.0.0.1:8000/index，并返回显示重定向成功的 JSON 格式内容。

❑ 上面的示例中，进行重定向跳转时的响应状态码不一样：一个是 301，表示资源地址永久性转移到另一个位置；另一个是 302，表示资源地址暂时转移到另一个位置。两种状态之间的主要区别在于跳转后的地址搜索引擎抓取内容的处理机制不一样。301 永久性跳转的地址搜索引擎会保存最新跳转的地址，而 302 临时跳转的地址搜索引擎则不会保存跳转的新地址，而是继续保留旧的地址。

5. StreamingResponse 流输出

StreamingResponse 流输出比较常见的使用场景是视频流输出。StreamingResponse 可以直接返回二进制的数据。在下面的示例中，主要通过把视频文件转换为图片的方式进行输出，而这个过程依赖于一个第三方库，需要先安装好这个第三方库——opencv-python，代码如下：

```
pip install opencv-python
```

opencv-python 库安装完成后开始编写示例，代码如下：

```
from fastapi import FastAPI, Header
from fastapi.responses import Response
from os import getcwd, path
from fastapi.responses import HTMLResponse, StreamingResponse

app = FastAPI()
import cv2

PORTION_SIZE = 1024 * 1024
current_directory = getcwd() + "/"
CHUNK_SIZE = 1024 * 1024
from pathlib import Path

video_path = Path("big_buck_bunny.mp4")

def read_in_chunks():
    #读取视频位置
    videoPath = "./big_buck_bunny.mp4"   #读取视频路径
    #打开视频
    cap = cv2.VideoCapture(videoPath)
    #判断是否打开成功
    suc = cap.isOpened()   #是否成功打开
    #循环读取数据流
    while suc:
        #读取数据帧
        suc, output_frame = cap.read()
        #装载数据帧
        if output_frame is not None:
            #把数据帧转换为图片
            _, encodedImage = cv2.imencode(".jpg", output_frame)
            #设置播放帧的速度等待时间
            cv2.waitKey(1)
            #迭代返回对应的数据帧
            yield (b'--frame\r\n' b'Content-Type: image/jpeg\r\n\r\n' + bytearray
                (encodedImage) + b'\r\n')
        else:
            break
    #释放
    cap.release()

@app.get("/streamvideo")
def main():
    #以迭代的方式返回流数据
    return StreamingResponse(read_in_chunks(), media_type="multipart/x-mixed-
        replace;boundary=frame")
```

上面的代码中，比较关键的是关于 read_in_chunks() 函数的定义。该函数的工作流程如下。

1）读取输出的视频流的文件位置。

2）通过 cv2.VideoCapture 提供的函数进行视频文件打开和加载操作。

3）基于一个 while 循环并借助 cap.read() 不断进行视频数据帧的读取。

4）将读取出来的数据 output_frame 通过 cv2.imencode() 方法进行图片转换。

5）通过 yield 的方式返回当前图片流，读取完所有视频数据帧后进行关闭操作。对于每一个返回的图片流，路由都直接通过 StreamingResponse 响应报文进行响应输出。

6. FileResponse 下载

当有文件下载需求时，如果还是基于 StreamingResponse 来实现，就需要用户自己重新进行封装处理了。不过 FastAPI 已对应提供了基于 StreamingResponse 扩展封装的 FileResponse 类，使用它就可以直接返回需要下载的文件，相关代码如下：

```python
@app.post("/dwonfile1")
def sync_dwonfile():
    return FileResponse(path='./data.bat',filename='data.bat')


@app.post("/dwonfile2")
async def async_dwonfile():
    return FileResponse(path='./data.bat',filename='data.bat')
```

在上面的代码中定义了两个接口：一个是同步接口，另一是异步接口。每一个接口都直接使用 FileResponse 来作为响应报文。两个接口都提供了一些参数来配置要下载的文件，如 path、filename。启动服务，最终在 API 交互式文档中的显示结果如图 3-45 所示。

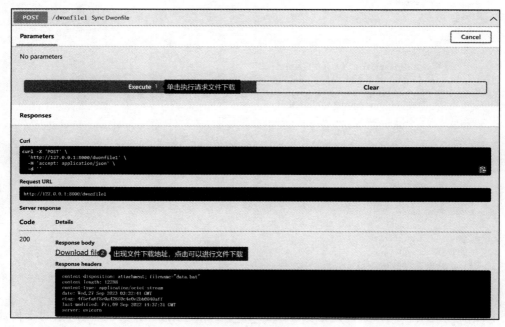

图 3-45　基于 FileResponse 类进行文件下载在 API 交互式文档中的显示结果

3.9.5　自定义 Response 类型

在目前的 API 开发中，多数都基于 JSON 格式进行前后端的数据交互，少数业务场景需要返回 XML 之类的格式数据，比如微信支付回调通知返回的就是 XML 格式的数据。

针对此类情况，就需要定制自己的 Response。下面来实现一个自定义返回 XML 格式的 Response，代码如下：

```python
@app.get("/xml/")
def get_xml_data():
    data = """<?xml version="1.0" ?>
    <note>
    <to>George</to>
    <form>John</form>
    <heading>Reminder</heading>
    <body>Don't forget the meeting!</body>
    </note>
    """
    return Response(content=data, media_type="application/xml")
```

上面的代码返回了 Response 对象，并且设置了返回的 media_type 为 application/xml 类型的数据，这样就完成了自定义 Response 的处理。启动服务，最终在 API 交互式文档中的显示结果如图 3-46 所示。

图 3-46　自定义 Response 数据类型在 API 交互式文档中的显示结果

3.10　后台异步任务执行

在应用开发过程中，有时会遇到这样的需求：当后端接收到前端的请求之后，需要处理比较耗时的任务，为了更快地使前端响应数据，不需要等待该任务处理完成再进行响应，如请求第三方接口发送短信、发送邮件、异步日志处理、大数据量汇总统计等操作。FastAPI 提供了一种称为 BackgroundTasks 的后台任务机制来解决此类需求。一般，FastAPI 后台任务处理流程包括以下两个步骤。

步骤 1 后台任务函数的创建。需要说明的一点是，这里的后台任务函数可以是同步函数，也可以是异步协程函数。这个后台任务函数是可以自定义传参的，下面通过一个示例来具体说明。这里定义的是一个耗时任务，代码如下：

```
def send_mail(n):
    time.sleep(n)
```

上面的函数主要使用休眠的方式来演示一个耗时任务。

步骤 2 定义后台任务。一个后台任务需要导入 BackgroundTasks，在路径操作参数上需要声明一个 BackgroundTasks 类型的路径参数对象 tasks，然后使用 tasks 对象调用它的 add_task() 方法来加入具体的任务函数，代码如下：

```
@app.api_route(path="/index", methods=["GET", "POST"])
async def index(tasks: BackgroundTasks):
    tasks.add_task(send_mail, 10)
    return {"index": "index"}
```

通过上述两个步骤，就可以把一个耗时的任务放置在后台进行执行。需要注意的是，这种后台执行的任务本质是在当前服务进程中完成的，若当前服务进程被关闭，则任务也会被终止。

3.11 应用启动和关闭事件

startup 和 shutdown 事件是 FastAPI 提供的进行服务启动和关闭时执行的事件回调通知处理机制。其中，保存 startup 和 shutdown 等回调函数事件的对象分别是 on_startup 和 on_shutdown，它们的定义如下：

```
self.on_startup = [] if on_startup is None else list(on_startup)
    self.on_shutdown = [] if on_shutdown is None else list(on_shutdown)
```

从上面的代码可以看出，on_startup 和 on_shutdown 都是列表类型的对象，这也说明了可以同时注册多个回调事件。需要注意的是：注册的回调函数既可以是同步函数又可以是异步协程函数。

> **注意** 基于 startup 和 shutdown 事件回调处理业务逻辑时，不建议进行中间件添加注册处理，官方在文档中建议使用基于 lifespan 的生命周期的方式进行处理。

1. startup 事件

通常，启动一个应用服务需要进行一些数据初始化操作，用户可以在 startup 事件中进行初始化处理，代码如下：

```
app = FastAPI()

@app.on_event("startup")
```

```
async def startup_event_async():
    print("服务进程启动成功-async函数")

@app.on_event("startup")
def startup_event_sync():
    print("服务进程启动成功-sync函数")
```

在上面的代码中，通过 @app.on_event("startup") 添加了一个 async def startup_event_async() 协程函数的注册。此时启动服务，就可以看到对应事件回调被触发并输出了对应信息。

这个启动事件的回调机制通常用于一些扩展插件初始化场景中。在这个启动事件中，可以处理的事情比较多，应用的场景主要有以下几个：

❑ 设置和读取应用配置参数。

❑ 通过对数据库初始化把初始化的对象存储到 app 对象上下文中。

❑ 初始化第三方插件。

2. shutdown 事件

当服务关闭并进行一些资源释放操作时，可以通过 shutdown 事件进行相关资源释放处理，代码如下：

```
@app.on_event("shutdown")
async def shutdown_event_async():
    print("服务进程已关闭-async函数")

@app.on_event("shutdown")
def shutdown_event_sync():
    print("服务进程已关闭-sync函数")
```

在上面的代码中，通过使用 @app.on_event("shutdown") 添加了一个 async def shutdown_event_sync() 同步函数的注册。需要注意的是，只有当所有连接都已关闭，并且任何正在进行的后台任务都已完成时，才会调用关闭处理事件。如果服务被强制进行 kill 操作，则回调函数不会执行。

🔍 **注意**　在 Windows 系统中，如果要触发 shutdown 注册的回调函数，则需通过命令行的方式来启动服务，然后按 <CTRL+C> 组合键关闭服务。

FastAPI 异常及错误

在应用运行过程中，开发程序时有可能遇到错误和异常情况。通常来说，Error（错误）表示应用程序存在较为严重的问题，可能会导致程序崩溃或无法正常运行。而 Exception（异常）则通常表示应用程序在运行过程中出现了可预测的和可恢复的问题，这些问题可以被捕获和处理，应用程序可以继续正常运行。对异常有效跟踪可以明确具体的异常问题点，比如什么类型的异常被抛出、具体异常发生在什么位置、这个异常是由于什么原因被抛出的，这样不仅可以让应用程序更加健壮、易于调试，还可以帮助定位和处理问题。

在运行的程序中，如果出现错误或异常而不去处理，那么整个程序就会终止运行。通过对抛出的错误或异常进行处理，可以防止程序意外终止服务，所以有必要了解 FastAPI 提供的错误及异常处理机制。

在 FastAPI 框架中，所有的错误和异常都是 Exception 类的子类。在 FastAPI 框架的异常处理中常用的是 HTTPException 类，它用于处理 HTTP 状态码异常。还有一个 ValueError 类，它常处理值错误。FastAPI 框架中的 HTTPException 类是基于 Starlette 框架的 HTTPException 类进行扩展的，以便支持自定义响应头。此外，FastAPI 还引入了 RequestValidationError 子类来处理请求验证错误。

需要补充的是，FastAPI 还提供了许多其他类型的异常类，如 WebSocketError、WebSocketDisconnect 和 HTTPException 400 等。这些异常类的使用方式与 HTTPException 和 RequestValidationError 类似，都是在路由处理函数中通过 raise 关键字抛出。FastAPI 还允许用户自定义异常类，并提供了一些内置的异常处理器来处理这些自定义异常。

 说明　本章相关代码位于 \fastapi_tutorial\chapter04 目录之下。

4.1　HTTPException 异常

通过名称可以知道，HTTPException 异常和 HTTP 响应是存在关联的。HTTPException 应用的场景主要是对客户端前端校验抛出指定 HTTP 响应状态异常。比如基于用户权限校验抛出 403 状态码，这表示当前客户端无访问权限；基于资源访问抛出 404 状态码，这表示找不到对应路由。这些异常通常都需要抛出，以告知客户端错误状态码及错误信息。

如果需要手动抛出异常，则需要使用 raise 关键字，而不能直接通过 return 返回异常。一般通过 raise 抛出异常之后，再对具体异常类型及异常信息进行分析，最后进行 return 处理。

4.1.1　HTTPException 简单源码分析

这里通过分析源码来了解 HTTPException 内部实现机制，代码如下：

```
from starlette.exceptions import HTTPException as StarletteHTTPException

class HTTPException(StarletteHTTPException):
    def __init__(
        self,
        status_code: int,
        detail: Any = None,
        headers: Optional[Dict[str, Any]] = None,
    ) -> None:
        super().__init__(status_code=status_code, detail=detail)
        self.headers = headers
```

通过上面的代码可以看到，HTTPException 是基于 StarletteHTTPException（它是 HTTPException 类的别名）实现的，这里新增了自定义的 headers 参数。下面介绍 HTTPException 的代码，代码如下：

```
class HTTPException(Exception):
    def __init__(self, status_code: int, detail: str = None) -> None:
        if detail is None:
            detail = http.HTTPStatus(status_code).phrase
        self.status_code = status_code
        self.detail = detail

        def __repr__(self) -> str:
            class_name = self.__class__.__name__
    return f"{class_name}(status_code = {self.status_code!r}, detail = {self.detail!r})"
```

通过上述代码可以看到，HTTPException 的本质就是 Exception 的子类。HTTPException 的参数项信息主要包含了以下的几部分：

❑ detail 表示异常信息详细描述，它支持 Any 类型，所以它的值既可以是 lits，也可以是 dict，还可以是字符串等。

❑ status_code 表示异常 HTTP 状态码值。

❑ headers 表示响应报文头信息,这是 FastAPI 新增的部分。

4.1.2　HTTPException 的使用

本小节开始使用 HTTPException,代码如下(示例代码位于 \fastapi_tutorial\chapter04\http_exception 目录之下):

```
from fastapi import FastAPI, Query, HTTPException

app = FastAPI()

@app.get("/http_exception")
async def http_exception(action_scopes: str = Query(default='admin')):
    if action_scopes == 'admin':
        raise HTTPException(status_code=403,
                            headers={"x-auth": "NO AUTH!"},
                            detail={
                                'code': '403',
                                'message': '错误当前你没有权限访问',
                            })
    return {'code': '200', }
```

对上面的代码进行解析:

❑ 通过 app.get() 装饰器定义了一个路由,且路由地址为"/http_exception"。

❑ 通过 app.get() 装饰器绑定了一个名为 http_exception 的视图函数,在 http_exception() 视图函数中声明了一个 action_scopes 查询参数,其默认值为"admin"。

❑ 当访问路由时,若默认没有提交 action_scopes 查询参数值,则在视图函数内部会直接抛出 raise HTTPException 异常,并且在响应报文头中写入 x-auth 头信息。

启动服务并通过浏览器访问 http://127.0.0.1:8000/http_exception/,会得到图 4-1 所示的结果。

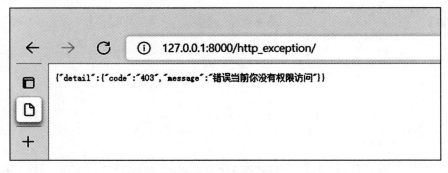

图 4-1　主动抛出 HTTPException 异常

打开浏览器,然后按 <F12> 键,可查看请求响应报文头信息,如图 4-2 所示。

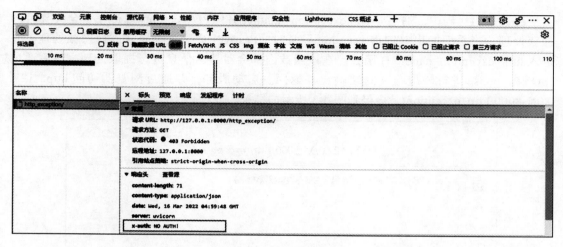

图 4-2　抛出 HTTPException 异常后写入响应报文头信息

4.1.3　覆盖 HTTPException 异常处理

在上面小节的示例中，直接抛出了 HTTPException 异常，但是没有对它抛出的异常信息进行拦截处理。通常，这种机制在实际工作中的使用较少。需要对抛出的异常信息进行提取、加工和分析，之后才能抛出 JSON 格式的数据。可以通过全局异常拦截的方式覆盖并重写 raise HTTPException 抛出的异常，代码如下（示例代码位于 \fastapi_tutorial\chapter04\http_exception 目录之下）：

```python
from fastapi import FastAPI, HTTPException, Request
from fastapi import Query
from fastapi.responses import JSONResponse
app = FastAPI()


@app.exception_handler(HTTPException)
async def http_exception_handler(request: Request, exc: HTTPException):
    return JSONResponse(status_code=exc.status_code, content=exc.detail,
        headers=exc.headers)


@app.get("/http_exception/")
async def http_exception(action_scopes: str = Query(default='admin')):
    if action_scopes == 'admin':
        raise HTTPException(status_code=403,
                            headers={"x-auth": "NO AUTH!"},
                            detail={
                                'code': '403',
                                'message': '错误当前你没有权限访问',
                            })
    return {
        'code': '200',
    }
```

在上面的代码中，通过 @app.exception_handler(HTTPException) 进行一个全局异常的捕获处理。当手动抛出 HTTPException 异常时，FastAPI 会对此类异常进行拦截处理，并进入 http_exception_handler() 函数。在该函数内部会对异常信息进行提取处理，然后通过 JSONResponse 进行响应报文封装输出并返回。启动服务，并通过浏览器访问 http://127.0.0.1:8000/http_exception/，会得到图 4-3 所示的结果。

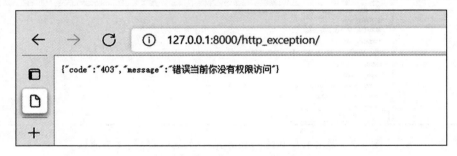

图 4-3　覆盖 HTTPException 异常处理结果

4.2　RequestValidationError 错误

通过名称可以知道，RequestValidationError 主要是因为校验客户端提交的 Request 参数不合规才会抛出的错误。比如：

- ❑ 参数类型不符。
- ❑ 参数值长度不符。
- ❑ 参数格式不符。

4.2.1　RequestValidationError 的使用

对 Body、From、Path、Query 等参数进行解析读取时，如果参数不符合要求，则会抛出 RequestValidationError 错误，代码如下（示例代码位于 \fastapi_tutorial\chapter04\request_validation_error 目录之下）。

```
from fastapi import FastAPI
app = FastAPI()

@app.get("/request_exception")
async def request_exception(user_id: int):
    return {"user_id": user_id}
```

在上面的代码中，在 request_exception() 视图函数中声明了一个 user_id 参数，且该参数是 int 类型的。如果传输的 user_id 非 int 类型，则会抛出参数校验错误。此时重新启动服务，并通过浏览器访问 http://127.0.0.1:8000/request_exception/user_id=xiaozhong，会得到图 4-4 所示的结果。

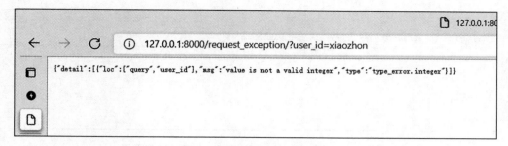

图 4-4 参数校验错误结果

从返回结果可知：

❑ 错误位置是 query 参数 user_id。

❑ 错误类型是 integer。

❑ 错误描述信息中指出了当前 user_id 的值不是一个 int 类型的值。

对参数进行校验得到 RequestValidationError 错误主要是结合 Pydantic 来实现的。

4.2.2 覆盖 RequestValidationError 错误处理

对于所有的异常和错误，FastAPI 都提供了一个全局捕获拦截的机制，所以这里可以使用类似覆盖 HTTPException 异常的处理机制，对 RequestValidationError 错误进行覆盖拦截处理，代码如下（示例代码位于 \fastapi_tutorial\chapter04\request_validation_error 目录之下）：

```
from fastapi import FastAPI
from fastapi.exceptions import RequestValidationError
from fastapi.responses import JSONResponse
app = FastAPI()

@app.exception_handler(RequestValidationError)
async def validation_exception_handler(request, exc):
    return JSONResponse({'mes':'触发了RequestValidationError错误，，错误信息:%s ！'
        %(str(exc))})

@app.get("/request_exception")
async def read_item(user_id: int):
    return {"user_id": user_id}
```

在上面的代码中，通过 @app.exception_handler(RequestValidationError) 进行全局 RequestValidationError 错误的捕获处理。当程序运行到参数校验阶段时，如果传入的参数 user_id 不是 int 类型，那么就会抛出 RequestValidationError 错误，此时 FastAPI 会对此类错误进行拦截处理，并进入 validation_exception_handler() 函数，在函数内部对错误信息进行提取处理后，通过 JSONResponse 进行响应报文封装输出。启动服务，并通过浏览器访问 http://127.0.0.1:8000/request_exception/user_id=xiaozhong，会得到图 4-5 所示的结果。

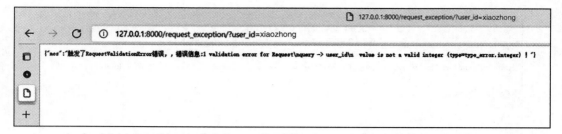

图 4-5 覆盖 RequestValidationError 错误处理结果

4.3 自定义异常

在进行日常系统开发中，若 FastAPI 所提供的异常类型不能满足需求，则需要定制新的异常。

4.3.1 自定义异常的实现

在 FastAPI 框架中，错误及异常都继承自 Exception，所以自定义异常也可以继承自 Exception 或者其他已实现的 Exception 类的子类，代码如下（示例代码位于 \fastapi_tutorial\chapter04\custom_exception 目录之下）：

```python
from fastapi import FastAPI,Request
from fastapi.responses import JSONResponse
app = FastAPI()

class CustomException(Exception):
    def __init__(self, message: str):
        self.message = message

@app.exception_handler(CustomException)
async def custom_exception_handler(request: Request, exc: CustomException):
    return JSONResponse(content={"message": exc.message}, )

@app.get("/custom_exception")
async def read_unicorn(name: str = 'zhong'):
    if name == "zhong":
        raise CustomException(message='抛出自定义异常')
    return {"name": name}
```

在上述代码中，自定义了一个 CustomException 异常，并且通过 @app.exception_handler(CustomException) 装饰器进行了全局 CustomException 异常的捕获处理。当程序抛出 CustomException 异常时，FastAPI 会对此类异常进行拦截处理，并进入 custom_exception_handler() 函数，在函数内部对异常信息进行提取处理后，通过 JSONResponse 进行响应报文封装输出。

4.3.2　自定义内部错误码和异常

在一些 API 开发规范中，通常使用返回错误码的方式来对问题进行描述。通过此方式，开发人员可以对错误进行快速定位，引导开发人员根据错误提示进行相应处理。构建一个清晰的符合自己业务的错误码机制是非常有意义的。这里参考微信支付 API 的设计，再结合实际需求来定制属于自己的内部错误码。格式设计的示例如下：

```
{
    "return_code":"SUCCESS",    """  SUCCESS/FAIL字段是通信标识，非交易标识，交易是否成功
        需要查看result_code"""
    "return_msg":"OK", #当return_code为FAIL时返回错误原因
    "err_code":"SYSTEMERROR", #当result_code为FAIL时返回错误代码
    "err_code_des":"系统错误" #当result_code为FAIL时返回错误描述
}
```

下面介绍设置自己的内部错误码机制的步骤。

步骤 1　通过 enum 来枚举错误码及错误描述。在一些 API 设计规范中，通常的做法是给每一条产线都分配不同的错误码区间，通过划分区间来有效避免出现重复错误码，代码如下：

```
from enum import Enum
class ExceptionEnum(Enum):
    SUCCESS = ("0000", "OK")
    FAILED = ("9999", "系统异常")
    USER_NO_DATA = ("10001", "用户不存在")
    USER_REGIESTER_ERROR = ("10002", "注册异常")
    PERMISSIONS_ERROR = ("2000", "用户权限错误")
    #省略部分代码
```

步骤 2　定义好对应的错误码区间后，根据错误码来自定义异常类。在自定义的异常类中初始声明 err_code 和 err_code_des 两个参数，代码如下（示例代码位于 \fastapi_tutorial\chapter04\business_error 目录之下）：

```
class BusinessError(Exception):
    __slots__ = ['err_code', 'err_code_des']
    def __init__(self,  result: ExceptionEnum = None, err_code: str = "00000",
        err_code_des: str = ""):
        if result:
            self.err_code = result.value[0]
            self.err_code_des = err_code_des or result.value[1]
        else:
            self.err_code = err_code
            self.err_code_des = err_code_des
        super().__init__(self)
```

其中，err_code 用于定义错误区间内的错误码，err_code_des 对应错误区间码内的错误描述。

步骤 3　有了自定义的 BusinessError 之后，就要添加全局错误拦截了。这一步主要对上面自定义的异常类 BusinessError 进行拦截、覆盖、重写，再对返回的错误信息进行提取，

最后通过 JSONResponse 封装以便按固定的格式返回，代码如下。

```
@app.exception_handler(BusinessError)
async def custom_exception_handler(request: Request, exc: BusinessError):
    return JSONResponse(content={
        'return_code':'FAIL',
        'return_msg':'参数错误',
        'err_code': exc.err_code,
        'err_code_des': exc.err_code_des,
    })
```

步骤 4　定义好异常拦截处理后，为了验证异常，需要定义一个业务逻辑接口，在接口中主动抛出 BusinessError，代码如下：

```
@app.get("/custom_exception")
async def custom_exception(name: str = 'zhong'):
    if name == "xiaozhong":
        raise BusinessError(ExceptionEnum.USER_NO_DATA)
    return {"name": name}
```

在上述业务逻辑处理中，若 query 类参数 name 传入"xiaozhong"值，就会主动抛出自定义的异常。在本示例中只是随意抛出了一个错误码，读者应根据业务实际情况设置异常错误码。

启动服务，并通过浏览器访问 http://127.0.0.1:8000/custom_exception?name=xiaozhong，则会得到图 4-6 所示的结果。

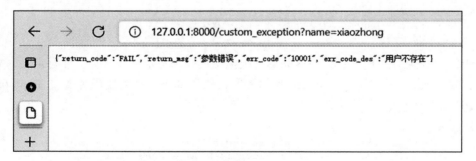

图 4-6　自定义内部错误码和异常处理结果

4.4　中间件抛出自定义异常

FastAPI 框架有一种中间件，主要用于处理类似 Flask 框架中请求前和响应后的钩子函数。这里主要介绍中间件中抛出自定义异常的相关内容。在中间件抛出异常的情况下，是无法通过全局异常类拦截自定义异常的，示例代码如下（示例代码位于 \fastapi_tutorial\chapter04\middleware_exception 目录之下）：

```
app = FastAPI()
```

```python
@app.middleware("http")
async def add_process_time_header(request: Request, call_next):
    #故意直接抛出异常
    raise CustomException(message='抛出自定义异常')
    response = await call_next(request)
    return response

class CustomException(Exception):
    def __init__(self, message: str):
        self.message = message

@app.exception_handler(CustomException)
async def custom_exception_handler(request: Request, exc: CustomException):
    print("触发全局自定义CustomException")
    return JSONResponse(content={"message": exc.message}, )

@app.get("/custom_exception")
async def read_unicorn(name: str = 'zhong'):

    return {"name": name}
```

上面的代码在 4.3 节介绍的自定义异常示例代码的基础上新增了一个中间件 "add_process_time_header" 注册。当有请求进入时，首先会进入 add_process_time_header 中间件，在这个中间件中没做任何条件判断，直接抛出自定义 CustomException 异常。此时，控制台会抛出异常信息，但是全局异常错误 custom_exception_handler 并没有捕获到自定义的 CustomException 异常。无法捕获的根本原因是 FastAPI 框架在底层中对所有任何类型的中间件抛出的异常，都统归到顶层的 ServerErrorMiddleware 中间件进行捕获，而在 ServerErrorMiddleware 中间件中捕获到的异常都以 Exception 的方式抛出。ServerErrorMiddleware 代码如下：

```python
class ServerErrorMiddleware:

    def __init__(
        self,
        app: ASGIApp,
        handler: typing.Optional[typing.Callable] = None,
        debug: bool = False,
    ) -> None:
        self.app = app
        self.handler = handler
        self.debug = debug

    async def __call__(self, scope: Scope, receive: Receive, send: Send) -> None:
        if scope["type"] != "http":
            await self.app(scope, receive, send)
            return

        response_started = False

        async def _send(message: Message) -> None:
```

```
                    nonlocal response_started, send

                    if message["type"] == "http.response.start":
                        response_started = True
                    await send(message)

            try:
                await self.app(scope, receive, _send)
            except Exception as exc:
                request = Request(scope)
                if self.debug:
                    #如果开启了Debug模式，则返回跟踪信息响应
                    response = self.debug_response(request, exc)
                elif self.handler is None:
                    #如是self.handler为None，则使用默认的500错误处理程序
                    response = self.error_response(request, exc)
                else:
                    #否则默认使用已安装的500错误处理程序
                    if asyncio.iscoroutinefunction(self.handler):
                        response = await self.handler(request, exc)
                    else:
                        response = await run_in_threadpool(self.handler, request, exc)

                if not response_started:
                    await response(scope, receive, send)

                #继续抛出异常
                #这允许服务器记录错误，或允许测试客户端在测试用例中选择性地引发错误
                raise exc
    #省略部分代码
```

在上面的中间件代码中，中间件中的任何异常抛出都会被"__call__"中的 try--except Exception as exc 捕获。然后抛出 raise Exception 。由此可见，全局捕获的不应该是 CustomException 异常，而是 Exception 异常，代码如下：

```
@app.exception_handler(Exception)
async def custom_exception_handler(request: Request, exc: Exception):
    if isinstance(exc,CustomException):
        print("触发全局自定义CustomException")
    return JSONResponse(content={"message": exc.message}, )
```

此时再访问 API，就会发现在中间件中手动抛出的自定义异常类被"@app.exception_handler(Exception)"给截获了。

> **注意** 使用这种在中间件抛出自定义异常的处理方式时，在控制台中暂时无法消除异常输出，所以对于中间件，建议直接返回对应的响应报文内容。

第 5 章 *Chapter 5*

Pydantic 数据模型管理

在进行数据解析和校验时几乎离不开 Pydantic，它是 FastAPI 框架具有的特色功能之一。在前面章节中介绍过结合 Pydantic 来解析读取 Body 请求体的应用，但是关于 Pydantic 的具体使用细节，还没有进行深入介绍。本章主要对 Pydantic 的更多知识点进行介绍。

 说明 本章相关代码位于 \fastapi_tutorial\chapter05 目录之下。

5.1 Pydantic 介绍

Pydantic 是一个使用 Python 类型注解进行数据验证和管理的模块。它可以在代码运行时强制进行类型验证，当数据类型不符或数据无效时抛出友好的错误提示。这个功能可让开发者及时了解错误信息。FastAPI 框架整合了 Pydantic，以求为开发者提供更多便利。这些便利主要体现在以下几个方面：

❑ 支持使用 Python 的类型提示来定义数据模型，这使得代码更加易于阅读和维护。

❑ 提供了一些内置的验证器，可以对输入数据进行验证，确保输入的数据类型、格式、范围等符合预期。

❑ 自动解析并验证请求中的视图函数参数、查询参数以及 Body 参数等。

❑ 支持复杂数据结构定义以及验证。

❑ 相比 valideer 库、marshmallow 库、trafaret 库以及 cerberus 库等，在速度上更具优势。

❑ 支持字段进行自定义验证。

❑ 基于 BaseSettings 类，读取系统设置的环境变量值，还可以对其进行数据验证。

❑ 基于 BaseModel 基类，再结合数据库 ORM 可以进行序列化和反序列化操作，在操作过程中还可以对相关字段进行过滤。

❑ Pydantic 可以自动生成 API 文档，包括请求和响应的数据类型。

5.2 Pydantic 的使用

Pydantic 的应用场景包括：

❑ Web 框架：Pydantic 可以帮助开发人员定义请求和响应数据模型，以及执行数据验证和转换。Pydantic 还可以自动生成 API 文档，包括请求和响应的数据模型。

❑ 数据库访问：Pydantic 可以帮助开发人员定义 ORM 模型，并进行数据验证和转换。

❑ 数据分析：Pydantic 可以帮助开发人员处理数据集，进行数据验证和转换。

下面展开讲解关于 Pydantic 的一些基本使用。首先需要安装它：

```
pip install pydantic
```

如果需要基于 Pydantic 的 BaseSettings 类来读取环境变量，那么还需要安装 dotenv 库。通常，在安装 FastAPI 框架时，默认已经安装了对应的依赖库。如果没有安装，则可以通过以下命令来安装：

```
pip install pydantic[dotenv]
```

5.2.1 模型常见数据类型

通过对前文的学习，我们已经初步知道如何使用 Pydantic 来定义模型对象，其中的每一个模型对象都继承于 BaseModel 类，且模型类中的每一个属性都有自己的数据类型。

常见的数据类型有 bool、int、str、bytes、list、tuple、dict、set 等。Pydantic 还支持 datetime、FilePath、DirectoryPath、EmailStr、NameEmail（邮箱格式类型）、Color、AnyUrl（任意网址）、HTTPUrl、Json、IPvAnyAddress、IPvAnyNetwork、SecretStr 和 SecretBytes（敏感数据类型）等特殊数据类型。示例代码如下（示例代码位于 \fastapi_tutorial\chapter05\pydantic_base 目录之下）：

```python
#!/usr/bin/env python
# -*- coding: utf-8 -*-

from pydantic import BaseModel, \
    DirectoryPath, \
    IPvAnyAddress, \
    FilePath, \
    EmailStr, \
    NameEmail, SecretStr, SecretBytes
from datetime import date

class Person(BaseModel):
```

```
#基础类型
name: str #字符串类型
age: int #整型类型
enable: bool #布尔类型
hobby: list #列表类型
adress: dict #字典类型
birthday: date # datetime中的时间类型

#其他复杂的对象类型
filePath: FilePath       #文件路径类型
directoryPath: DirectoryPath #文件目录类型
ip: IPvAnyAddress #IP地址类型
emailStr: EmailStr #电子邮件地址类型
nameEmail: NameEmail #有效格式的电子邮件地址类型
secretStr: SecretStr #用于表示敏感数据，如密码、API密钥等。SecretStr类型继承自str类
                      型，但在打印和序列化时会替换为“*”或其他指定的占位符，以保护敏感
                      信息的安全性

secretBytes: SecretBytes #用于表示二进制格式的敏感数据，如加密密钥、数字签名等。
                          SecretBytes类型继承自bytes类型，但在打印和序列化时会替换
                          为“*”或其他指定的占位符，以保护敏感信息的安全性

website:HTTPUrl #URL请求地址
json_obj: Json #JSON对象类型
```

通过上面的代码，定义了一个 Person 模型类，并定义了这个模型的各种属性，这些属性就是常用的数据类型。

5.2.2 模型参数必选和可选

在上一小节的模型中，对模型的属性没有进行任何赋值操作，在 Pydantic 内部会默认把这些值对应的字段设置为必传的字段，但是在实际应用中，有可能不需要对所有字段进行这种校验，比如对于有默认值的字段或者处于可选状态的字段。可以通过下面的方式来进行参数字段的声明和赋值：

```
class Person(BaseModel):
    name: str
    age: Optional[int]
    age2: Optional[int] = None
    gender: str = "男" #
    idnum: Union[int, str]
    dict_str_float_parse: Dict[str, float] = None
```

对上面的模型类涉及的参数声明说明如下：

❑ name 参数的值是字符串类型，这是一个必填参数，也就是说实例化必须传入 name 的值。

❑ age 参数由于使用 Optional 来声明，所以它是一个选填参数。如果它存在值，则必须是一个 int 类型的值。Optional 在这里主要表示当前参数是可选类型的参数。

❑ age2 参数和 age 参数一样，只是 age2 参数显式设置了一个默认值 None。

❏ gender 参数也是一个选填参数，如果没有指定传值，则默认的值是"男"。

❏ idnum 参数使用 Union 声明后，表示该参数是一个必填项，且参数类型有 int 类型或者 str 类型，不过它内部会强制仅限于 Union[int, str] 中所描述的数据类型，Union 主要为 IDE 做一个比较友好的提示，方便开发者知道这个参数建议的值是什么类型。

❏ dict_str_float_parse 参数则使用 dict 字典来声明，且对键值对类型也进行了声明。

5.2.3 模型多层嵌套

在上面的小节中仅定义了一个模型，在实际应用场景中有可能需要模型嵌套或更深层次的嵌套，Pydantic 对这些嵌套模型都是可以支持的，代码如下：

```
class Card(BaseModel):
    nums: str

class Person(BaseModel):
    name: str
    age: Optional[int]
    cards: Optional[List[Card]]
```

在上面的代码中，在 Person 模型中内嵌了一个 Card 列表类型对象，且声明它是一个可选参数。

5.2.4 模型对象实例化

完成模型的定义之后，下面介绍模型实例化，代码如下：

```
class Person(BaseModel):
    name: str
    nums: str
    age: Optional[int]

if __name__ == '__main__':
    user = Person(name = 'xiaozhong',nums = '21',age=15)
    print(user.name,user.age)
```

在上面的代码中，实例化 Person 对象非常简单，只需要传入具体参数即可完成对象创建。但是在一些复查业务场景中，需要基于一些已有的对象来完成模型对象的实例化。BaseModel 提供了非常多的方法让用户可以结合不同的业务场景来实现模型对象的创建，它提供的主要静态方法如下：

```
BaseModel.parse_obj()：传入字典，完成对象初始化。该方式和实例化传参方式基本一样，只是要求传
                       参类型必须是字典。
BaseModel.parse_raw()：传入字符串或字节对象，自动解析为JSON对象，然后完成对象初始化
BaseModel.parse_file()：基于文件对象方式解析并完成对象初始化
BaseModel.from_orm()：从数据库ORM模型对象中实例初始化对象。
```

在实际应用中，可以根据具体场景来使用不同的方法完成对象创建。

5.2.5　模型对象的转换

当模型对象实例化完成后，在某些业务场景中经常需要对模型对象进行一些数据格式转换，比如转换为 dict 或 JSON 格式的数据，转换后可以方便用户将其作为数据库的模型进行数据处理，代码如下（示例代码位于 \fastapi_tutorial\chapter05\pydantic_obj_to_dict_json 目录之下）：

```
from pydantic import BaseModel, ValidationError

class Person(BaseModel):
    name: str  #字符串类型
    password: str  #字符串类型
    age: int  #整型类型
    enable: bool = True  #布尔类型

if __name__ == '__main__':
    user = Person(name='xiaozhong', password='123456', age=15)
    print(user.dict())
```

在上面的代码中，关键的是模型类实例化后的 user 对象提供的 dict() 方法，使用该方法可以把对象转换为原生的字典对象，具体输出结果如下：

```
{'name': 'xiaozhong', 'password': '123456', 'age': 15, 'enable': True}
```

从上面的结果可以得知，转换输出过程中存在一个比较敏感的安全问题，就是密码字段信息也被转换输出了，这一般是不允许的。虽然可以删除转换后字典中的键值来解决上述问题，但是这种处理方式略显麻烦。幸好，模型类实例化后的 user 对象提供的 dict() 方法可提供非常多的可选参数以进行转换功能的扩展，比如它可以对一些字段属性进行各种过滤条件的设置，之后进行转换。具体实现代码如下：

```
from pydantic import BaseModel, ValidationError

class Person(BaseModel):
    name: str  #字符串类型
    password: str  #字符串类型
    age: int  #整型类型
    enable: bool = True  #布尔类型

if __name__ == '__main__':
    user = Person(name='xiaozhong', password='123456', age=15)
    print(user.dict())
    print(user.dict(include={'name','age'}))
    print(user.dict(exclude={'password'}))
```

在上面的代码中，模型类实例化后的 user 对象提供的 dict() 方法支持传入一些过滤条件的参数来定制所需的字段转换，如：

❑ include={'name','age'}：include 表示包含输出哪些字段参数，在上面的示例中，在转换为字典时，结果只会输出转换 name 和 age 两个字段的参数。

❑ exclude={'password'}：exclude 表示要排除哪些字段参数，在上面的示例中，在转换为字典时，结果不包含 password 字段参数的输出。

同理，模型类实例化后的对象提供的 json() 方法本身就是对 dict() 方法进行一次再转换输出，所以 json() 方法在使用上大部分的参数基本和 dict() 方法保持一致。

在 model.dict() 和 model.json() 方法中除了 include 和 exclude 参数，还有其他更多参数，这里对相关参数说明如下：

❑ include：表示在转换返回字典时需要包含的字段。定义示例如 include={'name', 'age'}。

❑ exclude：表示在转换返回字典时需要排除过滤字段。定义示例如 exclude={'password'}。

❑ by_alias：表示如果字段参数有别名，那么返回的字典是否应该在字典中作为键，默认值是 False。

❑ exclude_unset：表示在转换返回字典时是否排除模型对象实例化时未显式设置参数值的字段，默认值为 False。

❑ exclude_defaults：表示在转换返回字典时是否排除在模型中存在默认值设置的字段，默认值为 False。

❑ exclude_none：表示在转换返回字典时是否排除字段参数值等于 None 的字段，默认值为 False。

model.json() 比 model.dict() 多几个参数，对多出的几个参数说明如下：

❑ encoder：表示在转换输出 JSON 时（也就是使用 json.dumps() 时）使用的自定义编码器。

❑ **dumps_kwargs：表示在转换输出 JSON 时自定义一些其他关键字字段信息。

❑ models_as_dict：表示在转换输出 JSON 时，模型是否作为字典序列化对象进行序列化操作。

5.2.6 模型对象的复制

除了 dict() 和 json() 方法，在一些场景中可能还需要进行一些模型实例化对象的复制，此时就需要用到 copy() 了。该方法的示例代码如下：

```
from pydantic import BaseModel, ValidationError

class Person(BaseModel):
    name: str   #字符串类型
    password: str   #字符串类型
    age: int   #整型类型
    enable: bool = True   #布尔类型

if __name__ == '__main__':
    user = Person(name='xiaozhong', password='123456', age=15)
    new_user = user.copy()
    #进行复制==================
    print("userID", user, id(user))
    print("new_userID", new_user, id(new_user))
```

```
#仅包含密码输出===========
new_user = user.copy(include={'password'})
print("new_user", new_user)
print("new_userID", new_user, id(new_user))
```

上述代码输出结果为:

```
userID name='xiaozhong' password='123456' age=15 enable=True 2176013324240
new_userID name='xiaozhong' password='123456' age=15 enable=True 2176013324192
new_user password='123456'
new_userID password='123456' 2176019593920
```

从结果中可以看出,可以通过 user.copy() 复制出一个新的 new_user 对象。user.copy() 也提供了 include 和 exclude 参数,可实现针对部分字段的输出、过滤、复制等操作。

5.2.7　异常信息的捕获

在实例化的过程中,如 5.2.6 小节中的示例,当执行 user = Person(name='xiaozhong') 时,Pydantic 会自动解析参数并进行数据类型和其他限制条件的验证,如果出现校验异常,会触发 ValidationError 错误。示例代码如下:

```
class Person(BaseModel):
    name: str
    nums: str
    age: Optional[int]


if __name__ == '__main__':
    user = Person(name='xiaozhong')
    print(user.name,)
```

5.2.6 小节中的代码脚本执行完成后,会有如下异常信息:

```
Traceback (most recent call last):
    File "E:\yuanxiao\fastapi_tutorial\chapter05\pydantic_base\main.py", line 26,
       in <module>
        user = Person(name='xiaozhong')
    File "pydantic\main.py", line 341, in pydantic.main.BaseModel.__init__
pydantic.error_wrappers.ValidationError: 1 validation error for Person
nums
    field required (type=value_error.missing)
```

从上面的错误提示中可以看到,nums 字段提示了“ field required (type=value_error.missing)”的错误信息。它是一个必选参数,由于实例化没有传参赋值,所以此时触发 ValidationError 异常。对于这种异常信息,如果需要在程序中知道具体的错误明细,则可以通过捕获抛出的 ValidationError 异常对象进行解析,代码如下:

```
class Person(BaseModel):
    name: str
    nums: str
    age: Optional[int]


if __name__ == '__main__':
```

```
try:
    user = Person(name='xiaozhong')
except ValidationError as e:
    print(e.errors())
    print(e.json())
    print(str(e))
else:
    print(user.name,user.age)
```

上面代码中通过 try…except…来捕获 ValidationError 异常。ValidationError 异常对象本身提供了一些方法来获取所有错误及其发生方式的信息，具体的方法如下：

❏ e.errors()：通过列表的形式返回所有的错误信息内容。

❏ e.json()：通过将 e.errors() 的列表错误显示进行 JSON 格式化并返回。

除此之外，还可以直接把错误的对象通过 str(e) 字符串格式化并输出。如上面的代码中，在进行异常捕获并调用 e.errors() 或 e.json() 后，得到的具体错误信息内容输出如下：

```
# e.errors()输出结果
[{'loc': ('nums',), 'msg': 'field required', 'type': 'value_error.missing'}]

# e.json()输出结果
[
    {
        "loc": [
            "nums"
        ],
        "msg": "field required",
        "type": "value_error.missing"
    }
]
# str(e)输出结果
1 validation error for Person
nums
    field required (type=value_error.missing)
```

从输出的结果可以看出，一个 ValidationError 中的错误项对象就是一个字典，字典所包含的属性如下：

❏ loc 表示出现校验错误的字段名称。由于这里的模型相对简单，没有涉及复杂模型嵌套，所以它以列表的形式返回错误参数，且只返回第一个错误项"nums"。

❏ msg 表示出现校验错误的原因，如错误信息为" field required"，说明该 nums 字段参数是必填参数。

❏ type 表示错误类型。

5.2.8 用 Field() 函数扩展更多复杂验证

在前面小节介绍的模型中，字段参数仅用于数据类型的校验，无法为字段参数扩展更多的校验规则。Pydantic 提供了一个 Field() 函数，用它可以增加更多的其他辅助验证约束规则。下面查看 Field() 函数所提供的一些参数，并做一些相关说明，代码如下：

```
def Field(
    default: Any = Undefined,
    *,
    default_factory: Optional[NoArgAnyCallable] = None,
    alias: str = None,
    title: str = None,
    description: str = None,
    exclude: Union['AbstractSetIntStr', 'MappingIntStrAny', Any] = None,
    include: Union['AbstractSetIntStr', 'MappingIntStrAny', Any] = None,
    const: bool = None,
    gt: float = None,
    ge: float = None,
    lt: float = None,
    le: float = None,
    multiple_of: float = None,
    max_digits: int = None,
    decimal_places: int = None,
    min_items: int = None,
    max_items: int = None,
    unique_items: bool = None,
    min_length: int = None,
    max_length: int = None,
    allow_mutation: bool = True,
    regex: str = None,
    discriminator: str = None,
    repr: bool = True,
    **extra: Any,
) -> Any:
...
```

对上述代码所涉函数中的参数说明如下：

❑ default 表示定义字段参数默认值。

❑ default_factory 表示定义一个创建默认值的工厂方法，通过这个方法可以动态进行默认值的设置。按官网说明，禁止同时设置 default 和 default_factory。

❑ alias 表示定义字段参数的别名。

❑ title 表示定义字段参数的标题，如果没有，则默认是字段属性的值。

❑ description 表示定义字段参数描述。

❑ exclude 表示模型转换为 JSON 或 dict 时，转换结果中要排除此字段，不输出。

❑ include 表示模型进行转换为 JSON 或 dict 的时候，转换结果中要包含此字段信息的输出。

❑ gt 是一种校验规则，表示定义该字段参数的值需要大于某个 float 类型的值。

❑ ge 是一种校验规则，表示定义该字段参数的值需要大于或等于某个 float 类型的值。

❑ lt 是一种校验规则，表示定义该字段参数的值需要小于某个 float 类型的值。

❑ le 是一种校验规则，表示定义该字段参数的值需要小于或等于某个 float 类型的值。

❑ multiple_of 是一种校验规则，表示定义该字段参数的值强制设置为值的倍数，比如 multiple_of =5，则该参数值必须是 5 的倍数。

❑ max_digits 是一种校验规则，表示定义该字段参数的值位数（不考虑小数点的位数）不能大于设定的值，如参数值为 569.23，而 max_digits 限制位数为 2，则此时该值就会通过异常提示不能超过两位数。

❑ decimal_places 是一种校验规则，表示该字段参数值中如果包含小数点，那么该值中允许的最大位数不能超过设定的值。如果参数值为 3.952，但是 decimal_places 限制小数点位数为 2，那么该值就会受限；如果参数值为 3.95，则可以通过。

❑ min_items 是一种校验规则，表示该字段参数值如果是一个列表类型，那么它包含的列表内容至少需要设定的值，如 name: List[str] = Field(...,min_items=2)，而 name=['xiao']，那么只有一项内容时不符合要求。

❑ max_items 是一种校验规则，和 min_items 相反，表示该字段参数值如果是一个列表类型，那么它包含的列表内容最多不能超过设定的值，如 name: List[str] = Field(...,min_items=1)，而 name=['xiao', 'zhong']，只有两项内容，已超过了一项的限制，所以不符合要求。

❑ unique_items 是一种校验规则，用于指定列表类型字段中的值是否唯一。如果 unique_items 为 True，则列表类型字段中的值必须是唯一的；如果为 False，则列表类型字段中的值可以重复。如 name: List[str] = Field(...,unique_items=True)，那么此时 name=['iii', 'iii'] 的赋值会引发重复机制验证而抛出异常。

❑ min_length 是一种校验规则，表示该字段参数值如果是一个字符串类型，则它的最小长度不能小于设定值。

❑ max_length 是一种校验规则，表示该字段参数值如果是一个字符串类型，则它的最大长度不能大于设定值。

❑ allow_mutation 表示该字段参数值是否允许修改，默认在 Field() 函数中允许，这里不建议在 Field() 函数中设置它的值为 False。如果在字段上设置该参数值为 False，Pydantic 发现未强制执行的约束，会引发错误。

❑ regex 是一种校验规则，表示该字段参数值如果是字符串类型，则需遵循正则表达式验证约束规则。

❑ repr 如果为 False，则该字段应从对象表示中隐藏，默认值为 True。

❑ extra 是可以自定义的其他参数，比如显示在可视化文档中的 example。

具体使用见如下代码（示例代码位于 \fastapi_tutorial\chapter05\pydantic_field 目录之下）：

```python
from typing import Union, Optional, List

from pydantic import BaseModel, Field

class User(BaseModel):
    name: str = Field(..., title='姓名', description='姓名字段需要长度大于6且小于或等
        于12', max_length=12, min_length=6, example="Foo")
    age: int = Field(..., title='年龄', description='年龄需要大于18岁', ge=18,
```

```
        example=12)
    password: str = Field(..., title='密码', description='密码需要长度大于6', gl=6,
        example=6)
    tax: Optional[float] = Field(None, example=3.2)

if __name__ == '__main__':
    try:
        user=User(name='xiaozhong',age=18,password='xxxxxxxxxxx')
    except ValidationError as e:
        print(e.errors())
    else:
        print(user.name)
        print(user.age)
        print(user.password)
```

在上面的代码中，可以针对一个字段参数添加更多验证机制，但是基于上面定义的参数进行验证还是会受到限制，所以下一小节将继续介绍其他验证方式。

5.2.9　自定义验证器

在某种场景下，有可能需要针对模型中的某个参数添加更多的自定义验证逻辑，Pydantic 提供了一个 validator 装饰器对象。通过该装饰器，用户可以实现参数自定义验证机制，代码如下（示例代码位于 \fastapi_tutorial\chapter05\pydantic_validator 目录之下）：

```
from pydantic import BaseModel, validator, ValidationError

class Person(BaseModel):
    username: str
    password: str

    @validator("password")
    def password_rule(cls, password):
        #如果密码长度小于6，则返回
        if len(password) < 6:
            raise ValueError("密码长度不能小于6")
        elif len(password) > 12:
            raise ValueError("密码长度不能大于12")
        return password

if __name__ == '__main__':
    try:
        user = Person(username='xiaozhong', password='12345')
    except ValidationError as e:
        print(e.errors())
    else:
        print(user.username, user.password)
```

在上面的代码中，单独使用 @validator 重新对内置的 password 参数进行一次校验，其中定义的检验逻辑比较简单，主要是判断输出的密码长度是否符合限制条件。如果不符合，则直接抛出 ValueError 异常；如果符合，则直接返回当前校验参数模型的值。

需要注意，在上面的验证器中，被 @validator 装饰的 password_rule() 函数的第一个参数 cls 指向的是模型类本身，而不是实例化的对象，而第二个参数可随意输入，它可以表示当前被校验的对象。在校验逻辑内部抛出错误是通过 ValueError 的方式实现的。

在模型内部自定义数据类型或者验证器时，一般使用 TypeError 和 ValueError 来进行错误信息抛出。当然，还可以自定义错误类，代码如下：

```python
from pydantic import BaseModel, validator, ValidationError, PydanticValueError

class AddressError(PydanticValueError):
    code = '错误类型'
    msg_template = '当前地址长度不对，它应该需要{errmeg}，当前传入的值为：{value}'

class Person(BaseModel):
    username: str
    address: str

    @validator("address",pre=False)
    def adress_rule(cls, address):
        #如果地址长度小于6，则返回
        if len(address) < 6:
            raise AddressError(errmeg='小于6',value=address)
        elif len(address) > 12:
            raise AddressError(errmeg='大于12',value=address)
        return address

if __name__ == '__main__':
    try:
        user = Person(username='xiaozhong', address='12345')
    except ValidationError as e:
        print(e.errors())
    else:
        print(user.username, user.address)
```

在上面的代码中，基于前面的示例代码新增了 AddressError 类，它继承于 Pydantic-ValueError。通过对 PydanticValueError 实例化的 code 和 msg_template 参数来实现具体错误信息模板和错误类型的定义。然后在验证器函数的内部直接抛出了 AddressError，其中，在 AddressError 传入的参数是可以自定义的，这些参数主要是传入 msg_template 模板中进行输出。执行上面的代码脚本之后，结果输出如下：

```
[{'loc': ('address',), 'msg': '当前地址长度不对，它应该需要小于6，当前传入的值为：12345',
'type': 'value_error.错误类型', 'ctx': {'errmeg': '小于6', 'value': '12345'}}]
```

5.2.10　自定义验证器的优先级

在 5.2.9 小节中，通过 @validator 自定义了验证器并实现了对某个参数特定逻辑的校验，但是在示例代码中，验证器内部逻辑是在模型完成输入参数类型的校验之后才执行的。也就是说，它先检测了"password: str"是否符合规则，如果符合则执行自定义的 password_rule 内的验证逻辑。如果处于特定场景，则需要优先执行自定义的验证器，之后才去执行对应属性要求的类型验证。可以在 @validator 装饰器中把 pre=False 修改为

pre=True。修改后，自定义的 password_rule 内的验证逻辑就会先于 "password: str" 执行。相关代码如下（示例代码位于 \fastapi_tutorial\chapter05\pydantic_validator_order 目录之下）：

```python
from typing import Dict

from pydantic import BaseModel, validator, ValidationError

class Person(BaseModel):
    username: str
    address: Dict

    @validator("address",pre=False)
    def adress_rule(cls, address):
        #如果地址长度小于6，则返回
        if len(address) < 6:
            raise ValueError("地址长度不能小于6")
        elif len(address) > 12:
            raise ValueError("地址长度不能大于12")
        return address

if __name__ == '__main__':
    try:
        user = Person(username='xiaozhong', address='12345')
    except ValidationError as e:
        print(e.errors())
    else:
        print(user.username, user.address)
```

在上面的代码中，定义了一个 address 参数，且声明它是一个字典类型的数据，另外又自定义了一个 adress_rule 验证逻辑，此时 @validator("address",pre=False) 新增了 pre 参数值，按前面介绍的流程，执行上述脚本，输出的结果如下：

```
[{'loc': ('address',), 'msg': 'value is not a valid dict', 'type': 'type_error.
    dict'}]
```

上述结果说明，adress_rule 的自定义验证逻辑还没有被执行就已经被 address: Dict 的验证拦截给捕获了，所以抛出了 type_error.dict 异常。如果修改 pre=True，再执行修改后的脚本，则输出的结果如下：

```
[{'loc': ('address',), 'msg': '地址长度不能小于6', 'type': 'value_error'}]
```

上述结果说明，adress_rule 的验证逻辑已经优先于 address: Dict 的验证逻辑被执行了，通过该参数就可以进行优先级设置了。

5.2.11　多字段或模型共享校验器

在某种业务场景下有可能在多个模型中有相同的字段，且针对各自模型中字段的校验机制是一样。针对此类情况，可以定义一个共享验证函数逻辑，然后设置校验器的 allow_reuse=True，代码如下：

```python
from pydantic import BaseModel, validator

def share_logic_auth(name: str) -> str:
    if name == "xiaozhong":
        return "通过"
    return "不通过"

class Base(BaseModel):
    name: str
    #定义校验器
    _validator_name = validator("name", allow_reuse=True)(share_logic_auth)

class Yuser(Base):
    pass

class Xuser(Base):
    pass

yuser = Yuser(name='xiaozhong')
print("xiaozhong:名字",yuser.name)
xuser = Xuser(name='_xiao')
print("_xiao:名字",xuser.name)
```

在上面的代码中，定义了一个函数 share_logic_auth()，该函数是一个等待被装饰器使用的验证逻辑函数。在逻辑中，仅对 name 做了简单的逻辑判断，如果 name == "xiaozhong" 则返回"通过"字符串，如果不符合则返回"不通过"字符串。

另外还定义了模型基类。在模型基类中，通过另一种校验方式定义了一个 validator("name", allow_reuse=True) 校验器，然后在校验器后面传入指定要执行的校验逻辑函数 share_logic_auth()。执行脚本，最终输出结果如下：

```
xiaozhong:名字通过
_xiao:名字不通过
```

5.2.12　root_validator 根验证器

在 5.2.10 小节中，@validator 验证器只针对某一个特定参数进行验证，而在某些场景下，有可能需要定义一个验证器来对所有参数一次性获取并进行相互依赖验证，此时 root_validator 根验证器就可以实现此类的业务场景需求，代码如下：

```python
from pydantic import BaseModel, ValidationError, root_validator

class User(BaseModel):
    username: str
    password_old: str
    password_new: str

    @root_validator
    def check_passwords(cls, values):
        password_old, password_new = values.get('password_old'), values.
            get('password_new')
```

```
        #新旧号码的确认匹配处理
        if password_old and password_new and password_old != password_new:
            raise ValueError('passwords do not match')
        return values

if __name__ == '__main__':
    try:
        user = User(username='xiaozhong', password_old='123456', password_new =
            '123456_')
    except ValidationError as e:
        print(e.errors())
    else:
        print(user.username, user.password_old)
```

在上面的代码中，使用 @root_validator 来装饰 check_passwords() 函数，此时 check_passwords() 中的 values 参数是一个字典类型的对象，它包含了模型中定义的所有参数，所以可以直接通过参数名称来获取具体的参数值，之后完成对应的密码参数值对比校验的逻辑。@root_validator 和 @validator 验证器的用法是一样的，所以它也可以传入类似 @validator 中的 pre=False 参数，而且具体结果一样，这里不再赘述。

5.3　Pydantic 在 FastAPI 中的应用

前面介绍了关于 Pydantic 库很多方面的知识点，接下来主要介绍 Pydantic 和 FastAPI 框架结合后产生的效益。

5.3.1　模型类和 Body 的请求

可以通过定义 Pydantic 数据模型来应对请求参数中提交的 Request Body 参数。这种使用模型绑定请求体参数的方式，可以很快完成参数绑定、解析及验证，代码如下（示例代码位于 \fastapi_tutorial\chapter05\pydantic_fastapi_post 目录之下）：

```
from fastapi import FastAPI
from pydantic import BaseModel, root_validator, Field

app = FastAPI()

class User(BaseModel):
    username: str = Field(..., title='姓名', description='姓名字段需要长度大于6且小于
        或等于12', max_length=12, min_length=6, example="Foo")
    age: int = Field(..., title='年龄', description='年龄需要大于18岁', ge=18,
        example=12)
    password_old: str = Field(..., title='旧密码', description='密码需要长度大于6',
        gl=6, example=6)
    password_new: str = Field(..., title='新密码', description='密码需要长度大于6',
        gl=6, example=6)

    @root_validator
    def check_passwords(cls, values):
```

```
        password_old, password_new = values.get('password_old'), values.
            get('password_new')
        #新旧号码的确认匹配处理
        if password_old and password_new and password_old != password_new:
            raise ValueError('passwords do not match')
        return values

@app.post("/user")
def read_user(user: User):
    return {
        'username': user.username,
        'password_old': user.password_old,
        'password_new': user.password_new,
    }
```

上面的代码主要做了以下 3 件事：

❑ 定义一个 User 模型。

❑ 在模型中通过 Field 定义相关字段属性的验证机制。

❑ 在模型类中使用根验证器对新旧密码做对比。

把这个模型类定义到路由函数路径就可以进行 Body 数据参数解析和读取了。

5.3.2 模型类和依赖注入关系

通常，模型类只能对应 Body 参数的解析，而一般的 Body 参数只用于 POST 方式，那么对于 GET 方法中的查询参数，可不可以也使用模型来定义呢？答案是可以的，具体代码如下（示例代码位于 \fastapi_tutorial\chapter05\pydantic_fastapi_get 目录之下）：

```
from fastapi import FastAPI
from pydantic import BaseModel, root_validator, Field


app = FastAPI()


class User(BaseModel):
    username: str = Field(..., title='姓名', description='姓名字段需要长度大于6且小于
        或等于12', max_length=12, min_length=6, example="Foo")
    age: int = Field(..., title='年龄', description='年龄需要大于18岁', ge=18,
        example=12)
    password_old: str = Field(..., title='旧密码', description='密码需要长度大于6',
        gl=6, example=6)
    password_new: str = Field(..., title='新密码', description='密码需要长度大于6',
        gl=6, example=6)

@app.get("/user")
def read_user(user: User):
    return {
        'username': user.username,
        'password_old': user.password_old,
        'password_new': user.password_new,
    }
```

相较于 5.3.1 小节中的代码，在上面的代码中，把 @app.post("/user") 修改为了 @app.

get("/user") 来启动服务，并通过可视化操作文档展示具体参数要求。在 GET 请求中，模型类依然被当作 Body 参数进行提交，执行如下请求命令：

```
curl -X 'GET' \
    'http://127.0.0.1:8000/user' \
    -H 'accept: application/json' \
    -H 'Content-Type: application/json' \
    -d '{
    "username": "Fo222o",
    "age": 12,
    "password_old": "6",
    "password_new": "6"
}'
```

最终 API 无法正常解析、读取提交的参数值，提示的错误信息如下：

```
TypeError: Failed to execute 'fetch' on 'Window': Request with GET/HEAD method
    cannot have body.
```

上述结果表明，不能在有 GET/HEAD 方式的请求中使用 Body 参数进行提交。按最初的预想，需要把模型类中定义的参数转换为**查询参数**，以方便结合 GET/HEAD 方式请求来使用。此时可以结合依赖注入来实现对应的转换，代码如下：

```
#省略部分代码
@app.get("/user")
def read_user(user: User=Depends()):
    return {
        'username': user.username,
        'password_old': user.password_old,
        'password_new': user.password_new,
    }
```

相对于本小节前面的代码，在上面的代码中，把 def read_user(user: User) 修改为了 def read_user(user: User=Depends())，也就是对模型类进行了依赖注入项的转换。此时，API 可视化操作文档中模型类的变化如图 5-1 所示。

至此，模型类经过依赖注入转换后，已经自动把模型中定义的字段转换为了 GET 请求中所需的**查询参数**。

另外，当 API 要求使用 POST、PUT 等方法请求提交 Body 参数，又需要进行查询参数或其他自定义请求头参数提交时，也可以采取上面的这种把模型类进行依赖项转换的方式进行处理。这种情况常见的场景为提交文件的同时又需要提交其他参数，代码如下：

```
#省略部分代码
class FileGet(BaseModel):
    username: str = Field(..., title='姓名', )
    file: UploadFile = File(...)
@app.post("/file_get")
async def file_get(user: FileGet=Depends()):
    return {
        'username': user.username,
        'filename': user.file.filename
    }
```

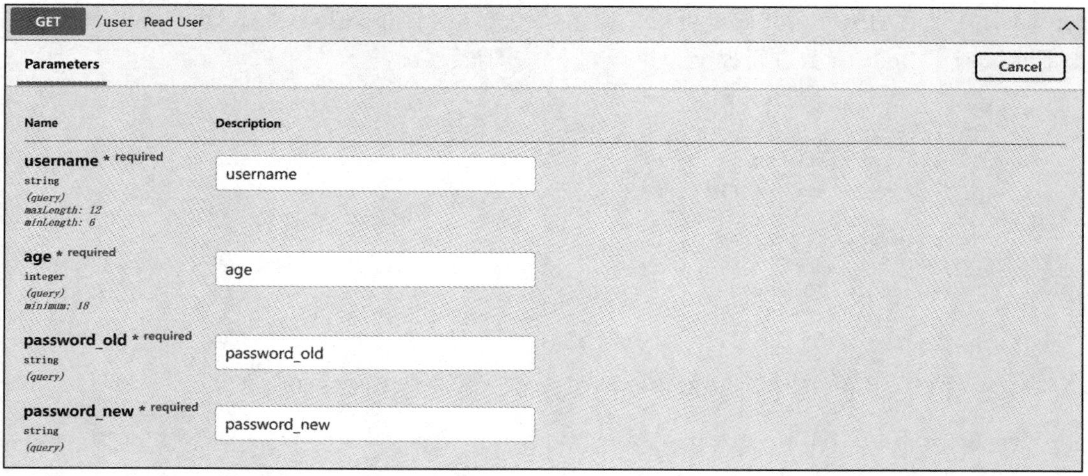

图 5-1　使用 GET 方式对模型类进行依赖注入项的转换处理

在上面的代码中，也采用类似方式直接把模型类进行依赖项转换，此时，API 可视化操作文档中模型类的变化如图 5-2 所示。

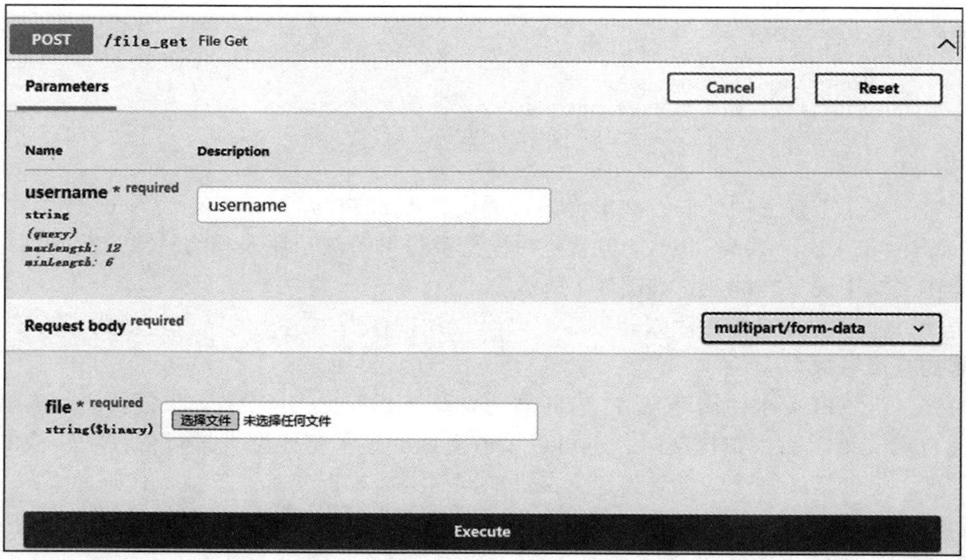

图 5-2　使用 POST 方式对模型类进行依赖注入项的转换处理

5.3.3　模型 Config 类和 ORM 转化

在 Pydantic 模型类中有一个 Config 类，它可以为 Pydantic 模型扩展更多的定制行为。

下面对 Config 类的主要配置项进行具体说明。

- ❑ title：表示指定生成 JSON 格式的标题（使用 BaseModel.schema_json 返回 JSON 字符串中的 title）。
- ❑ anystr_strip_whitespace：表示 str 类型的字符是否自动去除前面和后面存在的空格（默认值：False）。
- ❑ anystr_lower：表示所有的 str 字符是否自动转换为小写，默认值为 False，即不转换。
- ❑ max_anystr_length：表示所有的 str 字符允许设置的最大长度，默认值为 None。
- ❑ min_anystr_length：表示所有的 str 字符允许设置的最小长度，默认值为 0。
- ❑ validate_all：表示是否验证字段的默认值，默认值为 False，即不验证。
- ❑ extra：表示在模型初始化期间是否忽略（"ignore"）、允许（"allow"）、禁止（"forbid"）等额外参数的传入。支持字符串，也可以直接使用 Extra 枚举对象，其他具体的配置项说明如下：
  - ○ ignore：表示传递额外参数不会抛出异常，但是模型实例对象不会包含额外属性。
  - ○ allow：表示允许传递额外参数，且模型实例对象可以获取额外属性。
  - ○ forbid：表示不允许传递任何额外参数。
- ❑ fields：表示当前模型类型包含字段的所有架构信息。
- ❑ allow_mutation：表示模型字段参数的初始值是否允许被修改，它是一个全局配置模式。
- ❑ use_enum_values：表示是否允许使用枚举的属性（非原始枚举）填充模型。
- ❑ validate_assignment：表示是否对当前模型类属性的分配执行验证（默认值：False）。
- ❑ allow_population_by_field_name：表示模型中是否允许使用字段名称来填充模型字段。
- ❑ error_msg_templates：表示对应自定义错误消息模板。它可以覆盖默认消息模板。
- ❑ orm_mode：表示是否允许从 ORM 生成模型。
- ❑ schema_extra：表示自定义扩展 / 更新生成的 JSON 模式信息，一般在可视化交互文档中展示出来。
- ❑ json_loads：用于在模型转换为 JSON 时自定义解码 JSON 的函数。
- ❑ json_dumps：用于在模型中自定义编码 JSON 的函数。
- ❑ json_encoders：用于在模型转换时自定义编码的方式。
- ❑ underscore_attrs_are_private：表示是否所有非 ClassVar 下画线属性都将被视为私有，还是保持原样。

对于上面的各配置项，需要根据实际业务进行配置。在实际业务场景中，Pydantic 模型除了应用于参数绑定解析，还可以结合 SQLAlchemy 中的 ORM 模型类对 Pydantic 模型对象进行绑定输出。

通常使用 SQLAlchemy 查询具体记录，但是需要把查询结果转换为字典或 JSON 对象

进行返回，通过 Config 类中的配置项可以把 ORM 模型类直接转换为 Pydantic 模型，不再
需要对 ORM 模型做特殊处理，示例代码如下：

```python
from sqlalchemy import Column, Integer, String
from sqlalchemy.ext.declarative import declarative_base
from pydantic import BaseModel, Field

# ORM模型基类
Base = declarative_base()
# ORM模型类定义
class UserSqlalchemyOrmModel(Base):
    #表名称
    __tablename__ = 'user'
    #表字段
    id = Column(Integer, primary_key=True, nullable=False) #定义ID
    userid = Column(String(20), index=True, nullable=False, unique=True)   #创建索引
    username = Column(String(32), index=True,unique=True)


class UserPydanticModel(BaseModel):
    id: int
    userid:str = Field(..., title='用户ID', description='用户ID字段需要长度大于6且小
        于或等于20', max_length=20, min_length=6, example="0000001")
    username: str = Field(..., title='用户名称', description='用户名称字段需要长度大于
        6且小于或等于32', max_length=20, min_length=6,example="0000001")

    class Config:
        #表示该模型类可以从ORM中创建，如是orm_mode属性没有标记为Ture，则会报错
        orm_mode = True

#创建ORM类的对象
user_orm = UserSqlalchemyOrmModel(id=123,userid='1000001001',username='xiaozho
ng')
#从ORM类的对象实例化UserPydanticModel的模型对象
print(UserPydanticModel.from_orm(user_orm))
#输出结果
id=123 userid='1000001001' username='xiaozhong'
```

在上面的代码中，通过引入 SQLAlchemy 并定义一个 ORM 的模型类 UserSqlalchemy-
OrmModel 来定义基于 Pydantic 的模型类 UserPydanticModel，最关键的是在 UserPydantic-
Model 类内部通过配置 Config 类开启了从 ORM 模型中实例化 Pydantic 的 Mode 模型的服
务。这个操作是通过配置 orm_mode=True 来实现的，只有开启此属性配置，才可以正常调
用 Pydantic 的 Mode 模型提供的 from_orm() 方法。

FastAPI 依赖注入机制详解

依赖注入（Dependency Injection，DI）是编程模式中的一种依赖倒置原则的范式应用实现。在复杂的软件工程中，软件都是由各种不同的程序模块组成的，各模块之间相互依赖。在依赖倒置原则中，依赖注入对设计模式提出了设计规范的建议，如上层模块不应该依赖于底层模块，应该依赖于抽象，而抽象不应该依赖细节，细节本身应该依赖于抽象。基于上述原则引申出新设计模式——控制反转，这种设计模式引入 IOC 容器的概念，容器用于管理其他依赖对象所依赖的外部资源对象。

依赖注入是控制反转的具体应用实现。它的本质是对应用中的各个模块、类或组件等进行解耦分离。模块、类或组件既可以具有不同的配置，也可以具有不同的作用域对象，这样可以保持组件之间的松耦合度。各组件可以灵活地根据实际需求进行依赖组合，让模块或类的设计具有更高的灵活性。

从某种程度上看，控制反转可从容器方面为其他对象提供需要调用的外部资源。依赖注入则强调要创建的对象依赖于 IOC 容器对外提供的资源对象。在依赖注入中，对象构建和对象注入是相互分离的。

简而言之，对于依赖注入，可以理解为，是一种能让一个对象接收来自其所依赖的其他对象的一种模式，是一种能通过某种依赖机制自动对依赖对象进行依赖处理，并对依赖对象执行具体实例化的操作。依赖注入中涉及 4 个比较关键的概念：

- ❏ 服务：它可以是一个类，也可以是一个函数，主要负责提供具体功能的实现。
- ❏ 客户：它是负责对服务进行使用的对象。
- ❏ 接口：它负责连接客户和服务。因为客户不需要对服务内部的实现细节进行了解，只需要指定具体的服务对象名称即可进行关联。
- ❏ 注入器：它主要负责在客户中引入具体的服务实例。

FastAPI 框架中存在一个依赖树机制，依赖树在某种程度上扮演了整个 IOC 容器的角色，它可自动解析并处理每层中所有依赖项的注册和执行。依赖注入的实现其实是 FastAPI 框架的另一个特性，它在框架中的应用场景主要有：

- ❏ 业务逻辑共享：使用依赖注入机制来统一定义业务逻辑处理，可以避免在每个函数中重复创建，快速共享一段业务逻辑处理。
- ❏ 数据库连接：使用依赖注入机制来管理数据库连接，可以避免在每个函数中重复创建连接，共享同一个上下文中的连接对象。
- ❏ 认证和授权：使用依赖注入机制来管理用户认证和授权，可以避免在每个函数中重复编写认证和授权代码。
- ❏ 缓存管理：使用依赖注入机制来管理缓存，可以避免在每个函数中重复编写缓存管理代码。
- ❏ 外部 API 调用：使用依赖注入机制来管理外部 API 调用，可以避免在每个函数中重复编写 API 调用代码。
- ❏ 参数校验和转换：使用依赖注入机制来管理参数校验和转换，可以避免在每个函数中重复编写参数校验和转换代码。

本章具体讲解依赖注入的使用方法。

 说明 本章相关代码位于 \fastapi_tutorial\chapter06 目录之下。

6.1 依赖注入框架

Python 中目前有比较多的开源依赖注入框架，如 python-dependency-injector（GitHub 地址：https://github.com/ets-labs/python-dependency-injector）、injector（GitHub 地址：https://github.com/alecthomas/injector）等。下面基于 python-dependency-injector 官方提供的示例来讲解依赖注入框架的使用。该库是基于 BSD-3-Clause license 开源协议方式发布的。

首先需要安装 python-dependency-injector 库，具体命令如下：

```
pip install dependency-injector
```

然后引入官方提供的示例，示例代码的地址如下：

```
https://github.com/ets-labs/python-dependency-injector/tree/master/examples/
    miniapps/application-single-container
```

读者可以通过 Git 把项目复制到本地，然后按示例中给出的步骤运行。复制的示例代码中涉及 boto3 库的引用，这个库比较复杂，为了方便说明，这里把它改为一个简单的微信客户端类。最终的示例代码结构如图 6-1 所示（示例代码位于 \fastapi_tutorial\chapter06\di 目录之下）。

这里要使用的示例代码和 python-dependency-injecto 库提供的示例代码略有不同，主要体现在新增了一个 WxClient 的模块，其中定义了一个简单的类，代码如下：

```
#!/usr/bin/env python
# coding=utf-8
from dataclasses import dataclass
from typing import Optional

@dataclass
class WxClient:
    access_key_id: str
    secret_access_key: str
    service_name: Optional[str] = '服务名称'
```

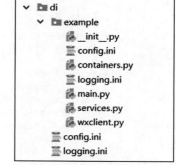

图 6-1　最终的示例代码结构

代码说明：

❑ 由于后续定义的服务中需要用到一个第三方客户端对象，所以这里模拟了一个简单的微信客户端类。

❑ 类实例化需要提供 3 个参数信息，即 access_key_id、secret_access_key 和 service_name（默认服务名称）。

将在 services.py 中引入 boto3 的代码修改为引入定义的 WxClient 代码，修改后的代码如下：

```
#!/usr/bin/env python
# coding=utf-8
"""
#以下代码来自于https://github.com/ets-labs/python-dependency-injector提供的示例
"""

import logging
import sqlite3
from typing import Dict

from .wxclient import WxClient

class BaseService:

    def __init__(self) -> None:
        self.logger = logging.getLogger(
            f"{__name__}.{self.__class__.__name__}",
        )

class UserService(BaseService):

    def __init__(self, db: sqlite3.Connection) -> None:
        self.db = db
        super().__init__()

    def get_user(self, email: str) -> Dict[str, str]:
        self.logger.debug("User %s has been found in database", email)
        return {"email": email, "password_hash": "..."}
```

```python
class AuthService(BaseService):

    def __init__(self, db: sqlite3.Connection, token_ttl: int) -> None:
        self.db = db
        self.token_ttl = token_ttl
        super().__init__()

    def authenticate(self, user: Dict[str, str], password: str) -> None:
        assert password is not None
        self.logger.debug(
            "User %s has been successfully authenticated",
            user["email"],
        )


class PhotoService(BaseService):

    def __init__(self, db: sqlite3.Connection, wxc: WxClient) -> None:
        self.db = db
        self.wxc = wxc
        super().__init__()

    def upload_photo(self, user: Dict[str, str], photo_path: str) -> None:
        self.logger.debug(
            "Photo %s has been successfully uploaded by user %s",
            photo_path,
            user["email"],
        )
```

代码说明：

❏ 定义一系列的服务对象，其中，BaseService 是所有服务的基类，里面定义了一个日志对象。

❏ UserService 服务对象基于 BaseService 扩展了一个传入 email 信息的 get_user() 方法。

❏ AuthService 服务对象基于 BaseService 扩展了一个传入 user 字典信息和 password 校验用户信息的 authenticate() 方法。

❏ PhotoService 服务对象基于 BaseService 扩展了一个通过传入 user 字典信息和 photo_path 照片路径地址来更新用户照片的 upload_photo() 方法。

将在 containers.py 中引入 boto3 的代码修改为引入定义的 WxClient 代码，修改后的代码如下：

```python
#!/usr/bin/env python
# coding=utf-8
"""
#以下代码来自于https://github.com/ets-labs/python-dependency-injector提供的示例
"""
import logging.config
import sqlite3

from di.example.wxclient import WxClient
```

```python
from dependency_injector import containers, providers

from di.example import services

class Container(containers.DeclarativeContainer):

    config = providers.Configuration(ini_files=["config.ini"])

    logging = providers.Resource(
        logging.config.fileConfig,
        fname="logging.ini",
    )

    database_client = providers.Singleton(
        sqlite3.connect,
        config.database.dsn,
    )

    wx_client = providers.Singleton(
        WxClient,
        service_name="wx_client",
        access_key_id=config.wx.access_key_id,
        secret_access_key=config.wx.secret_access_key,
    )

    # Services

    user_service = providers.Factory(
        services.UserService,
        db=database_client,
    )

    auth_service = providers.Factory(
        services.AuthService,
        db=database_client,
        token_ttl=config.auth.token_ttl.as_int(),
    )

    photo_service = providers.Factory(
        services.PhotoService,
        db=database_client,
        wxc=wx_client,
    )
```

　　如前文介绍，需要一个 IOC 容器对象来管理所有的依赖注入项，所以上面的代码中定义了一个容器类。容器类主要负责具体依赖项实例的注册创建和管理工作。其中，Container 是基于 containers.DeclarativeContainer 扩展而来的，它主要负责把所有依赖项进行实例化。

　　在 Container 类的代码中，config = providers.Configuration(ini_files=["config.ini"]) 负责当前依赖项（providers）配置信息的读取，配置信息主要包含了数据库配置信息、微信实例化配置信息、授权实例化所需 token 等信息。logging = providers.Resource(logging.config.

fileConfig, fname="logging.ini") 主要负责日志对象配置信息读取。

providers.Singleton() 方法主要对所需的依赖项进行单例实例化创建，创建的内容如下：

❑ 创建 database_client 连接实例。

❑ 创建 wx_client 微信客户端实例。

可使用 providers.Factory() 方法创建具体的服务实例对象，创建的内容如下：

❑ 创建 user_service 服务实例，该服务实例基于 services.UserService 完成，而 services.UserService 依赖于 database_client 实例对象。

❑ 创建 auth_service 服务实例，该服务实例的创建基于 services.AuthService，而 services.AuthService 依赖于 database_client 实例对象和 token_ttl 信息，该 token_ttl 信息来源于 config = providers.Configuratio 解析出来的 auth 中的字段信息。

❑ 创建 photo_service 服务实例，该服务实例的创建基于 services.PhotoService，而 services.PhotoService 依赖于 database_client 实例对象和 wx_client 实例对象。

通过容器类对当前容器需要注册的所有依赖项进行相关声明，在使用后续服务时，只需要从容器类中获取具体的实例对象就可以了。

最终通过 IOC 容器来进行依赖项获取，然后分发到所需的服务上，main.py 代码如下：

```python
#!/usr/bin/env python
# coding=utf-8
import sys

from dependency_injector.wiring import Provide, inject

from di.example.services import UserService, AuthService, PhotoService
from di.example.containers import Container


@inject
def main(
        email: str,
        password: str,
        photo: str,
        user_service: UserService = Provide[Container.user_service],
        auth_service: AuthService = Provide[Container.auth_service],
        photo_service: PhotoService = Provide[Container.photo_service],
) -> None:
    user = user_service.get_user(email)
    auth_service.authenticate(user, password)
    photo_service.upload_photo(user, photo)

if __name__ == "__main__":
    container = Container()
    container.init_resources()
    container.wire(modules=[__name__])

    main(email='308711822@qq.com',password='123456',photo='/file')
```

代码说明：

❏ 通过已定义的 main() 函数和 dependency_injector 框架提供的 inject 注入装饰器进行装饰操作。

❏ 在 main() 函数中，指定需要传入的 3 个参数信息，通过 Provide 提供者获取具体的依赖项实例，而依赖项实例则来源于 Container 容器中定义的具体服务实例。如 user_service: UserService = Provide[Container.user_service] 表示创建一个 user_service 提供者对象，该对象来自于 Container 容器中的 user_service。

❏ 代码运行时，首先会创建 Container 容器对象，然后调用 Container 容器提供的 init_resources() 方法进行所有依赖项实例化操作，包括进行配置信息读取、对容器里的所有依赖项实例进行初始化等。

❏ 当初始化完成后，使用 container.wire() 写入当前模块下的所有依赖模块。

❏ 最终直接通过 main() 传入响应的参数信息，执行相关逻辑以完成 main() 函数内部的相关服务操作。

执行上述代码后，最终输出的结果如下：

```
[2022-06-25 13:45:40,493] [DEBUG] [di.example.services.UserService]: User
    308711822@qq.com has been found in database
[2022-06-25 13:45:40,494] [DEBUG] [di.example.services.AuthService]: User
    308711822@qq.com has been successfully authenticated
[2022-06-25 13:45:40,494] [DEBUG] [di.example.services.PhotoService]: Photo /file
    has been successfully uploaded by user 308711822@qq.com
```

通过上面的示例分析可以得知，依赖注入的引入确实可以对独立组件进行分离和解耦，使各个组件之间相互独立。关于 python-dependency-injector 库的更多使用方法，感兴趣的读者可以自行阅读官方文档进行学习。

6.2　依赖项及其声明方式

在 FastAPI 框架中，依赖项是一种可注入的组件，用于为路径操作函数和其他依赖项提供所需资源。依赖项可以是函数（包括同步函数或协程函数）、类或任何实现了 __call__ () 方法的对象。

在 FastAPI 框架中有两种类型的依赖项：路径操作函数依赖项和全局依赖项。路径操作函数依赖项是依赖单个路径操作函数的函数，而全局依赖项则是整个应用程序共享的依赖项。在 FastAPI 框架中，依赖注入机制通过声明函数参数来实现。依赖项可以在路径操作函数中使用，通过 Depends 函数来注入。FastAPI 框架会在调用路径操作函数之前解析所有依赖项，并将它们传递给路径操作函数。如果依赖项之间有依赖关系，则 FastAPI 框架将按照正确的顺序解析它们，并确保每个依赖项只被解析一次（也可以取消缓存机制，强制每次都重新解析）。如果依赖关系不存在，则会引发异常。所以有多种声明依赖项的方式，具体如下：

□ 函数式依赖项。

□ 类方式依赖项。

□ yield 生成器方式依赖项。

依赖项需要一个可调用对象，所以它也有多种实现方式，下面通过一个示例来介绍具体依赖项的声明和使用方法。

6.2.1　函数式依赖项

本小节中的示例主要是为了演示依赖注入的使用，不涉及比较复杂的逻辑处理。这里定义了用户登入接口、用户信息获取接口。这两个接口需要仅限用户名为 zhong 的用户进行访问。非用户名为 zhong 的用户无权限访问，并接口返回"没有权限访问"。

根据需求编写的示例代码如下（示例代码位于 \fastapi_tutorial\chapter06\depend_func 目录之下）：

```python
from fastapi import FastAPI, Request
from fastapi import Query, Depends
from fastapi.exceptions import HTTPException

app = FastAPI()

def username_check(username:str=Query(...)):
    if username != 'zhong':
        raise HTTPException(status_code=403, detail="没有权限访问")
    return username

@app.get("/user/login/")
def user_login(username: str = Depends(username_check)):
    return username

@app.get("/user/info")
def user_info(username: str = Depends(username_check)):
    return username
```

代码说明：

□ **定义函数式依赖项**。导入相关包之后，定义了一个同步函数 username_check()，这个函数中定义了一个需要传入名为 username 的查询参数，username 参数遵循之前所介绍的相关校验规则，所以这里增加相关字段参数的验证逻辑。此时，username_check() 这个同步函数就可以称为一个依赖项。在这个函数依赖项的内部通过获取传入的查询参数值，对 username 做业务逻辑判断，即如果用户名不是 zhong，则抛出 HTTPException 无访问权限异常，否则直接返回传入 username 参数的值。注意，函数类型的依赖项可以是同步函数，也可以是协程函数，FastAPI 框架会自动进行转换处理。

❑ **把函数依赖项注入路径操作函数中**。在处理完依赖项的声明之后，通过 Depends() 函数把这个 username_check() 依赖项注入两个接口的路径操作函数中。Depends() 的使用方式与 Body、Query 等相同，只是内部逻辑的处理方式不一样。

启动服务，首先观察依赖项对参数的影响（非必须），即观察 API 操作文档上显示的参数情况，然后访问操作文档地址，此时会得到图 6-2 所示的结果。

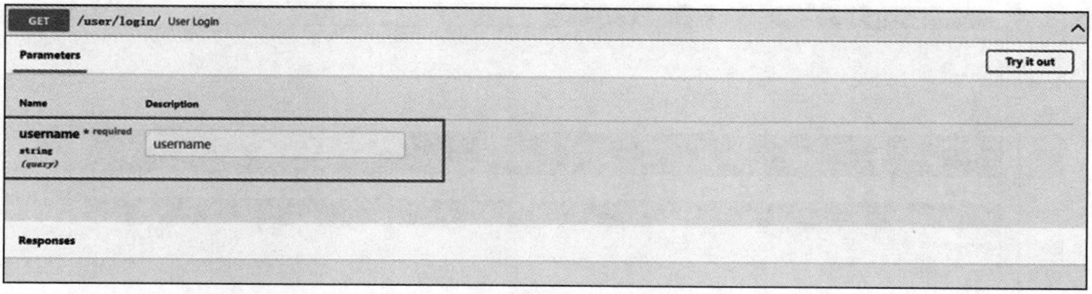

图 6-2　依赖项对参数的影响结果

如图 6-2 所示，依赖项所需参数和路径操作函数所需参数是一样的，因为依赖项会把返回值传入路径操作函数中。此时如果提交的 username 参数值不是 zhong，则会返回图 6-3 所示的结果。

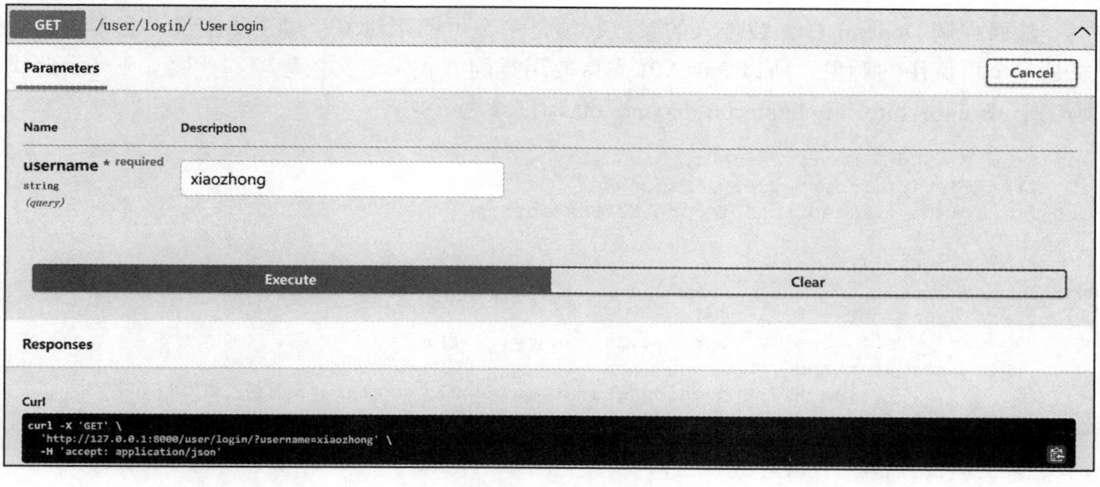

图 6-3　依赖项对参数校验不通过时的结果

如果提交的 username 参数值是 zhong，则会返回图 6-4 所示的结果。

另一个接口的测试情况与此相似，这里就不重复了。通过上面的示例可知，使用依赖注入的方式可以达到快速共享一段业务逻辑处理的目的。

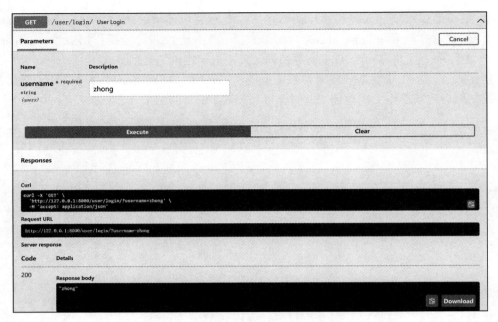

图 6-4　依赖项对参数校验通过时的结果

6.2.2　类方式依赖项

前面强调 Depends() 函数传入的参数必须是一个可调用对象，对于类来说，它本身也可以是一个可调用的对象，所以 FastAPI 支持使用类的方式来定义依赖项，代码如下（示例代码位于 \fastapi_tutorial\chapter06\depend_class 目录之下）：

```
from fastapi import FastAPI, Request
from fastapi import Query, Depends
from fastapi.exceptions import HTTPException

app = FastAPI()

class UsernameCheck:
    def __init__(self, username:str=Query(...)):
        if username != 'zhong':
            raise HTTPException(status_code=403, detail="没有权限访问")
        self.username = username

@app.get("/user/login/")
def user_login(username: UsernameCheck  = Depends(UsernameCheck)):
    return username

@app.get("/user/info")
def user_info(username: UsernameCheck = Depends(UsernameCheck)):
    return username
```

代码说明：

❑ **定义类方式的依赖项**。这里把函数式依赖项变为使用类的方式（即 UsernameCheck）来定义，该类所需的参数和函数式所需的参数是一样的，因为在依赖项内部实现的逻辑一样。在类的初始化过程中，需要接收 username 查询参数，如果 username 参数值不为 zhong，就会抛出 HTTPException 无访问权限异常，否则会直接把当前传入的 username 参数值赋给类中的 username 属性。

❑ **把类作为依赖项注入路径操作函数中**。在完成 UsernameCheck 类依赖项声明之后，通过 Depends() 函数把这个 UsernameCheck 类当作依赖项注入定义的两个接口路径操作函数中。

把依赖项注入路径操作函数时可以有多种写法，上面的示例中用的是一种复杂的写法，还可以使用如下简化写法：

```
...
@app.get("/user/info")
def user_info(username: UsernameCheck = Depends()):
 return username
...
```

上面的示例代码中使用依赖项声明参数的类型，并把 Depends() 作为该参数的默认值，不需要显示传递参数。前面声明依赖项的方式为 Depends(UsernameCheck)，这里，Depends 函数省略了 UsernameCheck 的传参，这种方式也是可以的。

其他步骤和 6.2.1 小节保持一致，这里不再重复说明。通过上面的示例，将类作为依赖项也可以注入路径操作函数中。

6.2.3　多个依赖项注入和依赖项传参

相较于函数方式，类方式可以更好地管理内部依赖项以及其他函数或类中的本地变量，甚至可以在类中声明多个依赖项，代码如下（示例代码位于 \fastapi_tutorial\chapter06\depend_class_more_depends 目录之下）：

```
from fastapi import FastAPI, Request, Body
from fastapi import Query, Depends
from fastapi.exceptions import HTTPException

app = FastAPI()

class UsernameCheck:

    def __init__(self,pwssword:str):
        pass
        self.pwssword = pwssword

    def username_form_query(self, username: str = Query(...)):
        if username != 'zhong':
            raise HTTPException(status_code=403, detail="没有权限访问")
        self.username = username

    def username_form_post(self, username: str = Body(...)):
        if username != 'zhong':
```

```
            raise HTTPException(status_code=403, detail="没有权限访问")
        self.username = username

upw= UsernameCheck(pwssword="123456")

@app.get("/user/login/")
def user_login(username: UsernameCheck = Depends(upw.username_form_query)):
    return username

@app.post("/user/info")
def user_info(username: UsernameCheck = Depends(upw.username_form_post)):
    return username
```

上述代码定义了一个 UsernameCheck 类，该类定义了一个必传参数 pwssword。另外，它还定义了两个函数类型的依赖项，每一个依赖项都有不同的传参要求。上述代码还对 UsernameCheck 类进行实例化，并得到一个 upw 对象，接着调用不同的函数式依赖项，并分别在不同的路由上通过路由操作函数进行注入。

使用上面代码中定义类的方式，不仅可以实现传参类型的依赖项，还可以在类中定义多个依赖项，这些依赖项不仅可以相互独立，还可以相互依赖关联。

6.3 多层依赖项嵌套注入

在复杂的业务场景中，有可能需要处理更多的业务逻辑，比如 A 依赖项会依赖于 B 依赖项的返回值，而 B 依赖项又依赖 C 依赖项的返回值，对于这种层级树的依赖关系，FastAPI 可以轻松应对。

下面以一个示例来说明本节的主题。该示例实现的具体需求如下：首先定义用户登入接口、用户信息获取接口，两个接口需要仅限用户名为 zhong 的用户进行接口请求；其次两个接口还需要满足"仅限年满 18 岁的用户才可以进行接口请求"的需求。用户名非 zhong 的用户请求调用接口时会抛出**"用户名错误！没有权限访问！"**的异常；若用户名为 zhong 但是年龄未满 18 周岁的用户调用接口，则会抛出**"用户未满 18 岁！禁止吸烟！"**的异常。

对上面的业务进行分析，根据需求编写的代码如下（示例代码位于 \fastapi_tutorial\chapter06\depend_class_nest_depends 目录之下）：

```
from fastapi import FastAPI, Request
from fastapi import Query, Depends
from fastapi.exceptions import HTTPException
from typing import Tuple

app = FastAPI()

def username_check(username:str=Query(...)):
    if username != 'zhong':
        raise HTTPException(status_code=403, detail="用户名错误！没有权限访问！")
    return username

def age_check(username:str=Depends(username_check),age:int=Query(...)):
    if age <18:
```

```
            raise HTTPException(status_code=403, detail="用户未满18岁!禁止吸烟! ")
    return username,age

@app.get("/user/login/")
def user_login(username_and_age: Tuple = Depends(age_check)):
    return {
        'username': username_and_age[0],
        'age': username_and_age[1],
    }

@app.get("/user/info")
def user_info(username_and_age: Tuple = Depends(age_check)):
    return {
        'username':username_and_age[0],
        'age': username_and_age[1],
    }
```

代码说明:

❑ 定义函数类型的用户检测依赖项 username_check(),该依赖项需要传入 username 查询参数。

❑ 定义函数类型的年龄检测依赖项 age_check(),该依赖项依赖于 username_check() 依赖项。在 age_check() 函数中,使用 Depends() 注入 username_check() 的依赖项,也就是说,age_check() 依赖于 username_check(),用这种方式来表示依赖项之间的层级关系。

❑ 把 age_check() 函数依赖项注入路径操作函数。因为 age_check() 函数依赖于 username_check(),所以只需要把 age_check() 函数依赖项注册关联到指定的路径操作函数,即可完成层级类型的依赖项注入。

启动服务,首先观察依赖项对参数的影响,即观察 API 操作文档上显示的参数情况,然后访问操作文档地址,会得到图 6-5 所示的结果。

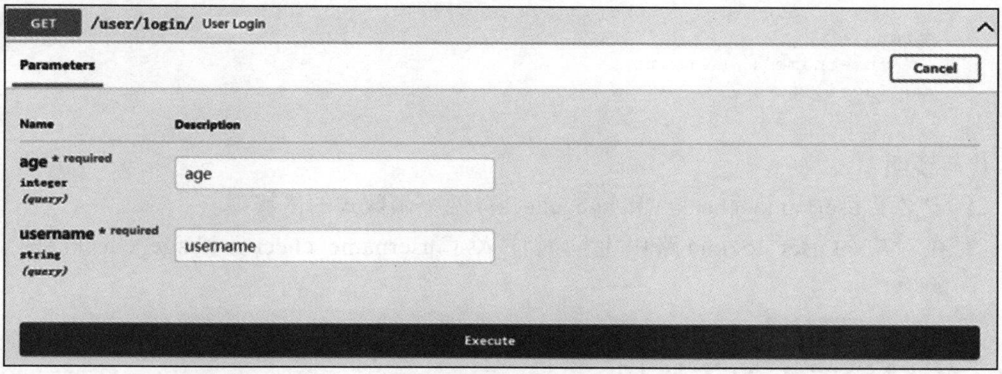

图 6-5　嵌套依赖项对参数校验影响的结果

观察 API 文档可以得知,上述示例中存在嵌套的两个依赖项,它们所需参数都自动注入路径操作函数中。通过多层嵌套依赖项的示例我们可以知道，FastAPI 支持任意嵌套深度的树状依赖结构，而整个处理操作完全是由框架自己处理的。

在多层嵌套依赖注入示例代码中，如果存在多个子依赖项嵌套，那么在默认的情况下不会重复进行子依赖项内部的逻辑处理，而是在处理一次之后把依赖项的返回值直接缓存到内存中。在某些特殊业务场景中，需要获取相关依赖项重新计算后的值，所以需要去除缓存机制。相关实现代码如下：

```
sername:str=Depends(username_check,use_cache=false)
```

对 Depends() 提供 use_cache 参数，可控制该依赖项处理结果是否写入内存中。

6.4 多个依赖对象注入

在多层嵌套依赖注入示例代码中同时定义了两个依赖项，但是在这种定义方式下，两个依赖项之间是存在依赖关系的。如果不需要存在依赖关系，但是又需要同时注入多个依赖项，那么可以使用如下代码：

```
#省略部分代码
def username_check(username:str=Query(...)):
    if username != 'zhong':
        raise HTTPException(status_code=403, detail="用户名错误！没有权限访问！")
    return username

def age_check(age:int=Query(...)):
    if age <18:
        raise HTTPException(status_code=403, detail="用户未满18岁！禁止吸烟！")
    return age

@app.get("/user/login/")
def user_login(username:str = Depends(username_check),
            age: int = Depends(age_check)):
    return {
        'username': username,
        'age': age,
    }
```

代码说明：

❑ 定义了 username_check() 和 age_check() 两个函数式的依赖项。
❑ 在对应的 user_login() 路由上同时注入了 username_check() 和 age_check() 两个依赖项。

6.5 不同位置上的依赖项

依赖项在整个 FastAPI 框架中根据注入位置的不同可分为如下几种依赖项。

❑ 全局依赖项：它会自动注册到所有的路由对象里面。

❏ 路径操作依赖项：它需要注册到路由装饰器上（也就是路径操作参数中）。

❏ 路由分组依赖项：它是单独针对某一个路由分组的依赖项。

❏ 路径函数依赖项：它需要注册到视图函数上。

下面对上述几种类依赖项的注入进行具体介绍。

6.5.1　全局依赖项的注入

FastAPI 类提供了一个 dependencies 参数，该参数就是实现全局依赖项注入的关键，相关代码如下（示例代码位于 \fastapi_tutorial\chapter06\depend_global_depends 目录之下）：

```python
from fastapi import FastAPI
from fastapi import Query, Depends
from fastapi.exceptions import HTTPException

def username_check(username:str=Query(...)):
    if username != 'zhong':
        raise HTTPException(status_code=403, detail="用户名错误！没有权限访问！")
    return username

def age_check(age:int=Query(...)):
    if age <18:
        raise HTTPException(status_code=403, detail="用户未满18岁！禁止吸烟！")
    return age

app = FastAPI(dependencies=[Depends(username_check),Depends(age_check)])

@app.get("/user/login/")
def user_login():
    return {
        'code': 'ok'
    }

@app.get("/user/info/")
def user_info():
    return {
        'code': 'ok'
    }

from fastapi import APIRouter
api_router = APIRouter()

@api_router.get("/user/apirouter/")
def user_apirouter():
    return {
        'code': 'ok'
    }
```

在上述代码中，分别定义了 username_check() 和 age_check() 两个函数式的依赖项。在 FastAPI 实例化时，通过 dependencies 参数，把上面两个函数式的依赖项注入 app 对象中。这种方式可实现全局依赖项的注入。需注意，通过这种方式注入的依赖项会作用到所有 app

的路由上，当有请求进来时，所有的路由都会自动执行所有的依赖项。

上述代码还定义了两种路由实现类型，一种是直接基于 app 对象实现的路由注册，另一种是基于 APIRouter 对象实现的路由注册。但是不管是何种形式的路由，所有全局的依赖项都会自动绑定到对应的路由上。

基于 app 对象注册的路由接口如图 6-6 所示。

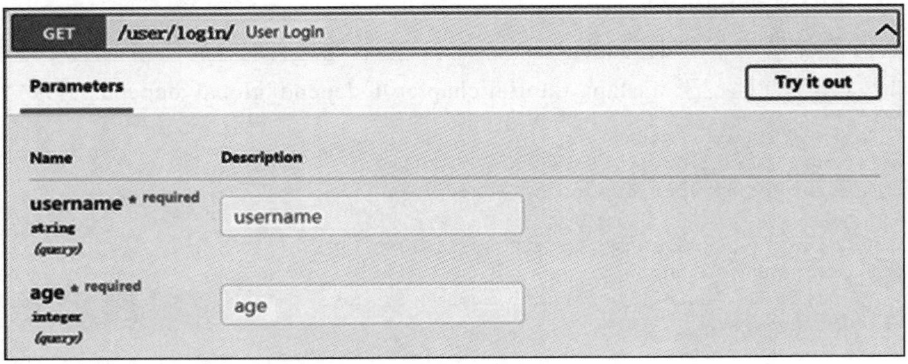

图 6-6　基于 app 对象注册的路由接口

基于 APIRouter 对象注册的路由接口如图 6-7 所示。

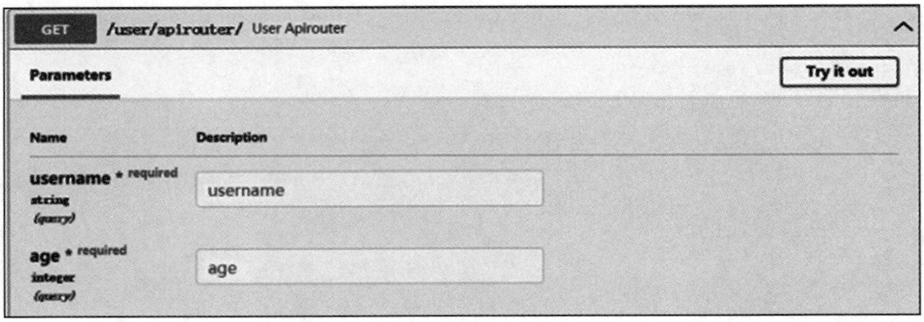

图 6-7　基于 APIRouter 对象注册的路由接口

需注意，全局依赖注入的依赖项即使有返回值，app 对象也不会接收并处理对应的返回值。

6.5.2　路径操作依赖项的注入

路径操作函数依赖项的注入在本章的前几节中已经介绍了，这里不再重复。**路径操作**依赖项的注入方式和路径操作函数依赖项的注入方式基本是一样的，只不过它们注入的位置和依赖项的返回值是否接收处理不一样。如果依赖项是通过路径操作函数进行依赖注入的，那么依赖项里面的返回值是可以被接收处理的，也就是视图函数内部可以接收对应依赖项的返回值。反之，路径操作的依赖项返回值是不会被接收处理的。相关的代码如下：

```
@app.get("/user/login/",dependencies=[Depends(username_check),Depends(age_
    check)])
def user_login():
    return {
        'code': 'ok'
    }
```

上述代码中，只是对 @app.get("/user/login/", …）接口进行了依赖项注入，并且是在路径操作装饰器上实现的。此时启动服务，观察 API 操作文档接口，也可以看得到图 6-6 所示的结果，这里就不重复展示了。

6.5.3　路由分组依赖项的注入

由 6.5.1 小节可知，可以通过 FastAPI 框架提供的 APIRouter 类进行路由分组。通过路由分组可以更好地规划项目中的 API 模块结构，且在特定路由分组上就可进行依赖项的注入。相关实现代码如下（示例代码位于 \fastapi_tutorial\chapter06\depend_group_router 目录之下）：

```
from fastapi import FastAPI
from fastapi import Query, Depends
from fastapi.exceptions import HTTPException
from fastapi import APIRouter

def username_check(username: str = Query(...)):
    if username != 'zhong':
        raise HTTPException(status_code=403, detail="用户名错误！没有权限访问！")
    return username

def age_check(age: int = Query(...)):
    if age < 18:
        raise HTTPException(status_code=403, detail="用户未满18岁！禁止吸烟！")
    return age

app = FastAPI()

user_group_router = APIRouter(prefix='/user', dependencies=[Depends(username_
    check)])

@user_group_router.get("/login")
def user_login():
    return {
        'code': 'login_ok'
    }

order_group_router = APIRouter(prefix='/order', dependencies=[Depends(username_
    check), Depends(age_check)])

@order_group_router.get("/pay")
def order_pay():
```

```
    return {
        'code': 'pay_ok'
    }

app.include_router(user_group_router)
app.include_router(order_group_router)
```

上面的代码分别定义了 user_group_router 和 order_group_router 两个路由分组对象，它们分别绑定各自的视图函数。其中，user_group_router 对象绑定了一个模拟用户登录函数，order_group_router 对象定义了一个模拟用户支付订单函数。

上述代码中定义了 username_check() 和 age_check() 函数，这两个函数可作为不同的依赖项。其中，username_check() 函数式依赖项的内部逻辑是：如果查询参数值 username 不等于 zhong，则抛出一个 HTTPException 的"用户名错误！没有权限访问！"异常，否则返回 username 的值。age_check() 函数式依赖项的内部逻辑是：如果查询参数值 age < 18，则抛出一个 HTTPException 的"用户未满 18 岁！禁止吸烟！"异常，否则返回 age 的值。

路由分组对象提供了一个 dependencies 参数，可以实现相关的依赖项注入。其中，user_group_router 路由分组对象注入了 username_check() 依赖项，order_group_router 路由分组对象注入了 username_check() 和 age_check() 两个依赖项。

除了上面的方式，用户还可以通过 app.include_router() 函数提供的 dependencies 参数实现路由分组对象的依赖项注入，代码如下：

```
#省略部分代码
app = FastAPI()

user_group_router = APIRouter(prefix='/user')

@user_group_router.get("/login")
def user_login():
    return {
        'code': 'login_ok'
    }

order_group_router = APIRouter(prefix='/order')

@order_group_router.get("/pay")
def order_pay():
    return {
        'code': 'pay_ok'
    }

app.include_router(user_group_router,dependencies=[Depends(username_check)])
app.include_router(order_group_router,dependencies=[Depends(username_check),
    Depends(age_check)])
```

由上述代码可知，路由分组依赖项的注入方式分为两种，一种是在路由分组对象上进行注入，另一种是在 app.include_router() 函数上进行注入。

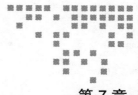

第 7 章 *Chapter 7*

FastAPI 中间件

在 Web 开发过程中，通常需要一种机制处理请求前和响应后的一些钩子函数，通常把这类函数称为中间件。FastAPI 的中间件是在应用程序处理 HTTP 请求和响应之前或之后执行功能的一个组件。中间件允许用户对 HTTP 请求进行重写、过滤、修改或添加信息，以及对 HTTP 响应进行修改或处理。例如，用户可以编写一个中间件，通过检查请求头信息判断用户是否有权访问某个 URL。又或者，用户可以编写一个记录请求和响应时间的中间件，以便进行性能分析和优化。

中间件通常具有轻量、低级别、可拔插化的特点，它可以在全局范围内处理对客户端的请求和响应拦截。本章主要介绍 FastAPI 框架中一些常见中间件的使用。

在 FastAPI 框架中，中间件的本质其实只是一个简单类。中间件遵循 ASGI 的规范。只要符合 ASGI 规范的中间件，都可以在 FastAPI 框架中进行拔插使用。它主要的处理场景是在视图函数收到请求和返回响应内容这一过程中执行一些特定逻辑的任务，所以有时候可以把它理解为所有视图函数的钩子。基于中间件的这种特性，人们可以总结中间件的适用场景：请求跨域处理、API 限流限速、对接口进行监控、日志请求记录、IP 白名单限制处理、请求权限的校验、请求缓存处理、认证和授权、压缩响应内容等。

FastAPI 框架提供了非常多的内置中间件，其中大部分的中间件都直接来自于 Starlette 框架。本章介绍几种常见的中间件。

 说明　本章相关代码位于 \fastapi_tutorial\chapter07 目录之下。

7.1　HTTP 请求中间件

HTTP 请求中间件的具体使用代码如下（示例代码位于 \fastapi_tutorial\chapter07\

middleware_process_time 目录之下）:

```python
from fastapi import FastAPI,Request
import time

app = FastAPI()

@app.middleware("http")
async def add_process_time_header(request: Request, call_next):
    #定义请求处理时间
    start_time = time.time()
    response = await call_next(request)
    process_time = time.time() - start_time
    #添加响应头
    response.headers["X-Process-Time"] = str(process_time)
    return response
```

代码说明:

❑ 定义了一个 add_process_time_header() 中间件函数,并通过 @app.middleware("http")
装饰器将其注册为 HTTP 中间件。

❑ 在 add_process_time_header() 函数中定义了两个必须传入的参数,一个是当前
request 请求上下文对象,另一个是 call_next。当客户端发送 HTTP 请求时,中间
件函数会被调用并传入一个 request 对象和一个 call_next 可调用对象。其中,call_
next 表示下一个符合 ASGI 协议规则的 app 对象(RequestResponseEndpoint),它可
以是下一个中间件,也可以是路由对象。

❑ add_process_time_header() 函数内部首先记录了当前时间作为请求的开始时间,然
后使用 await call_next(request) 方法将控制流传递给下一个中间件或应用程序处理
程序。当控制流返回中间件函数时,它计算出处理 HTTP 请求所需要的时间,并将
该时间添加到响应头中。

❑ 当前应用程序执行了中间件函数后会返回响应对象以结束 HTTP 响应过程。当客户
端收到响应时,它可以检查响应头中的“ X-Process-Time”以获取处理 HTTP 请求
所需的时间信息。

注意,@app.middleware("http") 仅支持参数为 HTTP 类型的中间件。

7.2 @app.middleware 装饰器中间件

在 7.1 节的示例中,完成了一个简单的自定义中间件的添加工作,接下来查看 @app.
middleware 装饰器内部的源码:

```python
def middleware(self, middleware_type: str) -> typing.Callable:  # pragma: nocover
    assert (
        middleware_type == "http"
    ), 'Currently only middleware("http") is supported.'
```

```
    def decorator(func: typing.Callable) -> typing.Callable:
        self.add_middleware(BaseHTTPMiddleware, dispatch=func)
        return func

    return decorator
```

通过代码分析可以知道，@app.middleware 装饰器直接使用 BaseHTTPMiddleware 来实现中间件，且 dispatch 就是需要处理的钩子回调函数。middleware() 方法是在应用程序实例上定义的，可以通过调用 app.middleware() 来使用。在这个 middleware() 方法中，它接收一个名为 middleware_type 的参数。middleware_type 参数是字符串类型，用于指定中间件的类型。当前只支持 "http" 类型的中间件。

接下来是一个装饰器函数 decorator()，它接收一个可调用对象 func 并返回它本身。在这个装饰器函数内部，使用 self.add_middleware() 方法将传递给装饰器函数的可调用对象 func 添加到应用程序实例的中间件列表中。

下面查看 BaseHTTPMiddleware 中间件的源码：

```
#省略部分代码
class BaseHTTPMiddleware:
    def __init__(
        self, app: ASGIApp, dispatch: typing.Optional[DispatchFunction] = None
    ) -> None:
        #下一个层级的ASGI app对象
        self.app = app
        #自定义的钩子分发函数
        self.dispatch_func = self.dispatch if dispatch is None else dispatch

    async def __call__(self, scope: Scope, receive: Receive, send: Send) -> None:
        #判断请求类型是否是http的，不是则不会进入中间件内部
        if scope["type"] != "http":
            await self.app(scope, receive, send)
            return

    async def call_next(request: Request) -> Response:
        app_exc: typing.Optional[Exception] = None
        #通过anyio定义生产者和消费者
        send_stream, recv_stream = anyio.create_memory_object_stream()

        async def coro() -> None:
            nonlocal app_exc

            async with send_stream:
                try:
                    await self.app(scope, request.receive, send_stream.send)
                except Exception as exc:
                    app_exc = exc
        #开始执行send_stream的发送
        task_group.start_soon(coro)

        try:
            #接收请求发送过来的receive
```

```
                    message = await recv_stream.receive()
            except anyio.EndOfStream:
                if app_exc is not None:
                    raise app_exc
                raise RuntimeError("No response returned.")
            #是否开始进行响应体的发送
            assert message["type"] == "http.response.start"

            async def body_stream() -> typing.AsyncGenerator[bytes, None]:
                    #循环处理返回数据流，然后写入body_stream
                async with recv_stream:
                    async for message in recv_stream:
                        assert message["type"] == "http.response.body"
                        yield message.get("body", b"")
                #如果存在异常则抛出
                if app_exc is not None:
                        raise app_exc

            #封装响应体报文信息，把body_stream写入StreamingResponse中
            response = StreamingResponse(
                status_code=message["status"], content=body_stream()
            )
            response.raw_headers = message["headers"]
            return response
        #创建并行执行的异步任务组
        async with anyio.create_task_group() as task_group:
            request = Request(scope, receive=receive)
            response = await self.dispatch_func(request, call_next)
            await response(scope, receive, send)
            task_group.cancel_scope.cancel()

    async def dispatch(
        self, request: Request, call_next: RequestResponseEndpoint
    ) -> Response:
        raise NotImplementedError()
```

代码说明：

❑ BaseHTTPMiddleware 是基础中间件，它是一个简单类的定义，涉及两个主要参数，一个是符合 ASGI 协议规范的 app 对象，也就是它表示的是下一个 ASGI app 对象，另一个是 dispatch，用于自定义钩子分发函数。

❑ 类内部最关键的是 __call__(self) 方法，__call__(self) 方法是中间件实际执行的主要逻辑。可以在 __call__() 方法中按 ASGI 协议规范要求来接收 ASGI 协议传输的参数。在方法的内部，首先判断请求类型是否是 HTTP 类型，如果不是，则直接调用下一个 ASGI app，并返回结果。否则继续往下执行，在该 __call__() 方法中通过 anyio.create_memory_object_stream() 创建了一个异步内存流对象，并用该对象来接收从前端发过来的 recv_stream。recv_stream 经过处理后，最终把响应报文写入 body_stream，并通过 StreamingResponse 返回。为了保证异步执行，使用 async with anyio.create_task_group() 创建并行执行异步任务组，然后创建一个请求对象

request。之后调用 self.dispatch_func(request, call_next) 将控制流传递给下一个中间件或应用程序处理程序，并等待获取响应。最后调用响应对象的 response(scope, receive, send) 方法结束 HTTP 响应过程。

❑ 对于每个 HTTP 请求，FastAPI 框架中的中间件会异步创建一个 send_stream 和 recv_stream。send_stream 主要用于向下一个 ASGI 应用发送数据，recv_stream 主要用于接收来自下一个 ASGI 应用的数据。其中，coro() 函数是内嵌在 __call__() 中的协程函数，通过调用 await self.app(scope, request.receive, send_stream.send) 让下一个 ASGI 应用进行业务逻辑处理。

❑ body_stream() 函数是另一个异步生成器函数，用于循环处理返回数据流，并将数据写入响应体报文中。最终，框架会把响应对象封装成一个 StreamingResponse 对象并返回。

❑ 在 BaseHTTPMiddleware 的使用过程中，所涉及的异步处理机制是基于 anyio 库来实现的，且内部通过 create_memory_object_stream() 方法来进行相关操作，所以基于 BaseHTTPMiddleware 来实现的中间件会有一定的性能损失。

本书不建议直接通过继承 BaseHTTPMiddleware 基类的方式来扩展实现其他自定义中间件，除非中间件需要获取最终响应报文体。在非必要获取响应报文体的情况下，可以自定义一个纯粹的 ASGI 中间件，这样会让中间件更轻量。

7.3　CORSMiddleware 跨域中间件

在前后端分离开发模式中经常遇到跨域请求。当后端开发好相关的 API 后，需要提供给前端使用。当前端部署服务所在的域名（或 IP）和后端 API 部署服务所在的域名（或 IP）不一致时，也就是前端页面和后端 API 对外提供的服务处于非同源环境时，比如前端部署在 web.zyx. com 域名下，而后端 API 部署在 api.zyx.com 域名下，在 web.zyx.com 域名下访问 api.zyx.com 下的资源就会触发浏览器同源安全策略，这种安全策略是浏览器自带的最基本的安全策略。

虽然同源安全策略可以保护信息安全，防止恶意网站进行数据窃取，减少 Web 服务被攻击的可能性，但是在某种程度下，这种安全策略反而会造成前端发起的请求无法真正到达 API 后端，也就是无法真正获取 API 返回的数据结果。这种情况在实际的业务开发过程中是非常常见的，所以在某种情况下，我们应该开启部分域名（或 IP）来发起访问请求，而不是全部拒绝。基于这种请求，产生了跨域请求支持。

对于跨域请求支持的处理方法有多种，常见的有：

❑ 使用代理机制，也就是通过同源服务器下的后端进行代理请求以获取非同源服务下的资源数据，之后返回给同源服务器。

❑ 使用 jsonp 方式，但是 jsonp 方式仅限于 GET 请求。

❑ 使用 CORS 方式，相较于 jsonp 方式，CORS 方式的优势在于支持的请求方式更多，且浏览器兼容性更大。

7.3.1 跨域中间件的使用

FastAPI 框架已提供了 CORSMiddleware 中间件，下面用它来解决类似跨域请求的问题，实现代码如下（示例代码位于 \fastapi_tutorial\chapter07\cors_middleware 目录之下）：

```
from fastapi.middleware.cors import CORSMiddleware
from fastapi import FastAPI

app = FastAPI()

origins = [
    "http://localhost.baidu.com",
    "https://localhost.qq.com",
    "http://localhost",
    "http://localhost:8080",
]

app.add_middleware(
    CORSMiddleware,
    allow_origins=origins,
    allow_credentials=True,
    allow_methods=["*"],
    allow_headers=["*"],
)

@app.get("/")
async def main():
    return {"message": "Hello World"}
```

在上面的代码中，导入了 CORSMiddleware 中间件，然后通过 app 提供的 add_middleware() 把 CORSMiddleware 注册到 app 的用户中间件列表中。

关于 CORSMiddleware 参数的说明如下：

❑ allow_origins：表示允许跨域请求的域名列表，如果是 ["*"]，则表示允许所有。

❑ allow_methods：表示允许跨域请求具体的 HTTP 方法列表，如果是 ["*"]，则表示允许所有 HTTP 方法。

❑ allow_headers：表示跨域请求允许的 HTTP 头信息列表。如果是 ['*']，则表示允许所有头信息。

❑ allow_credentials：表示跨域请求时是否允许发送跨域凭证。如果设置为 True，则允许发送凭证，否则不允许。

❑ max_age：表示浏览器预检请求结果缓存的时间（以秒为单位）。如果未设置，则不缓存预检结果，默认为 600（单位秒）。上面的代码中未使用该参数。

❑ expose_headers：表示对浏览器公开的 HTTP 头列表。这些 HTTP 头可以由客户端访问。如果未指定任何头，则不公开任何头。上面的代码中未使用该参数。

添加完成跨域中间件，并设置允许发起跨域请求 origins 之后，当后端接收到前端发起的预校验请求时，发现当前请求来源的域名属于 origins 范围时开始放行，允许下一个请求继续发起，这样前端和后端 API 就可以完成真正的数据互通。

7.3.2　跨域中间件源码分析

在 7.3.1 小节中简单定义了一些配置项信息，并把跨域中间件添加到用户中间件列表中，进而开启了跨域支持功能。如果要深入了解这种跨域实现的过程，就需要分析源码了。下面分析 CORSMiddleware 的源码。

```python
#省略部分代码
#跨域请求支持的方法
ALL_METHODS = ("DELETE", "GET", "HEAD", "OPTIONS", "PATCH", "POST", "PUT")
#跨域请求支持的一些请求头信息
SAFELISTED_HEADERS = {"Accept", "Accept-Language", "Content-Language", "Content-
    Type"}

class CORSMiddleware:
    def __init__(
            self,
            # app对象的引用
            app: ASGIApp,
            #表示允许跨域请求的域名列表
            allow_origins: typing.Sequence[str] = (),
            #表示允许跨域请求具体的HTTP方法列表，["*"]表示允许所有HTTP方法
            allow_methods: typing.Sequence[str] = ("GET",),
            #表示跨域请求允许的HTTP头信息列表。["*"]表示允许所有头信息
            allow_headers: typing.Sequence[str] = (),
            #表示在跨域请求时是否支持Cookie，默认为False
            allow_credentials: bool = False,
            #表示允许跨域请求域名的正则表达式，例如https://.*\.example\.org
            allow_origin_regex: typing.Optional[str] = None,
            # ：表示浏览器公开的HTTP头列表，默认为[]
            expose_headers: typing.Sequence[str] = (),
            #表示浏览器预检请求结果缓存的时间（以秒为单位），默认为600s
            max_age: int = 600,
    ) -> None:

        #如果是"*"，则表示支持所有方法跨域
        if "*" in allow_methods:
            allow_methods = ALL_METHODS

        #正则表达
        compiled_allow_origin_regex = None
        if allow_origin_regex is not None:
            compiled_allow_origin_regex = re.compile(allow_origin_regex)

        allow_all_origins = "*" in allow_origins
        allow_all_headers = "*" in allow_headers
        preflight_explicit_allow_origin = not allow_all_origins or allow_
            credentials

        simple_headers = {}
        if allow_all_origins:
            simple_headers["Access-Control-Allow-Origin"] = "*"
        if allow_credentials:
            simple_headers["Access-Control-Allow-Credentials"] = "true"
```

```
        if expose_headers:
            simple_headers["Access-Control-Expose-Headers"] = ", ".join(expose_
                headers)

        #预校验响应头信息
        preflight_headers = {}
        #预校验检测头部值信息
        if preflight_explicit_allow_origin:
            #如果允许, origin值将在preflight_response()中设置
            preflight_headers["Vary"] = "Origin"
        else:
            preflight_headers["Access-Control-Allow-Origin"] = "*"
        #返回预校验响应报文头信息
        preflight_headers.update(
            {
                "Access-Control-Allow-Methods": ", ".join(allow_methods),
                "Access-Control-Max-Age": str(max_age),
            }
        )
        #响应头排序
        allow_headers = sorted(SAFELISTED_HEADERS | set(allow_headers))
        #设置响应头信息
        if allow_headers and not allow_all_headers:
            preflight_headers["Access-Control-Allow-Headers"] = ", ".join(allow_
                headers)
        if allow_credentials:
            preflight_headers["Access-Control-Allow-Credentials"] = "true"
        #属性赋值
        self.app = app
        self.allow_origins = allow_origins
        self.allow_methods = allow_methods
        self.allow_headers = [h.lower() for h in allow_headers]
        self.allow_all_origins = allow_all_origins
        self.allow_all_headers = allow_all_headers
        self.preflight_explicit_allow_origin = preflight_explicit_allow_origin
        self.allow_origin_regex = compiled_allow_origin_regex
        self.simple_headers = simple_headers
        self.preflight_headers = preflight_headers

    async def __call__(self, scope: Scope, receive: Receive, send: Send) -> None:
        #如果不是HTTP请求, 则直接进入下一个ASGI app协议
        if scope["type"] != "http":  # pragma: no cover
            await self.app(scope, receive, send)
            return
        #在提取请求发来时提交HTTP方法
        method = scope["method"]
        #提取请求头信息
        headers = Headers(scope=scope)
        #从请求头获取origin, 允许跨域的列表信息
        origin = headers.get("origin")

        if origin is None:
            await self.app(scope, receive, send)
            return
        #如果方法是OPTIONS, OPTIONS通常表示发起预校验
```

```python
        if method == "OPTIONS" and "access-control-request-method" in headers:
            #根据请求头方法添加不同的响应头项
            response = self.preflight_response(request_headers=headers)
            await response(scope, receive, send)
            return
        #返回简单的响应报文体
        await self.simple_response(scope, receive, send, request_headers=headers)

    def is_allowed_origin(self, origin: str) -> bool:
        if self.allow_all_origins:
            return True

        if self.allow_origin_regex is not None and self.allow_origin_regex.
            fullmatch(
                origin
        ):
            return True

        return origin in self.allow_origins

    def preflight_response(self, request_headers: Headers) -> Response:
        #提取相关的请求头信息
        requested_origin = request_headers["origin"]
        requested_method = request_headers["access-control-request-method"]
        requested_headers = request_headers.get("access-control-request-headers")

        headers = dict(self.preflight_headers)
        failures = []
        #判断是否处于允许跨域的范围中
        if self.is_allowed_origin(origin=requested_origin):
            if self.preflight_explicit_allow_origin:
                #如果请求来源已经在self.preflight_headers中考虑过了，则直接设置值为 "*"
                headers["Access-Control-Allow-Origin"] = requested_origin
        else:
            failures.append("origin")
        #判断请求方式是否允许
        if requested_method not in self.allow_methods:
            failures.append("method")


        #判断是否允许全部的请求头
        if self.allow_all_headers and requested_headers is not None:
            headers["Access-Control-Allow-Headers"] = requested_headers
        elif requested_headers is not None:
            #对一些请求项进行提取分析
            for header in [h.lower() for h in requested_headers.split(",")]:
                if header.strip() not in self.allow_headers:
                    failures.append("headers")
                    break

        #这里不需要严格使用400响应
        #因为浏览器负责执行CORS策略，因此这样做会更详细地说明情况
        if failures:
            failure_text = "Disallowed CORS " + ", ".join(failures)
            #如果预校验不通过，则直接返回400，不允许跨域
```

```
                    return PlainTextResponse(failure_text, status_code=400, headers=headers)
                #如果预校验通过，则直接返回OK
            return PlainTextResponse("OK", status_code=200, headers=headers)

    async def simple_response(self, scope: Scope, receive: Receive, send: Send,
        request_headers: Headers) -> None:
        #通过偏函数进行处理
        send = functools.partial(self.send, send=send, request_headers=request_
            headers)
        await self.app(scope, receive, send)

    async def send(
            self, message: Message, send: Send, request_headers: Headers
    ) -> None:
        if message["type"] != "http.response.start":
            await send(message)
            return
        #设置发送允许跨域的请求头信息
        message.setdefault("headers", [])
        headers = MutableHeaders(scope=message)
        headers.update(self.simple_headers)
        origin = request_headers["Origin"]
        has_cookie = "cookie" in request_headers

        #如果请求包含任何Cookie头，则必须用特定的来源来响应
        #设置允许跨域的请求头信息
        if self.allow_all_origins and has_cookie:
            self.allow_explicit_origin(headers, origin)

        #如果只允许特定的来源，则必须在响应中回显origin头
        elif not self.allow_all_origins and self.is_allowed_origin(origin=origin):
            self.allow_explicit_origin(headers, origin)
        #执行发送
        await send(message)

    @staticmethod
    def allow_explicit_origin(headers: MutableHeaders, origin: str) -> None:
        headers["Access-Control-Allow-Origin"] = origin
        headers.add_vary_header("Origin")
```

与前面所说的一样，所有中间件的本质都是一个很简单的自定义类，只是中间件在 __call__() 函数中实现了具体的 ASGI 协议。中间件其实是一个符合 ASGI 协议的 app，所以中间件可以被框架调用。

上面的代码定义了一个 CORSMiddleware 类，在类中定义了一些跨域所需的参数项。跨域支持的逻辑主要在 __call__() 函数中实现，具体实现步骤如下：

步骤 1 通过 scope 获取前端发过来的请求，判断发起的请求是否是 HTTP 类的请求。如果不是，则直接进入下一个 ASGI 协议的 app 中来执行。这表示跨域只支持 HTTP 类型请求。

步骤 2 若请求是一个 HTTP 类的请求，则通过 scope["method"] 提取当前 HTTP 的请求。

步骤 3 解析出当前请求提交过来的部分请求头信息，并解析为一个 Headers 对象。

步骤 4　解析完 Headers 对象之后，就可以从头部信息里获取到当前请求的来源站点，如果没有标记请求来自哪一个站点，则继续跳转到下一个中间件或其他 ASGI 协议的 app 中执行。

步骤 5　判断是否是发起 OPTIONS 类型的预检请求（Preflight Request），并判断相应的方法是否在允许请求的范围内，如果是则进行预检请求响应处理（发起一个预检请求，目的是获知服务端是否允许该跨域请求的处理）。

步骤 6　在预检请求响应处理函数中，self.preflight_response 的处理逻辑是：对比请求头中包含的信息（如 origin、access-control-request-method、access-control-request-headers 等字段信息）和上面预设的 preflight_headers 值是否匹配。其中最关键的是 origin 信息，origin 信息中包含本次请求来自哪个源（协议 + 域名 + 端口）等信息。当和预设 preflight_headers 等值不匹配时，会返回不允许请求。如果匹配，即在预设的安全范围内，则允许发起后续请求，也就是预校验成功之后再发起真正的请求。

步骤 7　如果预校验通过，则返回 PlainTextResponse("OK", status_code=200, headers=headers) 来告知客户端可以发起下一个真正的请求，并在返回的对应响应报文头里写入一些允许跨域访问响应头信息。常见的允许跨域响应头项有如下几个：

❑ access-control-allow-credentials: true。

❑ access-control-allow-origin: https://xxxxxx.com。

❑ access-control-allow-origin: *。

❑ vary: Origin。

通常，一个响应报文头中包含以上几项时，已表示后端开启了跨域请求的支持了。

步骤 8　如果预校验不通过，则提示跨域请求处理失败，返回一个 400 状态的 "Disallowed CORS xxx" 跨域失败提示。

7.4　其他中间件

除了 CORSMiddleware 中间件之外，FastAPI 框架还附带了其他已经封装好的中间件。当然大部分中间件都直接来源于 Starlette 框架。下面介绍一些其他中间件。

7.4.1　HTTPSRedirectMiddleware 中间件

在某种业务场景下，需要强制所有请求使用 HTTPS 或者 WSS 协议，FastAPI 框架也提供了对应的中间件 HTTPSRedirectMiddleware，该中间件的实现代码如下（示例代码位于 \fastapi_tutorial\chapter07\https_redirect_middleware 目录之下）：

```
from fastapi.middleware.httpsredirect import HTTPSRedirectMiddleware
from fastapi import FastAPI

app = FastAPI()

app.add_middleware(HTTPSRedirectMiddleware)
```

```
@app.get("/index")
async def httpsredirec():
    return {
        'code':200
    }
```

在上面的代码中，导入了 HTTPSRedirectMiddleware 并通过 app.add_middleware() 添加到自定义中间件列表中，此时中间件会拦截所有请求，并强制所有请求使用 HTTPS 或者 WSS 协议来进行处理。如果此时访问 http://127.0.0.1:8000/，则会自动重定向到 https://127.0.0.1:8000/。下面查看并简单分析 HTTPSRedirectMiddleware 中间件源码。

```
class HTTPSRedirectMiddleware:
    def __init__(self, app: ASGIApp) -> None:
        self.app = app

    async def __call__(self, scope: Scope, receive: Receive, send: Send) -> None:
        if scope["type"] in ("http", "websocket") and scope["scheme"] in ("http",
            "ws"):
            url = URL(scope=scope)
            redirect_scheme = {"http": "https", "ws": "wss"}[url.scheme]
            netloc = url.hostname if url.port in (80, 443) else url.netloc
            url = url.replace(scheme=redirect_scheme, netloc=netloc)
            response = RedirectResponse(url, status_code=307)
            await response(scope, receive, send)
        else:
            await self.app(scope, receive, send)
```

在 HTTPSRedirectMiddleware 源码中，只关注 __call__() 函数中的逻辑。其中，__call__() 方法是中间件类的核心方法，并接受 3 个参数：scope、receive 和 send。在这个方法中，中间件首先检查请求的协议是否为 HTTP 或 WebSocket，以及请求的 URL 是否使用了 HTTP 或 WS 协议。如果是，那么中间件将构造一个新的 URL 地址，将原始的 HTTP 或 WS 协议替换为 HTTPS 或 WSS 协议，然后将请求重定向到新的 URL 地址。否则，中间件会直接将请求传递给下一个中间件或应用程序。

7.4.2　TrustedHostMiddleware 中间件

在某种业务场景下，需要强制请求 Header 中的 host 选项必须来自某个指定的 host 才允许访问对应的地址（通过这种机制可以避免 HTTP Host Header 攻击）。针对此类需求，FastAPI 框架提供了专门的 TrustedHostMiddleware 中间件，代码如下：

```
from fastapi.middleware.trustedhost import TrustedHostMiddleware
from fastapi import FastAPI

app = FastAPI()

app.add_middleware(TrustedHostMiddleware, allowed_hosts=["example.com",
    "*.example.com"])
```

```
@app.get("/index")
async def truste():
    return {
        'code':400
    }
```

在上面的代码中，导入了 TrustedHostMiddleware 中间件，并通过 app.add_middleware() 方法添加到用户中间件列表中。在添加时设置了 TrustedHostMiddleware 所需的参数 allowed_hosts 的值，也就是说，请求头中的 host 值必须来自 allowed_hosts=["example.com", "*.example.com"]，对应的地址才允许访问，否则返回 "Invalid host header" 的 400 错误。查看并分析 HTTPSRedirectMiddleware 中间件的源码，具体如下（示例代码位于 \fastapi_tutorial\chapter07\trusted_host_middleware 目录之下）。

```
class TrustedHostMiddleware:
    def __init__(
        self,
        app: ASGIApp,
        allowed_hosts: typing.Optional[typing.Sequence[str]] = None,
        www_redirect: bool = True,
    ) -> None:
        if allowed_hosts is None:
            allowed_hosts = ["*"]

        for pattern in allowed_hosts:
            assert "*" not in pattern[1:], ENFORCE_DOMAIN_WILDCARD
            if pattern.startswith("*") and pattern != "*":
                assert pattern.startswith("*."), ENFORCE_DOMAIN_WILDCARD
        self.app = app
        self.allowed_hosts = list(allowed_hosts)
        self.allow_any = "*" in allowed_hosts
        self.www_redirect = www_redirect

    async def __call__(self, scope: Scope, receive: Receive, send: Send) -> None:
        if self.allow_any or scope["type"] not in (
            "http",
            "websocket",
        ):
            await self.app(scope, receive, send)
            return

        headers = Headers(scope=scope)
        host = headers.get("host", "").split(":")[0]
        is_valid_host = False
        found_www_redirect = False
            for pattern in self.allowed_hosts:
                if host == pattern or (
        pattern.startswith("*") and host.endswith(pattern[1:])
                ):
                is_valid_host = True
                    break
        elif "www." + host == pattern:
        found_www_redirect = True
```

```
                              if is_valid_host:
                                  await self.app(scope, receive, send)
                              else:
                                  response: Response
                                  if found_www_redirect and self.www_redirect:
                    url = URL(scope=scope)
                    redirect_url = url.replace(netloc="www." + url.netloc)
                                      response = RedirectResponse(url=str(redirect_url))
                              else:
                                      response = PlainTextResponse("Invalid host header", status_
                                          code=400)
                              await response(scope, receive, send)
```

在上面的代码中，还是只关注 __call__() 函数中的逻辑。在 __call__() 函数中，首先判断 self.allow_any 是否存在值，或是否是 HTTP 或 WebSocket 类型的请求，如果不是则跳出该中间件，进入下一个 ASGI 规范的 app 对象继续执行。从请求中解析并提取出对应的 headers 和 host 信息，然后循环判断 host 来源是否有效，如果有效则继续往下执行，如果不是有效的，则判断是否开启了 www_redirect 的情况，开启了则进行重定向，否则直接返回 PlainTextResponse("Invalid host header", status_code=400) 异常信息。

7.5 自定义中间件

FastAPI 框架自带的一些中间件未必符合所有的业务需求，比如某些特殊的业务场景中用于鉴权认证的中间件、用于 IP 白名单的中间件等。本节介绍自定义中间件的方法。

7.5.1 基于 BaseHTTPMiddleware 自定义中间件

下面通过继承 BaseHTTPMiddleware 来实现自定义的中间件，示例代码如下（示例代码位于 \fastapi_tutorial\chapter07\base_http_middleware 目录之下）：

```
mport time

from starlette.middleware.base import BaseHTTPMiddleware
from fastapi import FastAPI, Request


app = FastAPI()

#基于BaseHTTPMiddleware的中间件实例
class TimeCcalculateMiddleware(BaseHTTPMiddleware):
    # dispatch必须实现
    async def dispatch(self, request: Request, call_next):
        print('TimeCcalculateMiddleware-Start')
        start_time = time.time()
        response = await call_next(request)
        process_time = round(time.time() - start_time, 4)
        #返回接口响应时间
        response.headers["X-Process-Time"] = f"{process_time} (s)"
        print('TimeCcalculateMiddleware-End')
```

```
        return response

#基于BaseHTTPMiddleware的中间件实例
class AuthMiddleware(BaseHTTPMiddleware):
    def __init__(self, app, header_value='auth'):
        super().__init__(app)
        self.header_value = header_value

        # dispatch必须实现
        async def dispatch(self, request: Request, call_next):
            print('AuthMiddleware-Start')
            response = await call_next(request)
            response.headers['Custom'] = self.header_value
            print('AuthMiddleware-End')
            return response

app.add_middleware(TimeCcalculateMiddleware)
app.add_middleware(AuthMiddleware, header_value='CustomAuth')

@app.get("/index")
async def index():
    print('index-Start')
    return {
        'code': 200
    }
```

在上述代码中，通过继承 BaseHTTPMiddleware 基类的方式实现了两个自定义的中间件——TimeCcalculateMiddleware 和 AuthMiddleware。其中，TimeCcalculateMiddleware 中间件用于计算请求耗时，AuthMiddleware 中间件中自定义了一个响应头变量 response.headers['Custom']。两个中间件按顺序注册到 app 对象上。当启动服务并访问 http://127.0.0.1:8000/index 时，控制台的输出结果如下：

```
AuthMiddleware-Start
TimeCcalculateMiddleware-Start
index-Start
TimeCcalculateMiddleware-End
AuthMiddleware-End
```

通过分析上面的输出结果可知，对于 FastAPI 框架中的中间件，最先添加并注册的中间件会进入中间件列表中的最内层，最后注册的中间件则存储在列表中的最外层。此时观察响应报文体，会发现结果中已经显示了自定义的响应头 response.headers['Custom'] 的值，如图 7-1 所示。

7.5.2　日志追踪链路 ID

在 API 开发过程中，有可能需要对日　图 7-1　AuthMiddleware 中间件中写入响应头的结果志做相关链路追踪记录。通过链路追踪，可以在一个请求服务过程中把涉及多个单元服务或其他第三方请求的日志都关联起来，这样可以快速进行问题定位及排错。要实现链路追踪，就需要为请求打标签。一般的做法是，每进来一个请求，就在当前请求上下文中生成一个链路 ID，这个链路 ID 可以关联第三方请求或其他服务日志，并在整个请求链路上下文中进行传递，直到请求完成响应处理。相关代码如下（示例代码位于 \fastapi_tutorial\chapter07\tracdid_middleware 目录之下）：

```
from starlette.middleware.base import BaseHTTPMiddleware
from fastapi import FastAPI,Request

app = FastAPI()
import uuid
#基于BaseHTTPMiddleware的中间件实例
import contextvars
request_context = contextvars.ContextVar('request_context')

class TracdIDMiddleware(BaseHTTPMiddleware):
    # dispatch必须实现
    async def dispatch(self, request:Request, call_next):
        request_context.set(request)
        request.state.traceid = uuid.uuid4()
        responser = await call_next(request)
        #返回接口响应时间
        return responser

def log_info(mage=None):
    request: Request =request_context.get()
    print('index-requet',request.state.traceid)

app.add_middleware(TracdIDMiddleware)
```

上述代码的运行逻辑如下：

1）首先定义了一个 request_context 上下文变量对象，这个对象主要用于存储当前请求的上下文信息。

2）接着定义了一个 TracdIDMiddleware 中间件，该中间件由 BaseHTTPMiddleware 基类扩展而来。

3）在中间件内部，通过 request_context.set(request) 设置当前请求，该请求可传入当前 request_context 上下文变量对象中。

4）针对当前请求的上下文对象，通过 uuid.uuid4() 生成 traceid 追踪 ID，并将该 ID 写入当前 request.state 中。

5）继续转入下一个 ASGI 规范的 app 对象的逻辑中并进行处理。

6）由于在中间件中已经把当前请求赋值传入 request_context 上下文变量对象中，所以后续可以在任意的地方通过 request: Request =request_context.get() 来获取对应当前请求的上下文对象。比如，上面代码中自定义的 log_info() 函数，就可直接获取当前 request_context 上下文变量对象中保存的 request 对象，然后获取对应的当前请求的链路 ID（traceid）值。

注意　contextvars.ContextVar('request_context') 设置的值是线程安全和协程安全的，它可以用于普通函数或协程函数之中。

7.5.3　IP 白名单中间件

除了通过继承 BaseHTTPMiddleware 类来自定义中间件外，还可以基于自定义类来实现。下面基于自定义类来实现一个 IP 白名单限制的中间件，代码如下（示例代码位于 \fastapi_tutorial\chapter07\whileIp_middleware 目录之下）：

```python
from fastapi import FastAPI, Request
app = FastAPI()

from starlette.responses import PlainTextResponse
from starlette.types import ASGIApp, Receive, Scope, Send
from starlette.requests import HTTPConnection
import typing

class WhileIpMiddleware:
    def __init__(self, app: ASGIApp,
                 allow_ip: typing.Sequence[str] = (),
                 ) -> None:
        self.app = app
        self.allow_ip = allow_ip or "*"

    async def __call__(self, scope: Scope, receive: Receive, send: Send) ->
            None:
        if scope["type"] in ("http", "websocket") and scope["scheme"] in
            ("http", "ws"):
            conn = HTTPConnection(scope=scope)
            if self.allow_ip and conn.client.host not in self.allow_ip:
                response = PlainTextResponse(content="不在IP白名单内", status_
                    code=403)
                await response(scope, receive, send)
                return
            await self.app(scope, receive, send)
        else:
            await self.app(scope, receive, send)

app.add_middleware(WhileIpMiddleware,allow_ip=['127.0.0.2'])

@app.get("/index")
async def index():
    print('index-Start')
    return {
        'code': 200
    }
```

在上述代码中，首先自定义了一个中间件类 WhileIpMiddleware，这个类遵循 ASGI 规范。类实例化所需的第一个参数就是 ASGI app 对象，其他参数是根据用户自己的业务需求设定的，这些参数在 __call__() 函数内部使用并处理相关的业务逻辑。在 __call__() 函数内部实例化了 HTTPConnection 对象。HTTPConnection 对象表示一个当前请求连接的对象，从里面可以提取当前客户端请求来源 IP，如果该 IP 不在自定义 IP 白名单内，则直接返回一个响应状态码是 403 的 PlainTextResponse 响应报文。如果在白名单内，则继续执行下一个 ASGI 规范的 app 对象。

7.5.4 基于中间件获取响应报文内容

在某种业务场景下，需要在中间件中获取对应请求的响应报文，如常见的日志记录场景。在此类情况下，需要基于有 BaseHTTPMiddleware 类性质方式的中间件来获取对应的响应报文内容，代码如下（示例代码位于 \fastapi_tutorial\chapter07\log_response_middleware 目录之下）：

```python
#省略部分代码
import http
from fastapi import FastAPI, Request, Response
from starlette.middleware.base import RequestResponseEndpoint
app = FastAPI()

class LogMiddleware:

    async def __call__(
            self,
            request: Request,
            call_next: RequestResponseEndpoint,
            *args,
            **kwargs
    ):
        try:
            #下一个响应报文内容
            response = await call_next(request)
        except Exception as ex:
            #解析响应报文的Body异常信息
            response_body = bytes(http.HTTPStatus.INTERNAL_SERVER_ERROR.phrase.
                encode())
            response = Response(
                content=response_body,
                status_code=http.HTTPStatus.INTERNAL_SERVER_ERROR.real,
            )
        else:
            response_body = 'b'
            #解析并读取对应的响应报文内容
            async for chunk in response.body_iterator:
                response_body += chunk
            #生成最终响应报文内容
            response = Response(
                content=response_body,
                status_code=response.status_code,
                headers=dict(response.headers),
                media_type=response.media_type
            )
```

```
    return response
```

```
#添加日志中间件
app.middleware('http')(LogMiddleware())
```

上述代码解析如下：

❑ 首先定义一个 LogMiddleware 类，该类遵循标准的 ASGI 协议规范。

❑ 在 LogMiddleware 类 内 部 的 __call__() 方 法 中，接 收 Request 类 型 的 参 数 和 RequestResponseEndpoint 类型的参数。

❑ call_next(request) 非常关键，它用于获取下一个 RequestResponse Endpoint 信息并返回，最终它会包含请求处理结果返回的响应体报文内容。

❑ 当完成中间件定义之后，需通过 app.middleware('http')(LogMiddleware()) 方式把当前对应的中间件加入。需注意，这里不能使用 app.add_middleware(LogMiddleware) 方式添加。

Chapter 8 第 8 章

数据库的应用

Web 开发无法脱离数据而存在，最终会回归到数据增、删、改、查的问题上，所以离不开数据库操作。数据库通常分两种：一种是 SQL（Structured Query Language，结构化查询语言）数据库，又称关系型数据库；另一种是 NoSQL（Not only SQL）数据库，又称非关系型数据库。对于 SQL 数据库，使用比较多的是 SQL Server、Oracle、MySQL、PostgreSQL、SQLite 等。对于 NoSQL 数据库，使用比较多的是 MongoDB 、Redis 等。

本章介绍数据库操作相关的知识点。

 说明   本章相关代码位于 \fastapi_tutorial\chapter08 目录之下。

8.1 数据库基础

8.1.1 SQL 概述

SQL 是进行关系型数据库操作时通用的查询语言。SQL 通常由 DDL（数据定义语言）和 DML（数据操作语言）两个部分组成。

简单理解，DDL 是在数据库中存储现实世界中的实体时所用的描述语言，它通常强调数据库对现实实体数据结构的建模，如对数据库、数据库表或视图等进行创建、删除、修改等操作。DML 是对数据库中已存在的实体数据进行相关访问的操作语言，它强调的是对数据进行访问，DML 其实就是人们常说的 CRUD（Create，Read，Update，Delete）。

8.1.2 SQL 数据库

常见的 SQL 数据库比较多，那么什么是 SQL 数据库呢？读者可以将其理解为一个二维数据表中数据的集合。

图 8-1 所示的就是一个数据库表，它和常见表的格式是一样的。

id	role_code	role_name	description	create_by	update_by	create_time	update_time
	1 superadmin	超级管理员	拥有所有的权限	superadmin		2021-01-06 18:04:12	2021-07-16 13:50:32
	2 admin	管理员	所有的权限	superadmin		2021-01-06 18:04:12	2021-07-19 18:02:41
	4 hr	人力资源部		superadmin		2021-01-06 18:04:12	2021-07-19 18:02:47
▶	3 test	普通用户	这是新建的临时角色	superadmin		2021-01-06 18:04:12	2021-10-13 16:04:42

图 8-1　数据库表

- 表中的每一列（Column）都表示对应数据属性的字段（Field），对应到 SQL 中，表中的列构成了数据实体结构，也就是 DDL 中的数据结构模型。
- 表中的每一行（Row）则表示一条数据记录（Record），对应到 SQL 中，表中的行构成了所有数据实体对象的具体值描述。所有的 CRUD 操作，其实都是围绕每一行的记录来进行的。
- 表中的每一列通常有一个唯一的 ID，这个 ID 通常称为表的主键。它除了可以标记唯一性外，还可以进行递增操作。
- 表和表之间可以通过唯一 ID 进行关联。

8.1.3　NoSQL 数据库

NoSQL 数据库相对于 SQL 数据库来说，强调的是数据结构的不规则化存储，而 SQL 数据库强调的则是数据模型的结构化存储。通常，NoSQL 数据库用于存储一些半结构化的数据和超大规模的数据。NoSQL 数据库又可以分为多种类型，比如：

- 键值对类型数据库：它通过 Key 和 Value 来存储数据。典型代表有 Redis、MemcacheDB 等。
- 列存储类型数据库：它按列来存储数据，典型代表有 HBase、Cassandra 等。
- 文档存储类型数据库：它存储的内容是文档型数据，数据一般用 JSON 格式存储，典型代表有 MongoDB 等。
- 对象存储类型数据库：它存储的是对象，用面向对象的语言来进行数据操作，典型代表有 DB4O（面向对象的数据库管理系统）、Google Cloud Storage、Amazon S3 等。

8.2　Python 操作 SQLite 数据库

为了方便学习，本节基于 SQLite 数据库来介绍关系型数据库的相关操作。这里使用 SQLite 数据库的主要原因有：

- SQLite 数据库是 Python 标准库的一部分，不需要进行额外的安装操作即可直接使用。
- 学习成本低，它是一个无服务器的、零配置的、事务性的、基于文件类型的关系型数据库，相比 MySQL 和 PostgreSQL 等更轻量。

8.2.1 创建并链接到数据库

除了使用 DDL 来创建数据库之外，还可以使用 Python 来创建，Python 提供的一些模块可以让用户更快、更容易地创建数据库，相关代码如下（示例代码位于 \fastapi_tutorial\chapter08\sqlite3_connect 目录之下）：

```
import sqlite3
connecrions = sqlite3.connect("test.db")
```

代码说明：

❑ 在连接到 sqlite3 数据库文件之前，需要先启用 sqlite3 模块。

❑ 创建连接数据库的对象，以连接具体的数据库文件。如果要连接的数据库文件 test.db 不存在，那么系统会自动创建。

❑ 数据库文件使用的是相对路径，指向当前脚本所在目录。如果需要指定到其他路径，则需要使用绝对路径。

8.2.2 游标对象操作数据

游标对象主要用于对数据库表进行 DML 相关处理，代码如下：

```
import sqlite3
#连接数据库
connection = sqlite3.connect('test.db')
#创建游标
cursor = connection.cursor()
#创建表
cursor.execute('''CREATE TABLE user
      (id INT PRIMARY KEY      NOT NULL,
      username            TEXT      NOT NULL,
      password            TEXT      NOT NULL);''')
#数据保存
cursor.execute("INSERT INTO user (id,username,password) VALUES (1, 'xiaozhong',
    '123456')")
cursor.execute("INSERT INTO user (id,username,password) VALUES (2, 'muyu',
    '123456')")
#数据查询
cursor = cursor.execute("SELECT id, username, password from user")
for row in cursor:
    print(row)
#提交更改
connection.commit()
#数据更新
cursor.execute("UPDATE user set username ='xiaoxiao' where id = 1")
#提交更改
connection.commit()
#数据删除
cursor.execute("DELETE from user where id=1;")
#提交更改
connection.commit()
#关闭数据库连接
connection.close()
```

代码说明：

❑ 创建好一个连接对象之后，基于 connection 调用 cursor()，返回了一个游标对象。

❑ 通过游标对象执行 SQL 语句，创建一个 user 表，这个表中有 id 字段、username 字段和 password 字段，id 被设置为主键。

❑ cursor.execute("INSERT INTO…")表示通过游标对象执行数据插入语句，并写入两条记录。

❑ cursor.execute("SELECT id…")表示通过游标对象执行数据查询语句，查询出当前用户表的所有记录，查询的结果集以元组的形式返回。

❑ cursor.execute("UPDATE user…")表示通过游标对象执行数据更新操作。在上面的代码中更新了数据表中 id=1 的记录，并把用户名称修改为最新的值 xiaoxiao。

❑ cursor.execute("DELETE from…")表示通过游标对象执行数据删除操作。在上面的代码中删除了数据表中 id=1 的记录。

❑ 使用 connection.commit() 连接对象，确认提交事务，并执行对应的 SQL。

❑ 使用 connection.close() 连接对象并关闭当前连接。

8.3 ORM 操作数据库

8.2 节中使用 Python 操作 SQLite3 数据库时，是通过传入原生 SQL 语句对数据进行操作的。在进行 Web 开发时，在复杂的需求下，往往需要基于 SQL 语句来编写自己的业务逻辑，所以用户需要具有基本 SQL 语句的编写能力。

基本 SQL 语句是必需的，但是手写的 SQL 在某种程度上可读性不是很好，并且写 SQL 语句的过程非常烦琐且容易出错。因为 SQL 语句都是以字符串拼接或字符串格式化的方式进行入参的传输，所以可以通过引入 ORM 库来对数据进行操作。

本质上，ORM 是对 SQL 语句的一种封装，它是对数据库表中列和行操作的一种对象映射。在某些情况下，使用 ORM 库时甚至不需要了解 SQL，只需要通过对表映射出来的实体类模型进行操作就可实现对数据的增、删、改、查操作。

引入 ORM 库有以下几个好处：

❑ 对数据进行增、删、改、查更快捷。

❑ 有效避免编写 SQL 语句时以字符串拼接或字符串格式化的方式进行入参的传输，进而规避 SQL 注入问题。

❑ 可以自适应且高效地切换到其他 DBMS（DataBase Management System），不需要额外修改逻辑，提高代码的可移植性和跨平台兼容性。

当然事物往往存在两面性，有好的一面，也会有坏的一面，在 ORM 库对 SQL 语句高度抽象封装的过程中会带来一些性能损失，所以读者需要根据自己的实际业务需求来权衡使用 ORM 的利弊。如果业务追求的是极致高性能，则建议自己编写 SQL 语句；如果要获得更加灵活、便捷、快速、高效的开发流程，那么建议选择 ORM 库。常见的 ORM 库主要有 SQLAlchemy、Tortoise-orm、SQLModel、peewee、Database、piccolo、ormar。

下面主要介绍 SQLAlchemy 和 SQLModel 库的使用方法，在介绍的过程中会以同步和异步两种方式展开。

8.4 SQLAlchemy 库

SQLAlchemy 是 Python 社区非常知名的 ORM 数据库之一，它支持 MySQL、SQLite、PostgreSQL 等。利用 SQLAlchemy 可以快速设计数据库持久模型，高效设计数据库交互访问方式。按官网的描述，SQLAlchemy ORM 1.4× 版本已经开始支持异步方式。其实 SQLAlchemy ORM 1.4× 是 SQLAlchemy ORM 2.0 版本的一个过渡版本。目前，SQL-Alchemy ORM 1.4× 的很多新特性都是为 SQLAlchemy ORM 2.0 版本做铺垫。该版本有以下几个新特性：

- ❑ 支持 SQL 正则表达式运算。
- ❑ 新增了一种名为"async ORM"的异步 ORM 模式。借助于 Python 3.7 中引入的协程语法，可以实现异步访问数据库，从而更好地处理高并发情况。
- ❑ 优化了 select、update、delete 的使用方法。
- ❑ 支持类似于 Django 的 ORM 风格的查询语法，比如可以使用 User.objects.filter(name='John') 这种方式来构建查询条件。
- ❑ 引入了新的类型系统，使得 ORM 能够更好地支持自定义数据类型和序列化 / 反序列化操作。
- ❑ 增加了对 PostgreSQL 的 JSONB 类型的支持。
- ❑ 对核心代码进行了重构，减少了很多重复代码和依赖项，提高了性能。

> **注意** 若读者想了解更多关于 SQLAlchemy ORM 1.4× 的特性说明，那么可以参阅官方文档。ORM 2.0 目前还只有 Beta 版本，尚处于开发阶段，并且不稳定。

8.4.1 数据驱动异步和同步说明

我们知道，FastAPI 框架的并发模式支持多线程和协程两种方式。通常，多线程方式意味着使用的多数是同步阻塞的数据库；而对于协程方式，则意味着需要使用支持异步操作的数据库。对于数据库的操作，也存在同步操作和异步操作的区别。

当前，Python 提供的多数框架都是基于多线程并发方式工作的，如 Flask、Bottle、Django 等，而一些新的 Web 框架也开始支持异步模式，如 Sanic、Flask（开始提供有限的异步支持）、Django（最新版本提供了异步支持）及 FastAPI 等。支持异步协程，可以有效地提高程序运行的性能，让 CPU 处理更多的任务。由于数据库的操作本质上也是 I/O 操作，因此异步特性不仅体现在框架上，还体现在数据操作上。在 Python 领域，对一些库进行异步支持时，通常会在前面加上一个"aio×××"，表示当前这个数据库是异步类型的数据库或模块。在数据库连接驱动库中，常见的同步库有 PyMySQL、Redis、psycopg2、psycopg3、SQLite3 等，对应的异步库主要有 aiomysql、aiomongo、aioredis、asyncpg aiosqlite 等。

本节着重介绍 SQLAlchemy 的同步和异步使用方式。

8.4.2　SQLAlchemy 同步使用方式

SQLAlchemy 有同步和异步两种使用方式。下面基于 SQLite3 数据库演示一个简单用户模型的 CRUD 操作，以介绍 SQLAlchemy 同步使用方式。在开始使用之前，需要先安装 SQLAlchemy。

安装 SQLAlchemy 库的代码如下：

```
pip install SQLAlchemy
```

由于在 Python 3 标准库中已经自带了 SQLite3，所以不需要额外安装 SQLite3，只需要安装 SQLAlchemy。

数据模型的 CRUD 操作需要按如下步骤实现：

步骤 1　创建同步 SQLAlchemy 引擎。在连接数据库时，需要通过连接指定数据库的 URL 来创建数据库引擎。常见的连接数据库引擎采用的数据库 URL 格式如表 8-1 所示。

表 8-1　常见的连接数据库引擎采用的数据库 URL 格式

数据库类型	URL 格式
MySQL	MySQL://username:password@hostname/database
PostgreSQL	PostgreSQL://username:password@hostname/database
SQLite（UNIX）	SQLite://absolute/path/to/database
SQLite（Windows）	SQLite://c:/absolute/path/to/database

SQLite 是一种基于文件类型的数据库，它不像 MySQL 或 PostgreSQL 等数据库那样，需要设置 URL 中的 hostname 和 username:password 等信息，只需要设置一个保存数据库文件的路径即可。配置连接 SQLite 数据库的代码如下：

```
from SQLAlchemy import create_engine
engine = create_engine('SQLite:///user.db')
```

除了上面这种方式，用户还可以创建内存类型的 SQLite 数据库（数据不进行持久化存储），它的 URL 格式如下：

```
engine = create_engine('SQLite:///:memory:')
```

步骤 2　定义数据库表映射模型。我们知道，ORM 是对数据库关系的对象映射，所以需要定义一个 ORM 模型类来对应数据库中的一个表，而模型类中定义的属性则对应表中列的数据。SQLAlchemy 提供了一个 ORM 模型类的基类，这个基类通过 declarative_base() 函数返回，用户自定义的扩展模型类都需要基于这个基类来实现。相关代码如下：

```
from SQLAlchemy.ext.declarative import declarative_base
Base = declarative_base()
```

基于基类自定义模型类，其实就是定义数据库中的业务逻辑表，相关代码如下：

```
from SQLAlchemy import Column, Integer, String
class User(Base):
    #指定本类映射到users表
    __tablename__ = 'users'
    id = Column(Integer, primary_key=True, autoincrement=True)
    name = Column(String(20))
    nikename = Column(String(32))
    password = Column(String(32))
    email = Column(String(50))
```

代码说明：

❑ 通过 __tablename__ 指定表名为 users。

❑ 针对各个列属性，根据实际情况引入具体的数据类型，如 Integer、String 等。

❑ 设置默认的 id 列字段作为唯一标记记录，且将其设置为主键，另外通过 autoincrement 设置主键自增。

❑ 其他字段包括用户名称、用户昵称、用户密码、用户邮箱。

SQLAlchemy 提供的数据库列和模型属性较多，感兴趣的读者可通过阅读源码进一步深入学习，这里不再展开。

步骤 3　通过 SQLAlchemy 创建表。当完成业务逻辑模型类创建之后，接下来通过 SQLAlchemy 来完成数据库中真实业务逻辑表的创建。相关代码如下：

```
Base.metadata.create_all(engine, checkfirst=True)
```

在上面的代码中，通过 Base.metadata.create_all() 函数传入 engine 引擎对象，并设置 checkfirst 参数值为 True，从而完成数据库中业务逻辑表的创建。其中 checkfirst 参数值表示是否为第一次初始化创建表，如果表已经创建了，那么即使再次执行创建表的操作，也不会有任何影响。

步骤 4　创建数据库表并查看表信息。当执行 Base.metadata.create_all() 后，会在当前目录下的生成脚本中指定数据库 user.db 的文件，同时会为所有基于 Base 类实现的模型类在数据库中自动生成对应的表。

此时通过数据库连接工具连接数据库 user.db，就可以查看表生成情况了。这里使用的工具是 Navicat，如图 8-2 所示。

步骤 5　创建数据库连接会话。当数据库表创建完成之后，接下来可以通过模型类来完成对数据表的操作。但是在操作数据表之前，需要先创建连接数据库会话，并创建关于会话模块的工厂对象。SQLAlchemy 已经提供了创建 session 工厂对象和连接会话对象的类，代码如下：

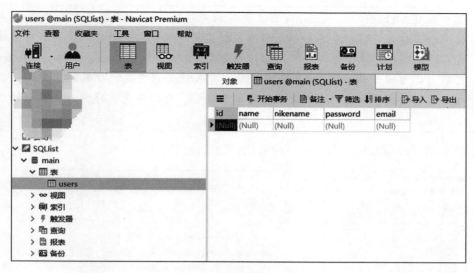

图 8-2　Navicat 连接 SQLite 数据库

```
from SQLAlchemy.orm import sessionmaker
session = sessionmaker(bind=engine)
session = session()
```

在上面的代码中导入了 SQLAlchemy 中的 ORM 模块，并从该模块中导入 sessionmaker 类，然后使用 sessionmaker 类创建一个会话工厂（Session Factory），并调用其 bind 将 engine 绑定到该工厂上。接着通过工厂创建一个会话对象，并将其赋值给 session 变量。此时，session 即可通过已绑定的引擎（engine）向数据库发起请求，执行相关操作。由 sessionmaker 创建出来的会话对象通常可以在模块级或全局范围内进行使用，因此它们可以同时被任意数量的函数和线程使用。

> 注意　在实际使用过程中，通常会将会话对象（session）作为参数传递给其他函数或者方法，以便执行不同的数据库操作。但需注意，在数据访问完成后，需要关闭会话对象（session）并释放相关资源。

步骤 6　对模型类进行 CRUD 操作。接下来使用 session 会话对象对 User 模型类进行增、删、改、查操作。如新增一条记录的操作，代码如下：

```
_user = User(name='xiaozhong', nikename='Zyx',password='123456', email='zyx@
    qq.com')
session.add(_user)
session.commit()
```

在上面的代码中，实例化了一个 User 模型类的实例对象 _user，然后通过会话对象 session 把 _user 实体对象添加到会话中，接着执行 commit() 进行事务提交，最终完成执行 SQL 的确认。

> 📎**注意** 调用 SQLAlchemy 中 commit() 的主要目的是明确告诉数据库完成了 SQL 事务的提
> 交执行，也就是说把当前会话中所有未提交的更改保存到数据库中，只有这样才会
> 真正添加成功，这是进行数据库操作的重要步骤之一。另外，在调用 commit() 方法
> 之前，还可以使用 rollback() 方法回滚所有未提交的更改，即撤销所有的修改。执
> 行回滚撤销操作在进行数据库操作时非常重要，可以避免出现意外的数据错误或不
> 一致性。

执行脚本代码，通过 Navicat 工具查看执行结果，如图 8-3 所示。

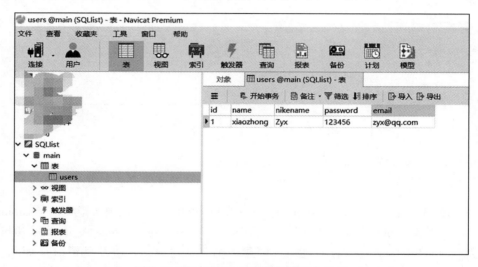

图 8-3　通过 Navicat 查看数据写入结果

有了数据之后，就可以使用 User 模型类进行记录的查询操作，代码如下：

```
from typing import List
result:List[User]=session.query(User).filter_by(name='xiaozhong').all()
for item in result:
    print(item.name,item.password,item.email)
```

此时通过控制台可以看到查询输出的结果为 xiaozhong 123456 zyx@qq.com。该结果和
上一次写入的记录一致。除了上述这种查询方式外，还有其他查询方式，代码如下：

```
#仅查询提取模型中的某些字段信息
result1:List[User]=session.query(User.name,User.email,User.password).filter_
    by(name='xiaozhong').all()
for item in result1:
    print(item.name,item.password,item.email)
#进行模糊匹配查询
result2:List[User]=session.query(User).filter(User.name.like("xiao%")).all()
for item in result2:
    print(item.name,item.password,item.email)
#字段正则表达式查询
```

```
result3:List[User]=session.query(User).filter(User.name.op("regexp")("^xiao")).
    all()
for item in result3:
    print(item.name,item.password,item.email)
```

在上述查询示例代码中，filter_by() 是一个查询过滤器，是对 query 对象进行查询时的相关条件限制。如果读者需要对 query 查询的 SQL 语句有所了解，则可以通过 query 对象调用 .as_scalar() 来返回此次执行的 SQL 语句，或者通过执行 str(query) 来获取执行的 SQL 语句。

除了可以对数据进行查询外，还可以对 user 表进行修改，代码如下：

```
updata_user:User = session.query(User).filter_by(name='xiaozhong').first()
updata_user.email = 'zyx123@qq.com'
session.commit()
```

上述代码中，先查询一条符合 name='xiaozhong' 的记录，该记录会自动转换为一个 User 模型类的实例对象，然后针对这个自动转换后的实例对象的某些字段信息进行修改，如将邮件信息修改为 updata_user.email = 'zyx123@qq.com'，最后通过会话对象对修改后的记录进行提交，即可完成记录更新。

上述这种更新数据的方式在并发场景下会存在数据不一致的情况，所以在高并发场景下通常需要进行锁更新操作。

另外一种更新数据的方式是直接使用 update，代码如下：

```
session.query(User).filter_by(name='xiaozhong').update({User.email: 'zyx123456@
    qq,com'})
session.commit()
```

还可以对记录进行删除，代码如下：

```
del_user:User = session.query(User).filter_by(name='xiaozhong').first()
if del_user:
    session.delete(del_user)
    session.commit()
```

另外一种删除记录的方式是使用 delete（对符合条件的记录进行删除），代码如下：

```
session.query(User).filter_by(name='xiaozhong').delete()
session.commit()
#或者
session.query(User).filter(User.name=='xiaozhong').delete(synchronize_
    session=False)
session.commit()
```

其中，synchronize_session=False 表示以非同步方式更新当前 session。上述完整示例代码位于 \fastapi_tutorial\chapter08\sqlalchemy_sync_sqlite3 目录之下。

8.4.3　SQLAlchemy 异步使用方式

8.4.2 小节主要使用 SQLAlchemy 同步方式对表进行各种操作，如果要在 Eventloop（异步事件循环）中使用 SQLAlchemy+SQLite，则无法实现真正的异步，此时需要使用异步协程的 aiosqlite 库。下面先来安装 aiosqlite 库，安装命令如下：

```
pip install aiosqlite
```

接下来介绍异步 CRUD 操作。

步骤 1　创建异步 SQLAlchemy 引擎。注意，在创建连接数据库的 URL 时，它的格式和同步方式有所区别，代码如下：

```
from SQLAlchemy.ext.asyncio import create_async_engine, Asyncsession
from SQLAlchemy.orm import declarative_base, sessionmaker
# URL地址格式
SQLALCHEMY_DATABASE_URL = "sqlite+aiosqlite:///aiosqlite_user.db"
#创建异步引擎对象
async_engine = create_async_engine(SQLALCHEMY_DATABASE_URL, echo=False)
```

从上面的代码中可以看出，这里的引擎对象创建方式已经改变了，从 create_engine 变为 create_async_engine，这是实现异步的关键之一。

步骤 2　定义数据库表映射模型。这里涉及的内容和同步方式一样，不再重复。

步骤 3　通过 SQLAlchemy 创建表。由于这里使用了异步方式，所以声明了一个用于创建表操作的协程函数，并将协程函数调用转换为一个协程对象，再把协程对象放置到 Eventloop 中执行，代码如下：

```
async def init_create():
    async with async_engine.begin() as conn:
        await conn.run_sync(Base.metadata.drop_all)
        await conn.run_sync(Base.metadata.create_all)

import asyncio
asyncio.run(init_create())
```

在上面的代码中，首先声明了一个 init_create() 协程函数，然后在协程函数内部通过 async with async_engine.begin() as conn 获取到 conn 连接对象，最后通过 conn 连接对象先执行 Base.metadata.drop_all 的调用，也就是先进行表的删除，再通过 Base.metadata.create_all 重新创建表。

上面代码的核心在于 init_create()，它可以把协程函数直接转换为另一个协程对象，然后经过 asyncio.run() 创建一个 Eventloop，自动把协程对象转换为一个 Task 协程任务并执行。注意，由于 Eventloop 调度单元是 Task 协程任务。在 asyncio.run() 内部已经自动对 Task 协程任务进行了转换处理，所以不需要再次手动创建 Task 协程任务。

 注意 对表的删除操作需谨慎，这种方式通常仅用于测试环境。

步骤 4　查看表信息。使用 Navicat 工具打开创建的 asycioaglilite_user.db 数据库，数据库表如图 8-4 所示。

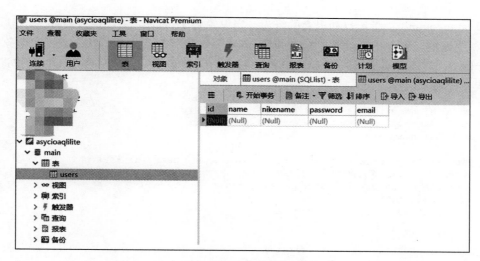

图 8-4　使用异步方式创建的数据库表

步骤 5　创建异步类型的数据库连接会话。创建异步会话对象时，传入参数的方式和同步方式有所区别，具体如下：

同步代码如下：

```
from SQLAlchemy.orm import sessionmaker
session = sessionmaker(bind=engine)
session = session()
```

异步代码如下：

```
sessionLocal = sessionmaker(bind=async_engine, expire_on_commit=False,
    class_=Asyncsession)
```

在异步方式的实现代码中，通过 sessionmaker 工厂类返回了 sessionLocal，所涉参数如下：

❑ bind：指定要绑定的 engine 对象或者 Connection 对象。 如果不指定，则可以在后续创建 session 对象时传递。

❑ expire_on_commit：指定是否每次提交或者回滚操作都会使得所有 session 托管对象变成过期状态。如果设置为 True，则表示在每次提交或者回滚操作之后，session 所托管的所有对象的属性都重新从数据库中读取。该选项的默认值为 True。

❑ class_：表示当前使用的 session 类型，默认为 sessionmaker.configure.session_class 或者 session。

其他可选扩展参数说明如下：

❑ autoflush：指定自动提交的时机。当设置为 True（默认值）时，每次修改操作（包括添加、删除和更新）都会立即刷新到数据库中。当设置为 False 时，需要手动调用 flush() 方法才能将修改写入数据库。

❑ autocommit：指定自动提交的行为。当设置为 True 时，每次执行 DML 操作后都会
   立即提交事务。当设置为 False 时，需要手动调用 commit() 方法才能提交事务。

步骤 6　对模型类进行异步 CRUD 操作封装。通常需要对数据库的 CRUD 操作进行封
装，相关代码如下：

```python
from SQLAlchemy import select
from SQLAlchemy.ext.asyncio import Asyncsession
from SQLAlchemy.orm import selectinload

async def get_user(async_session: Asyncsession, user_id: int):
    #根据用户id来查询用户记录
    result = await async_session.execute(
        select(User)
        .where(User.id == user_id)
    )
    #返回一条记录
    return result.scalars().first()

async def get_user_by_name(async_session: Asyncsession, name: str):
    #根据用户名来查询用户记录
    result = await async_session.execute(
        select(User)
        .where(User.name == name)
    )
    return result.scalars().first()

async def get_users(async_session: Asyncsession, skip: int = 0, limit: int =
    100):
#查询所有的用户记录，并根据用户id来进行排序
    result = await async_session.execute(
        select(User)
        .order_by(User.id)
    )
    return result.scalars().fetchall()

async def create_user(async_session: Asyncsession, name,nikename,email,password):
    #创建一条用户记录
    new_user = User(
        name = name,
        email=email,
        password=password,
        nikename = nikename,
    )
    async_session.add(new_user)
    await async_session.commit()
    return new_user

import asyncio
async def test_run():
    #创建会话对象
    async_session = sessionLocal()
    #通过会话对象执行创建用户操作
    result= await
create_user(async_session=async_session,name='xiaozhong',nikename='Zyx',email=
    'zyx@123.com',password='123456')
```

```
#输出查询结果中name属性的值
print(result.name)
#关闭会话对象
await async_session.close()
#创建会话对象
async_session = sessionLocal()
#根据用户名进行记录查询
result = await get_user_by_name(async_session=async_session, name='xiaozhong')
print(result.name)
#关闭会话对象
await async_session.close()
#创建会话对象
async_session = sessionLocal()
#获取表中所有的用户记录
result = await get_users(async_session=async_session)
print(result)
for item in result:
    print(item)
#关闭会话对象
await async_session.close()
```

```
#启动异步循环事件
asyncio.run(test_run())
```

在上面的代码中，定义了如下几个协程函数：

❑ get_user()：根据用户 id 查询用户信息。

❑ get_user_by_name()：根据用户名查询用户信息。

❑ get_users()：查询所有用户的信息。

❑ create_user()：创建用户信息。

❑ async_session.execute()：在对应的查询协程函数中，通过该函数执行对应的 SQL
语句。

❑ async_session.add()：在创建的用户协程函数中，通过该函数完成用户记录的创建。

调用协程函数时需要先将该协程函数转换为一个协程对象或可迭代的对象，这样才
可以放在 Eventloop 中去执行。在转换为协程对象后，需要使用 await 等待结果，之后才
能返回。在上面的代码中，把所有的异步任务都统一放在一个 test_run() 协程任务中，然
后统一放到 asyncio.run() 创建出来的 Eventloop 里面去执行，最终会正常完成异步代码的
执行。

在上面的代码中，每一次执行数据相关操作都需要获取一次新的会话对象，然后显式
调用 await async_session.close() 来关闭会话。下面使用上下文管理的方式来管理会话的关
闭操作，相关代码如下：

```
from contextlib import asynccontextmanager
@asynccontextmanager
async def get_db() -> AsyncGenerator:
    async_session = sessionLocal()
    try:
        yield async_session
        await async_session.commit()
```

```
        except SQLAlchemyError as ex:
            await async_session.rollback()
            raise ex
        finally:
            await async_session.close()
```

上述代码中，通过上下文的方式创建一个异步会话对象，并且在会话最终完成时进行自动关闭。它的使用方式如下：

```
async def testrun():
    async with get_db() as async_session:
        result = await create_user(async_session=async_session, name='xiaozhong',
            nikename='Zyx', email='zyx@123.com',password='123456')
        result = await get_user_by_name(async_session=async_session,
            name='xiaozhong')
    print(result.name)
```

至此，已经介绍完了如何使用 SQLAlchemy 进行数据库的同步和异步操作。

上述完整示例代码位于 \fastapi_tutorial\chapter08\sqlalchemy_async_sqlite3 目录之下。

8.4.4 SQLAlchemy ORM 反向生成模型

在业务开发过程中，可能已存在创建好了的业务逻辑表，此时如果按之前的方式来手写模型类，那会是一件非常烦琐的事情。此时可以基于已存在的表反向生成对应映射的 ORM 模型类。下面介绍如何反向生成 ORM 模型类。

1. 安装 sqlacodegen

sqlacodegen 是一个可以根据已有表反向生成 ORM 映射的模型类的库。安装 sqlacodegen 的命令如下：

```
pip install sqlacodegen
```

2. sqlacodegende 的使用

结合前面介绍的使用 SQLite 的案例，这里基于 user.db 数据库文件中已存在的 user 表来说明如何反向生成模型。可以通过查看帮助来获取具体的执行命令：

```
sqlacodegen -h
usage: sqlacodegen [-h] [--version] [--schema SCHEMA] [--tables TABLES]
                   [--noviews] [--noindexes] [--noconstraints] [--nojoined]
                   [--noinflect] [--noclasses] [--nocomments]
                   [--outfile OUTFILE]
                   [url]

Generates SQLAlchemy model code from an existing database.

positional arguments:
    url             要连接的database URL地址

optional arguments:
```

```
-h, --help          显示帮助信息并退出
--version           查看版本
--schema SCHEMA     从 Schema 架构加载表
--tables TABLES     指定要生成的表，默认生成全部
--noviews           忽略视图的生成
--noindexes         忽略索引的生成
--noconstraints     忽略约束的生成
--noinflect         不试图将表名转换为单数形式
--noclasses         是否不生成类，只生成表
--nocomments        不显示列注释
--outfile OUTFILE   以输出文件目录为主
```

通过上述结果可以得知，要逆向生成模型类，需要提供的参数主要有如下几个：

❑ url：要连接到数据库的 URL 地址。

❑ --tables：指定要生成 model 的表，不指定时，所有表都会自动生成 model。

❑ --outfile：指定生成的模型代码输出到哪一个目录下的文件中，不指定时，输出到
stdout 控制台。

接下来开始反向生成 ORM 模型类，具体命令如下：

```
sqlacodegen sqlite:///user.db --outfile modeluser.py
```

或

```
sqlacodegen sqlite:///user.db >modeluser.py
```

注意，上面的 SQLite 的 URL 地址（相对路径）指向的是当前命令行所处的目录，这需
要确保 user.db 数据库文件也处于当前命令行目录下，然后才会执行生成模型类的脚本。

最终生成的模型文件的内容如下：

```
# coding: utf-8
from SQLAlchemy import Column, Integer, String
from SQLAlchemy.ext.declarative import declarative_base

Base = declarative_base()
metadata = Base.metadata

class User(Base):
    __tablename__ = 'users'

    id = Column(Integer, primary_key=True)
    name = Column(String(20))
    nikename = Column(String(32))
    password = Column(String(32))
    email = Column(String(50))
```

通过上面这种方式可以快速生成数据库表中的模型类。

8.5　SQLModel 库

SQLModel 是 SQL 数据库的设计库，具有简单、兼容高和健壮的特性。SQLModel 也

是量身为 FastAPI 定制的数据库操作库。

8.5.1 SQLModel 同步使用方式

和 FastAPI 一样，SQLModel 整合了 Pydantic 和 SQLAlchemy，这样可以减少代码的重复量。SQLModel 也要求使用 Python 3.6 及以上版本。下面介绍如何使用 SQLModel。

安装 SQLModel 库的方法如下：

```
pip install sqlmodel
```

在安装 SQLModel 时，会自动安装 Pydantic 和 SQLAlchemy 的依赖库。

下面介绍如何使用 SQLModel 库来完成数据库表的 CRUD 操作。

步骤 1 创建同步 SQLModel 引擎。和使用 SQLAlchemy 一样，操作数据库时，同样需要一个连接数据库的引擎对象，具体代码如下：

```
from sqlmodel import Field, session, SQLModel, create_engine
engine = create_engine("sqlite:///user.db")
```

步骤 2 定义数据库表映射模型。SQLModel 自身也提供了一个模型基类，但是它的定义和使用与 SQLAlchemy 不一样，具体代码如下：

```
from sqlmodel import Field, SQLModel
class Users(SQLModel, table=True):
    id: Optional[int] = Field(default=None, primary_key=True)
    name:str
    nikename:str
    password :str
    email:str
```

上面的代码定义了 Users 表，表的名称和类的名称保持一致。该表中的列属性有自增主键 id、名称、昵称、用户密码及邮箱地址。通过上面的方式，我们可以看到 Pydantic 模型类的定义过程。所以，SQLModel 的最大优势在于可以直接通过 Pydantic 模型类来绑定 ORM 模型类。

步骤 3 通过 SQLModel 创建逻辑业务表。和 SQLAlchemy 一样，SQLModel 提供了根据模型类生成逻辑业务表的操作，相关代码如下：

```
SQLModel.metadata.create_all(engine)
```

通过上面的方式，我们完成了从模型类到逻辑业务表的生成步骤。

步骤 4 创建数据库连接会话。SQLModel 已经封装了对 session 会话创建的操作，所以直接导入封装好的操作并使用即可。

步骤 5 通过 SQLModel 对表进行基本操作。下面使用 SQLModel 进行 Users 记录的添加操作，代码如下：

```
from sqlmodel import Field, session, SQLModel
#创建模型类实例对象，也就是创建一条记录
user1= Users(name='xiaozhong1',nikename='zyx',password='123456',email='zyx@123.
```

```
com')
user2= Users(name='xiaozhong2',nikename='zyx',password='123456',email='zyx@123.
    com')
with session(engine) as session:
    session.add(user1)
    session.add(user2)
    session.commit()
```

在上面的代码中，实例化了 Users 类的两个实例对象 user1 和 user2，然后通过
SQLModel 中自带的 session 会话对象来添加 user1 和 user2 记录。其中，with session(engine)
as session 语句会自动在 session 处理时添加记录，添加操作完成之后会自动执行 session 关闭
操作。

当添加完数据记录后，可以通过 SQLModel 提供的 select 类来完成对数据的查询。
select 本身也来自 SQLAlchemy 的封装，它基于 SQLAlchemy 的 select 命令增加了对类型注
释的支持。下面使用 SQLModel 进行 Users 记录的查询操作，代码如下：

```
from sqlmodel import session,select
with session(engine) as session:
    #通过select封装具体要查询的业务逻辑表
    allusers = select(Users)
    #结合session直接执行SQL查询语句
    results = session.exec(allusers)
    for user in results:
        print(user)
    print('>'*5)
    #查询用户记录，且结果集中只返回一条记录
    userresult = select(Users).where(Users.name == "xiaozhong1")
    #只提取记录表中的第一条记录并返回
    user = session.exec(userresult).first()
    print(user)
    print('>' * 5)
    #基于多条件进行用户记录限制查询，并返回所有记录列表
    userresult = select(Users).where(Users.name == "xiaozhong1").where(Users.
        nikename == "zyx")
    users = session.exec(userresult).all()
    print(users)
    print('>' * 5)
    #另一种基于多条件来查询用户记录的写法
    userresult = select(Users).where(Users.name == "xiaozhong1",Users.nikename
        == "zyx")
    users = session.exec(userresult).all()
    print(users)
```

除了数据查询之外，还可以对记录进行更新操作，代码如下：

```
with session(engine) as session:
    #先查询符合条件的记录
    results = session.exec(select(Users).where(Users.name == "xiaozhong1"))
    user = results.first()
    print("user:", user)
    #重新进行属性的修改
    user.email = 'zyx1232@qq.com'
```

```
#重新进行更新操作并提交
session.add(user)
session.commit()
session.refresh(user)

with session(engine) as session:
    #通过update模块筛选所有符合条件的记录，批量进行字段更新提交操作
    updateusers = update(Users).where(Users.name == "xiaozhong1")
    results = session.exec(updateusers.values(email='xiaozhong@qw.com'))
    session.commit()
```

还可以对记录进行删除操作，代码如下：

```
with session(engine) as session:
    #查询符合条件的记录
    user = session.exec(select(Users).where(Users.name == "xiaozhong1")).first()
    #删除该记录
    session.delete(user)
    #确认删除更新提交
    session.commit()

with session(engine) as session:
    #通过delete模块筛选所有符合条件的记录，批量进行删除操作
    user = session.exec(delete(Users).where(Users.name == "xiaozhong1"))
    #确认删除更新提交
    session.commit()
```

上述完整示例代码位于 \fastapi_tutorial\chapter08\sqlmodel_sync_sqlite3 目录之下。

8.5.2 SQLModel 异步使用方式

目前，SQLAlchemy 支持异步操作数据，而 SQLModel 继承自 SQLAlchemy，所以 SQLModel 也具有异步特性。下面基于 SQLModel 和 aiosqlite 数据库来演示如何使用简单用户模型进行异步 CRUD 操作。

步骤 1   创建异步 SQLModel 引擎。由于 SQLModel 是基于 SQLAlchemy 扩展而来的，所以这里的创建异步引擎和前面介绍的创建异步 SQLAlchemy 引擎的方式类似，代码如下：

```
from sqlmodel import create_engine
ASYNC_DATABASE_URI = "sqlite+aiosqlite:///aiosqlite_user.db"
async_engine = create_engine(ASYNC_DATABASE_URI)
```

步骤2   定义数据库表映射模型。与前面小节介绍的同步定义模型的方式一样，这里不再重复。

步骤 3   通过 SQLModel 创建表。这里创建表的方式和使用 SQLAlchemy 创建表的方式类似，只是把 Base 基类修改为了 SQLModel，代码如下：

```
async def init_create():
    async with async_engine.begin() as conn:
        await conn.run_sync(SQLModel.metadata.drop_all)
        await conn.run_sync(SQLModel.metadata.create_all)
```

```
import asyncio
asyncio.run(init_create())
```

步骤 4 创建异步连接会话。和上面介绍的以 SQLAlchemy 异步方式创建异步会话对象是一样的，代码如下：

```
from sqlmodel.ext.asyncio.session import Asyncsession
sessionLocal = sessionmaker(autocommit=False, autoflush=False, bind=async_engine,
    class_=Asyncsession, expire_on_commit=False)
```

步骤 5 通过 SQLModel 对表进行异步基本操作。下面通过异步方式进行相关的数据操作，为了简洁，这里整合了对所有创建、查询、更新、删除操作的介绍，代码如下：

```
from sqlmodel import select,update,delete
#创建用户
async def create():
    async with sessionLocal() as async_session:
        pass
        db_obj = Users(name='xiaozhong',nikename='zyx',password='123456',email=
            'zyx@123.com')
        async_session.add(db_obj)
        await async_session.commit()
        await async_session.refresh(db_obj)
        return db_obj

#获取用户记录信息
async def get_user(user_id: int):
    async with sessionLocal() as async_session:
        response = await async_session.exec(select(Users).where(Users.id == user_
            id))
        return response.first()

#批量获取多条用户记录信息
async def get_user_multi(name: str):
    async with sessionLocal() as async_session:
        response = await async_session.exec(select(Users).where(Users.name ==
            name))
        return response.all()

#批量用户更新
async def update_user(name:str):
    async with sessionLocal() as async_session:
        pass
        updateusers = update(Users).where(Users.name == name)
        results = await async_session.exec(updateusers.values(email='xiaozhong@
            qw.com'))
        await async_session.commit()

#单独删除记录
async def remove(user_id:int):
    async with sessionLocal() as async_session:
        pass
        response = await async_session.exec(select(Users).where(Users.id == id))
        obj = response.one()
```

```
        await async_session.delete(obj)
        await async_session.commit()
        return obj

#批量删除
async def removeall(name:str):
    async with sessionLocal() as async_session:
        pass
        response = await async_session.exec(delete(Users).where(Users.name ==
            name))
        await async_session.commit()

import asyncio
asyncio.run(create())
asyncio.run(update_user(name='xiaozhong'))
asyncio.run(get_user(user_id=1))
asyncio.run(get_user_multi(name='xiaozhong'))
asyncio.run(removeall(name='xiaozhong'))
```

上述完整示例代码位于 \fastapi_tutorial\chapter08\sqlmodel_async_sqlite3 目录之下。

8.6 在 FastAPI 中整合异步 SQLAlchemy 处理

本章的前面小节都是在框架之外单独进行数据库相关操作。下面介绍如何把这些操作集成到 FastAPI 框架中。本节示例代码位于 \fastapi_tutorial\chapter08\fastapi_sqlalchemy 目录之下。

8.6.1 需求分析和结构规划

本小节主要基于前面小节介绍的示例代码完成一个对用户信息进行增、删、改、查操作的项目。由于示例相对简单，经过对项目进行简单需求分析后，可以得知需要编写的 API 主要有下面几个：

❑ 增加用户信息的接口。
❑ 根据用户 ID 返回用户信息的接口。
❑ 返回数据库表中所有的用户信息列表的接口。
❑ 根据用户 ID 修改用户信息的接口。
❑ 根据用户 ID 删除用户记录的接口。

在项目编写的过程中，FastAPI 框架本身对于如何组织项目结构是没有强制性要求的。虽然官网也有对应的项目规划模板示例，但是符合自己实际业务需求项目结构的模板才是最好的。图 8-5 所示的项目结构是为了整合数据库操作示例而设计的。

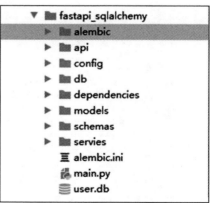

图 8-5　整合数据库操作示例而设计的项目结构

对项目结构的主要目录说明如下：

❑ fastapi_sqlalchemy 表示项目名称。

❑ api 主要存放编写的路由接口。

❑ config 主要存放项目配置信息。

❑ db 主要存放数据库相关配置信息及实例。

❑ dependencies 主要存放依赖注入项。

❑ models 主要存放数据库表中关于映射的 ORM 模型类。

❑ servies 主要封装对数据表的 CRUD 操作。

❑ alembic.ini 存放 ORM 版本管理配置信息。

搭建完项目结构，即可正式进行项目代码的编写。

8.6.2　应用配置信息读取

在 Config 目录下新建一个 config.py，在里面定义应用配置项信息，文件内容如下：

```
from pydantic import BaseSettings
from functools import lru_cache

class Settings(BaseSettings):
    #定义连接异步引擎数据库的URL地址
    ASYNC_DATABASE_URI: str = "sqlite+aiosqlite:///user.db"

@lru_cache()
def get_settings():
    return Settings()
```

在上面的代码中，定义了一个 Settings，它继承于 BaseSettings 类，在类的内部定义了一个 ASYNC_DATABASE_URI 配置项，它主要用于定义连接异步引擎数据库的 URL 地址。上面的代码还通过 @lru_cache() 装饰器实现了 Settings() 实例化对象的缓存。后续可以直接导入 get_settings() 方法来返回一个 Settings 对象。

8.6.3　配置数据库引擎

有了数据库引擎 URL 地址后，就可以创建数据库引擎对象和数据库会话对象了。首先在 db 目录下新建一个 database.py 文件，文件内容如下：

```
#导入异步引擎的模块
from SQLAlchemy.ext.asyncio import create_async_engine, Asyncsession
from SQLAlchemy.orm import declarative_base, sessionmaker
# URL地址格式
from fastapi_SQLAlchemy.config.confiig import get_settings
#创建异步引擎对象
async_engine = create_async_engine(get_settings().ASYNC_DATABASE_URI, echo=False)
#创建ORM模型基类
Base = declarative_base()
#创建异步会话管理对象
sessionLocal = sessionmaker(bind=async_engine, expire_on_commit=False,
    class_=Asyncsession)
```

在上述代码中，通过导入 get_settings() 方法读取数据库引擎 URL，并相继创建了异步引擎对象、ORM 模型基类、异步会话工厂对象等。创建完成这一系列对象后，就为连接数据库做足了基本工作准备。

8.6.4 使用 yield 管理会话依赖项

之前介绍过依赖注入的使用方法，不过定义的依赖项使用的是类形式或者函数形式。接下来介绍一种新的依赖项，这种依赖项返回的是"生成器 generator"对象，也就是在同步函数的基础上通过 yield 返回一个 AsyncGenerator 类型的对象。这种返回"生成器 generator"对象类型的依赖项在完成相关业务逻辑后，还可以执行一些其他业务逻辑处理。这种机制主要依赖 try…finally…等语法来完成。在 finally…后面执行的就是前面说的"其他业务逻辑处理"。这种依赖项主要应用在数据库会话请求处理场景中。相关代码如下：

```
from SQLAlchemy.ext.asyncio import Asyncsession
from typing import AsyncGenerator
from fastapi_SQLAlchemy.db.database import sessionLocal

async def get_db_session() -> AsyncGenerator[Asyncsession, None]:
    db_session = None
    try:
        db_session = sessionLocal()
        yield db_session
    finally:
        await db_session.close()
```

在上面的代码中，定义了一个 get_db_session() 函数式的依赖项，在 get_db_session() 函数内部通过 yield 返回了一个 db_session 会话对象。这个 db_session 会话对象是一个 AsyncGenerator 异步生成器对象。

当把 get_db_session() 函数式依赖项注入视图函数后，此时，当有请求进来时，sessionLocal() 函数会返回请求会话连接的引用。需要注意的是，sessionLocal() 函数返回的是一个 ThreadLocal 对象，该对象在每个线程中都有自己的独立实例。由于当前是在协程函数中调用的，所以只有第一次调用 db_session = sessionLocal() 时才会创建一个新的数据库会话，并返回该会话的引用。在之后的调用中，则会返回同一个会话的引用。该会话连接对象在整个路由处理业务逻辑的过程中始终保持可用状态。当路由内的业务逻辑处理完成后（一般是返回响应报文后），会自动进入 finally 中执行 await db_session.close()，也就是会话对象的关闭，以确保资源得到释放。使用这种方式对依赖项进行注入，可以更好地管理数据库会话连接对象的生命周期。

8.6.5 定义表模型

通过前面几个小节的介绍，连接数据库所需的对象都已创建完成，接下来要创建具体的模型类。在 models 目录下创建一个 user.py 文件，文件内容如下：

```
from fastapi_SQLAlchemy.db.database import Base
```

```
from SQLAlchemy import Column, Integer, String

class User(Base):
    #指定本类映射到users表
    __tablename__ = 'users'
    id = Column(Integer, primary_key=True, autoincrement=True)
    name = Column(String(20))
    nikename = Column(String(32))
    password = Column(String(32))
    email = Column(String(50))
```

8.6.6 表模型 CRUD 封装

当完成模型创建之后，即可定义对应模型的服务层类，它主要用来管理模型类的 CRUD 操作。在 servies 包下新建对应于 user 表模型的 user 服务管理类 user.py 文件，文件内容如下：

```
from SQLAlchemy import select,update,delete
from SQLAlchemy.ext.asyncio import Asyncsession
from fastapi_SQLAlchemy.models.user import User
from fastapi_SQLAlchemy.db.database import async_engine,Base


class UserServeries:

    @staticmethod
    async def init_create_table():
        async with async_engine.begin() as conn:
            await conn.run_sync(Base.metadata.create_all)

    @staticmethod
    async def get_user(async_session: Asyncsession, user_id: int):
        result = await async_session.execute(
            select(User)
                .where(User.id == user_id)
        )
        return result.scalars().first()

    @staticmethod
    async def get_user_by_name(async_session: Asyncsession, name: str):
        result = await async_session.execute(
            select(User)
                .where(User.name == name)
        )
        return result.scalars().first()

    @staticmethod
    async def get_users(
            async_session: Asyncsession, skip: int = 0, limit: int = 100
    ):
        result = await async_session.execute(
            select(User)
```

```
                .order_by(User.id)
        )
        return result.scalars().fetchall()

    @staticmethod
    async def create_user(async_session: Asyncsession, **kwargs):
        new_user = User(**kwargs)
        async_session.add(new_user)
        await async_session.commit()
        return new_user

    @staticmethod
    async def update_user(async_session: Asyncsession, user_id: int,**kwargs):
        response = update(User).where(User.id == user_id)
        result = await async_session.execute(response.values(**kwargs))
        await async_session.commit()
        return result

    @staticmethod
    async def delete_user(async_session: Asyncsession, user_id: int):
        response = await async_session.execute(delete(User).where(User.id ==
            user_id))
        await async_session.commit()
        return response
```

在上面的代码中定义了一个 UserServeries 类。在这个类中定义了各种静态方法，每一个静态方法都对应着 user 模型类的相关增、删、改、查等功能封装，对应着 API 需要操作数据层的逻辑处理，每一个静态方法都依赖于 Asyncsession 异步会话对象。

8.6.7 创建 FastAPI 实例并完成表创建

FastAPI 框架提供了一个关于 app 的启动和关闭事件处理机制，用户可以基于 app 启动事件处理机制完成一些业务逻辑。比如在下面的示例代码中，基于这种机制来完成数据表创建，相关代码如下：

```
from fastapi import FastAPI
from fastapi_SQLAlchemy.servies.user import UserServeries

app = FastAPI(title='FastAPI集成SQLAlchemy示例')

@app.on_event("startup")
async def startup_event():
    await UserServeries.init_create_table()

@app.on_event("shutdown")
async def shutdown_event():
    pass

if __name__ == '__main__':
    import uvicorn
    uvicorn.run(app='main:app', host="127.0.0.1", port=8000, reload=True)
```

如上代码所示，在 startup_event() 回调函数中调用了 await UserServeries.init_create_table() 来完成数据表创建。启动服务，此时就可以看到在当前项目目录下已经生成了 user.db 数据库文件。接下来根据需求编写对外可以访问的 API，并在对应的 API 调用 servies 数据服务层逻辑来处理相关内容。

8.6.8　定义对外可见的 API

之前介绍过多种路由定义方式，这里是基于 APIRouter 实例路由注册方式来实现的。为了方便管理，把 router 实例对象统一放到 api 包下进行管理，所以在 api 包下新建了一个 user.py 文件，在该文件中定义了对外可见的 API，代码如下：

```
from fastapi import APIRouter

router_uesr = APIRouter(prefix="/api/v1/user", tags=["用户管理"])

@router_uesr.post("/user/creat")
async def creat():
    return {"code": "200", "msg": "用户创建成功！"}

@router_uesr.get("/user/info")
async def info():
    return {"code": "200", "msg": "查询用户信息成功！"}

@router_uesr.get("/user/list")
async def list():
    return {"code": "200", "msg": "查询用户列表信息成功！"}

@router_uesr.put("/user/edit")
async def edit():
    return {"code": "200", "msg": "修改用户信息成功！"}

@router_uesr.delete("/user/delete")
async def delete():
    return {"code": "200", "msg": "删除用户信息成功！"}
```

定义好对外 API 之后，需要把 router_uesr 对象注册到 app 实例对象上。回到 main.py 文件中，把 router_uesr 路由对象正式注册到 app 对象中，代码如下：

```
#省略其他代码
from fastapi_SQLAlchemy.api.user import router_uesr
app.include_router(router_uesr)
```

启动服务后查看 API 交互文档的地址，结果如图 8-6 所示。

至此，已经完成了 API 的定义，只是 API 中的业务逻辑还有待进一步完善。

8.6.9　完善对外可见的 API

前面的小节已建立好了对外需要访问的 API，但是 API 中的业务逻辑还没完善。下面根据业务功能来对其进行完善。

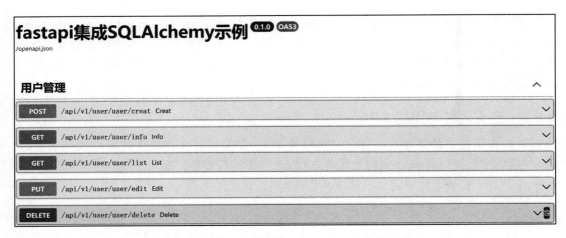

图 8-6　FastAPI 中整合异步 SQLAlchemy 中定义的 API

1. 完善创建用户信息接口

为了方便统一管理，在本示例的目录下新增了一个 schemas 包，里面存放的都是基于 Pydantic 的 BaseModel 的基类自定义的模型类，相关代码如下：

```
from pydantic import BaseModel

class UserCreate(BaseModel):
    """
    创建新用户记录时需要传递参数信息
    """
    name: str
    password: str
    nikename: str
    email: str
```

上面的代码定义了一个 UserCreate 模型类，该模型类中的大部分字段与 ORM 模型类中的 User 字段对应。按之前介绍的内容可知，有了模型类之后，只需要把 Pydantic 的模型类放到路径操作函数上进行声明即可，代码如下：

```
from fastapi import APIRouter
from dbdemo.schemas.user import UserCreate
from dbdemo.servies.user import UserServeries
from dbdemo.db.database import Asyncsession
from dbdemo.dependencies import get_db_session
from fastapi import Depends

router_uesr = APIRouter(prefix="/api/v1/user", tags=["用户管理"])

@router_uesr.post("/user/creat")
async def creat(user:UserCreate,db_session: Asyncsession = Depends(get_db_
    session)):
    result= await UserServeries.create_user(db_session,**user.dict())
```

```
return {"code": "200", "msg": "用户创建成功！","data":result}
```

在上面的代码中，不仅对 UserCreate 参数模型进行了声明，还通过依赖注入把 get_db_session 的依赖项注入路径函数操作参数上，通过它获取到操作数据库的会话对象。

上面的代码还在路由函数内部把 db_session 会话对象传入 UserServeries 服务层，借此完成在数据层逻辑创建用户记录的操作。此时，通过 API 交互文档来完成用户信息的提交操作，如图 8-7 所示。

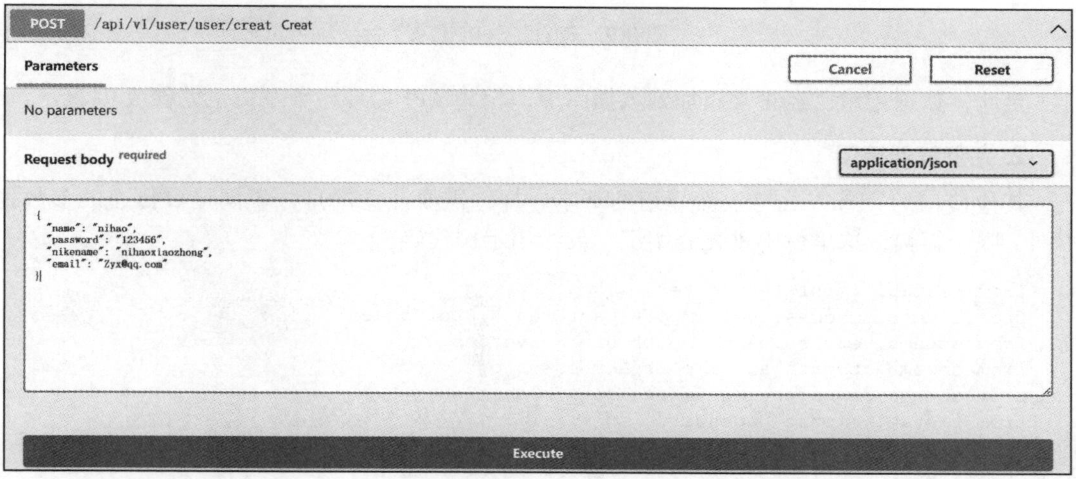

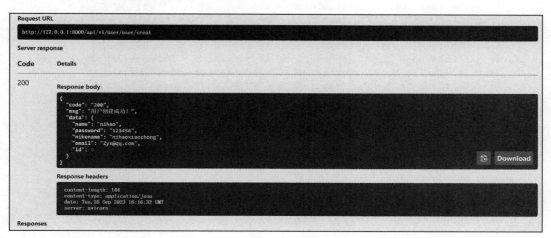

图 8-7　通过 UserCreate 模型提交用户信息参数

执行提交操作并查看响应报文体信息，结果如图 8-8 所示。

图 8-8　创建用户响应报文结果

此时通过 Navicat 工具连接到数据库上查看提交的记录，如图 8-9 所示。

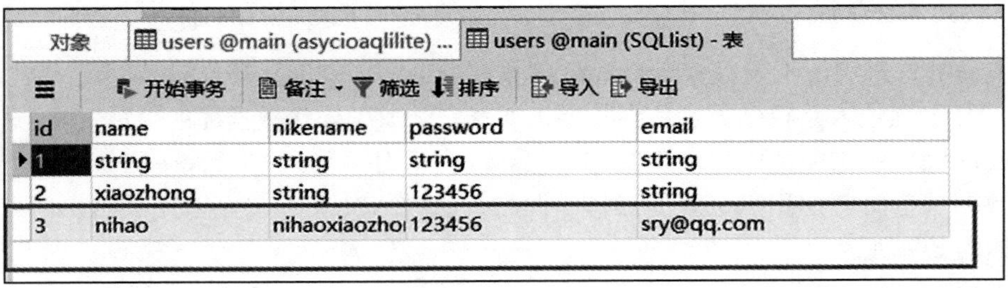

id	name	nikename	password	email
1	string	string	string	string
2	xiaozhong	string	123456	string
3	nihao	nihaoxiaozhoı	123456	sry@qq.com

图 8-9　查看提交的记录

至此，数据记录已经正常添加到数据库中，相关 API 内部业务逻辑也完善成功了。

2. 完善其他接口

其他接口的完善方式与上面介绍的基本一样，需要注意的是，不同接口传递的参数也不同。限于篇幅，这里就不重复介绍了，仅给出示例代码。

```
from fastapi import APIRouter
from dbdemo.schemas.user import UserCreate,UserUpdate
from dbdemo.servies.user import UserServeries
from dbdemo.db.database import Asyncsession
from dbdemo.dependencies import get_db_session
from fastapi import Depends

router_uesr = APIRouter(prefix="/api/v1/user", tags=["用户管理"])

@router_uesr.post("/user/creat")
async def creat(user:UserCreate,db_session: Asyncsession = Depends(get_db_
    session)):
    result= await UserServeries.create_user(db_session,**user.dict())
    return {"code": "200", "msg": "用户创建成功！","data":result}

@router_uesr.get("/user/info")
async def info(user_id:int,db_session: Asyncsession = Depends(get_db_session)):
    result = await UserServeries.get_user(db_session,user_id=user_id)
    return {"code": "200", "msg": "查询用户信息成功！","data":result}

@router_uesr.get("/user/list")
async def list(db_session: Asyncsession = Depends(get_db_session)):
    result = await UserServeries.get_users(db_session)
    return {"code": "200", "msg": "查询用户列表信息成功！","data":result}

@router_uesr.put("/user/edit")
async def edit(user:UserUpdate,db_session: Asyncsession = Depends(get_db_
    session)):
    result = await UserServeries.update_user(db_session,user_id=user.
        id,name=user.name)
    return {"code": "200", "msg": "修改用户信息成功！","data":None}

@router_uesr.delete("/user/delete")
async def delete(user_id:int,db_session: Asyncsession = Depends(get_db_session)):
```

```
result = await UserServeries.delete_user(db_session, user_id=user_id)
return {"code": "200", "msg": "删除用户信息成功！"}
```

在上面的代码中，完善了其他相关 API 接口的逻辑。至此，基本完成了所有 API 的业务逻辑处理。但是上面的示例仅是为了说明如何整合异步 SQLAlchemy 处理，并未涉及错误处理等机制。

8.6.10 Alembic 数据库版本管理

可以通过 git 或 SVN 等工具对代码的版本进行管理，那么对数据库版本怎么管理呢？如果是通过模型来生成表的，那么后期在使用 SQLAlchemy 管理数据库的过程中，就会涉及 Model 模型类与数据库的版本管理及维护问题，所以 SQLAlchemy 的开发者又实现了一个数据库版本化管理工具——Alembic。使用 Alembic 可以实现数据库版本管理功能，还可以实现回滚等操作。下面介绍如何使用 Alembic。

在使用 Alembic 之前需要先安装，具体安装命令如下：

```
pip install alembic
```

Alembic 的使用步骤如下：

步骤 1　创建数据库版本管理仓库。这里基于 8.6.9 小节介绍的示例来进行说明。首先进入需要管理的项目目录，然后生成一个数据库版本管理仓库，具体命令如下：

```
alembic init alembic
```

其中，alembic init 是数据库版本管理仓库初始化命令，alembic 表示数据库版本管理仓库的名称。

上述命令执行成功之后，项目下会生成仓库文件信息和迁移脚本，如图 8-10 所示。

步骤 2　修改 alembic.init 的配置项信息，指定 SQLAlchemy.url 参数为项目中当前需要管理的数据库 URL 源地址。具体代码如下：

```
SQLAlchemy.url = SQLite:///user.db
```

由于本书完稿时 Alembic 对异步的支持还不完善，所以 URL 地址需要使用同步方式来连接，所以上面的 URL 地址不能使用 SQLite+aioSQLite:///user.db。

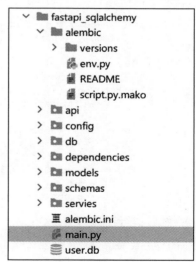

图 8-10　创建数据库版本迁移文件

步骤 3　修改 target_metadata 以管理目标元数据。先找到 alembic>env.py 文件中待修改的 target_metadata 参数项，然后导入项目中生成的 model 文件，再将 target_metadata 修改为项目中自己 models 里的文件，具体代码如下：

```
'''将自己模型的MetaData对象添加到这里。为了支持自动生成迁移脚本，从myapp模块中导入mymodel模
    型，将mymodel模型的MetaData对象赋值给变量target_metadata'''
target_metadata = None
```

上述代码中，target_metadata=None 表示配置项目中的模型基类对象，相当于如下代码：

```
import os,sys
sys.path.append(os.path.dirname(os.path.dirname(__file__)))
from models import Base
target_metadata = Base.metadata
```

步骤 4　生成版本信息，即创建数据库迁移脚本文件。相关命令如下：

```
alembic revision --autogenerate -m "first"
```

此时会出现如下提示：

```
INFO  [alembic.runtime.migration] Context impl SQLiteImpl.
INFO  [alembic.runtime.migration] Will assume non-transactional DDL.
Generating ...alembic\versions\ff0a27d4d2a9_first.py ...   done
```

出现上述提示表示版本文件信息生成成功。创建成功后会在 alembic/version 目录下生成一个迁移文件，如图 8-11 所示。

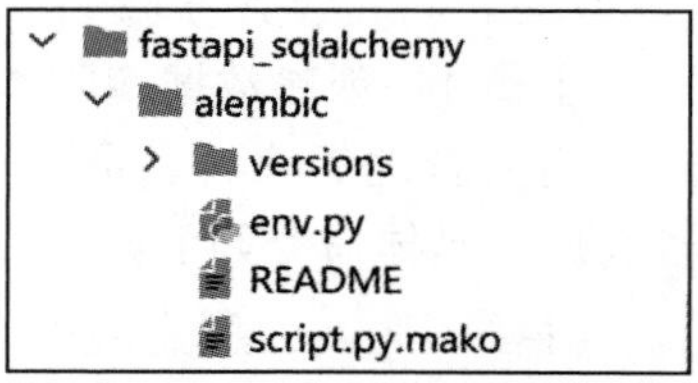

步骤 5　对版本进行升级。如果需要给 User 模型添加一个新的字段信息，则可以用如下代码实现：

图 8-11　生成的版本迁移文件

```
from db.database import Base
from SQLAlchemy import Column, Integer, String

class User(Base):
    #指定本类映射到users表
    __tablename__ = 'users'
    id = Column(Integer, primary_key=True, autoincrement=
        True)
    name = Column(String(20))
    nikename = Column(String(32))
    password = Column(String(32))
    email = Column(String(50))
    #新增手机号码字段
    mobile = Column(String(50))
```

然后执行迁移脚本命令：

```
alembic revision --autogenerate -m "add mobile"
alembic upgrade head
```

步骤 6　降级回滚。具体命令如下：

```
alembic downgrade -1 #回退上一版本
alembic downgrade head #回退最新版本
alembic downgrade base #退出最初的版本
```

步骤 7　多个迁移脚本合并为一个迁移脚本，具体命令如下：

```
alembic merge <revision1><revision2> # revision1和revision2是需要合并的两个版本号
```

以上就是关于数据库版本管理的知识。在实际操作过程中，读者需要做好数据备份工作，避免在迁移过程中造成数据丢失。

可以发现，上面的操作中涉及的 Alembic 命令非常多，下面对部分关键命令进行说明。

- ❑ init：表示初始化一个 Alembic 仓库。
- ❑ revision：表示创建一个新的数据库版本文件（也可以称为迁移）。
- ❑ --autogenerate：表示提交更新，自动对当前模型进行修改并生成迁移脚本。
- ❑ -m：提交更新时的备注信息说明。
- ❑ upgrade：表示将指定版本的迁移文件映射到数据库中，执行版本文件中的 upgrade() 函数。如果有多个迁移脚本没有被映射到数据库中，那么会执行多个迁移脚本。
- ❑ downgrade：执行降级处理，恢复到上一个版本。
- ❑ heads：查看 head 指向的脚本文件版本号。
- ❑ history：查看所有的迁移版本历史信息。
- ❑ current：查看当前数据库中的版本号。
- ❑ merge：合并两个修订的数据库版本，并创建新的迁移文件。

更多的 Alembic 命令操作可参考官网资料。

8.7 Redis 数据库及 aioredis 使用

NoSQL 主要存储一些半结构化的数据，比较常见的键值对数据库 Redis 就是 NoSQL 数据库。Redis 是一个基于内存的、高性能的键值对数据库，支持多种数据类型，如 String、Hash、List、Set、Zset 等，同时支持数据持久化。不同数据类型对应着不同的应用场景。比如，String 数据类型对应着缓存、分布式锁等场景；Set 数据类型可用于数据去重处理，所以对应着点赞或共同好友等场景；Zset 数据类型对应着榜单排行场景。

Redis 采用的是单进程、单线程模式（这里所说的单线程模式强调的是对命令的执行是单线程的，在最新的 Redis 6.0 版本中，虽然推出了多线程模式，但是这个多线程模式主要是指网络模型中 I/O 的多线程，并非是命令执行的多线程），所以在执行数据命令时需要通过队列模式把所有的并发请求命令变成串行之后再处理。

Redis 的软件架构由两个部分组成，分别是 Redis Server（服务端）和 Redis Client（客户端）。其中，Redis Server 主要负责数据的提供和存储，Redis Client 客户端则负责和服务端进行交互通信，从服务端获取数据。下面介绍 Redis 数据库的具体使用方法。

由于 FastAPI 是一个支持异步的框架，而 Redis 社区中也有对应的异步库 aioredis，该库是支持 asyncio 的 Redis 客户端库，通过该库可以基于 asyncio 为 Redis 提供简单易用的接口，所以这里主要介绍 aioredis 的使用。

在开始使用 aioredis 之前，需要先安装 Redis Server（服务端），安装方法很简单，这里不过多介绍了。接下来着重介绍 aioredis 的使用，先进行安装，安装命令如下：

```
pip install aioredis
```

安装完成后，通过 IDE 可以看到 aioredis 的版本信息为 v2.01。接下来结合 FastAPI 框架讲解如何使用 Redis。

8.7.1　连接 Redis 数据库

这里使用 FastAPI 框架提供的启动和关闭事件的回调机制来完成 Redis 客户端的连接和关闭处理，代码如下：

```
from fastapi import FastAPI
import aioredis

app = FastAPI()

@app.on_event("startup")
async def startup_event():
    app.state.redis_client = aioredis.from_url("redis://localhost")

@app.on_event("shutdown")
async def shutdown_event():
    app.state.redis_client.close()
```

在上面的代码中，在创建完成 FastAPI 的 app 实例对象后，启动回调钩子函数并通过 aioredis.from_url("redis://localhost") 创建一个 Redis 连接对象，然后把这个连接对象保存到 app.state（app 对象的全局上下文）中。在关闭回调的钩子函数中，通过 app.state.redis_ client 访问之前的 redis_client 对象，并执行关闭操作。

8.7.2　Redis 客户端对象实例化

由于 Redis 服务器是安装在本地的，所以要把连接 Redis 的 URL 地址设置为"redis:// localhost"。通过 aioredis.from_url() 函数提供的 URL 地址信息，可以创建并返回一个 Redis 对象，相关源码如下：

```
def from_url(url, **kwargs):
    from aioredis.client import redis
    return redis.from_url(url, **kwargs)
```

在上面的代码中，直接通过 redis.from_url(url, **kwargs) 函数创建了实例对象。该函数是一个 Redis 类提供的方法。

查看 Redis 类的源码，其中与 URL 地址相关的其他参数项如下：

```
redis://[[username]:[password]]@localhost:6379/0
rediss://[[username]:[password]]@localhost:6379/0
unix://[[username]:[password]]@/path/to/socket.sock?db=0
```

其中：
- ❑ redis://xxx：表示创建一个 TCP 套接字连接。
- ❑ rediss://xxx：表示创建一个 SSL 封装的 TCP 套接字连接。
- ❑ unix://xxx：表示创建 UNIX 域套接字连接。

上述代码中所涉参数项如下：
- ❑ username：对应用户名。
- ❑ password：对应用户密码。
- ❑ localhost:6379：对应主机名和端口。
- ❑ 末尾的 0 或 db=0：表示使用 Redis 的是哪一个数据库。通常不进行具体指定，默认使用 0 号数据库。

接下来查看 redis.from_url(url, **kwargs) 的源码，具体如下：

```
@classmethod
    def from_url(cls, url: str, **kwargs):
        connection_pool = ConnectionPool.from_url(url, **kwargs)
        return cls(connection_pool=connection_pool)
```

可以看到 Redis 对象被实例化后，默认创建了一个连接池客户端对象，所以用户可以不用担心它是否支持多客户端同时连接。如果不需要创建连接池对象，那么还可以通过如下的方式来实例化一个 Redis 对象：

```
@app.on_event("startup")
async def startup_event():
    app.state.redis_client = aioredis.redis(host='localhost')
```

如果要基于 aioredis.redis 类来实例化一个连接池对象，则可以通过如下代码来创建连接池对象：

```
@app.on_event("startup")
async def startup_event():
    pool = ConnectionPool(host='localhost')
    app.state.redis_client = aioredis.redis(connection_pool=pool)
```

在默认情况下，创建的 Redis 实例是一个具有 ConnectionPool 连接池的 Redis 实例对象，所以当多个客户端连接请求获取 Redis 对象时，对应的 Redis 对象都从已创建好的连接池得到，而不是重新创建新 Redis 实例对象来处理。从连接池中获取的 Redis 对象在操作完成后会把自身重新放回连接池中，等待下一次使用，本身不会立即进行释放。

8.7.3 Redis 基本缓存的应用

8.7.2 小节完成了 Redis 实例对象的创建，接下来就可以直接调用实例对象所提供的一系列方法了。本小节要介绍的 Redis 数据的缓存，就是这样操作的，相关代码如下（本小节示例代码位于 \fastapi_tutorial\chapter08\aioredis_fastapi 目录之下）：

```
from aioredisimport redis, ConnectionPool
```

```python
from fastapi import FastAPI
import aioredis

app = FastAPI()

@app.on_event("startup")
async def startup_event():
    #通过Redis类方式创建有连接池的redis_client实例对象
    pool = ConnectionPool(host='localhost')
    app.state.redis_client = aioredis.redis(connection_pool=pool)
    #先清除所有的数据。注意，生成环境下需谨慎地进行flushall()方法的调用
    await app.state.redis_client.flushall()
    #调用set()方法设置缓存
    await app.state.redis_client.set("test_key",'testdata')
    #获取缓存信息
    print(await app.state.redis_client.get("test_key"))
    await app.state.redis_client.set("test_zh", '我是谁')
    print(await app.state.redis_client.get("test_zh"))

@app.on_event("shutdown")
async def shutdown_event():
    app.state.redis_client.close()

@app.get("/index")
async def index():
    key = 'xiaozhong'
    #设置缓存数据
    await app.state.redis_client.set(key=key,value="测试数据")
    #读取缓存数据
    cache1 = await app.state.redis_client.get(key=key)

    key_2 = 'xiaozhong_2'
    #添加数据，5s后自动清除
    await app.state.redis_client.setex(key=key_2, seconds=5, value="测试数据2")
    #测试2缓存数据的获取
    cache2 = await app.state.redis_client.get(key=key_2)
    return {
        "cache1":cache1,
        "cache2":cache2,
    }

@app.get("/index2")
async def index2(request: Request):
    #创建管道
    async with request.app.state.redis_client.pipeline(transaction=True) as pipe:
        #批量进行管道操作
        ok1, ok2 = await (pipe.set("xiaozhong", "测试数据").set("xiaozhong_2", "测
            试数据2").execute())
        pass
    async with request.app.state.redis_client.pipeline(transaction=True) as pipe:
        cache1, cache2 = await (pipe.get("xiaozhong").get("xiaozhong_2").
            execute())
        print(cache1, cache2)
```

```
    return {
        "cache1":cache1,
        "cache2":cache2,
    }
```

在上述代码中，在服务启动时，在 startup_event() 回调函数中完成了 redis_client 实例对象的创建，并调用 set("test_key", 'testdata') 设置了一个字符串类型的数据，其中设置键为 test_key，存储的数据是 testdata。另一个调用 set("test_zh", '我是谁') 也设置了一个字符串类型的数据，其中设置键为 test_zh，而对应存储的数据是中文信息，它的值为"我是谁"。注意，由于 redis_client.set() 还是一个协程对象，所以需要使用 await 进行协程对象结果的等待返回，然后通过 redis_client.get("test_key") 来获取对应的键值信息，使用 print 输出获取的值。

在上述代码中，还定义了两个 API，它们实现的功能（存储数据，查询并返回数据）和钩子函数基本一致。不同点在于，redis_client 实例对象的获取方式与钩子函数不一样：在第一个 @app.get("/index") 的 API 中，redis_client 对象是直接基于 app 上下文获取的，另一个则是先通过 request: Request 获取当前的 app 对象，再获取保存在 app 上下文的 redis_client 对象。在 @app.get("/index") 的 API 中，主要通过 redis_client 提供的设置缓存的方法来实现数据的缓存。在 @app.get("/index2") 的 API 中，通过 redis_client 提供的事务方法对设置值和获取值进行批量处理。

启动服务，在控制台上会得到如下的输出结果：

```
b'testdata'
b'\xe6\x88\x91\xe6\x98\xaf\xe8\xb0\x81'
```

由上述结果发现，返回的是一个 bytes 类型的数据，这和用户期望的返回字符串类型是不一致的。这是因为没有设置编码的情况，要解决此类问题，需要统一进行设置，具体设置代码如下：

```
#省略部分代码
pool = ConnectionPool(host='localhost')
app.state.redis_client = aioredis.redis(connection_pool=pool)
#修改为如下形式
pool = ConnectionPool(host='localhost',encoding="utf-8", decode_responses=True)
#pool = aioredis.ConnectionPool.from_url( "redis://localhost", decode_
    responses=True)
app.state.redis_client = aioredis.redis(connection_pool=pool)
#注意，如果使用aioredis.redis(connection_pool=pool)，那么编码方式需要放置在Connection-
    Pool中
#还可以设置它的最大连接池数
app.state.redis_client = aioredis.from_url("redis://localhost", max_connections=10)
```

上面的代码在实例化 redis_client 时设置了 encoding="utf-8" 和 decode_responses=True，这解决了关于编码的问题。

以上示例所展示的就是使用 Redis 来缓存数据的常见处理方式。

8.7.4 Redis 发布订阅的应用

在软件开发过程中,应用之间进行消息交互的常用机制是发布订阅,通过发布订阅机制可以实现软件构建过程的耦合。发布订阅模式又称生产者消费者模式,是常见的实现消息队列的方式之一。Redis 天然支持发布订阅功能,在 Redis 中扮演发布者和订阅者的都是 Redis 客户端。其中,发布者客户端发布消息到对应的服务端上,而订阅者客户端则是监听服务端是否有消息存在,如果有消息存在则进行接收。订阅者客户端可以订阅多个消息频道。消息频道可以用于消息隔离,订阅不同的频道可以获取不同的消息。

下面模拟一个简单的发布订阅的场景:当用户访问某一个 API 之后,就开始进行消息的发布,然后在另外一个函数上完成消息接收并处理相关的业务。实现代码如下(本小节示例代码位于 \fastapi_tutorial\chapter08\aioredis_pubsub 目录之下):

```python
from fastapi import FastAPI,Request
import asyncio
import async_timeout
import aioredis
from aioredis.client import redis

app = FastAPI()

#定义事件消息模型
from pydantic import BaseModel
class MessageEvent(BaseModel):
    username: str
    message: dict

async def reader(channel: aioredis.client.PubSub):
    while True:
        try:
            async with async_timeout.timeout(1):
                #执行接收订阅消息
                message = await channel.get_message(ignore_subscribe_messages=
                    True)
                if message is not None:
                    pass
                    message_event = MessageEvent.parse_raw(message["data"].
                        decode('utf-8'))
                    print("订阅接收到的消息为: ",message_event)
                await asyncio.sleep(0.01)
        except asyncio.TimeoutError:
            pass

@app.on_event("startup")
async def startup_event():
    #创建Redis对象
    redis:Redis = aioredis.from_url("redis://localhost")
     app.state.redis= redis
    #创建消息发布定义对象,获取发布订阅对象
    pubsub = redis.pubsub()
    #把当前的对象添加到全局app上下文中
```

```
        app.state.pubsub = pubsub
        #开始订阅相关频道
        await pubsub.subscribe("channel:1", "channel:2")
        #消息模型的创建
        event = MessageEvent(username="xiaozhongtongxue", message={"msg": "在startup_
            event发布的事件消息"})
        #把消息发布到channel:1频道上
        await redis.publish(channel="channel:1", message=event.json())
        #执行消息订阅循环监听
        asyncio.create_task(reader(pubsub))
        # future = asyncio.create_task(reader(pubsub))

@app.on_event("shutdown")
async def shutdown_event():
    pass
    #解除相关频道订阅
    app.state.pubsub.unsubscribe("channel:1", "channel:2")
    #关闭Redis连接
    app.state.redis.close()

@app.get('/index')
async def get(re:Request):
    #手动执行其他消息的发布
    event = MessageEvent(username="xiaozhongtongxue", message={"msg": "我是来自API
        发布的消息！"})
    await re.app.state.redis.publish(channel="channel:1", message=event.json())
    return "ok"
```

代码说明：

❑ 在 startup 服务事件中创建 Redis 实例，并且把创建的实例放到全局 app.state 对象中。这样做的主要目的是方便在 app.state 获取该实例。

❑ 通过 redis.pubsub() 创建一个发布订阅实例对象 pubsub。使用 pubsub 才可以订阅频道并接收发布的消息。

❑ 使用 pubsub 对象订阅频道，上面的代码中订阅了两个频道，一个是 channel:1，另一个是 channel:2。在订阅完相关频道之后，通过 await redis.publish 发布了一个测试消息，对应的频道是 channel="channel:1"。

❑ 发布的消息模型是通过 MessageEvent 类来定义的，通过 MessageEvent 模型类可以对传递的消息进行打包和解包操作。

❑ 发布完成测试数据后，通过 asyncio.create_task(reader(pubsub)) 开启频道订阅，在 reader() 定义函数中循环监听频道消息。

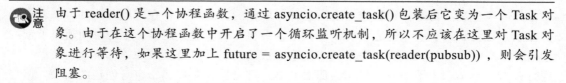

注意　由于 reader() 是一个协程函数，通过 asyncio.create_task() 包装后它变为一个 Task 对象。由于在这个协程函数中开启了一个循环监听机制，所以不应该在这里对 Task 对象进行等待，如果这里加上 future = asyncio.create_task(reader(pubsub))，则会引发阻塞。

8.7.5　Redis 分布式锁的应用

在高并发的业务场景中，经常会遇到保证数据最终一致性的需求，也就是保证并发访问数据的高可靠性，如经典的库存扣减场景。通常，在这种业务场景下需要一个时刻有且只能有一个线程去读写库存信息，如果多线程同时进行库存信息扣减，则有可能引发数据异常。虽然基于一些线程锁或进程锁等机制来实现对资源的并发限制处理，但是线程锁和进程锁等机制仅适用于单机部署环境，在跨机部署环境下，这种锁机制就无法完成对应的需求了。为了应对这种分布式环境下的服务部署，需要一个分布式锁来控制不同机器上的进程对资源的访问。

对于一个分布式锁，通常需要同时具有以下几个特性：

❑ **具有互斥性**：同一时刻有且只有一个客户端进行资源访问（获取到锁），多个客户端请求获取锁时需要进行互斥。

❑ **避免死锁**：当一个客户端获取到锁并执行完相关的业务逻辑后，要及时释放锁，以避免锁被长期占用，从而导致其他客户端无法获取到锁。还需要确保提供的锁具有高可用性，避免单节点出现故障之后无法进行锁释放，也就是出现死锁。

❑ **谁上锁，谁解锁**：确保只能由当前获取到锁的客户端对象释放锁，不能由其他客户端对象来释放锁。

我们知道 Redis 采用的是单进程、单线程模式，所以它天然适合分布式锁的实现。Redis 提供了一个简单的实现锁的机制，代码如下：

```
Redis 127.0.0.1:6379> SETNX KEY_NAME VALUE
```

在上述代码中，SETNX 命令主要对 key 进行设置，只有在指定的 key 不存在时才会设置成功。设置成功则返回 1，设置失败则返回 0。但是 SETNX 命令无法设置锁的过期时间，这就意味着有存在死锁的可能。用户还可以使用其他命令来设置锁，比如：

```
127.0.0.1:6379> SET key value [EX seconds] [PX milliseconds] [NX|XX]
```

在上述代码中，SET 命令主要对 key 进行设置，对其中各项参数的说明如下：

❑ NX：表示 key 不存在时才设置，如果存在则返回 nil。

❑ XX：表示 key 存在时才设置，如果不存在则返回 nil。

❑ PX milliseconds：表示设置过期时间，过期时间可精确到毫秒。

❑ EX seconds：表示设置过期时间，过期时间可精确到秒。

组合使用上面的参数，既可以为锁设置过期时间，又可以根据值是否设置成功来判断是否已成功获取到锁对象。如果设置值失败时返回了 nil 值，则表示当前已经有人获取到锁，其他客户端需要等待锁释放。上面这种获取锁的方式依然存在问题，比如，A 客户端执行业务时获取到了锁，但是 A 客户端获取锁后执行对应业务逻辑处理的时间超过了锁的过期时间，此时 A 客户端在业务逻辑未处理完成的情况下自身获取的锁已自动释放了，若这时 B 客户端请求申请获取锁操作，那么 B 客户端会重新获取属于自身创建的新锁。但是在 B 客户端创建完成新锁后，如果此时 A 客户端的业务逻辑刚好执行完成，那么 A 客户端执行了锁的释放，但是这时释放的锁却是 B 客户端刚创建的新锁。这种情况已违背了分布式锁需要满足"谁上锁，谁解锁"的要求。

此时可以为锁设置客户端唯一的 value 值，这样在最终释放锁时，可以判断当前客户端的 value 值与锁中客户端的 value 值是否相等，相等则说明是上锁和解锁的是同一个客户端，可进行锁释放，不相等则说明不能释放锁。上面的这种方式涉及两个命令，一个用于获取锁中客户端的 value 值，一个用于删除锁，然而这两个命令依然存在非原子操作的问题。对此，业界常用的方案是通过 Lua 脚本对上述两个命令进行封装，从而实现原子操作。

这里使用的 aioredis 库实现了一个分布式锁，该锁的使用方法如下（本小节示例代码位于 \fastapi_tutorial\chapter08\aioredis_lock 目录之下）：

```python
import asyncio
import aioredis
from aioredis.lock import Lock

async def redis_look():
    #创建客户端对象
    r = aioredis.from_url("redis://localhost", encoding="utf-8", decode_
        responses=True)

    #定义获取锁对象，设置锁的超时时间
    def get_lock(redis, lock_name, timeout=10,sleep=0.2,blocking_timeout=None,lock_
        class=Lock,thread_local=True):
        return redis.lock(name=lock_name, timeout=timeout,sleep=sleep,blocking_
            timeout=blocking_timeout, lock_class=lock_class,thread_local=thread_
            local)

    #实例化一个锁对象
    lock = get_lock(redis=r, lock_name='xiaozhong')
    #blocking为Flase，则不再阻塞，直接返回结果
    lock_acquire = await lock.acquire(blocking=False)
    if lock_acquire:
        #开始上锁
        is_locked = await lock.locked()
        if is_locked:
            print("执行业务逻辑处理！")
            #锁的token
            token = lock.local.token
            #表示当前页面所需时间
            await asyncio.sleep(15)
            #判断当前锁是否是自己的锁
            await lock.owned()
            #增加过期时间
            await lock.extend(10)
            #表示获取锁当前的过期时间
            await r.pttl(name="xiaozhong")
            print("客户端锁的签名: ", token)
            await lock.reacquire()
            #锁的释放
            await lock.release()
```

```
if __name__ == "__main__":
    asyncio.run(redis_look())
```

上述代码解析如下：

❑ 从 aioredis.lock 导入一个 Lock 类，它是在获取一个锁对象时使用的 lock_class 类的对象。

❑ aioredis.from_url() 表示创建对应的 Redis 客户端对象。

❑ 定义一个 get_lock() 函数，该函数用于返回锁对象。其中涉及的参数说明如下：
   ○ redis 表示客户端对象。
   ○ lock_name 表示锁名称。
   ○ timeout 表示锁过期的时间，单位是秒。
   ○ sleep 表示锁被某个客户端对象拥有而其他客户端想获取锁时，每次循环迭代检测锁状态的休眠时间，默认为 0.1。
   ○ blocking_timeout 表示客户端在阻塞状态下尝试获取锁需要花费的时间。blocking_timeout=None 表示持续尝试获取锁，没时间限制。
   ○ lock_class 表示锁定实现类。
   ○ thread_local 表示当前锁的令牌是否存储在本地线程中，默认为 True。

❑ 锁创建成功后，开始通过 await lock.acquire(blocking=False) 正式获取一个锁，其中 acquire 涉及的参数如下：
   ○ blocking 表示是否以非阻塞方式获取锁，如果锁获取成功则返回 False，获取失败则返回 True。
   ○ blocking_timeout 表示阻塞状态下等待获取锁的时间。
   ○ token 表示指定令牌签名的 token 值，默认是字节对象或可编码为字节的字符串。

❑ await lock.locked() 函数表示如果获取到了锁，则返回 True。

❑ lock.local.token 表示当前锁的 token 值。

❑ await lock.owned() 表示当前的锁是否是自己开启的，通过这个可以判断当前的锁属于谁。

❑ await lock.extend(10) 表示续加锁的过期时间，续加方式有两种，其中 replace_ttl=False 表示在原来即将过期的时间上进行续加，replace_ttl=True 表示直接设置新的过期时间。

❑ await r.pttl(name="xiaozhong") 表示获取锁当前即将过期的剩余时间。

❑ await lock.release() 表示重新将已获取的锁对象 TTL（生存时间）重置为超越的时间。

第 9 章 *Chapter 9*

安全认证机制

在 Web 开发中，API 是对外开放的，这意味着存在被人恶意攻击的可能，所以通常需要为 API 设置对应的身份验证、授权等安全防护机制，以确保暴露的 API 不被客户端或第三方应用恶意访问。本章着重介绍 FastAPI 框架提供的与安全认证相关的解决方案。

 说明 本章相关代码位于 \fastapi_tutorial\chapter09 目录之下。

9.1 OpenAPI 规范

OpenAPI 规范（OAS）是一种和语言无关的 RESTful API 规范。开发者通过 OpenAPI 规范可以使用最少的实现逻辑和远程服务进行交互，甚至可以使用 OpenAPI 规范生成 API 文档，也可以基于代码生成工具来自动生成各种编程语言的服务端和客户端代码。

在 FastAPI 框架提供的 SwaggerAPI 可交互式文档就是基于 OpenAPI 规范生成的（Swagger 规范是 OpenAPI 规范的前身）。基于 FastAPI 框架，可以生成对应的 OpenAPI 规范，还可以通过访问 openapi_url 地址来获取 OpenAPI 规范，默认的 openapi_url 地址为 http://ip:port/openapi.json。后续用户可以直接通过 openapi_url 地址或者 openapi.json 文件随时查看当前服务生成的 API 文档。

访问 Swagger 的官网（地址为 https://petstore.swagger.io/），然后通过输入 openapi_url 地址来查看文档，即可得到图 9-1 所示的结果。

直接将 openapi.json 文件内容导入 https://editor.swagger.io/ 或下载好的编辑器（这里可以直接复制 openapi.json 到编辑器中，它会自动转换为 YAML 格式的内容）中，就会得到图 9-2 所示的结果。

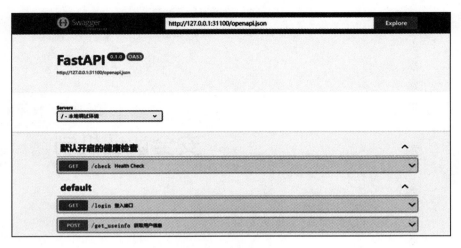

图 9-1　通过 Swagger 编辑器打开本地文档

图 9-2　通过 Swagger 编辑器打开 openapi.json 文件来查看内容

通过上面这种方式，只需要通过 openapi.json 文件就可以查看与服务对应的文档内容。

OpenAPI 规范除了提供文档方案外，还内置了多种解决安全问题的方案，主要有如下几个：

❑ 基于 APIKey 的特定密钥方案。

❑ 基于标准 HTTP 的身份验证方案，包括 HTTPBearer、HTTPBasic 基本认证和 HTTPDigest 摘要认证等。

❑ 基于 OAuth 2 的授权机制颁发令牌（token）方案。

❑ openIdConnect 自动发现 OAuth 2 身份验证数据方案。

对于上述方案，FastAPI 框架进行了提供，这些解决方案存在于 fastapi.security 模块中，导入后就可以直接使用。

9.2 基于标准 HTTP 的身份验证方案

基于标准 HTTP 的身份验证方案，常见的有 HTTPBasic 基本认证方案和 HTTPDigest 摘要认证方案等。本节着重介绍 HTTPBasic 基本认证方案和 HTTPDigest 摘要认证方案。

9.2.1 HTTPBasic 基本认证方案

HTTPBasic 基本认证是 Web 服务器和客户端之间最基础的 HTTP 认证方式。下面介绍它的具体认证流程。

1. HTTPBasic 基本认证流程

HTTPBasic 基本认证流程如图 9-3 所示。

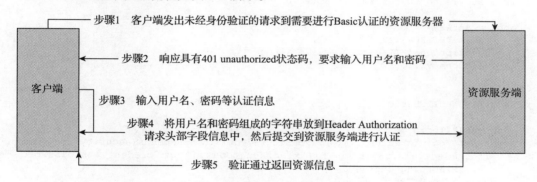

图 9-3 HTTPBasic 基本认证流程

对图 9-3 所示内容说明如下：

步骤 1 客户端发出未经身份验证的请求到需要进行 Basic 认证的资源服务端。

步骤 2 资源服务端响应具有 401 unauthorized 状态码和 WWW-Authenticate 首部字段的报文信息，从而要求输入用户名和密码。

步骤 3 客户端根据响应的报文信息进行相应处理，之后弹出输入框，用户在其中输入用户名和密码等认证信息。

步骤 4 输入认证信息后，客户端浏览器通过明文 Base64 编码方式把用户名和密码组成字符串放在 HTTP Request 中的 Header Authorization 请求头部字段信息中，然后提交到资源服务端进行认证。

步骤 5 资源服务端接收浏览器提交的 Header Authorization 请求头字段信息，然后进行解析绑定和验证。如果验证通过，则返回一条包含 Request-URI 资源的响应；如果校验失败，则会返回 401 错误响应码。

通过上述内容可以知道，HTTPBasic 基本认证也存在明显的缺点，主要表现在如下几点：

❑ 用户名和密码以明文（Base64）方式传输，容易被逆向分析获取。

❑ 传输过程是基于 HTTP 实现的，容易被拦截，所以通常需要配合 HTTPS 来保证信息传输的安全。

❑ 存在第三方利用加密后的用户名和密码进行重放攻击的风险。

2. HTTPBasic 的实践

FastAPI 框架本身已封装好了 HTTPBasic 模块，相关代码如下（示例代码位于 \fastapi_tutorial\chapter09\http_basic 目录之下）：

```python
from fastapi import Depends
from fastapi import FastAPI
from fastapi.security import HTTPBasic, HTTPBasicCredentials
from fastapi.exceptions import HTTPException
from fastapi.responses import PlainTextResponse
from starlette.status import HTTP_401_UNAUTHORIZED

app = FastAPI(
    title="HTTPBasic基本认证示例",
    description='HTTPBasic基本认证示例项目演示',
    version='v1.1.0',
)

security = HTTPBasic()

@app.get("/login")
async def login(credentials: HTTPBasicCredentials = Depends(security)):
    if credentials.username != "xiaozhongtongxue" or credentials.password != \
        "xiaozhongtongxue":
        raise HTTPException(
            status_code=HTTP_401_UNAUTHORIZED,
            detail="用户名或密码错误",
            headers={"WWW-Authenticate": "Basic"},
        )
    else:
        return PlainTextResponse('登录成功')

if __name__ == '__main__':
    import uvicorn

    uvicorn.run('main:app', host="127.0.0.1", port=8000, debug=True, reload=True)
```

对上面的代码解析如下：

❑ 定义了 app 服务对象，并设置了 API 可交互式文档中的部分参数。开启 API 可交互式文档主要是方便操作授权认证流程。

❑ 从 fastapi.security 模块导入 HTTPBasic 和 HTTPBasicCredentials 类，并创建 HTTPBasic() 类以实例化 security 对象。security 对象本身是一个依赖项，后续会注入视图函数，用于在请求中提取 HTTPBasic 凭据信息。

❑ 定义一个 login 视图函数，并注入 security 依赖项。此时，依赖项返回的值是一个
HTTPBasicCredentials 类型的对象，通过 HTTPBasicCredentials 对象可以获取客户
端发送过来的用户名和密码，也就是前面提到的 HTTPBasic 凭据信息。

❑ 视图函数主要负责对客户端发送过来的用户名和密码进行对比验证。如果验证失败
则返回 401 错误，如果成功则返回"登录成功"信息。

启动服务，然后通过 API 交互式文档查看 HTTPBasic 基本认证交互，结果如图 9-4 所示。

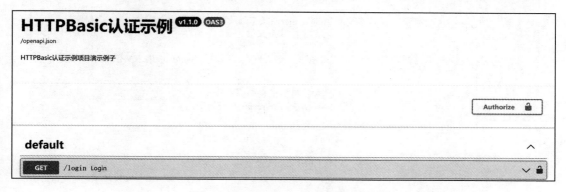

图 9-4　HTTPBasic 认证交互结果

由图 9-4 可知，部分 API 出现了锁图标。锁图标表示当前的 API 需要授权认证成功才
可以访问。此时随意单击一个锁图标，就会要求需要输入用户名和密码，如图 9-5 所示。

接下来根据要求输入用户名和密码进行认证，认证成功如图 9-6 所示。

输入完成后，如果认证通过则说明授权成功。之后直接单击"Close"按钮再次请求访
问 logic 接口，就会发现可以直接看到"登录成功"提示，而不用再输入用户名和密码。

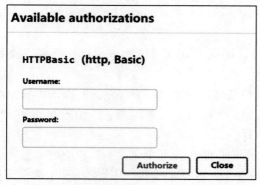

图 9-5　HTTPBasic 认证需要输入用户名和密码信息

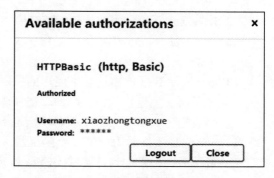

图 9-6　HTTPBasic 认证成功

9.2.2　HTTPDigest 摘要认证方案

HTTPDigest 摘要认证是为了弥补 HTTPBasic 基本认证存在的缺陷而被设计出来的，它

的主要作用是避免用户密码在网络层传输。整个 HTTPDigest 摘要认证过程和 Baise 认证大体一致，只是在进行质询回传时有所区别。

1. HTTPDigest 摘要认证流程

HTTPDigest 摘要认证流程如图 9-7 所示。

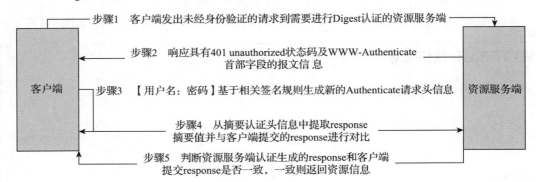

图 9-7　HTTPDigest 摘要认证流程

对图 9-7 所示的流程说明如下：

步骤 1　客户端发出未经身份验证的请求到需要进行 Digest 认证的资源服务端。

步骤 2　资源服务端检查是否携带了对应的头部鉴权信息，如果没有则响应具有 401 unauthorized 状态码以及 WWW-Authenticate 首部字段的报文信息。此处的 WWW-Authenticate 非常关键，在这里资源服务端回签对应的认证信息如下：

```
"WWW-Authenticate": f'Digest realm="{self.realm}",qop="{self.qop}",nonce="{self.
    nonce}"'
```

WWW-Authenticate 包含的参数如下。

❑ Digest 用于指定当前使用的认证模式。

❑ realm 表示请求服务器中受保护文档的认证域，可以理解为请求哪一个域名下的资源。

❑ qop 表示数据传输过程中使用的质量保护策略，主要有 auth（默认）和 auth-int（增加了报文完整性检测）两种。选择质量保护策略时要特别注意，因为不同的保护策略后期生成的 response 签名规则也不一样。

❑ nonce 是质询时附带的一个随机数，这个数会经常发生变化。当客户端收到这个随机数后会把它加到计算密码摘要（response）值签名运算中。因为它是一个随机数且多变，所以同一用户多次生成的密码摘要各不相同，从而可以防止重放攻击。

步骤 3　客户端在收到资源服务端响应的质询信息之后，会要求用户输入用户名和密码，然后通过签名规则生成新的 Authenticate 请求头信息，最后将其提交到资源服务端去验证。Authenticate 的内容如下：

```
Digest username="admin",
realm="nihao.baiwu.net",
nonce="738daab0bac72358c75e309db5967ed3",
uri="/digest",
response="7b524f23c3bdbe178d7552c89473feec",
qop=auth,
nc=00000002,
cnonce="bb0d7ed67811e2bc"
```

对上述代码中涉及的参数说明如下：

❏ Digest 指定当前使用的认证模式。

❏ username 表示客户端输入的用户名。

❏ realm 表示请求的认证域。

❏ nonce 表示第一次请求发送的质询随机数。

❏ uri 表示请求的 URL 地址信息，这个信息在后续资源服务端认证签名时会用到。

❏ response 表示最终摘要认证的值，后续资源服务端需要认证的也是这个值。

❏ qop 表示质量保护策略。

❏ nc 表示客户端提交请求的次数，用于标记计数，防止重放攻击。

❏ cnonce 表示由客户端生成发给资源服务端的随机字符串。

步骤 4 资源服务端再次接收客户端提交的摘要认证头信息，从中提取需要参与资源服务端生成的 response 摘要值并进行签名计算生成，然后与客户端提交的 response 进行对比。在这个过程中，需要关注的点有如下几个：

❏ response 摘要值的最终签名算法为 md5(ha1:nonce:nc:conce:qop:ha2)。

❏ 不同的 qop 策略模式对应的 ha1 和 ha2 生成方式也不同。

　　○ 当 qop=auth 时，ha1=md5(a1)=md5(username:realm:password)，ha2=md5(a2)= md5(metod:uri)。

　　○ 当 qop=auth_init 时，ha1=md5(a1)=md5(username:realm:password)，ha2=md5(a2)= md5(metod:uri:md5(body))。

步骤 5 判断资源服务端认证生成的 response 和客户端提交的 response 是否一致。如果一致则说明请求是合法的，否则是非法的，此时会要求重新输入或提示无权限。

2. HTTPDigest 的实践

由于 HTTPDigest 算法复杂且多样，FastAPI 框架本身提供的 HTTPDigest 没有实现具体的针对质询回应的处理逻辑，所以不能直接使用，不过用户可以自己进行实现。完整的示例代码如下（示例代码位于 \fastapi_tutorial\chapter09\http_digest 目录之下）：

```
from fastapi import Depends
from fastapi import FastAPI, Request
from fastapi.security import HTTPBasic, HTTPBasicCredentials, HTTPAuthori-
    zationCredentials
from fastapi.security.http import HTTPBase, HTTPBaseModel, get_authorization_
    scheme_param
```

```python
from fastapi.exceptions import HTTPException
from fastapi.responses import PlainTextResponse
from starlette.status import HTTP_401_UNAUTHORIZED, HTTP_403_FORBIDDEN
from hashlib import md5
from typing import Optional
from random import SystemRandom, Random

app = FastAPI(
    title="HTTPBasic基本认证示例",
    description='HTTPBasic基本认证示例项目演示',
    version='v1.1.0',
)

class HTTPDigest(HTTPBase):

    def __init__(
            self,
            *,
            scheme_name: Optional[str] = None,
            description: Optional[str] = None,
            auto_error: bool = True,
            # realm参数表示Web服务器中受保护文档的安全域
            realm: Optional[str] = None,
            #qop参数表示保护质量策略
            qop: Optional[str] = "auth, auth-int",
            #opaque参数表示摘要认证的安全性的随机字符串
            opaque: Optional[str] = None,
    ):
        self.model = HTTPBaseModel(scheme="digest", description=description)
        self.scheme_name = scheme_name or self.__class__.__name__
        self.auto_error = auto_error
        self.realm = realm
        self.qop = qop
        self.opaque = opaque
        self.nonce = None
        self.random = SystemRandom()
        try:
            self.random.random()
        except NotImplementedError:
            self.random = Random()

    def _generate_random(self):
        return md5(str(self.random.random()).encode('utf-8')).hexdigest()

    @property
    def default_generate_nonce(self):
        return self._generate_random()

    async def __call__(
            self, request: Request
    ):
        authorization: str = request.headers.get("Authorization")
        scheme, credentials = get_authorization_scheme_param(authorization)
```

```
        self.request = request
        """第一次请求, 在没有进行认证或认证失败时, 服务端需要返回401 unauthorized, 并对客户
            端发出质询, 需要输入用户名和密码等信息"""

        if not (authorization and scheme and credentials):
            if self.auto_error:
                if self.realm and self.qop:
                    self.nonce = self.default_generate_nonce
                    self.unauthorized_headers = {
                        "WWW-Authenticate": f'Digest realm="{self.realm}",
                            qop="{self.qop}",nonce="{self.nonce}'}
                else:
                    self.unauthorized_headers = {"WWW-Authenticate": f'Digest
                        realm="{self.realm}",'}
                raise HTTPException(
                    status_code=HTTP_401_UNAUTHORIZED,
                    detail="unauthorized",
                    headers=self.unauthorized_headers,
                )
            else:
                return None

        #判断是否是摘要认证的模式
        if scheme.lower() != "digest":
            raise HTTPException(
                status_code=HTTP_403_FORBIDDEN,
                detail="Invalid authentication credentials",
            )
        self.request.state.auth_seeions = {}
        self.request.state.auth_seeions['realm'] = self.realm
        self.request.state.auth_seeions['qop'] = self.qop
        self.request.state.auth_seeions['nonce'] = self.nonce

        return HTTPAuthorizationCredentials(scheme=scheme, credentials=credentials)

def default_verify_password(password, credentials, request: Request):
    #参数校验是否非法, 如果非法, 则需要重新输入用户名称和密码

    realm = request.state.auth_seeions['realm']
    qop = request.state.auth_seeions['qop']
    nonce = request.state.auth_seeions['nonce']
    unauthorized_headers = {
        "WWW-Authenticate": f'Digest realm="{realm}",qop="{qop}",nonce="{nonce}'}

    datas = {item[0]: item[1] for item in
            [iten.split('=') for iten in credentials.replace('"', '').split(', ')]}
    #验证信息
    if datas:
        ha1 = generate_ha1(username=datas.get('username'), realm=realm,
            password=password)
        ha2 = generate_ha2(request)
        #计算摘要的公式MD5(MD5(A1):<nonce>:<nc>:<conce>:<qop>:MD5(A2))
        response = md5(
```

```
                    f"{ha1}:{datas.get('nonce')}:{datas.get('nc')}:{datas.get('cnonce')}:
                        {datas.get('qop')}:{ha2}".encode('utf-8')).hexdigest()

            if response != datas.get('response'):
                raise HTTPException(
                    status_code=HTTP_401_UNAUTHORIZED,
                    detail="unauthorized",
                    headers=unauthorized_headers,
                )
            else:
                return True
        else:
            raise HTTPException(
                status_code=HTTP_401_UNAUTHORIZED,
                detail="unauthorized",
                headers=unauthorized_headers,
            )


def generate_ha1(username, realm, password):
    a1 = username + ":" + realm + ":" + password
    a1 = a1.encode('utf-8')
    return md5(a1).hexdigest()


def generate_ha2(requet: Request):
    a2 = requet.method + ":" + requet.url.path
    a2 = a2.encode('utf-8')
    return md5(a2).hexdigest()


security = HTTPDigest(realm="nihao.baiwu.net", qop="auth")


@app.get("/digest")
async def digest(request: Request, auth: HTTPAuthorizationCredentials =
    Depends(security)):
    if default_verify_password(password='123456', credentials=auth.credentials,
        request=request):
        return PlainTextResponse('登录成功')
```

对上面的代码说明如下：

❑ 定义了 app 服务对象，并设置了与 API 交互式文档相关的参数。

❑ 定义 HTTPDigest 类，它是一个继承自 HTTPBase 的认证类，定义了基于 HTTP-Digest 的认证流程。在类的 __init__() 方法中声明了实例化对象时所需的名称、描述等信息，以及一些认证所需的参数，如 realm（进行认证的域）、qop（策略模式）等。

❑ 在 HTTPDigest 类中还定义了 default_generate_nonce 属性以生成 nonce 信息，对应生成的算法使用了随机数生成的方式。其中，_generate_random() 方法可用于生成随机数，应用于摘要认证的计算。

❑ 在 HTTPDigest 类中，在对应的 __call__() 函数内部实现认证逻辑，处理质询回应。整理过程是，通过获取请求中的 Authorization 头信息解析出认证的模式和相关参数，并验证其正确性。如果认证成功，则将相应的凭证存储在请求的 state 中，并返回认证凭证。如果认证失败，则返回 HTTPException 异常，状态码为 401 Unauthorized。

❑ 由于摘要认证过程需要用户端密码参与，所以需要提供一个检测摘要认证算法签名的方法 default_verify_password()，通过这个方法可以对用户的密码进行校验。

❑ 由于 response 摘要值的最终签名算法为 MD5(ha1:nonce:nc:conce:qop:ha2)，所以定义了 ha1 和 ha2 两个函数——generate_ha1() 和 generate_ha2()（由于这里使用了 qop=auth，所以需要注意 ha2 的算法）。generate_ha1() 和 generate_ha2() 两个函数说明如下：

　○ generate_ha1() 函数：用于生成 ha1 值，其中包含用户名、域、密码等信息。

　○ generate_ha2() 函数：用于生成 ha2 值，其中包含请求方法和 URI。

❑ 定义了一个摘要认证的路由处理函数，路由路径为 /digest，使用 GET 请求方式来进行验证测试。该路由处理函数接收的两个参数说明如下：

　○ request: Request：请求对象，包含请求的相关信息，如请求头、请求体等。

　○ auth: HTTPAuthorizationCredentials = Depends(security)：通过 Depends() 函数注入 HTTPAuthorizationCredentials 实例（该实例本质就是 HTTPDigest 类实例化对象），用于获取请求的认证凭证。

由于 FastAPI 提供的可视化 API 操作文档不支持 HTTPDigest 请求处理，所以只能改为使用浏览器，地址为 http://127.0.0.1:9000/digest。此时，浏览器会要求用户输入用户名和密码，只有当用户名和密码匹配成功，才会显示"登录成功"。至此就完成了摘要认证中的一种算法。对于其他算法，读者可以基于上面的示例自行实现。

9.3　基于 APIKey 的特定密钥方案

APIKey 认证鉴权方案是一种基于读取前端提交固定关键 key 值来进行比对校验的一种方式。FastAPI 框架提供的基于 APIKey 的特定密钥方案主要有 APIKeyHeader、APIKeyQuery、APIKeyCookie 这 3 种。

1. 方案流程

上面提到的 3 种方案的使用流程基本是一致的：

1）实例化特定鉴权类型。例如，APIKeyHeader 方案要求客户端在请求头中携带一个 API Key 字段，服务端通过检查该字段的值来验证客户端身份。在使用过程中，只需要实例化 APIKeyHeader 类的实例对象，在实例化时指定对应 API Key 的名称和可选的描述信息即可。

2）通过声明一个依赖项来读取客户端传入的 key 值，然后将其和服务端的 key 值进行对比，如果两个值匹配，则进行正常访问，否则抛出异常。

2. 方案实践

基于 APIKey 的特定密钥方案的实践代码如下（示例代码位于 \fastapi_tutorial\chapter09\ api_key 目录之下）：

```python
from fastapi import Depends
from fastapi import FastAPI, Request
from fastapi.security import APIKeyCookie,APIKeyHeader,APIKeyQuery
from fastapi.params import Security
from typing import Optional
from fastapi.exceptions import HTTPException
from starlette import status
from fastapi.responses import PlainTextResponse

app = FastAPI(
    title="基于APIKey的特定密钥方案",
    description='基于APIKey的特定密钥方案项目演示',
    version='v1.1.0',
)

class APIKey():

    # APIKeyHeader的鉴权方式
    API_KEY_HEADER = "XTOKEN"
    API_KEY_HEADER_NAME = "X-TOKEN"
    api_key_header_token = APIKeyHeader(name=API_KEY_HEADER_NAME, scheme_
        name="API key header",auto_error=True)

    API_KEY_QUERY = "XQUERY"
    API_KEY_QUERY_NAME = "X-QUERY"
    api_key_query_token = APIKeyQuery(name=API_KEY_HEADER_NAME, scheme_name="API
        key query", auto_error=True)

    API_KEY_Cookie = "XCOOKIE"
    API_KEY_COOKIE_NAME = "X-COOKIE"
    api_key_cookie_token = APIKeyCookie(name=API_KEY_COOKIE_NAME, scheme_
        name="API key cookie", auto_error=False)

    async def __call__(self, request: Request,
                       api_key_header: str = Security(api_key_header_token),
                       api_key_query: str = Security(api_key_query_token),
                       api_key_cookie: str = Security(api_key_cookie_token),
                       ) -> Optional[bool]:
        if api_key_header != self.API_KEY_HEADER:
            raise HTTPException(
                status_code=status.HTTP_401_UNAUTHORIZED,
                detail="APIKeyHeader的鉴权方式认证失败！"
            )
        if api_key_query != self.API_KEY_QUERY:
            raise HTTPException(
                status_code=status.HTTP_401_UNAUTHORIZED,
                detail="APIKeyQuery的鉴权方式认证失败！"
            )
        if not api_key_cookie:
```

```
        raise HTTPException(
            status_code=status.HTTP_401_UNAUTHORIZED,
            detail="APIKeyCookie中的Cookie没有值！"
        )
    if api_key_cookie != self.API_KEY_Cookie:
        raise HTTPException(
            status_code=status.HTTP_401_UNAUTHORIZED,
            detail="APIKeyCookie的鉴权方式认证失败！"
        )

    return True

apikeiauth = APIKey()

@app.get("/apikey")
async def digest(request: Request, auth: bool = Depends(apikeiauth)):
    if auth:
        return PlainTextResponse('登录成功')

if __name__ == '__main__':
    import uvicorn
    uvicorn.run('apikey:app', host="127.0.0.1", port=8000, debug=True,
        reload=True)
```

对上面的代码解析如下：

❑ 定义了 app 服务对象，并设置了部分 API 交互文档信息。

❑ 定义了一个 APIKey 类，在该类内部声明并实现了 3 种鉴权方案、3 个实例对象。

❑ 为每种鉴权实例都定义了需要匹配的键名称和对应值的名称。

❑ 把每种鉴权方案当作依赖项注入 APIKey 实例。

❑ 在 APIKey 类中的 __call__() 函数内部处理相关的键值对匹配逻辑。

❑ 定义了一个认证的 API/APIKey，并且在声明的路由函数上把 APIKey 类的实例当作依赖项进行依赖注入。

❑ 在路由函数内部判断最终依赖注入的返回值是否合法。

启动服务并访问 API 交互文档，可以看到图 9-8 所示的结果。

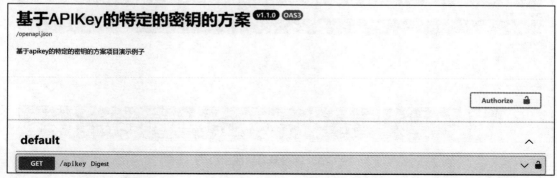

图 9-8　基于 APIKey 认证的结果

单击图 9-8 中的锁按钮，输入各方案所需的参数，结果如图 9-9 所示。

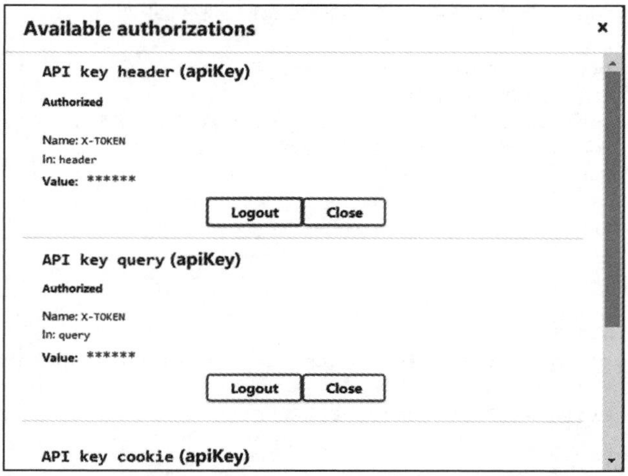

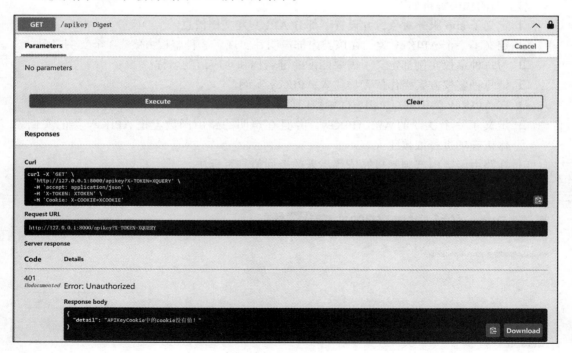

图 9-9　输入所需参数后的结果

此时请求 API，会得到图 9-10 所示的结果。

图 9-10　APIKey 认证结果

图 9-10 显示认证鉴权失败，主要是因为 APIKeyCookie 方案依赖于浏览器中存在的对

应的 Cookie 值。读者可以尝试根据前面所学的内容自己设置一个 Cookie 值，然后访问一次接口，观察最终结果。

9.4　基于 OAuth 2 的授权机制颁发令牌方案

OAuth 是一种开放协议，允许用户让第三方应用以安全且标准的方式获取该用户在某一网站、移动应用或者桌面应用上存储的受保护的资源（如用户个人信息、照片、视频、联系人列表）。图 9-11 所示为一种常见的 OAuth 2.0 授权码模式应用场景。

可以这样理解：OAuth 是一个开放授权的开发标准，是一种授权协议，它是 Open Authorization 的缩写，其中 Open 表示开发，而 Authorization 表示授权，而 OAuth 2 中的 2 表示版本号。OAuth 2 与 OAuth 1 不兼容。注意，为了简便，业界常把 OAuth 1 称为 OAuth。

图 9-11　常见的 OAuth 2.0 授权码模式应用场景

可以把 OAuth 2 理解为一种对外开发 API 时的登录授权协议，它提供了一种简便的方式来访问需要用户授权的 API 服务。在用户和受保护资源之间进行访问，是借助受信任的 token 凭证来完成的。

注意，OAuth 2 是**授权协议**，而非**认证协议**，它没有提供完善的身份认证功能。其中，**认证**指对用户名和密码等用户身份信息进行验证；**授权**可在系统认证身份后判断用户可访问的资源范围。

OAuth 2 只是授权协议，不会处理认证相关的逻辑，那么认证相关的逻辑怎么处理呢？常用的认证机制首先通过服务端颁发 token（令牌），然后客户端或第三方应用使用该 token（令牌）对指定资源进行限时或限范围访问。然而这种机制存在一定的局限性，比如 token 不会携带用户信息和已认证通过的信息，所以在认证过程中需要再次对认证服务器发起认证验签，也就是说这个过程存在重复请求的问题。如果服务端颁发的 token（令牌）直接包含了用户及其他认证信息，那么就可以解决此类问题了，所以 JWT（JSON Web Token）应运而生。最终可以通过 OAuth 2 和 JWT 的组合对授权认证进行统一处理。

9.4.1　JWT 组成结构

JWT 是生成 token 的算法之一。根据结构组成不同，JWT 可分为 JWS（JSON Web Signature）和 JWE（JSON Web Encryption）两种，常见的 JWT 基本都是 JWS。JWT 本质是一个字符串，但是这个字符串主要由 Header（头部）、Payload（载荷）、Singnature（签证）

3 个部分组成。3 个部分在组合之前都需要经过加密算法处理，组合之后还需要进行序列化。下面以 JWS 为例展开介绍。JWS 的格式如下：

```
BASE64URL(UTF8(JWS Protected Header)) '.' BASE64URL(JWS Payload) '.'BASE64URL(JWS
    Signature)
```

1. Header（头部）

Header 是对 JWT 元数据的描述，它是 JSON 对象，格式示例如下：

```
{
"alg": "HS256",
"typ": "JWT"
}
```

从上面的格式可以看出，JWT Header 信息主要由如下两个属性组成：
- alg：表示令牌签名算法，如"HS256"表示令牌签名算法为 HS256。
- typ：表示所属令牌的类型，如"JWT"表示所属令牌类型为 JWT。

2. Payload

Payload（载荷）也是 JSON 对象，包含 JWT 信息中需要传递的主体数据，又称其为有效载荷。Payload 主要用于声明实体（通常是用户信息）和需要附加的数据。这里所说的声明分为 3 种：注册声明、公共声明、私有声明。

注册声明可提供一组预定义的声明，这些声明参数并不是强制性的，而是推荐的。注册声明主要用于提供一组有用的、可互操作的声明信息体。注册声明的格式示例如下：

```
{
    "iss": "zxy",
    "sub": "zxy",
    "aud": "zxy",
    "iat": "xxxxxxx",
    "nbf": "xxxxxxx",
    "exp": "xxxxxxx",
    "jti": "xxxxxxx"
}
```

从上面的格式示例中可以看到，注册声明有 7 个默认属性：
- iss（Issuer）：该 JWT 由谁签发。
- sub（Subject）：该 JWT 面向的用户组（也可称为主题）。
- aud（Audience）：由谁来接收 JWT 信息。
- iat（Issued At）：JWT 的签发时间。
- nbf（Not Before）：JWT 的生效时间。
- exp（Expiration Time）：JWT 的过期时间，它是一个 UNIX 时间戳，这个过期时间必须大于签发时间。
- jti（JWT ID）：JWT 的唯一身份标识，主要用来作为一次性 token，从而回避重放攻击。

公共声明的参数形式和注册声明类似，只不过公共声明的参数可以由 JWT 签发人自定义。

私有声明和公共声明一样，参数可以由 JWT 签发人自定义。不过需要注意，私有声明中的参数一般是由 JWT 提供者和 JWT 消费者共同定义的。

3. Singnature

Singnature 是签证信息，格式示例如下：

```
Signature = HMACSHA256(base64UrlEncode(header) + "." + base64UrlEncode(payload),
    secret);
```

从上面的格式示例可以看出，Singnature 主要由两个部分组成：header 和 payload。Signature 是通过指定的 secret 密钥和 HMACSHA256 哈希算法对两个组成部分的数据进行加密后生成的。HMACSHA256 哈希算法可以确保数据不会被篡改。

4. Token 最终生成

当构成 JWS 的基本要素都准备好之后，token 值就可以开始生成了，它生成的格式示例如下：

```
token = base64UrlEncode(Header) . base64UrlEncode(Payload) .
HS256(base64UrlEncode(Header) . base64UrlEncode(Payload), Secret)
```

以上是实现 JWS 的一种简单方式，对于更多实现 JWT 的方式，读者可以阅读 JWT 的官网文档自行学习。

9.4.2　JWT 应用实践

在 FastAPI 框架中，官方推荐使用 JOSE 规范集进行 JWT 生成。其中，python-jose 是 JOSE 中的 Python 实现库。根据 python-jose 的加密库的不同，对依赖库的实现也不同，具体实现方式如下：

❑ python-jose 默认方式：使用 python-rsa 和 python-ecdsa 进行加密和解密。
❑ python-jose[cryptography]：使用 cryptography 加解密库。
❑ python-jose[pycryptodome]：使用 pycryptodome 加解密库。
❑ python-jose[pycrypto]：使用 pycrypto 加解密库。

这里使用 python-jose 默认方式进行介绍。最终安装命令如下：

```
pip install python-jose
```

下面生成一个 token 值，并且进行验证，具体代码如下：

```
from datetime import timedelta
from jose import jwt
from datetime import datetime
SECRET_KEY = "09d25e094faa6ca2556c818166b7a9563b93f7099f6f0f4caa6cf63b88e8d3e7"
ALGORITHM = "HS256"
```

```
ACCESS_TOKEN_EXPIRE_MINUTES = 30
REFRRSH_ACCESS_TOKEN_EXPIRE_MINUTES = 70
class TokenUtils:

    @staticmethod
    def token_encode(data):
        jwt.encode(data, SECRET_KEY, algorithm=ALGORITHM)
        return jwt.encode(data, SECRET_KEY, algorithm=ALGORITHM)

    @staticmethod
    def token_decode(token):
        return jwt.decode(token, SECRET_KEY, algorithms=[ALGORITHM])

data = {
    'iss': "xiaozhong",
    'sub': 'xiaozhongtongxue',
    'name': 'superadmin',
    'admin': True,
    'exp': datetime.utcnow() + timedelta(minutes=15)
}

token = TokenUtils.token_encode(data=data)
print(token)
payload = TokenUtils.token_decode(token =token)
print(payload)
```

对上面的代码解析如下：

❑ 定义一个 TokenUtils 类，该类主要用于定义管理 token 加密（token_encode()）和解密（token_decode()）的两个静态函数。

❑ 加密和解密是基于 JOSE 规范集中的 JWT 方式来处理的，使用的算法是 HS256。

❑ 在生成 token 时，使用 token_encode() 对 data 数据进行签名加密，并返回生成的 token 值。

❑ 通过 token_encode() 对 data 数据进行解密，还原出 data 前面的数据。

执行上面的代码，输出结果如下：

```
# print(token)输出结果：
eyJhbGciOiJIUzI1NiIsInR5cCI6IkpXVCJ9.eyJpc3MiIjoieGlhb3pob25nIiwic3ViIjoieGlhb3p
    ob25ndG9uZ3h1ZSIsIm5hbWUiOiJzdXBlcmFkbWluIiwiYWRtaW4iOnRydWUsImV4cCI6MTY2MDI
    3NzQ0N30.pVmLxjdupzAwSWdqet37HMzp5RunmlL5i2Ctyhl-TJI
# print(payload)输出结果：
{'iss': 'xiaozhong', 'sub': 'xiaozhongtongxue', 'name': 'superadmin', 'admin':
    True, 'exp': 1660277447}
```

9.4.3 OAuth 2 参数说明

在互联网应用中经常会看到 OAuth 2，例如，腾讯开放平台中的 QQ 授权登录、微信开放平台中的微信授权登录等都会用到 OAuth 2。OAuth 2 的授权处理机制有以下几个优势：

❑ 避免在授权给第三方应用的过程中泄露用户信息。

❑ 结合 token 认证机制，可设置允许授权访问的第三方应用资源范围和 token 有效期。

在授权处理过程中，OAuth 2 规范需要带上指定配置参数，这些配置参数按类型可以分为请求参数和响应参数。

1. 请求参数

要使用 OAuth 2 规范，需要一个 URL 授权地址，该 URL 授权地址对应第三方应用，在发起申请授权时要访问该地址。下面对该 URL 授权地址涉及的请求参数中比较重要的几个进行介绍：

- ❑ client_id：分配给注册在授权服务器上的第三方应用的 App ID，通常在申请一些开放平台时由开放平台进行分配。它在 URL 地址中是必填参数。
- ❑ client_secret：分配给注册在授权服务器上的第三方应用的密钥，通常在申请一些开放平台时由开放平台进行分配。通常 client_id 和 client_secret 是同时生成并分配的。在申请授权 Access Token 时，这是一个必填参数。
- ❑ username：表示参与授权的用户主体用户名，必选项。
- ❑ password：表示参与授权的用户主体密码，必选项。
- ❑ response_type：表示授权类型。此参数一般仅用于授权码模式中且此处的值固定为 token，表示直接返回令牌。在 URL 地址中，这是一个必填参数。
- ❑ grant_type：表示授权方式。这个参数一般用于授权码模式和密码模式中。注意，grant_type 和 response_type 表示的含义不同，出现的地方也不同。grant_type 在 URL 地址中是必填参数。
- ❑ redirect_uri：表示授权服务器在处理用户操作（比如确定或取消授权行为）之后重定向的客户端 URL 地址。它在 URL 地址中是可选参数。
- ❑ scope：表示此授权认证申请的权限范围，也就是允许访问的资源范围。它在 URL 地址中是可选参数。
- ❑ state：表示客户端当前的状态。客户端可以指定任意值，授权服务器会原封不动地返回这个值以帮助确认是哪个客户端发出的请求。它在 URL 地址中是可选参数。

2. 响应参数

除了上面介绍的请求参数外，还有一种与之对应的响应参数。主要的响应参数如下：

- ❑ code：表示由授权服务器产生的临时随机字符串码，它是第三方应用提交到授权服务器索取 access_token 的凭据。这个码一般都是临时码，有一定的时效性，通常默认是 10min，且一般只能使用一次。
- ❑ access_token：表示授权服务器返回客户端的访问令牌，这是第三方应用访问资源服务器的凭据。它是一个必选参数。
- ❑ refresh_token：主要用在 access_token 过期时，通过它可以刷新 access_token 令牌，实现 access_token 续期。它一般在授权码模式中进行返回。
- ❑ token_type：表示授权令牌 Access Token 的类型。该参数的值对大小写不敏感，通常是一个必选项。

❑ expires_in：表示授权令牌 Access Token 的过期时间，单位为秒。如果该参数省略，则一般需要通过其他方式来设置过期时间。

❑ scope：表示权限范围，如果与客户端申请的范围一致，那么这个参数默认不返回，这个参数的值主要由需求决定。

❑ state：如果客户端请求中包含这个参数，那么授权服务器会原样返回这个参数，用于客户端辨识是谁发出去的请求。

9.4.4　OAuth 2 主体角色

OAuth 2 中有几个关键的主体角色，相关定义如下：

❑ 资源所有者（Resource Owner）：又称用户。

❑ 用户代理（User Agent）：指资源拥有者在进行授权处理时用到的一些载体，这里所说的载体通常指的是浏览器、App 等。

❑ 客户端（Client）：指申请资源时所使用的应用程序。需要说明的是，这个"客户端"不仅包括 App 或浏览器类型的客户端，还包括应用服务器端。

❑ 授权服务器（Authorization Server）：指为资源所有者发放 Access Token 令牌的服务端。它主要负责颁发 token 访问令牌给客户端。

❑ 资源服务器（Resource Server）：指托管受保护资源的服务器。

在中小型应用中，授权服务器和资源服务器通常在同一个服务内，当然少数情况下也可以分布在不同的服务上。另外，一个授权服务器可以颁发多个资源服务器可接收的访问令牌。

在 OAuth 2 协议规范中，根据不同的参与角色，授权模式主要分为客户端模式（Client Credentials Grant）、密码模式（Password Grant）、授权码模式（Authorization Code Grant）、简化模式（Implicit Grant，又称隐私授权模式）等几个类型。

9.4.5　客户端模式

客户端模式（Client Credentials Grant）适用于客户端自己访问自己资源的场景，是不需要用户参与授权过程的一种授权方式。在客户端模式中，客户端向授权服务器发送自己的客户端 ID 和客户端密钥，授权服务器验证客户端的合法性之后，会直接向客户端返回访问令牌。这个过程中，客户端保存访问令牌后可以直接使用它来访问受保护的资源，而不需要再次向授权服务器发送请求。

严格意义上来说，客户端模式不在 OAuth 协议要解决问题的范畴，有别于其他 3 种模式（即授权码模式、简化模式、密码模式）。其他 3 种模式都需要资源所有者（Resource Owner）参与其中，而客户端模式不需要用户参与授权申请流程，仅需要在应用和应用之间进行授权交互，所以这种模式不存在授权的问题。

下面来看一个案例。假设在阿里云部署了一个服务，该服务要把一些文件上传到七牛云服务器，此时就需要申请上传资源到七牛云服务器的权限。七牛云提供了对应的 SDK，可进行相关授权的处理，包括输入七牛云平台需要分配到的 client_id 及 client_secret 等密钥参数。如果服务需要获取授权，那么只需要七牛云提供相关密钥参数，并调用七牛云 SDK 提供的指定授权地址认证 API，即可返回授权信令 access_token。有了七牛云授权的信令 access_token，通过携带 access_token 并访问七牛云提供具体上传文件的 API 即可完成文件上传。在整个授权处理的过程中，阿里云服务不需要获取七牛云服务器上的用户资源信息，所以不需要七牛云服务器上的用户主体参与其中。

客户端模式相对于密码模式来说，两者的主要区别在于客户端模式不需要用户主体输入用户名等信息，也就是不需要用户参与授权层的确认。

1. 授权流程

客户端模式下的授权流程如下：

1）第三方应用向服务商申请分配给它的 client_id 和 client_secret。

2）第三方应用向服务商申请获取 access_token 授权令牌，此时，第三方应用需使用服务商提供的 client_id 和 client_secret 才可以进行授权申请。授权通过后，服务商返回 access_token 令牌。

3）第三方应用保存授权处理后返回的 access_token 授权令牌。

4）第三方应用携带 access_token 令牌访问服务商服务器上需要授权的 API。

5）资源服务器开始检查 Authorization 请求头中是否有 access_token 令牌。如果没有，则直接返回 401 状态码以及 unauthorized 错误信息。

基于 OpenAPI 规范，通常都是基于表单的形式提交参数的，在部分场景下也可以直接使用非表单的方式（比如 GET 方式）提交参数。具体采用哪种方式，需要根据自己的业务需求灵活选择。

2. 案例实践

假设阿里云存储服务商内部需要对第三方开放与上传文件和获取文件相关的接口，此时阿里云存储服务商需要建立一个第三方合作厂商表来管理第三方，第三方可以向阿里云申请合作，以获得具体的 client_id 和 client_secret 信息。当第三方通过分配到的信息来请求授权接口时，阿里云存储服务器会进行授权认证，如果请求是合法的，就会返回 accept_token 给第三方客户端。这就是客户端模式执行的简单过程。注意，这里为了演示方便，简化了很多流程，在真实的线上环境中需要结合具体业务来修改对应的流程。

基于上述的业务需求，这里编写了完整的客户端模式示例，代码如下（示例代码位于 \fastapi_tutorial\chapter09\mode_client 目录之下）：

```
from fastapi import FastAPI, Depends, status
from typing import Dict
from fastapi.security import OAuth2
from pydantic import BaseModel, ValidationError
from datetime import timedelta
from jose import jwt, JWTError
from datetime import datetime
from typing import Optional
```

```python
from fastapi.exceptions import HTTPException
from fastapi.openapi.models import OAuthFlows as OAuthFlowsModel
from fastapi.param_functions import Query
from fastapi.security.utils import get_authorization_scheme_param
from starlette.requests import Request
from starlette.status import HTTP_401_UNAUTHORIZED, HTTP_403_FORBIDDEN

app = FastAPI(
    title="OAuth2客户端模式",
    description='OAuth2客户端模式示例项目演示',
    version='v1.1.0',
)

#阿里云存储服务商维护的第三方客户端数据表信息
fake_client_db = {
    "xiaozhong": {
        "client_id": "xiaozhong",
        "client_secret": "123456",
    }
}

SECRET_KEY = "09d25e094faa6ca2556c818166b7a9563b93f7099f6f0f4caa6cf63b88e8d3e7"
ALGORITHM = "HS256"

class TokenUtils:

    @staticmethod
    def token_encode(data):
        jwt.encode(data, SECRET_KEY, algorithm=ALGORITHM)
        return jwt.encode(data, SECRET_KEY, algorithm=ALGORITHM)

    @staticmethod
    def token_decode(token):
        credentials_exception = HTTPException(
            status_code=status.HTTP_401_UNAUTHORIZED,
            detail="Could not validate credentials",
            headers={"WWW-Authenticate": f"Bearer"},
        )
        try:
            #开始反向解析token
            payload = jwt.decode(token, SECRET_KEY, algorithms=[ALGORITHM])
        except (JWTError, ValidationError):
            raise credentials_exception
        return payload

class OAuth2ClientCredentialsBearer(OAuth2):
    def __init__(
            self,
            tokenUrl: str,
            scheme_name: Optional[str] = None,
            scopes: Optional[Dict[str, str]] = None,
            description: Optional[str] = None,
            auto_error: bool = True,
    ):
        if not scopes:
```

```python
            scopes = {}
        flows = OAuthFlowsModel(
            clientCredentials={
                "tokenUrl": tokenUrl,
                "scopes": scopes,
            }
        )
        super().__init__(
            flows=flows,
            scheme_name=scheme_name,
            description=description,
            auto_error=auto_error,
        )

    async def __call__(self, request: Request) -> Optional[str]:
        authorization: str = request.headers.get("Authorization")
        scheme, param = get_authorization_scheme_param(authorization)
        if not authorization or scheme.lower() != "bearer":
            if self.auto_error:
                raise HTTPException(
                    status_code=HTTP_401_UNAUTHORIZED,
                    detail="Not authenticated",
                    headers={"WWW-Authenticate": "Bearer"},
                )
            else:
                return None  # pragma: nocover
        return param


oauth2_scheme = OAuth2ClientCredentialsBearer(tokenUrl="/oauth2/authorize")

class OAuth2ClientCredentialsRequestForm:

    def __init__(
            self,
            grant_type: str = Query(..., regex="client_credentials"),
            scope: str = Query(""),
            client_id: str = Query(...),
            client_secret: str = Query(...),
            username: Optional[str] = Query(None),
            password: Optional[str] = Query(None),
    ):
        self.grant_type = grant_type
        self.scopes = scope.split()
        self.client_id = client_id
        self.client_secret = client_secret
        self.username = username
        self.password = password


@app.post("/oauth2/authorize", summary="请求授权URL地址")
async def authorize(client_data: OAuth2ClientCredentialsRequestForm = Depends()):
    if not client_data:
        raise HTTPException(status_code=400, detail="请输入用户用户名及密码等信息")

    if not client_data.client_id and not client_data.client_secret:
```

```
        raise HTTPException(status_code=400, detail="请输入分配给第三方的App ID及密钥
            等信息")

    clientinfo = fake_client_db.get(client_data.client_id)
    if client_data.client_id not in fake_client_db:
        raise HTTPException(status_code=400, detail="非法第三方客户端App ID",
            headers={"WWW-Authenticate": f"Bearer"})

    if client_data.client_secret != clientinfo.get('client_secret'):
        raise HTTPException(status_code=400, detail="第三方客户端使用的密钥信息不正确!")
    data = {
        'iss': 'client_id',
        'sub': 'xiaozhongtongxue',
        'client_id': client_data.client_id,
        'exp': datetime.utcnow() + timedelta(minutes=15)
    }
    token = ToeknUtils.token_encode(data=data)
    return {"access_token": token, "token_type": "bearer","exires_
        in":159,"scope":"all"}

# token依赖的接口，需要用户名和密码验证
@app.get("/get/clientinfo", summary="请求用户信息地址（受保护资源）")
async def get_clientinfo(token: str = Depends(oauth2_scheme)):
    payload = ToeknUtils.token_decode(token=token)
    #定义认证异常信息
    client_id = payload.get('client_id')
    if client_id not in client_id:
        raise HTTPException(status_code=400, detail="不存在client_id信息",
            headers={"WWW-Authenticate": f"Bearer"})

    clientinfo = fake_client_db.get(client_id)

    return {'info': {
        'client_id': clientinfo.get('client_id'),
        'client_secret': clientinfo.get('client_secret')
    }}
```

下面对上述代码中的核心部分进行解析。

❑ 通过使用 fake_client_db 字典模拟了一个第三方客户端信息配置表。表中保存了分配给第三方的 client_id 和 client_secret，这相当于第三方应用的用户名和密码，它们的主要作用是帮助第三方客户端请求通过验证。

❑ TokenUtils 类中包含 token_encode() 和 token_decode() 两个静态方法，这两个静态方法主要用于对 token 值进行编码和解码处理。在解码方法 token_decode() 中，如果 access_token 值是非法的，则会直接抛出自定义 401 错误，即 credentials_exception 异常。

❑ 定义一个继承于 OAuth 2 基类的 OAuth2ClientCredentialsBearer 类，该类主要用于检测授权 URL 地址。该类本质上是一个**依赖项**，当有客户端请求受保护资源的 URL 地址时，会自动检测当前请求中的 Authorization 头信息。如果没有找到 Authorization 头信息或者头信息的内容不是 Bearer token 格式，则返回 401 状态码

（unauthorized），表示没有进行许可授权访问。该类涉及的参数如下：

- ○ tokenUrl：表示授权请求的 URL 地址。
- ○ scheme_name：用于在弹窗文档上显示使用模式的名称（默认为当前类的名称）。
- ○ scopes：表示当前的授权域，也就是可以授权的范围。
- ○ description：用于在弹窗文档上对一些模式进行说明。
- ○ auto_error：表示是否自动抛出错误。

❑ 在 OAuth2ClientCredentialsBearer 类中初始化时，有一个比较关键的配置项 **OAuth-FlowsModel 类，OAuthFlowsModel 初始化决定了当前使用的是什么类型的授权模式**。在不同的授权模式下，需要进行初始化的信息不同，在本示例中，客户端模式 OAuthFlowsModel 初始化时设置 clientCredentials={"tokenUrl"：tokenUrl，"scopes"：scopes}，clientCredentials 表示的就是使用客户端模式。

❑ 定义一个 OAuth2ClientCredentialsRequestForm 类，该类主要用于解析客户端提交过来的 client_id、client_secret、grant_type、scope 等 OAuth 2 请求参数信息。不过需要注意，该类最终会被转换为一个依赖项，所以类中定义的参数最终都会转变为查询参数。

❑ 定义授权 API。在 OAuth2ClientCredentialsBearer 类的实例化对象 oauth2_scheme 中指定的 tokenUrl 只是用于指示在 API 可视化操作文档中需要授权才能访问的 URL 地址，它本身不会创建路由地址。所以需要定义一个对应的 tokenUrl 路由，且路由 URL 地为 /oauth2/authorize。**对 tokenUrl 参数的值进行设置，就是授权 API 端点路由 URL 的地址 /oauth2/authorize**。

❑ 在授权 API 的视图函数中，需要解析前端请求提交过来的 client_id、client_secret、grant_type、scope 等 OAuth 2 请求参数信息，还要将这些参数信息与模拟出来的第三方客户端信息配置表 fake_client_db 中对应的信息做匹配。若匹配成功，则颁发 token 令牌并返回。

❑ 定义一个受保护的资源 API，该 API 用于获取第三方用户名和密钥。该 API 中注入了 oauth2_scheme 依赖项，表示该 API 需要经过授权认证才可以进行相关的访问（也就是说需要携带 token 令牌来进行访问），具体的路由地址为 /get/clientinfo。

❑ 在访问受保护资源的 API 时，oauth2_scheme 依赖项会自动解析客户端请求头信息，并且判断是否包含认证所需的头部信息和对应的格式。另外还会提取客户端提交的 token 信息并进行解码处理。若可以正常解析出 token 所包含的有效信息，则说明 token 是合法的，最终会返回该接口的资源信息。

注意，在客户端模式下，使用 API 可视化文档操作授权认证是有问题的，建议读者直接通过 Postman 或 Apifox 等工具来模拟授权请求处理。

综合上面的解析，以下两点需要特别说明（也适用于其他授权模式）：

1）自定义实现的 OAuth2ClientCredentialsBearer 类本质是一个依赖项，它主要用在受保护的 API 请求上。通常，用户会把它当作依赖项注入路径操作函数。它可以验证客户端请求头是否符合 bearer 模式，如果不符合则抛出验证模式异常，如果符合则进一步解析出头部中携带的信息（一般头部中还会携带 token 值）。

2）自定义实现的 OAuth2ClientCredentialsRequestForm 类本质也是一个依赖项，它主要用在授权 API 上，解析客户端为访问授权 URL 地址提交的请求参数。模式不同，请求参数（可能为查询参数、表单参数或 Body 参数）提交的方式也不同。当请求参数解析成功后，开始对相关配置参数做验证，验证通过则开始签发 token 令牌，并将相关信息返回给客户端。

下面通过 Apifox 工具演示客户端授权的流程。

步骤 1 请求授权 URL 地址，地址为 http://127.0.0.1:9000/oauth2/authorize?grant_type=client_credentials&client_id=xiaozhong&client_secret=123456&scope=all。

其中涉及的接口参数如下：

❑ grant_type：表示授权类型，此处使用的是客户端模式，所以固定为 client_credentials，它为必选项。

❑ client_id：第三方客户端需要配置 client_id。在客户端模式中，它是必选项。

❑ client_secret：第三方客户端需要配置 client_secret。在客户端模式中，它是必选项。

❑ scope：表示权限范围，默认获取全部权限。

最终通过 Apifox 工具发起获取 token 的请求，结果如图 9-12 所示。

图 9-12 发起获取 token 请求的结果

步骤 2 当客户端获取 token 之后，携带 token 来请求访问受保护资源的接口，如 http://127.0.0.1:8000/get/clientinfo/。最终结果如图 9-13 所示。

图 9-13   携带 token 请求访问受保护资源接口的结果

 需要在 Authorization 中提交 token，且需要选择 bearer token 类型。

9.4.6 密码模式

密码模式（Password Grant）是允许用户使用用户名和密码来直接向授权服务器请求访问令牌，而不需要进行授权码的获取和交换的一种授权方式。在密码模式中，用户将其用户名和密码发送到客户端，客户端将这些凭据发送到授权服务器，授权服务器验证凭据的有效性后，直接向客户端返回访问令牌。这个过程中，客户端可以直接使用它来访问受保护的资源，而不需要再次向授权服务器发送请求。

密码模式的优点是简单易用，适用于一些安全性要求不高的场景，如内部系统或移动应用程序。但由于在使用第三方应用时，用户需要把自己的用户名和密码告知第三方应用，第三方应用使用这些信息向授权服务器申请令牌（token）。这种模式通常用于具有极高可信度的第三方应用（比如企业内部自建的客户端）及常见的前后端分离的单页应用。把用户名信息外泄给第三方应用是相当危险的，所以用户需要结合自身的实际情况来决定使用何种模式。

由上一小节可知，客户端模式是不需要用户主体参与的，而其他 3 种模式都需要用户主体（资源拥有者）参与。下面举列说明密码模式下的所有参与主体。

假设我们是微信服务商（授权服务器、资源服务器）拥有很多使用微信的用户的信息（我们是用户主体，即资源拥有者）。我们开发了微信 Android 客户端、微信 iOS 客户端、微信桌面端等自建类应用，此时就可以通过密码模式直接使自建类应用向授权服务器发起登录授权申请，授权通过后，就可以根据返回的 token 直接访问微信服务商（资源服务器）了。

在密码模式中，客户端主体是可选的，而通常都会涉及的 client_id 及 client_secret 在生产环境中必须是通过第三方客户端在服务端侧进行提交的。如果服务方提供的应用比较多，那么服务方还可以通过分配具体的 client_id 来设定用户可以访问的具体应用。读者可以结合自身的业务场景来决定是否使用 client_id。

1. 授权流程

密码模式的授权流程如下：

1）第三方应用向服务商申请 client_id 和 client_secret 信息（可选）。

2）用户在第三方应用客户端输入用户的用户名和密码。

3）第三方应用客户端通过代理层把用户信息传入请求授权的 URL 地址。

4）代理层决定是否授权，默认直接进行授权，此时授权请求路由接收用户提交的信息并进行认证处理。如果用户名及密码信息校验通过，则不会进行任何 URL 跳转，直接在授权请求接口处返回一个 access_token。

5）第三方应用客户端存储授权服务器返回的 access_token。

6）当需要访问受保护的资源地址时，请求时需要携带 access_token。此时，受保护资源请求的路由会检查 Authorization 请求头中是否有 access_token 值。如果没有，则直接返回 401 状态码以及 unauthorized 错误信息，表示没有进行认证，不允许访问。如果有，则对 access_token 进行合法性校验，如果合法则返回受保护资源的信息。

2. 案例实践

假设第三方需要获取用户名和密码（这里仅是假设场景，正式环境下通常不会这样处理），因为用户名和密码属于受保护资源，所以需要通过 token 授权且需要在认证之后才可以返回具体的用户名和密码。

基于上述的业务需求，编写了完整的密码模式示例代码，具体如下（示例代码位于 \fastapi_tutorial\chapter09\mode_password 目录之下）：

```
from fastapi import FastAPI, Request, Depends, HTTPException, Security, status
from fastapi.responses import PlainTextResponse
from fastapi.security import OAuth2PasswordBearer, OAuth2PasswordRequestForm
from jose import JWTError, jwt
from pydantic import BaseModel, ValidationError
from datetime import timedelta
from jose import jwt
from datetime import datetime

app = FastAPI(
    title="OAuth2密码模式",
    description='OAuth2密码模式示例项目演示',
    version='v1.1.0',
)
```

```python
#微信资源服务器上的用户数据表信息
fake_users_db = {
    "xiaozhong": {
        "username": "xiaozhong",
        "full_name": "xiaozhong tongxue",
        "email": "xiaozhong@example.com",
        "password": "123456",
        "disabled": False,
    },
}

#微信第三方客户端的数据表信息
fake_client_db = {
    "xiaozhong": {
        "client_id": "xiaozhong",
        "client_secret": "123456",
    }
}

SECRET_KEY = "09d25e094faa6ca2556c818166b7a9563b93f7099f6f0f4caa6cf63b88e8d3e7"
ALGORITHM = "HS256"

class TokenUtils:

    @staticmethod
    def token_encode(data):
        jwt.encode(data, SECRET_KEY, algorithm=ALGORITHM)
        return jwt.encode(data, SECRET_KEY, algorithm=ALGORITHM)

    @staticmethod
    def token_decode(token):
        credentials_exception = HTTPException(
            status_code=status.HTTP_401_UNAUTHORIZED,
            detail="Could not validate credentials",
            headers={"WWW-Authenticate": f"Bearer"},
        )
        try:
            #开始反向解析token,并解析相关的信息
            payload = jwt.decode(token, SECRET_KEY, algorithms=[ALGORITHM])
        except (JWTError, ValidationError):
            raise credentials_exception
        return payload

oauth2_scheme = OAuth2PasswordBearer(tokenUrl="/connect/oauth2/authorize")

@app.post("/connect/oauth2/authorize", summary="请求授权URL地址")
async def login(user_form_data: OAuth2PasswordRequestForm = Depends()):
    if not user_form_data:
        raise HTTPException(status_code=400, detail="请输入用户名及密码等信息")

    if not user_form_data.client_id and not user_form_data.client_secret:
        raise HTTPException(status_code=400, detail="请输入分配给第三方的App ID及密钥
            等信息")
```

```
    userinfo = fake_users_db.get(user_form_data.username)
    if user_form_data.username not in fake_users_db:
        raise HTTPException(status_code=400, detail="不存在此用户信息",
            headers={"WWW-Authenticate": f"Bearer"})

    if user_form_data.password != userinfo.get('password'):
        raise HTTPException(status_code=400, detail="用户密码不对")

    clientinfo = fake_client_db.get(user_form_data.client_id)
    if user_form_data.client_id not in fake_client_db:
        raise HTTPException(status_code=400, detail="非法第三方客户端App ID",
            headers={"WWW-Authenticate": f"Bearer"})

    if user_form_data.client_secret != clientinfo.get('client_secret'):
        raise HTTPException(status_code=400, detail="第三方客户端使用的密钥信息不正
            确!")

    data = {
        'iss': user_form_data.username,
        'sub': 'xiaozhongtongxue',
        'username': user_form_data.username,
        'admin': True,
        'exp': datetime.utcnow() + timedelta(minutes=15)
    }

    token = TokenUtils.token_encode(data=data)

    return {"access_token": token, "token_type": "bearer"}

# token依赖的接口，需要用户名和密码验证
@app.get("/connect/user/password", summary="请求用户信息地址（受保护资源）")
async def get_user_password(token: str = Depends(oauth2_scheme)):
    payload = TokenUtils.token_decode(token=token)
    #定义认证异常信息
    username = payload.get('username')
    if username not in fake_users_db:
        raise HTTPException(status_code=400, detail="不存在此用户信息", headers={"WWW-
            Authenticate": f"Bearer"})

    userinfo = fake_users_db.get(username)

    return {'info': {
        'username': username,
        'password': userinfo.get('password')
    }}
```

由上述代码可知，密码模式的授权认证过程和客户端模式没有很大的差别，它们具有如下相似之处：

❑ 都需要定义一个字典作为简单数据库表。
❑ 都需要通过 TokenUtils 类来处理 token 的编码和解码。
❑ 都需要定义一个授权 URL 地址的路由，并在不同模式下使用不同的依赖项来解析

客户端提交的请求参数，在获取客户端提交的请求参数之后做相关的逻辑验证，验证通过则颁发 token。

❑ 都需要定义一个用于验证 token 值有效性的 API，有效则返回对应的 API 处理结果。

对于与客户端模式相似的地方，相关处理逻辑也一样，这里不再重复。下面主要介绍密码模式和客户端模式不相同的地方。

❑ 在授权 URL 路由中，解析客户端提交的请求参数时两者有所区别。密码模式中使用的依赖项是 OAuth2PasswordBearer 类的实例，OAuth2PasswordBearer 类是 FastAPI 框架自带的。查看 OAuth2PasswordBearer 类的源码，就可以看到对本实例进行初始化时参数信息为 OAuthFlowsModel(password={"tokenUrl": tokenUrl, "scopes": scopes})，password 参数说明当前使用的是密码模式。OAuthFlowsModel 类主要用于在客户端请求受保护的 API 时验证请求头和获取 token。

❑ 定义授权 URL 地址路由，然后在该路由的视图函数上注入 OAuth2PasswordRequestForm 类作为依赖项，该依赖项可以解析客户端提交的请求参数的信息。不过需要注意，这里客户端提交的信息是用户名和密码，且必须使用表单形式提交，这与客户端模式不同。在密码模式下，接收到用户名和密码后，服务器会开始验证，验证通过就会颁发 token 并返回给客户端。

密码模式支持在 API 可视化文档中进行操作验证，此时可以模拟用户登录授权及请求访问受保护资源地址的处理过程。请求授权地址，单击 Authorize 锁按钮，如图 9-14 所示。

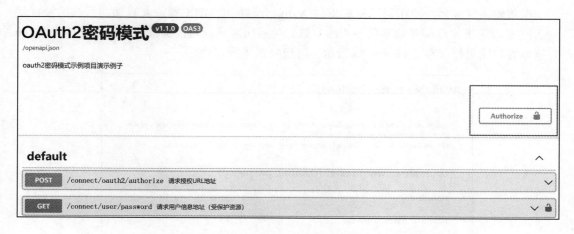

图 9-14 OAuth 2 密码模式下的 API

在弹出的授权申请对话框中输入具体参数，如图 9-15 所示，其中 username、password、client_id、client_secret 这 4 个参数是必填的。需要特殊说明的是，client_id、client_secret 参数可以使用 Authorization header 方式进行提交，也可以使用 Request body 方式进行提交。

图 9-15　输入认证参数

　　参数输入完成后，单击对话框底部的 Authorize 按钮，浏览器就会自动向后端的授权认证 API 发送请求。后端开始接收输入的参数，然后做验证处理。验证通过后开始签发 token 并返回客户端进行保存。如图 9-16 所示，已经完成了授权处理。

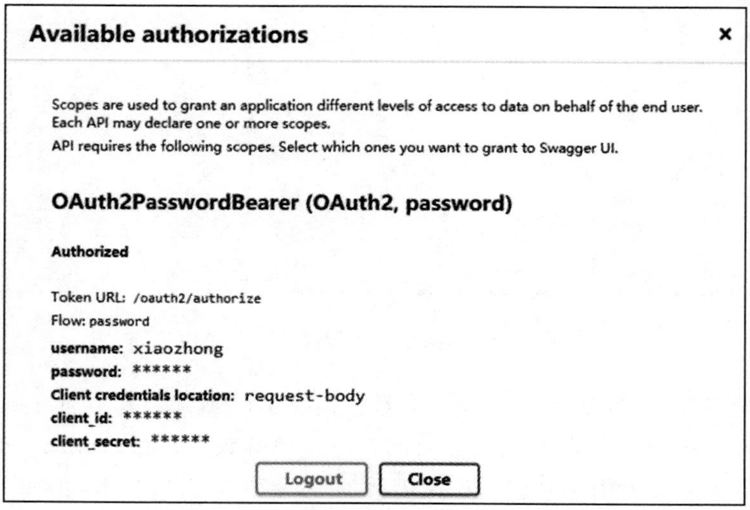

图 9-16　密码模式授权完成

用户也可以请求访问授权地址，然后输入相关参数进行申请授权处理并返回 token。此时涉及的参数就是进行授权认证时的默认请求参数，如图 9-17 所示。

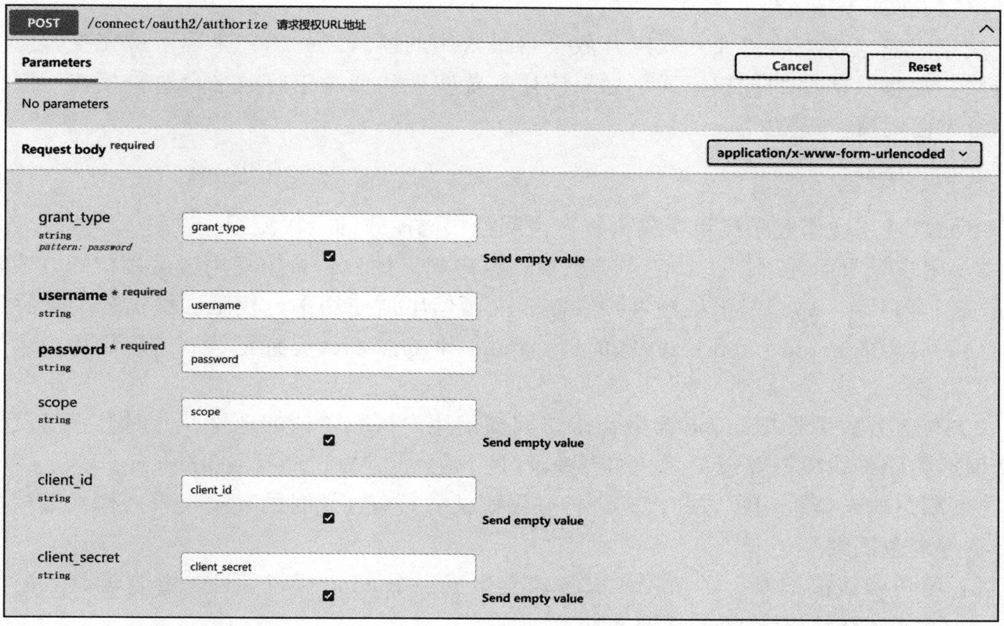

图 9-17　通过接口请求方式进行授权申请

对图 9-17 所示界面中的接口参数说明如下：

❑ grant_type：表示授权模式类型，此处使用了密码模式，所以固定为 "password"，必选项。

❑ username：表示用户名，必选项。

❑ password：表示用户密码，必选项。

❑ scope：表示权限范围，可选项。

❑ client_id：指第三方客户端配置 client_id，在密码模式中是可选项。

❑ client_secret：指第三方客户端配置 client_secret，在密码模式中是可选项。

❑ 在密码模式中，由于 FastAPI 框架提供的 OAuth2PasswordRequestForm 是按 OpenAPI 规范定义的，相关的参数需使用表单的形式提交，所以定义 client_id 和 client_secret 时也需要以表单形式提交，如果改用 GET 方式则需要进行重写。另外在密码模式中不需要回调，所以请求的授权地址中不需要包含 redirect_uri 参数。

9.4.7　授权码模式

授权码模式（Authorization Code Grant）适用于客户端需要访问用户受保护资源的场景，是需要用户参与授权过程的一种授权方式。在授权码模式中，客户端将用户重定向到授权服务器，用户登录并授权客户端访问其受保护的资源，授权服务器将授权码发送给客户端。客户端使用授权码向授权服务器请求访问令牌，授权服务器验证授权码的有效性后，直接向客户端返回访问令牌。

授权码模式是当前各大互联网开放平台最常用的模式之一，它是当下最完整、使用范围最广、流程最严格的授权模式。如果应用需要实现类似微信开放平台这种授权机制，就可以考虑使用授权码模式。

1. 授权流程

下面以使用微信登录腾讯视频为例来说明授权码模式的授权流程。

1）用户登录后才可以正常使用腾讯视频客户端。用户若希望使用微信授权的方式登录腾讯视频客户端，那么腾讯视频客户端需要向微信申请使用平台权限；微信分配给腾讯视频客户端应用的 appid、appsecret 等信息。appid 和 appsecret 是标记第三方应用用户名信息的主要凭据。

2）第三方应用根据 appid 参数请求访问微信用户授权申请的地址，此时会弹出授权确认页面或扫码确认授权登录页面，如果登录过，则会直接重定向到 redirect_uri。

3）用户输入微信用户名和密码进行登录确认并授权（此时的登录授权操作在微信授权服务器处理范围内）。

4）用户确认授权后，微信授权服务器会生成一个 code 授权凭证，并自动将其附加到第三方应用申请授权时提供的回调地址上。

5）第三方客户端把微信授权服务端返回的 code 提交到自己的应用服务端，即腾讯视频后端。

6）第三方应用的服务端根据授权凭证 code、client_id 和 client_secret 等信息再次请求微信授权服务端，申请授权 token。

7）微信授权认证服务器验证第三方客户端的授权凭证 code、client_id 和 client_secret 等信息的合法性，验证通过则返回一个资源访问 token。

8）第三方应用客户端或服务端通过微信授权服务器返回 token，再向微信的资源服务器请求获取 API 资源信息。

9）微信的资源服务器对 token 进行合法校验，验证通过后把第三方应用请求索取的资源返回，比如用户的 OPENID 信息、申请用户信息等。

2. 案例实践

从上面的流程可以看出，在设计授权码模式时需要考虑的问题比较多，如将第三方客户端提交的 code 转换为 token，微信授权服务器需要有用户授权代理层。在下面的案例中，为了方便，基于之前介绍的 HTTPBasic 来要求用户登录并确认授权。在实际业务中，有可能需要进行确认授权和取消授权的操作，这里不考虑取消操作。

首先定义一个简单的第三方服务，与该服务对应的文件名为 get_token.py。在该服务中定义一个通过 code 换取授权服务器 token 的 API，实现代码如下：

```python
from fastapi import FastAPI

#定义app服务对象
app = FastAPI()

@app.get("/get/access_token")
async def access_token(code: str):
    import requests
    #第三方服务端向授权服务器请求获取access_token的地址
    rsp = requests.get(
        f"http://127.0.0.1:8000/oauth2/authorize/access_token?client_
            id=xiaozhong&client_secret=123456&code=code").json()
    access_token = rsp.get('access_token')
    refresh_token = rsp.get('refresh_token')
    access_token_expires = rsp.get('expires_in')
    username = rsp.get('userid')
    return {
        "access_token": access_token,
        # access_token接口调用凭证超时时间
        "expires_in": access_token_expires,
        "refresh_token": refresh_token,
        "token_type": "bearer",
        "userid": username,
        "scope": "SCOPE"
    }

if __name__ == '__main__':
    import uvicorn
    uvicorn.run('get_token:app', host="127.0.0.1", port=8100, debug=True,
        reload=True)
```

对上面代码中的核心部分进行解析：

❑ 创建了一个 app 对象，基于该 app 对象注册一个获取 token 的 API，该接口可接收一个字符串类型的 code 查询参数。关于 code 查询参数的说明如下。当用户输入用户名和密码之后，会出现一个授权代理层的页面，当用户在授权代理层单击确认授权按钮之后，授权服务器自动重定向返回第三方 URL 地址的一个参数值，该参数值就是对应 code 查询参数的值。

❑ 在视图函数内部，当第三方服务端收到授权服务器传递回来的 code 参数值后进行保存，然后通过 client_id+client_secret+code 向授权服务器请求获取 token 的地址，也就是 oauth2/authorize/access_token。

❑ 获取 token 是通过第三方服务端发送 client_id 和 client_secret 实现的，所以是比较安全的。

以上是第三方服务端通过 code 换取 token 的过程。接下来介绍授权服务实例，完整的示例代码如下：

```python
from datetime import datetime, timedelta
from typing import List, Optional
from fastapi import Depends, FastAPI, HTTPException, Security, status
from fastapi.security import (SecurityScopes, OAuth2AuthorizationCodeBearer)
```

```python
from jose import JWTError, jwt
from pydantic import BaseModel, ValidationError
from fastapi.responses import RedirectResponse
from fastapi.security import HTTPBasic, HTTPBasicCredentials

SECRET_KEY = "09d25e094faa6ca2556c818166b7a9563b93f7099f6f0f4caa6cf63b88e8d3e7"
ALGORITHM = "HS256"
ACCESS_TOKEN_EXPIRE_MINUTES = 30
REFRRSH_ACCESS_TOKEN_EXPIRE_MINUTES = 70

oauth2_scheme = OAuth2AuthorizationCodeBearer(
    #授权认证的URL地址
    authorizationUrl='/oauth2/authorize',
    #配置授权请求的是进行授权处理的接口地址
    tokenUrl="access_token",
    #刷新以获取新的token的地址
    refreshUrl='refreshUrl',
    #定义操作文档显示授权码授权区域
    scopes={
        "get_admin_info": "获取管理员用户信息",
        "del_admin_info": "删除管理员用户信息",
        "get_user_info": "获取用户信息",
        "get_user_role": "获取用户所属角色信息",
        "get_user_permission": "获取用户相关的权限信息",

    }
)

#用户信息表
fake_users_db = {
    "xiaozhong": {
        "username": "xiaozhong",
        "full_name": "xiaozhong tongxue",
        "email": "xiaozhong@example.com",
        "password": "123456",
        "disabled": False,
    },
}

#第三方客户端数据表信息
fake_client_db = {
    "xiaozhong": {
        "client_id": "xiaozhong",
        "client_secret": "123456",
    }
}

class TokenData(BaseModel):
    username: Optional[str] = None
    scopes: List[str] = []

class User(BaseModel):
    username: str
    email: Optional[str] = None
    full_name: Optional[str] = None
```

```
        disabled: Optional[bool] = None

class Client(BaseModel):
    client_id: str
    client_secret: str

class UserInDB(User):
    hashed_password: str

#定义app服务对象
app = FastAPI()

#进行用户认证
def authenticate_user(fake_db, username: str):
    user = get_user(fake_db, username)
    if not user:
        return False
    return user

#进行用户认证
def authenticate_client_id(fake_db, client_id: str):
    client = get_client_id(fake_db, client_id)
    if not client:
        return False
    return client

#从上面定义的用户信息表里查询用户信息，并返回用户信息实体
def get_user(db, username: str):
    if username in db:
        user_dict = db[username]
        return UserInDB(**user_dict)

#从上面定义的第三方客户端数据表信息字典表里查询用户信息，并返回第三方客户端信息实体
def get_client_id(db, client_id: str):
    if client_id in db:
        client_dict = db[client_id]
        return Client(**client_dict)

#授权后，创建签发给用户的token
def create_access_token(data: dict, expires_delta: Optional[timedelta] = None):
    '''
    签发token
    :param data: data里面包含用户信息和签发授权的作用域信息
    :param expires_delta:
    :return:
    '''
    to_encode = data.copy()
    if expires_delta:
        expire = datetime.utcnow() + expires_delta
    else:
        expire = datetime.utcnow() + timedelta(minutes=15)
    to_encode.update({"exp": expire})
    encoded_jwt = jwt.encode(to_encode, SECRET_KEY, algorithm=ALGORITHM)
    return encoded_jwt
```

```python
async def get_current_user(security_scopes: SecurityScopes, token: str =
    Depends(oauth2_scheme)):
    if security_scopes.scopes:
        authenticate_value = f'Bearer scope="{security_scopes.scope_str}"'
    else:
        authenticate_value = f"Bearer"

    #定义认证异常信息
    credentials_exception = HTTPException(
        status_code=status.HTTP_401_UNAUTHORIZED,
        detail="Could not validate credentials",
        headers={"WWW-Authenticate": authenticate_value},
    )
    try:
        #开始反向解析token，并解析相关的信息
        payload = jwt.decode(token, SECRET_KEY, algorithms=[ALGORITHM])
        wxopenid: str = payload.get("sub")
        if wxopenid is None:
            raise credentials_exception

        token_scopes = payload.get("scopes", [])
        token_data = TokenData(scopes=token_scopes, username=wxopenid)
    except (JWTError, ValidationError):
        raise credentials_exception

    #再一次从数据库里面验证用户信息
    user = get_user(fake_users_db, username=token_data.username)
    if user is None:
        raise credentials_exception

    for scope in security_scopes.scopes:
        #对比用户的token锁携带的用户作用区域授权信息
        if scope not in token_data.scopes:
            #如果不存在，则返回没有权限异常信息
            raise HTTPException(
                status_code=status.HTTP_401_UNAUTHORIZED,
                detail="Not enough permissions",
                headers={"WWW-Authenticate": authenticate_value},
            )
    return user

#定义用于获取当前激活用户的依赖项
async def get_current_active_user(current_user: User = Security(get_current_
    user, scopes=["get_admin_info"])):
    #判断用户是否已经被禁用了，如果没有则继续执行
    if current_user.disabled:
        raise HTTPException(status_code=400, detail="Inactive user")
    return current_user

@app.get("/oauth2/authorize/access_token")
async def access_token(client_id: str, client_secret: str, code: str):
    #开始签发toeken和refresh_token
    client = authenticate_client_id(fake_client_db, client_id)
    if not client:
        raise HTTPException(status_code=400, detail="合作方client不存在")
```

```python
    if client.client_id not in fake_client_db:
        raise HTTPException(status_code=400, detail="非法第三方客户端App ID",
            headers={"WWW-Authenticate": f"Bearer"})

    if client.client_secret != client_secret:
        raise HTTPException(status_code=400, detail="第三方客户端使用的密钥信息不正确!")

    access_token_expires = timedelta(minutes=ACCESS_TOKEN_EXPIRE_MINUTES)
    scopes = ['get_admin_info', 'del_admin_info']
    username = 'xiaozhongtongxue'

    #创建access_token
    access_token = create_access_token(
        data={"sub": username, "scopes": scopes},
        expires_delta=access_token_expires,
    )
    #刷新refresh_token过期的时间
    refresh_access_token_expires = timedelta(minutes=REFRRSH_ACCESS_TOKEN_EXPIRE_
        MINUTES)
    #刷新refresh_token
    refresh_token = create_access_token(
        data={"sub": client_id, "scopes": scopes},
        expires_delta=refresh_access_token_expires,
    )

    return {
        "access_token": access_token,
        # access_token接口调用凭证超时时间
        "expires_in": access_token_expires,
        "refresh_token": refresh_token,
        "token_type": "bearer",
        "userid": username,
        "scope": "SCOPE"
    }

#必须使用GET请求才可以
@app.get("/oauth2/authorize")
async def authorizationUrl(client_id: Optional[str], redirect_uri: Optional[str],
    scopes: str = None, response_type: Optional[str] = 'code'):
    #开始对这个用户对应的信息验证处理，然后生成code
    client = authenticate_client_id(fake_client_db, client_id)
    if not client:
        raise HTTPException(status_code=400, detail="合作方client不存在")
    #重定向到授权服务器内部的用户登录授权接口，这里使用HTTPBasic来实现
    redirect_uri = "http://127.0.0.1:8100/get/access_token"
    return
 redirectResponse(url=f'/oauth2/authorize/user/agent?redirect_uri={redirect_
    uri}')


security = HTTPBasic()


@app.get("/oauth2/authorize/user/agent")
```

```
async def user_agent(*,credentials: HTTPBasicCredentials = Depends(security),
    redirect_uri: str):

    userinfo = fake_users_db.get(credentials.username)
    if credentials.username not in fake_users_db:
        raise HTTPException(status_code=400, detail="不存在此用户信息",
            headers={"WWW-Authenticate": f"Bearer"})
    if credentials.password != userinfo.get('password'):
        raise HTTPException(status_code=401, detail="用户密码不对", headers={"WWW-
            Authenticate": "Basic"},)
    import random
    code = random.sample('abcdefghijklmnopqrstuvwxyz', 16)
    return RedirectResponse(url=redirect_uri + "?code=" + ''.join(code))

@app.get("/api/v1/get_admin_info", response_model=User)
async def get_admin_info(current_user: User = Security(get_current_active_user,
    scopes=["get_admin_info"])):
    return current_user

@app.get("/api/v1/del_admin_info", response_model=User)
async def del_admin_info(current_user: User = Security(get_current_active_user,
    scopes=["del_admin_info"])):
    return current_user

@app.get("/api/v1/get_user_info", response_model=User)
async def get_user_info(current_user: User = Security(get_current_active_user,
    scopes=["get_user_info"])):
    return current_user

@app.get("/api/v1/get_user_role", response_model=User)
async def get_user_role(current_user: User = Security(get_current_active_user,
    scopes=["get_user_role"])):
    return current_user

@app.get("/api/v1/get_user_permission", response_model=User)
async def get_user_role(current_user: User = Security(get_current_active_user,
    scopes=["get_user_permission"])):
    return current_user
```

对上面代码中的核心部分解析如下：

❑ 实例化 OAuth2AuthorizationCodeBearer 授权模式类型的对象 oauth2_scheme，对该类进行初始化时需要的相关参数如下：

    ○ authorizationUrl 表示申请授权认证的 URL 路由地址。

    ○ tokenUrl 标识使用 code 换取 access_token 信息的路由地址，该地址仅在交互文档中显示，不会创建具体路由。

    ○ refreshUrl 标识通过刷新获取新的 token 的路由地址，该地址仅在交互文档中显示，不会创建具体路由。

    ○ scopes 表示当前授权范围，也就是允许访问的资源范围。

❑ 模拟定义用户表信息，这里使用 fake_users_db 字典对象代替敏感数据。字典里面保存的是敏感的用户数据信息。

❏ 模拟定义第三方客户端数据表 fake_client_db，这里也是使用字典对象来代替。字典里面保存的是授权服务器开放给第三方应用的 client_id 和 client_secret 信息。

❏ 定义了 TokenData、User、Client、UserInDB 等模型类，它们主要用于提取请求参数信息。

❏ get_user() 函数有两个参数，第一个参数表示用户数据来自哪一个数据库，第二个参数表示要查询的用户名。在该函数中，主要通过用户名来查询 fake_users_db 中是否存在对应的用户名信息，如果存在则获取与该用户名相关的各项信息，然后将这些信息转换为一个 UserInDB 模型类的对象进行返回。

❏ authenticate_user() 函数是对 get_user() 函数的进一步封装，它返回的也是一个 UserInDB 模型类的实例化对象。

❏ get_client_id 函数 () 和 get_user() 函数类似，也是基于 client_id 来查询 fake_client_db 中是否存在对应的数据，如果存在则获取对应的配置信息，然后将这些信息转换为一个 Client 模型类的对象进行返回。

❏ authenticate_client_id() 函数是对 get_client_id() 函数的进一步封装。

❏ create_access_token() 函数用来创建对应的 token。在该函数中主要是基于 JWT 来生成 token 信息，其中写入 token 的 data 数据为 data={"sub": username, "scopes": scopes}。这样在后续解码时，可以直接从 token 中获取用户名。

❏ get_current_user() 函数是一个依赖项，它有别于常规的函数依赖项，可以支持传参。该函数的第一个参数 security_scopes 表示传入参数的值，第二个参数 token 则表示另外一个依赖项对象，也就是说，这个函数中的 token 值信息依赖于 oauth2_scheme。在该函数中，如果 token 值解析成功，那么就可以进行解码处理了，之后会解析出 token 信息中的 Payload。Payload 被提取出来后，用户之前写入 token 中的用户名信息和 scopes 列表信息会转换为一个 TokenData 模型类对象。对比解析出来的用户名和数据库中的用户名（非必须），然后验证授权作用域是否在对应的范围内，最终返回用户完整信息。

❏ get_current_active_user 函数 () 是对 get_current_user() 函数的进一步封装。它用于检测当前用户是否被激活。它自己也是一个依赖项，这个依赖项又依赖于 get_current_user()，且使用 Security 类来完成 get_current_user() 依赖项的传参，传入的参数值就是 scopes=["get_admin_info"]，这代表允许授权访问的域，也可以理解为权限标记。

❏ 定义了获取 token 的端点路由接口，该接口的地址对应前面定义的 OAuth2AuthorizationCodeBearer 类中的 tokenUrl 参数值 "/oauth2/authorize/access_token"。该接口主要用于第三方客户端通过提交 code 来换取 token，也就是用于签发 token 和 refresh_token。在该接口中，调用了前面定义的 authenticate_client_id() 函数来对 client_id 进行验证。验证通过后，开始定义 token 中要写入的用户名信息和 scopes 信息，并最终返回这些信息。为了介绍方便，在本案例中直接使 username =

"xiaozhongtongxue"。在实际工作中，则需要根据用户授权时的登录用户名来进行设置。

❑ 定义访问授权 URL 的端点路由接口，该接口的地址对应的是前面定义 OAuth2-AuthorizationCodeBearer 类中的对应 authorizationUrl 的参数项的值" /oauth2/authorize"。它是客户端执行请求授权时的入口地址。它依赖的参数信息有 client_id、redirect_uri、scopes、response_type 等，其中 redirect_uri 是客户端提交过来的重定向地址。通常，该接口一般会返回使用 HTML 显示是否授权的页面，让用户输入用户名和密码等信息，然后确定是否授权，类似于常见的通过 QQ 授权登录其他第三方应用中弹出的授权页面。不过为了简单、方便，这里直接基于 HTTPBasic 以用户名和密码输入的方式来完成类似的授权过程，所以最终是直接重定向到另一个基于 HTTPBasic 方式来实现的接口上。

❑ 基于 HTTPBasic 方式实现授权认证端点路由接口，该接口主要用于接收在授权对话框中输入的用户信息。若用户输入的用户名及密码验证通过，则表示用户已单击页面上的"同意授权"按钮，此时会生成一个 code 值。该 code 值会被重定向到客户端提供的 redirect_uri 地址。该 redirect_uri 地址就是第三方服务接口中的 URL 地址。

❑ 定义一些需要权限才可以访问的路由地址。

   ○ /api/v1/get_user_permission 需具备 scopes=["get_user_permission"] 权限。
   ○ /api/v1/get_user_role 需具备 scopes=["get_user_role"] 权限。
   ○ /api/v1/get_user_info 需具备 scopes=["get_user_info"] 权限。
   ○ /api/v1/get_admin_info 需具备 scopes=["get_admin_info"] 权限。
   ○ /api/v1/del_admin_info 需具备 scopes=["del_admin_info"] 权限。

启动服务并访问 API 可视化操作文档，然后单击定义的权限才可以访问路由地址进行测试，此时会提示需要输入相关的用户名和密码，以及 client_id、client_secret 等信息，这是一个完成授权处理的过程，具体如下：

1）这里要求进行授权认证，并要求输入授权认证所需的传参信息，申请认证授权界面如图 9-18 所示。

2）授权完成后，程序会重定向到用户代理层，也就是输入用户名及密码的对话框，如图 9-19 所示。

在授权码模式中，一般在第三方服务端通过 code 换取 token 时才传递 client_secret。在 API 可视化操作文档中，client_secret 可以不写。

3）单击"登录"按钮，自动重定向到第三方服务端提供的处理 code 换取 token 的 API 上。观察浏览器，会发现已成功返回授权服务器中生成的 access_token 和 refresh_token 等信息，如图 9-20 所示。

至此就完成了授权码模式的授权流程。上述案例仅用于演示，其中的部分逻辑并不严谨，读者需要结合自身的业务对相关内容进行优化，如 code 有效性、授权范围分配等。

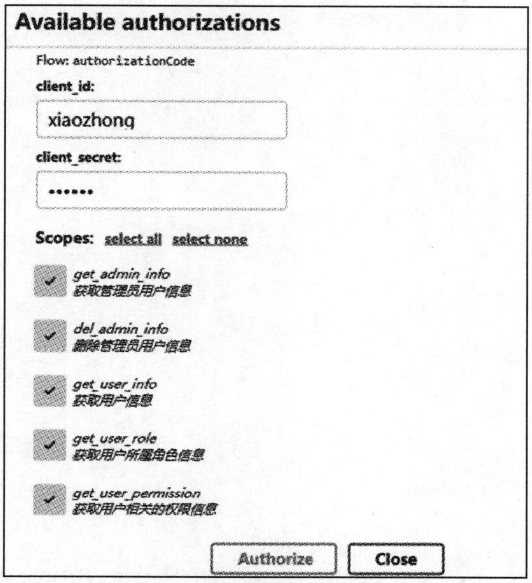

Available authorizations

Flow: authorizationCode

client_id:

xiaozhong

client_secret:

••••••

Scopes: select all　select none

☑ get_admin_info
获取管理员用户信息

☑ del_admin_info
删除管理员用户信息

☑ get_user_info
获取用户信息

☑ get_user_role
获取用户所属角色信息

☑ get_user_permission
获取用户相关的权限信息

Authorize　Close

图 9-18　申请认证授权界面

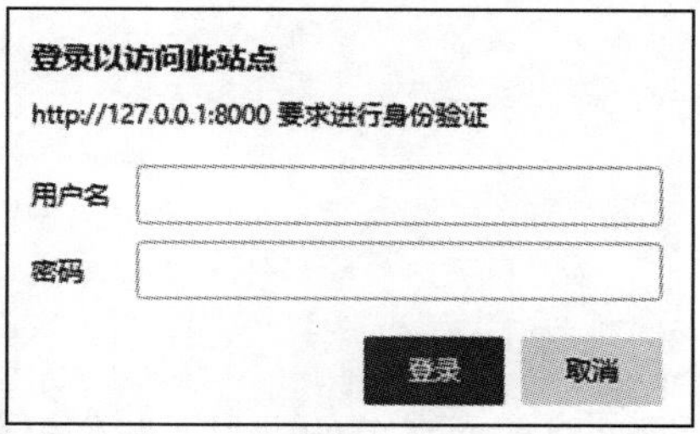

登录以访问此站点

http://127.0.0.1:8000 要求进行身份验证

用户名

密码

登录　取消

图 9-19　输入用户名及密码的对话框

< > C ⌂ ↺ ☆ | ⓘ http://127.0.0.1:8100/get/access_token?code=dlktqvbeahujxrip

{"access_token":"eyJhbGci0iJIUzI1NiIsInR5cCI6IkpXVCJ9.eyJzdWIi0iJ4aWFFvemhvbmd0b25eHVlIiwic2NvcGVzIjpbImdldF9hZG1pbl9pbmZvIiwiZGVsX2FkbWlu
A3ZM","expires_in":1800.0,"refresh_token":"eyJhbGci0iJIUzI1NiIsInR5cCI6IkpXVCJ9.eyJzdWIi0iJ4aWFFvemhvbmciLCJzY29wZXMi0lsiZ2V0X2FkbWluX21uZm
ongtongxue","scope":"SCOPE"}

图 9-20　返回授权服务器中生成的信息

9.4.8　简化模式

简化模式（Implicit Grant）是对授权码模式的一种简化，它主要用于客户端（如浏览器中的 JavaScript 应用程序）需要直接从授权服务器获取访问令牌的场景，而不需要通过服务器端进行中转。相比于授权码模式，它省略了授权码的获取和交换过程。在简化模式中，用户在第三方应用程序中单击"授权"按钮后，授权服务器将直接向浏览器返回访问令牌，而不是授权码。这个过程中，不需要用户再次向授权服务器发送请求，因此简化了授权过程。通常，简化模式是在浏览器中直接向授权服务器申请 token 令牌，不再有用 code 换取 token 这一步。用户在授权代理层中直接把 token 重定向到客户端的 redirect_uri 地址上，第三方客户端在自己的 redirect_uri 地址中通过解析获取对应的 token。

由于简化模式和授权码模式的工作流程是一样的，所以这里不再展开了。不过需要注意，虽然简化模式减少了一些步骤，但有一定的安全风险。因为整个访问令牌的过程直接暴露在浏览器中，所以攻击者可以通过非法手段窃取浏览器中的令牌来访问受保护的资源。因此，简化模式主要适用于一些安全性要求不高的场景，如移动应用程序或单页应用程序。对于安全性要求较高的场景，建议使用授权码模式。

Chapter 10 第 10 章

短链应用实战

通过对前面章节的学习，我们已经掌握了 FastAPI 框架的基本使用流程，接下来学习如何熟练地将它应用于实际项目中。本章通过一个短链应用案例来引导读者使用 FastAPI 框架开发完整项目。

 本章相关代码位于 \fastapi_tutorial\chapter10 目录之下。

10.1 应用开发背景

在移动互联网时代，商家为了吸引客户通常需要制作各种营销活动页面，然后通过短信进行推广。在推广短信中通常需要携带产品的链接，借此让客户快速了解产品并吸引其进行交易。由于短信长度有限，所以必须对短信进行精简，此时把一个长 URL 地址转换为一个短 URL 地址就显得非常必要了。

该短链项目具有如下主要特点：

❑ 基于 SQLite 3 数据库来存储短链信息。

❑ 使用 SQLAlchemy 异步的方式来处理数据交互。

❑ 可以进行短链重定向以及短链统计处理。

❑ 可以根据不同渠道批量生成营销特定短链内容或单一类型短链内容。

通常把短链分为如下两种类型：

❑ 常量短链：一个短链地址对应一个固定的长链地址，长链地址是不可变的。

❑ 变量短链：一个短链地址对应不同的长链地址，长链地址中存在可变的参数。

在营销活动中是使用常量短链还是变量短链，应取决于用户的业务需求。

10.2　应用系统功能需求描述

该项目要开发的应用程序主要包含两个部分：

❑ 用户使用侧：用户通过浏览器可以访问短链地址，并可以重定向到对应的长链地址。

❑ 内部管理侧：通过浏览器访问用户登录接口，登录成功后返回对应的 token 信息；浏览器访问后端批量生产短链接口或创建单一短链 API 时，需携带对应的 token 值信息。

通常在进行项目编写之前，需要根据需求来确定数据库表的设计。这里由于业务相对简单，项目使用两个表即可完成，它们分别是用户信息表（user）和短链信息表（short_url），如图 10-1 所示。

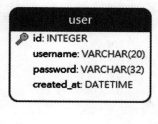

图 10-1　设计数据库模型表

用户信息表主要用于保存系统中的用户信息。部分 API 需要用户使用账号和密码登录并通过授权认证才可以访问。该表的主要字段如下：

❑ username：用户名。

❑ password：用户密码。

❑ created_at：创建时间。

短链信息表主要用于保存短链映射的长链信息。该表的主要字段如下：

❑ id：短链 ID，通过短链 ID 可以查询数据库中对应的记录。

❑ short_tag：短链标签。

❑ short_url：完整的短链地址。

❑ long_url：短链地址对应的完整长链地址。

❑ visits_count：短链访问总次数。

❑ created_at：短链生成时间。

❑ created_by：短链是由哪一个用户生成。

❑ msg_context：短链包含的群发信息。

10.3 项目代码编写

10.3.1 项目规划

下面先规划项目结构，如图 10-2 所示。

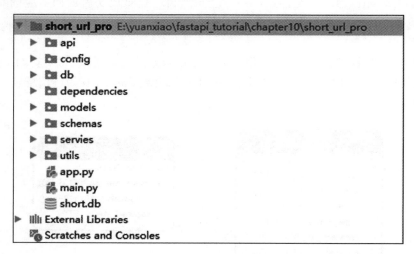

图 10-2 项目结构

项目结构说明：

❑ short_url_pro 表示项目名称。

❑ api 包主要存放编写好的 API，里面有用户登录和短链访问跳转等路由信息。

❑ config 包主要存放配置信息，主要包含数据库连接配置信息。

❑ db 包主要存放定义连接数据库相关的配置信息及连接数据库相关的实例化对象。

❑ dependencies 包主要存放相关依赖注入的依赖项。

❑ models 包主要存放数据库表中映射的 ORM 模型类。

❑ schemas 包主要存放各个接口的入参、出参的各个字段的类型定义。

❑ servies 包主要存放数据库表中 ORM 模型类封装好的 CRUD 基本操作。

❑ utils 包主要存放项目中使用的工具类。

❑ app.py 用于定义 FastAPI 的对象以及与初始化相关的路由注册操作。

❑ main.py 表示应用程序启动入口文件。

❑ short.db 表示当前项目使用的数据库文件。

经过前面的功能结构分析可以得知，这里需要编写如下 API：

❑ 访问短链后重定向长链的接口。

❑ 单一短链生成接口。

❑ 用户登录接口。

❑ 批量短链生成接口。

10.3.2　应用配置信息读取

一个项目中通常会有相关的配置信息需要读取，如本案例中的数据库 URL 地址、用户 token 生成密钥等，所以要在 Config 目录下新建一个 config.py 文件，在该文件中定义应用配置信息，代码如下：

```
from pydantic import BaseSettings
from functools import lru_cache

class Settings(BaseSettings):
    #定义连接异步引擎数据库的URL地址
    ASYNC_DATABASE_URI: str = "sqlite+aiosqlite:///short.db"
    #定义token的签名信息值
    TOKEN_SIGN_SECRET:str = 'ZcjT6Rcp1yIFQoS7'

@lru_cache()
def get_settings():
    return Settings()
```

上面的代码定义了两个常量，并且定义了获取实例对象的方法。为了避免对象被多次实例化，这里还加入了缓存机制。后续如果需要读取常量的值，那么直接导入 get_settings() 即可获取一个 Settings 缓存对象。

10.3.3　配置数据库引擎

在操作数据库的之前，需要有对应的引擎对象和会话对象。为了更好地进行结构划分，需要在 db 目录下新建一个 database.py 文件。在该文件中主要实现对数据库引擎对象及会话工厂管理对象的实例化，代码如下：

```
#导入异步引擎的模块
from sqlalchemy.ext.asyncio import create_async_engine, AsyncSession
from sqlalchemy.orm import declarative_base, sessionmaker
# URL地址格式
from config.config import get_settings
#创建异步引擎对象
async_engine = create_async_engine(get_settings().ASYNC_DATABASE_URI, echo=False)
#创建ORM模型基类
Base = declarative_base()
#创建异步的会话工厂管理对象
SessionLocal = sessionmaker(bind=async_engine, expire_on_commit=False,
class_=AsyncSession)
```

至此就完成了连接数据库前的准备工作。

10.3.4　使用 yield 管理会话依赖项

使用依赖项注入和 yield，可以为每一个请求分配不同的会话对象。为了更好地管理项目中的所有依赖项，这里统一把所有依赖项都在 dependencies 包中进行了声明，示例代码如下：

```
from sqlalchemy.ext.asyncio import AsyncSession
from typing import AsyncGenerator
from db.database import SessionLocal

async def get_db_session() -> AsyncGenerator[AsyncSession, None]:
    db_session = None
    try:
        db_session = SessionLocal()
        yield db_session
    finally:
        await db_session.close()
```

对上述代码中的关键部分解析如下：

❑ 定义了一个 get_db_session() 协程函数，该协程函数返回的是一个 AsyncGenerator
异步生成器。该生成器可以产生 AsyncSession 类型的值或 None。

❑ 在协程函数内部，通过 SessionLocal() 创建了一个 db_session 会话对象，并通过
yield 的方式进行返回。

❑ 执行完业务逻辑之后，使用 try…finally…机制，db_session 会话对象会自动关闭。

10.3.5 定义表模型

在 models 目录下创建一个 model.py 文件，并在该文件中定义业务表的模型类，代码如下：

```
from db.database import Base
from sqlalchemy import Column, String, DateTime, func,Integer#Integer

class User(Base):
    #指定本类映射到user表
    __tablename__ = 'user'
    id = Column(Integer, primary_key=True, autoincrement=True)
    #用户姓名
    username = Column(String(20))
    #用户密码
    password = Column(String(32))
    #用户创建时间
    created_at = Column(DateTime(), default=func.now())

class ShortUrl(Base):
    #指定本类映射到short_url表
    __tablename__ = 'short_url'
    id = Column(Integer, primary_key=True, autoincrement=True)
    #短链标签
    short_tag = Column(String(20),nullable=False)
    #短链地址
    short_url = Column(String(20))
    #长链地址
    long_url = Column(String, nullable=False)
    #访问次数
    visits_count= Column(Integer, nullable=True)
    #短链创建时间
    created_at = Column(DateTime(), default=func.now())
```

```
#短链创建用户
created_by = Column(String(20))
#短信内容
msg_context = Column(String, nullable=False)
```

上述代码主要根据业务需求定义了用于映射到数据库表中的模型类，相关的字段及参数都以注释的形式说明了。

10.3.6　用户信息表 CURD 封装

模型创建完成之后，需要封装 ORM 模型类的 CURD 操作。首先针对 user 表的增、删、改、查操作进行封装。在 servies 包下新建 user.py 文件，文件的内容如下：

```python
from sqlalchemy import select, update, delete
from sqlalchemy.ext.asyncio import AsyncSession
from models.model import User
from db.database import async_engine, Base

class UserServeries:

    @staticmethod
    async def get_user(async_session: AsyncSession, user_id: int):
        result = await async_session.execute(select(User).where(User.id == user_id))
        return result.scalars().first()

    @staticmethod
    async def get_user_by_name(async_session: AsyncSession, name: str):
        result = await async_session.execute(select(User).where(User.name == name))
        return result.scalars().first()

    @staticmethod
    async def get_users(async_session: AsyncSession):
        result = await async_session.execute(select(User).order_by(User.id))
        return result.scalars().fetchall()

    @staticmethod
    async def create_user(async_session: AsyncSession, **kwargs):
        new_user = User(**kwargs)
        async_session.add(new_user)
        await async_session.commit()
        return new_user

    @staticmethod
    async def update_user(async_session: AsyncSession, user_id: int, **kwargs):
        response = update(User).where(User.id == user_id)
        result = await async_session.execute(response.values(**kwargs))
        await async_session.commit()
        return result

    @staticmethod
    async def delete_user(async_session: AsyncSession, user_id: int):
        response = await async_session.execute(delete(User).where(User.id == user_id))
```

```
        await async_session.commit()
        return response
```

上述代码定义了一个 UserServeries 类来统一管理 user 表的操作，在该类中定义了与 user 表的增、删、改、查等操作对应的静态协程方法。在所有的静态协程方法中，第一个参数统一依赖于 AsyncSession 异步的会话对象。

这里所说的静态协程方法包括：

❑ create_user() 方法用于创建 User 用户信息。

❑ get_user()、get_user_by_name()、get_users() 等方法用于根据不同的条件查询 User 用户信息。

❑ update_user() 方法用于根据用户 ID 修改 User 用户信息。

❑ delete_user() 方法用于根据用户 ID 删除 User 用户记录。

10.3.7　短链信息表 CURD 封装

本小节对短链信息表的增、删、改、查等操作进行封装。在 servies 包下新建 short.py 文件，文件内容如下：

```
from sqlalchemy import select, update, delete
from sqlalchemy.ext.asyncio import AsyncSession
from models.model import ShortUrl
from db.database import async_engine, Base


class ShortServeries:

    @staticmethod
    async def get_short_url(async_session: AsyncSession, short_tag: str):
        result = await async_session.execute(select(ShortUrl).where(ShortUrl.
            short_tag == short_tag))
        return result.scalars().first()

    @staticmethod
    async def create_short_url(async_session: AsyncSession, **kwargs):
        new_short_url = ShortUrl(**kwargs)
        async_session.add(new_short_url)
        await async_session.commit()
        return new_short_url

    @staticmethod
    async def update_short_url(async_session: AsyncSession, short_url_id: int,
        **kwargs):
        response = update(ShortUrl).where(ShortUrl.id == short_url_id)
        result = await async_session.execute(response.values(**kwargs))
        await async_session.commit()
        return result

    @staticmethod
    async def delete_short_url(async_session: AsyncSession, short_url_id: int):
        response = await async_session.execute(delete(ShortUrl).where(ShortUrl.
```

```
            id == short_url_id))
        await async_session.commit()
        return response

    @staticmethod
    async def create_batch_short_url(async_session: AsyncSession, short_
        urls:List):
        async_session.add_all(short_urls)
        await async_session.commit()
        return short_urls
```

上述代码定义了一个 ShortServeries 类来统一管理短链信息表的操作，该类中定义了与短链信息表的增、删、改、查等操作对应的静态协程方法，这些静态协程方法包括：

❑ get_short_url() 方法用于根据 short_tag 查询短链记录。

❑ create_short_url() 方法用于创建单一的短链记录。

❑ update_short_url() 方法用于根据短链记录的 ID 更新短链信息。

❑ delete_short_url() 方法用于根据短链记录的 ID 删除短链记录。

❑ create_batch_short_url() 方法用于批量添加多条短链记录。

10.3.8　创建 FastAPI 实例并初始化表

本小节正式开始创建 app 服务对象。这里主要关注如何在 app 启动事件回调中完成表的创建，相关实现代码如下：

```
from fastapi import FastAPI
app = FastAPI(title='FastAPI集成短链实战案例')

@app.on_event("startup")
async def startup_event():
    pass
    from db.database import async_engine, Base
    from models.model import User,ShortUrl
    async def init_create_table():
        async with async_engine.begin() as conn:
            await conn.run_sync(Base.metadata.drop_all)
            await conn.run_sync(Base.metadata.create_all)
    await init_create_table()

@app.on_event("shutdown")
async def shutdown_event():
    pass
```

对于上述代码，在服务启动事件 on_event("startup") 回调中进行了数据库表的创建，通过 async_engine.begin() as conn 获取了一个连接数据库的会话对象，然后执行数据库表的删除和重新创建的操作，其中，Base.metadata.drop_all 用于删除表，Base.metadata.create_all 用于创建表。注意，在线上生成环境中，对表进行删除需谨慎。

生成表时需要注意，要导入具体的模型类，如 from models.model import User, ShortUrl。如果不导入，则执行创建表的操作时会因无法找到要生成的表模型而出错。

当启动服务之后，就可以看到在当前项目目录下生成了数据库文件 short.db。

10.3.9 创建测试账号

为了便于后续测试，这里需要手动创建一个测试账号。通过该测试账号，用户可以进行登录授权操作。出于安全考虑，用户表中的密码字段不能以明文形式存储，所以这里进行用户密码存储时需要使用哈希算法进行加密。密码保存的实现代码如下：

```
from passlib.context import CryptContext

pwd_context = CryptContext(schemes=["bcrypt"], deprecated="auto")

class PasslibHelper:
    pass

    # plain_password表示明文密码，hashed_password表示哈希密码
    @staticmethod
    def verity_password(plain_password: str, hashed_password: str):
        """对密码进行校验"""
        return pwd_context.verify(plain_password, hashed_password)

    #进行哈希密码加密
    @staticmethod
    def hash_password(password: str) -> str:
        return pwd_context.hash(password)

if __name__ == '__main__':
    print(PasslibHelper.hash_password("123456"))
```

知道了如何以非明文的方式保存密码之后，就可以正式手动创建一个测试用的 admin 账号了。测试账号的生成代码如下：

```
#省略部分代码
if __name__ == '__main__':
    import asyncio
    from dependencies import get_db_session_asynccont
    async def create_admin_user():
        async with get_db_session_asynccont() as async_session:
            await UserServeries.create_user(async_session, username="admin",
password=(PasslibHelper.hash_password("123456")),
                                            created_at=func.now()
                                            )
    asyncio.run(create_admin_user())
```

10.3.10 定义短链重定向接口

为了方便管理，这里把 router 实例对象统一放到 api 包下进行管理。在 api 包下，根据不同职责划分出不同的路由模块。其中，short.py 主要用于定义短链重定向到长链的路由接口，具体代码如下：

```
from fastapi import APIRouter, Depends,BackgroundTasks
```

```
from fastapi.responses import RedirectResponse, PlainTextResponse
from dependencies import get_db_session
from db.database import AsyncSession
from servies.short import ShortServeries


router_short = APIRouter(tags=["短链访问"])


@router_short.get('/{short_tag}')
async def short_redirect(*,short_tag: str, db_session: AsyncSession =
    Depends(get_db_session),taks:BackgroundTasks):
    data = await ShortServeries.get_short_url(db_session, short_tag)
    if not data:
        return PlainTextResponse("没有对应的短链信息记录")
    data.visits_count=data.visits_count+1
taks.add_task(ShortServeries.update_short_url,db_session,short_url_id=data.
    id,visits_count=data.visits_count)
    return RedirectResponse(url=data.long_url)
```

对上述代码中的关键部分解析如下:

❑ 定义一个 APIRouter 路由分组实例对象 router_short。为了让地址更简短,这里不需要设置路由分组 URL 前缀地址。

❑ 通过 router_short 对象注册一个动态路由地址,这样就可以将可变的 short_tag 参数值传到协程函数内部了。

❑ 在视图函数中定义了 3 个参数,分别是 short_tag、db_session 和 taks。其中,short_tag表示短链的标识符。db_session 是一个异步会话,用于与数据库进行交互,该异步会话对象是通过 get_db_session 依赖项来获取的。而 taks 是一个 BackgroundTasks类型的参数,用于在后台进行任务处理。

❑ 上述代码通过调用 ShortServeries 提供的 get_short_url() 方法来查询 short_tag 短链标签是否存在。如果存在,则直接重定向到对应的长链。

❑ 在重定向到长链之前,还需要更新当前短链访问的请求次数,这里使用 Background-Tasks 在后台进行异步处理。

10.3.11 定义短链生成接口

api 包下的 user.py 模块主要用于定义短链管理的生成接口,主要包含用户登录认证接口、单条短链生成接口和批量短链生成接口。

1. 用户登录认证接口

用户登录涉及用户身份认证,这里使用 OAuth 2 中的密码模式来进行用户登录的认证,实现代码如下:

```
#省略部分代码
router_user = APIRouter(prefix="/api/v1", tags=["用户创建短链管理"])
#注意,需要请求的是完整的路径
oauth2_scheme = OAuth2PasswordBearer(tokenUrl="/api/v1/oauth2/authorize")
```

```
@router_user.post("/oauth2/authorize", summary="请求授权URL地址")
async def login(user_data: OAuth2PasswordRequestForm = Depends(),db_session:
    AsyncSession = Depends(get_db_session)):
    if not user_data:
        raise HTTPException(status_code=400, detail="请输入用户账号及密码等信息")
    #查询用户是否存在
    userinfo = await UserServeries.get_user_by_name(db_session, user_data.
        username)
    if not userinfo:
        raise HTTPException(status_code=HTTP_401_UNAUTHORIZED,detail="不存在此用户
            信息",headers={"WWW-Authenticate": "Basic"})

    #验证用户密码和哈希密码是否保持一致
    if not PasslibHelper.verity_password(user_data.password,userinfo.password):
        raise HTTPException(status_code=400, detail="用户密码不对")

    #签发JWT有效负载信息
    data = {
        'iss': userinfo.username,
        'sub': 'xiaozhongtongxue',
        'username': userinfo.username,
        'admin': True,
        'exp': datetime.utcnow() + timedelta(minutes=15)
    }
    #生成token
    token = AuthTokenHelper.token_encode(data=data)

    return {"access_token": token, "token_type": "bearer"}
```

对上述代码中的关键部分解析如下：

❏ 定义 APIRouter 路由实例对象 router_user。router_user 用于处理与用户创建短键管理相关的 API 请求。

❏ 使用 OAuth2PasswordBearer 类型定义了一个 oauth2_scheme 变量，主要进行用户登录授权认证。注意，OAuth2PasswordBearer 中 tokenUrl 的值为 /api/v1/oauth2/authorize，其中,/api/v1 和 router_uesr 路由分组 URL 中的 prefix="/api/v1" 是一致的。

❏ 使用 @router_user.post 装饰器定义了一个授权路由函数 login()，用于处理 POST 请求，且在路由视图函数内部对输入的用户名和账号进行校验。

❏ 在校验的过程中，使用 PasslibHelper.verity_password 方法验证用户输入的密码和数据库中的哈希密码是否相同。如果不相同，则抛出 HTTPException 异常，返回状态码 400 和提示信息 "用户密码不对"。当浏览器检测到异常时，会继续要求用户继续输入正确的用户名和密码。

❏ 用户信息校验通过，签发一个 JWT 有效负载信息。其中，iss 表示签发者，sub 表示主题，username 表示用户名，admin 表示用户是否具有管理员权限，exp 表示过期时间。接着使用 AuthTokenHelper.token_encode() 方法生成 token，并将 token 和 token_type 返回给客户端。

2. 单条短链生成接口

在实际业务中，如果需要生成的是常量短链，那么只需要生成一条短链即可。由于创建单条短链涉及参数读取，因此这里通过定义 Pydantic 模型关联来进行参数解析。为了方便统一管理模型，把所有定义的模型都放在 schemas 包下。下面创建 SingleShortUrlCreate 模型类，代码如下：

```python
from pydantic import BaseModel

class SingleShortUrlCreate(BaseModel):
    """
    创建新短链记录时需要传递参数信息
    """
    #需要生成长链地址
    long_url:str
    #短链生成前缀
    short_url:str = "http://127.0.0.1:8000/"
    #访问次数，默认值是0
    visits_count:int = 0
    #短链标签，默认可以不传
    short_tag:str = ""
    #默认不传，通常在后端进行生成处理
    created_by = ""
```

有了接收参数的 Pydantic 模型后就可以定义具体的路由地址了，代码如下：

```python
#省略其他代码
@router_uesr.post("/creat/single/short", summary="创建单一短链请求")
async def creat_single(creatinfo:SingleShortUrlCreate,token: str =
    Depends(oauth2_scheme),db_session: AsyncSession = Depends(get_db_session)):
    payload = AuthTokenHelper.token_decode(token=token)
    username = payload.get('username')
    creatinfo.short_tag = generate_short_url()
    creatinfo.short_url=f"{creatinfo.short_url}{creatinfo.short_tag}"
    creatinfo.created_by=username
    creatinfo.msg_context=f"{creatinfo.msg_context},欲了解详情，请单击{creatinfo.
        short_url}！"
    result =await ShortServeries.create_short_url(db_session,**creatinfo.dict())
    return {"code": 100, "msg": "创建短链成功","data":{
        "short_url":result.short_url
    }}
```

代码关键点解析说明：

❑ 首先定义了一个视图函数 creat_single()，用于处理 POST 请求，其 API 路径为 /creat/single/short。

❑ 在视图函数中，声明了 SingleShortUrlCreate 模型类，并注入 oauth2_scheme 依赖项用于获取客户端传递的 token。由于短链创建是需要授权登录后才允许执行的，所以创建短链接口依赖于用户登录授权后返回给用户的 token，而 token 需要通过 oauth2_scheme 依赖项进行解析。

❑ 在视图函数内部通过 AuthTokenHelper.token_decode 解析出对应的 token，然后从

token 中提取出之前 JWT 写入的 username 用户名并赋值给 created_by 参数。

❑ 通过 generate_short_url() 函数生成 short_tag 短链标识符，并将其赋值给 creatinfo. short_tag 属性。然后根据 creatinfo.short_url 和 creatinfo.short_tag 属性的值重新生成一个完整的短链接地址，并将其赋给 creatinfo.short_url 属性。

❑ 通过 msg_context 和 short_url 参数生成对应的短信。

❑ 把 SingleShortUrlCreate 模型类的实例化对象转换为字典传入 ShortServeries.create_short_url() 函数，完成短链记录创建，并返回结果。返回结果中的数据包括状态码、提示信息和新增的短链地址。

3. 批量短链生成接口

针对变量短链，往往需要根据业务来确定生成规则，然后批量生成短链。这里假设需要根据不同的渠道号生成不同的带渠道号的长链地址。根据这样的需求，可以制定出上传的文本文件的内容为：

渠道号#短信内容信息#对应长链内容

当后端收到文件后进行文本解析时，可按上述格式来读取对应的参数。格式示例如下：

```
chan01#尊敬的用户，你的优惠专享渠道为chanename,欲了解详情，请点击url#http://www.xxxx.
    com/01.html
chan02#尊敬的用户，你的优惠专享渠道为chanename,欲了解详情，请点击url#http://www.xxxx.
    com/02.html
chan03#尊敬的用户，你的优惠专享渠道为chanename,欲了解详情，请点击url#http://www.xxxx.
    com/03.htm
...
```

对上述示例说明如下：

❑ chan01 表示当前用户专享渠道号。

❑ # 是信息分隔符，示例中使用 # 作为文本切割分隔符。

❑ "尊敬的用户，你的优惠专享渠道为 chanename，欲了解详情，请点击 url" 表示完整的短信内容。短信内容里有两个参数占位符：chanename 是一个占位符，它代表渠道的变量参数，后续会被专享渠道号替换；url 也是一个占位符，它代表用户专享渠道的短链 URL 地址。

❑ http://www.xxxx.com/01.html 等表示与当前短链跳转对应的长链地址。

下面批量生成短链路由地址，代码如下：

```
#省略其他代码
@router_uesr.post("/creat/batch/short", summary="通过上传文件方式批量创建短链")
async def creat_batch(*, file: UploadFile = File(...),
                      token: str = Depends(oauth2_scheme),
                      db_session: AsyncSession = Depends(get_db_session)):
    payload = AuthToeknHelper.token_decode(token=token)
    #定义认证异常信息
    username = payload.get('username')
    #开始读取文本内容
```

```
contents = await file.read()
#解析文本内容信息
shorl_msg = contents.decode(encoding='utf-8').split("\n")
#创建SingleShortUrlCreate短链对象
def make_short_url(item):
    #根据分隔符切割单行的文本内容
    split_item = item.split("#")
    #生成该短链的tag标签
    short_tag = generate_short_url()
    #根据标签生成短链地址
    short_url = f"http://127.0.0.1:8000/{short_tag}"

    return SingleShortUrlCreate(
        #长链
        long_url=split_item[2],
        #短链的tag标签
        short_tag=short_tag,
        #短链地址
        short_url=short_url,
        #是谁创建的
        created_by=username,
        #短信内容, 最终的split_item[0]值就是渠道号, 替换到chanename占位符中
        msg_context=f"{split_item[1].replace('chanename', split_item[0]).
            replace('url', 'short_url')}")
#使用列表推导式生成短链列表对象, 提交到批量创建的服务层上
result = await ShortServeries.create_batch_short_url(db_session, [make_short_
    url(item) for item in shorl_msg])
return {"code": 200, "msg": "批量创建短链成功", "data":None}
```

在上面的代码中, 处理批量短链的生成方式和单一短链的生成方式类似, 只不过多了文本信息读取和解析的过程。对于详细的说明, 读者可以查看代码中的注释, 这里不再重复。

10.3.12　将子路由添加到根路由并启动服务

10.3.10 和 10.3.11 小节中已经定义了两个子路由组, 它们分别是 router_short()(管理短链相关路由函数)、router_uesr()(用户创建短链及管理短链相关路由函数)。定义好之后, 还需要把它们添加到 app 主路由下面, 这样才可以完成路由添加。在 app.py 文件中添加新增路由的代码如下:

```
from api.short import router_short
from api.user import router_uesr
#省略其他代码
app.include_router(router_short)
app.include_router(router_uesr)
```

完成路由添加之后, 在 main.py 中编写启动服务脚本, 脚本内容如下:

```
if __name__ == '__main__':
    import uvicorn
    uvicorn.run(app='app:app', host="127.0.0.1", port=8000)
```

这里需注意启动脚本的放置问题。之前的 app 对象定义在 app.py 文件之下, 如果直接

在 app.py 文件下使用上面的启动脚本，则会与 uvicorn.run(app='app:app') 中的"app:app"重复。在 uvicorn.run 中，如果 app='app:app'，那么系统会把"app:app"当作一个模块进行导入加载，进而导致执行两次 app.py 模块。此时有的读者可能会说，修改为 uvicorn.run(app=app) 不就可以了吗？虽然这样不会重复执行 app.py 模块了，但是因为传入的不是字符串形式，所以 reload=True 的热启动机制将无法启用。

为了既可以热更新，又不会重复加载 app.py 模块，新建了一个 main.py，把启动脚本放到这个文件下执行。启动服务，并查看 API 交互式文档，可以看到图 10-3 所示的结果。

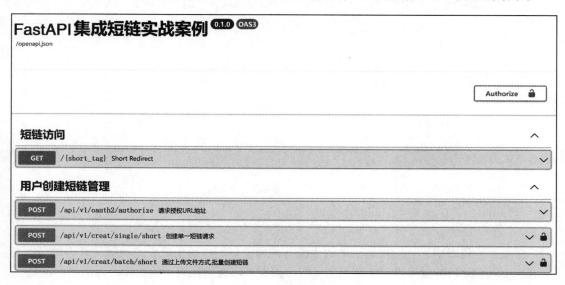

图 10-3　短链实战 API

至此，已经按最初的需求实现了短链应用项目的所有接口。读者可以根据生成的 API 交互式文档操作请求接口并查看具体的结果。

通过对本章的学习，读者可以掌握以下几个知识点：

❑　如何根据自身的业务规划项目结构。

❑　如何使用 yield 生成器生成依赖项。

❑　如何对数据库服务层进行封装。

❑　如何把 OAuth 2 授权机制引入项目中。

第 11 章 *Chapter 11*

WebSocket+Vue 简易聊天室实战

FastAPI 框架内置了对 WebSocket 的支持，而且既可以进行同步处理，又可以进行异步处理。在异步处理模式下，WebSocket 可以同时处理更多的连接。本章通过实现一个简易的多人在线文本聊天室来介绍 WebSocket 在 FastAPI 框架中的应用。

 说明　本章相关代码位于 \fastapi_tutorial\chapter11 目录之下。

11.1　WebSocket 简介

WebSocket 的快速发展得益于 HTML5 的发展，它主要用于解决浏览器与服务器之间的双向网络通信问题。WebSocket 本身是一种协议，底层是基于 TCP 实现的。传统的 HTTP 都是基于请求响应模式工作的，而 WebSocket 打破了这种约束：当连接创建完成之后，就相当于在服务器和浏览器之间创建了一个持久性连接，此时服务器可以主动发信息给浏览器，而不需要浏览器主动发出请求进行信息推送，即双方可进行双向的实时通信。

WebSocket 相比于 HTTP 有明显的优点：

❑ WebSocket 可避免频繁创建和释放请求，相对于 HTTP，减少了连接请求产生的资源消耗，提高了资源利用率。

❑ WebSocket 是一种全双工双向通信协议，信息实时交互性更强。

❑ WebSocket 的通信内容可以是文本，也可以是二进制数据。

❑ WebSocket 的报头数据少，可减少数据传输开销，使传输速度更快。

因为具有上述优点，WebSocket 应用的领域非常多，比如常见的网站中的弹幕系统、网页实时客服系统、玩家即时聊天系统、聊天室等。

WebSocket API 是 HTML5 标准的一部分，但是并不代表 WebSocket 只能用于基于浏览器的应用中。

11.2 项目系统描述

FastAPI 官网提供了 WebSocket 的使用案例，但是官网提供的案例仅介绍了单进程下的 WebSocket 消息通信，当服务以多进程或分布式的方式进行部署时，就无法通过 WebSocket 进行通信了。本项目主要基于官网提供的示例做进一步优化，优化内容主要包括以下两点：

❑ 增加用户注册和登录处理。

❑ 增加分布式消息通信方式。

本项目的最终页面效果如图 11-1～图 11-3 所示。

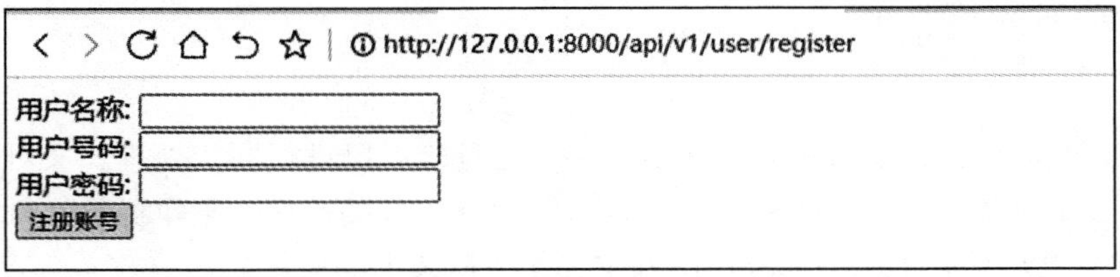

图 11-1　用户注册页面

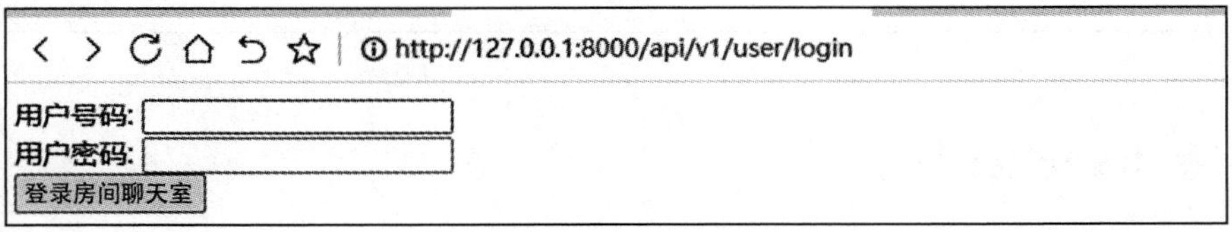

图 11-2　用户登录聊天室页面

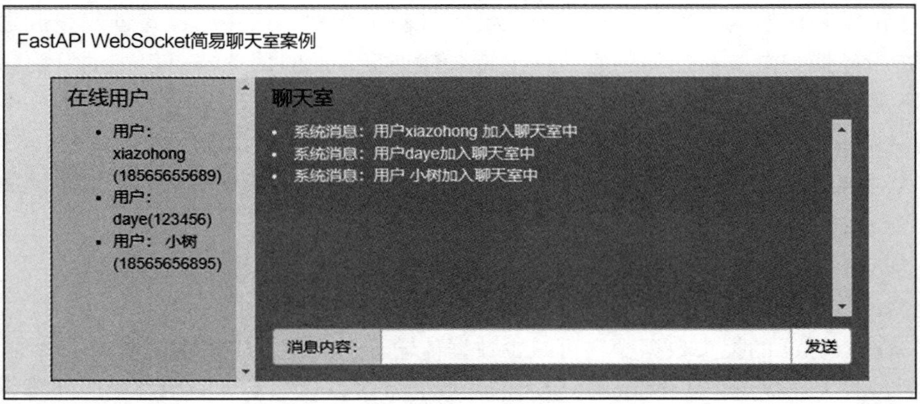

图 11-3　用户即时聊天室页面

要得到以上效果，需要实现的功能如下：

❑ 用户加入聊天室前，需要先进行注册。

❑ 用户注册成功后才可以进行登录操作。

❑ 在用户登录的过程中，身份校验成功后就可以加入聊天室，加入后可以看到当前房间内的实时在线用户列表。

❑ 用户可以在聊天室内相互发送文本信息进行交流。

❑ 在用户发送的文本消息上会携带具体的发送时间。

❑ 用户离开房间后，系统会实时发送消息以告知房间内的所有在线用户。

11.3　项目代码编写

11.3.1　项目代码结构

基于第 10 章介绍的短链应用实战代码的结构，结合聊天室的业务逻辑，可以得到本项目的代码结构，如图 11-4 所示。

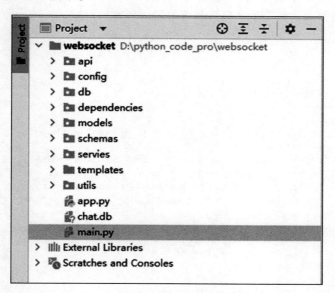

图 11-4　项目代码结构

在图 11-4 所示的代码结构中：

❑ websocket 表示项目名称。

❑ api 包主要存放编写的路由接口。

❑ config 包主要存放配置信息，其中包括数据库连接配置信息。

❑ db 包主要存放用于定义连接数据库的配置信息和实例化对象。

❑ dependencies 包主要存放依赖注入的依赖项。

❑ models 包主要存放数据库表中映射的 ORM 模型类。

❑ servies 包主要存放数据库表中与 ORM 模型类相关的封装好的 CRUD 基本操作。

❑ templates 文件夹主要存放 HTML 模板页面。

❑ utils 包主要存放项目中要使用的工具类。

❑ app.py 文件用于定义 FastAPI 的对象以及初始化相关路由注册。

❑ main.py 文件用于启动程序。

❑ chat.db 是当前使用到的数据库文件。

11.3.2 前端页面开发

本项目是通过浏览器的方式展示的，所以本小节介绍前端和后端如何使用 WebSocket 进行通信。

1. 用户注册页面

用户进入聊天室之前需要进行注册，只有注册成功，才可以获取对应的账号信息。本小节要实现的注册页面比较简单，只涉及简单的表单数据提交，实现代码如下：

```html
<!DOCTYPE html>
    <html>
        <head>
            <meta charset="utf-8">
            <title>聊天室房间用户注册</title>
        </head>
        <body>
        <form action="/api/v1/user/register_action" method="get" onsubmit="return
            check(this)">
            用户名称: <input type="text" name="username"><br>
            用户号码: <input type="text" name="phone_number"><br>
            用户密码: <input type="text" name="password"><br>
             <input type="submit" value="注册账号" onclick="check(this.form)">
        </form>
        </body>

        <script type="text/javascript">
         function check(form) {
             if(form.username.value=='') {
                 alert("请输入用户名称!");
                 form.username.focus();
                 return false;
             }
             if(form.phone_number.value=='') {
                 alert("请输入用户号码!");
                 form.phone_number.focus();
                 return false;
             }
             if(form.password.value==''){
                 alert("请输入用户密码!");
```

```
                        form.password.focus();
                        return false;
                    }
                    return true;
                }
        </script>

    </html>
```

在上述代码中，没有引入复杂的 CSS 样式和其他 JavaScript 库，重点实现了与表单相关的验证和提交处理。对 form 表单部分的代码解析如下：

❑ 在 form 表单中定义了 3 个 text 文本框类型的 input 表单元素，其中包含了用户注册所需的字段，如用户注册时填写的用户名、手机号码、密码信息。

❑ form 表单中的 action 属性指定了表单提交的 URL（也就是表单内容提交的 URL 地址），method 属性指定了表单提交的方法，onsubmit 属性指定了用户提交表单时所要执行的 JavaScript 函数。

❑ 在 onsubmit 属性中调用 JavaScript 代码块，用于实现表单的验证信息的 check() 函数，通过 check() 函数对输入的用户名、手机号码和密码等信息进行不为空的验证。如果输入的内容不符合要求，则会弹出提示框并返回 false，接着会阻止表单的提交。如果输入的内容符合要求，则会返回 true，并允许表单的提交。

❑ submit 提交类型的 input 表单元素中对应的 onclick="check(this.form)" 绑定的事件处理结果，和在 onsubmit 属性中调用 JavaScript 代码块的处理结果是一样的，都是调用 check() 函数进行表单验证。

❑ 当用户单击了"注册账号"按钮之后，表单内的信息会自动提交到 /api/v1/user/register_action 接口上。此时需要注意，表单内的所有参数默认会转换为查询参数，并最终放置在请求的 URL 上进行提交。

2. 用户登录聊天室页面

当用户注册成功后，默认会跳转到登录聊天室页面。用户在这个页面中输入用户名及密码就可以登录当前聊天室，实现代码如下：

```
<!DOCTYPE html>
    <html>
        <head>
            <meta charset="utf-8">
            <title>聊天室房间用户登录</title>
        </head>
        <body>
        <form action="/api/v1/user/login_action" method="get" onsubmit="return
            check(this)">
          用户号码: <input type="text" name="phone_number"><br>
          用户密码: <input type="text" name="password"><br>
          <input type="submit" value="登录房间聊天室" onclick="check(this.form)">
        </form>
        <p><b>注意: 这里由于仅做演示, 对于密码而言, 通常需要加密传输且不会使用GET方式提交!
```

```
        </b></p>
    </body>

    <script type="text/javascript">
     function check(form) {
        if(form.username.value=='') {
            alert("请输入用户名称!");
            form.username.focus();
            return false;
         }
        if(form.phone_number.value=='') {
            alert("请输入用户号码!");
            form.phone_number.focus();
            return false;
         }
        if(form.password.value==''){
            alert("请输入用户密码!");
            form.password.focus();
            return false;
        }
        return true;
      }
    </script>

</html>
```

在上述代码中，用户登录聊天室界面和注册页面提供的功能类似，这里不再重复。不过这里需要注意，"/api/v1/user/login_action"路由地址用于验证用户信息是否合法。通过后端接口服务进行验证，验证通过会给用户签发一个 token，然后重定向到聊天室地址 api/v1/room/online?token=xxx 上。

签发的 token 一般会通过请求头进行传递。为了方便，这里使用查询参数的方式进行 token 传递，读者可以根据自己的实际情况进行调整。

3. 聊天室页面排版

为了方便快速编排聊天室页面，这里基于 Bootstrap 和 Vue.js 框架进行开发。无论是 Bootstrap 还是 Vue.js，都是当前的主流框架。使用 Bootstrap 可以方便、快捷地进行页面布局开发并使用相关的组件。而 Vue.js 框架是一个渐进式的框架。使用这个框架可以让开发者只关注视图层和具体的业务逻辑，它提供了更简单的 API 来实现视图数据绑定，甚至还可以通过封装组件来提高代码的复用。以下是聊天室房间页面涉及的 HTML 布局代码：

```
<!DOCTYPE html>
<html>
<head>
    <meta charset="utf-8">
    <title>FastAPI WebSocket简易聊天室案例</title>
    <script src="https://code.jquery.com/jquery-3.3.1.min.js"></script>
    <script src="https://cdn.jsdelivr.net/npm/Vue@2/dist/Vue.js"></script>
    <link href="https://stackpath.bootstrapcdn.com/bootstrap/4.3.1/css/bootstrap.
        min.css" rel="stylesheet">
```

```html
<link rel="stylesheet" href="https://cdn.staticfile.org/twitter-
    bootstrap/3.3.7/css/bootstrap.min.css">
<script src="https://cdn.staticfile.org/jquery/2.1.1/jquery.min.js"></script>
<script src="https://cdn.staticfile.org/twitter-bootstrap/3.3.7/js/bootstrap.
    min.js"></script>
<style>
    .userlistbox {
        overflow-y: scroll;
    }
    .userchatbox {
        overflow-y: scroll;
        height: 50rem;
    }
    .sendmsgtools {
        margin-top: 1rem;
    }
</style>
</head>
<body>
<div id="app" class="panel panel-default">
    <div class="panel-body">
        {{title}}
    </div>
    <div class="panel-footer">
        <div class="container">
            <div class="row">
                <div class="col-md-3 userlistbox" style="background-color:
                    #dedef8;
                box-shadow: inset 1px -1px 1px #444, inset -1px 1px 1px #444;">
                    <h4>在线用户</h4>
                    <ul>
                        <li v-for="username in users" :key="username">用户:
                            {{username}}</li>
                    </ul>
                </div>
                <div class="col-md-9 " style="background-color: #20c997;
                box-shadow: inset 1px -1px 1px #444,
                inset -1px 1px 1px #444;">
                    <h4>聊天室</h4>
                    <div class="userchatbox">
                        <div>
                            <li style="color:#FFF" v-for="(msg,index) in
                                messages" :key="msg">{{msg}}</li>
                        </div>
                    </div>
                    <form class="sendmsgtools">
                        <div class="form-group row">
                            <div class="col-lg-11">
                                <div class="input-group" style="background-color:
                                    ##007bff;
                        box-shadow: inset 1px -1px 1px #444,
                        inset -1px 1px 1px #444;">

                                    <span class="input-group-addon">消息内容:
                                        </span>
```

```
                                      <input type="text" class="form-control"
                                          v-model='sendmsg'>
                                      <span class="input-group-btn">
                                      <button class="btn btn-default" type="button"
                                          @click="send">
                                          发送
                                      </button>
                </span>
                                      </div><!-- /input-group -->
                              </div>
                          </div>
                      </form>
                  </div>
              </div>
          </div>
      </div>
</div>

<script>
        var app = new Vue({
          el: '#app',
          data: {
              title:"FastAPI WebSocket简易聊天室案例",
              wsurl:"ws://127.0.0.1:8000/api/v1/room/socketws",
              socket:"",
              messages: [],
              users:[],
              sendmsg:"",
          }
#省略部分代码
</script>

</body>
</html>
```

在上述代码中，在 <head> 中引入其他第三方框架的 CSS 样式和第三方 JavaScript 库，其中最重要的是 Bootstrap 相关的样式和 JavaScript 库。另外，还在 <head> 中自定义了一些定制样式，以方便后续在页面中使用标签进行样式修饰。当引入并定义好样式后，在 <body> 中开始对聊天室页面进行具体的标签组件布局，并且在 <body> 中通过引入 Script 脚本来实例化一个挂在全局的 Vue 对象来控制整个页面的视图，以方便后续通过实例化的 Vue 对象管理 HTML 页面中的 UI 元素数据。Vue.js 框架的好处在于可以对 HTML 页面中的 UI 元素进行直接数据绑定，当数据有修改时会实时反馈到页面组件视图上，不需要操作复杂的 DOM 来进行视图数据的添加和修改。对上述代码中 <body> 部分的解析如下：

❑ 在 <div class="panel-body"> {{title}}</div> 中，通过插值表达式的方式引入实例化 Vue 对象中的 title 属性，通过这种方式可以实时显示 title 的值信息。

❑ 在 <li v-for="username in users" :key="username"> 用户：{{username}}</li> 中通过循环的方式来遍历 users 用户信息列表，并输出列表中的每一项用户名信息。

❑ <li style="color:#FFF" v-for="(msg, index) in messages" :key="msg">{{msg}}</li> 和

上面的内容同理，是对当前房间内所有聊天信息列表的循环遍历及显示。

❑ 在 <input type="text" class="form-control" v-model='sendmsg'> 中实现对表单控件 sendmsg 属性的双向绑定，通过这种方式可以对 sendmsg 的值进行修改，还可以实时反馈到当前组件中。

❑ 在 <button class="btn btn-default" type="button" @click="send"> 发送 </button> 中，通过 @click= 绑定点击事件，当触发按钮事件时，会调用 send() 函数把当前输入的文本信息发送到后端。

4. 前端 WebSocket 通信

要实现前端和后端 WebSocket 的通信，需要创建一个前端 WebSocket 实例对象，这里主要介绍在 <body> 中引入 Script 实例化的 Vue 对象的脚本代码。

```
<script>
    var app = new Vue({
     el: '#app',
     data: {
         title:"FastAPI WebSocket简易聊天室案例",
         wsurl:"ws://127.0.0.1:8000/socketws",
         socket:"",
         messages: [],
         users:[],
         sendmsg:"",
     },
     mounted () {
     //初始化
     this.initSocket()
     },
     methods: {
        initSocket: function () {
        if(typeof(Websocket) === "undefined"){
            alert("您的浏览器不支持socket")
        }else{
            //实例化socket并链接到服务端的WebSocket
            this.socket = new Websocket(this.wsurl)
            //监听socket连接
            this.socket.onopen = this.open
            //监听socket错误信息
            this.socket.onerror = this.error
            //监听socket消息
            this.socket.onmessage = this.getMessage
        }
     },
     open: function () {
         console.log("socket连接成功")

     },
     error: function () {
         console.log("连接错误")
     },
     send: function () {
```

```
                this.socket.send(this.sendmsg)
                this.sendmsg=""
            },
            close: function () {
                console.log("socket已经关闭")
            },
            getMessage: function (msg) {
                var obj = JSON.parse(msg.data)
                    if(obj.type==="ROOM_JOIN"){
                        this.users.push(obj.data.user_id)
                    }
                    else if(obj.type==="USER_JOIN"){
                        this.users.push(obj.data)
                        this.addSystemMessage(obj.type,obj.data)
                    }
                    else if(obj.type==="USER_LEAVE"){
                        this.users.splice(this.users.indexOf(obj.data), 1)
                        this.addSystemMessage(obj.type,obj.data)
                    }
                    else if(obj.type==="MESSAGE"){
                        this.addChatMessage(obj.data.user_id,obj.data.msg,obj.data.
                            datetime)
                    }
            },
            addChatMessage: function(user_id,msg,datetime) {
                this.messages.push(user_id +"说: "+msg+"("+datetime+")")
            },
            addSystemMessage: function(event_type,msg) {
             if(event_type==="USER_JOIN"){
                this.messages.push("系统消息: 用户"+ msg +"加入聊天室中")
             }
             else if(event_type==="USER_LEAVE"){
                this.messages.push("系统消息: 用户"+ msg +"离开了聊天室")
             }
             console.log(msg)
             }
        },
        destroyed () {
            //销毁监听
            this.socket.onclose = this.close
        },
        })
```

```
</script>
```

在上述代码中，引入 Vue.js 框架后，就可以使用 Vue.js 框架内部提供的方法实例化一个 Vue 对象。对 <script> 部分的代码解析如下：

❑ var app = new Vue({…}）用于创建全局 Vue 实例化对象，在实例化时需要进行全局视图的绑定挂载，也就是需要明确管理 <body> 中的某个视图区域。在前面的 HTML 代码中，定义了一个 div 标签对象，并包裹了其他需要管理的标签。比如代码 <div id="app" class="panel panel-default"…>，为对应的 div 标签设置了一个 ID 属性，它的值为 app，该 app 对应上面 el: '#app' 中的 app。注意，Vue 对象绑定的

　　视图必须是一个 div 标签，不能是 <body> 标签。
❑ 对于实例化的 Vue 对象来说，还可以定义自己的 data 属性和 methods 方法。
❑ data 里面定义的属性都可以直接在 <div id="app"> 包裹的标签下使用。用户可以使用插件表达式 {{title}} 来对 data 中定义的 title 参数进行使用。注意，在使用插件表达式 {{title}} 引入具体的参数值时，这个参数值必须是存在的，否则会报错。
❑ 在 data 里面，定义了如下属性：
　　○ title：当前页面显示的房间标题。
　　○ wsurl：后端 WebSocket 请求链接地址。
　　○ socket：一个由前端实例化的 WebSocket 对象。
　　○ messages：当前房间内的所有消息列表。
　　○ users：当前房间内的所有用户 ID 列表。
　　○ sendmsg：当前发送消息的表单组件的信息。
❑ mounted() 方法是 Vue 对象生命周期中的一部分。当页面模板完成渲染之后，该方法会自动被调用。通常在页面加载完成之后，使用它进行相关数据对象的初始化。这里主要调用了自定义的 initSocket() 方法来完成 WebSocket 对象的创建。
❑ 在 methods() 中，定义了当前视图内用到的所有方法，具体如下：
　　○ initSocket() 是初始化 WebSocket 链接对象的方法。
　　○ open() 是连接到服务端 WebSocket 成功后的回调方法。
　　○ error() 是连接到服务端 WebSocket 出现异常的回调方法。
　　○ send() 是用于将当前输入框中的消息发送到服务端 WebSocket 的方法。
　　○ close() 是与服务端 WebSocket 断开时触发的回调方法。
　　○ destroyed() 是当页面被销毁时触发的回调方法，这里主要用它来释放当前初始化的 WebSocket 链接对象。
　　○ getMessage() 用于接收服务端发送过来的消息。根据来源的不同，可把消息分为系统消息和用户信息。根据类型的不同，消息还可以分为加入房间的消息、离开房间的消息、用户发送的消息。
　　○ addChatMessage() 用于把用户发送过来的消息添加到消息列表中。
从上述代码分析中可以提炼前端页面初始化 WebSocket 对象的步骤，具体如下：
步骤 1　当浏览器加载完页面之后，会调用实例化 Vue 对象。
步骤 2　Vue 对象接管了视图的管理之后对页面进行监控，当检测到已加载完页面之后，会自动调用 Vue 对象中的 mounted () 方法。
步骤 3　通过 mounted () 方法完成 initSocket() 的调用之后创建 socket 实例，也就是最终与服务端 WebSocket 连接的对象。
步骤 4　根据 socket 实例提供的各种方法来完成具体的 WebSocket 通信调用。
由于本书的主题是 FastAPI 框架，所以对前端页面 HTML 和 Vue.js 框架不做太深入的介绍，感兴趣的读者可以参阅其他书籍。

11.3.3　后端开发

后端 WebSocket 是整个聊天信息系统的关键。下面使用 FastAPI 框架提供的 WebSocket 来完成通信相关的管理。首先梳理后端 WebSocket 通信管理步骤，具体如下：

步骤 1　启动后端 WebSocket 服务监听，然后等待客户端连接。

步骤 2　当用户输入的手机号码和密码验证通过并登录服务端后，也就是当客户端的 WebSocket 连接到服务端时，保存当前客户端 WebSocket 到一个全局字典中，字典的值主要包含了用户基本信息及对应客户端的 WebSocket 对象。

步骤 3　连接成功后，服务端开始发布有人加入房间的系统广播通知，实时通知其他客户端有人加入房间的消息。

步骤 4　然后发布在线人员更新系统广播通知，实时更新当前房间内的在线人数列表。

步骤 5　如果有人发布聊天消息，则接收并判别是谁发送的消息，然后将此人的聊天信息广播向其他客户端通知。

步骤 6　如果有客户端离开房间（关闭客户端 WebSocket），那么此时需要删除当前保存在全局字典中的 WebSocket 对象，然后将此人离开房间的消息广播向其他客户端通知。

以上是服务端 WebSocket 需要完成的通信管理的大致步骤。

1. 路由端点 WebSocketEndpoint 源码分析

这里介绍如何定义一个 WebSocket 路由端点，其中 WebSocketEndpoint 是 FastAPI 框架提供的基于模式类实现的 WebSocket 管理路由，它直接使用 starlette 框架提供的 Web-SocketEndpoint。下面分析 WebSocketEndpoint 的源码。

```
...
from starlette.WebSockets import WebSocket
class WebSocketEndpoint:

    encoding: typing.Optional[str] = None   # 可能是text、bytes或JSON类型的编码.

    def __init__(self, scope: Scope, receive: Receive, send: Send) -> None:
        assert scope["type"] == "webSocket"
        self.scope = scope
        self.receive = receive
        self.send = send

    def __await__(self) -> typing.Generator:
        return self.dispatch().__await__()

    async def dispatch(self) -> None:
        webSocket = webSocket(self.scope, receive=self.receive, send=self.send)
        await self.on_connect(webSocket)

        close_code = status.WS_1000_NORMAL_CLOSURE

        try:
            while True:
                message = await webSocket.receive()
```

```
                    if message["type"] == "webSocket.receive":
                        data = await self.decode(webSocket, message)
                        await self.on_receive(webSocket, data)
                    elif message["type"] == "webSocket.disconnect":
                        close_code = int(message.get("code", status.WS_1000_NORMAL_
                            CLOSURE))
                        break
        except Exception as exc:
            close_code = status.WS_1011_INTERNAL_ERROR
            raise exc
        finally:
            await self.on_disconnect(webSocket, close_code)

    async def decode(self, webSocket: WebSocket, message: Message) -> typing.Any:

        if self.encoding == "text":
            if "text" not in message:
                await webSocket.close(code=status.WS_1003_UNSUPPORTED_DATA)
                raise RuntimeError("Expected text webSocket messages, but got
                    bytes")
            return message["text"]

        elif self.encoding == "bytes":
            if "bytes" not in message:
                await webSocket.close(code=status.WS_1003_UNSUPPORTED_DATA)
                raise RuntimeError("Expected bytes webSocket messages, but got
                    text")
            return message["bytes"]

        elif self.encoding == "json":
            if message.get("text") is not None:
                text = message["text"]
            else:
                text = message["bytes"].decode("utf-8")

            try:
                return json.loads(text)
            except json.decoder.JSONDecodeError:
                await webSocket.close(code=status.WS_1003_UNSUPPORTED_DATA)
                raise RuntimeError("Malformed JSON data received.")

        assert (
            self.encoding is None
        ), f"Unsupported 'encoding' attribute {self.encoding}"
        return message["text"] if message.get("text") else message["bytes"]

    async def on_connect(self, webSocket: WebSocket) -> None:
        """重写以处理传入的WebSocket连接"""
        await WebSocket.accept()

    async def on_receive(self, webSocket: WebSocket, data: typing.Any) -> None:
        """重写以处理传入的WebSocket消息"""

    async def on_disconnect(self, webSocket: WebSocket, close_code: int) -> None:
        """重写以处理断开连接的WebSocket"""
```

由上述代码可知，初始化 WebSocketEndpoint 所需的参数有 scope、receive、send，由此可以看出，WebSocketEndpoint 其实也是一个基于 ASGI 协议标准实现的 App 对象之一。WebSocketEndpoint 是 WebSocket 连接管理的核心。它继承自 Starlette 中的 WebSocket 类，同时重写了一些方法，比如 _await_() 和 dispatch() 方法。在 WebSocketEndpoint 中，比较核心的实现是使用 _await_() 方法来完成对 dispatch() 分发函数的调用。

需要注意，_await_() 方法是在使用异步生成器协议时自动调用的一种比较特殊的方法，它允许 WebSocket 以异步的方式接收和发送消息。也就是说，当在 WebSocket 中进行发送和接收消息时，可以使用 async for 语句来异步地迭代接收到的消息。在代码中，当使用 async for 语句时，会自动调用 _await_() 方法来等待新的消息。在等待新消息时，协程会挂起，让其他任务可以继续执行。当有新的消息到达时，协程会恢复并返回消息。_await_() 方法是为了支持这种语法而存在的。

dispatch() 方法主要是用来分发 WebSocket 消息的。当客户端向服务器发送 WebSocket 消息时，WebSocket 实例会接收到该消息，并调用 dispatch() 方法对消息进行解析处理。

在 dispatch() 分发函数中，实例化了一个 WebSocket 类的协程实例对象，该对象就是当前连接到客户端所产生的对应的连接对象。该对象最终会被调度到事件循环中进行 WebSocket 请求处理。Websocket 类的实例对象创建完成后，就可以调用该对象所提供的方法了，比如 accept()、send_text()、send_json()、close() 等。

在 on_connect() 协程函数中，使用 WebSocket 类的实例对象完成了对 accept() 方法的调用，这表示已经开始接收连接请求了。在 on_connect() 协程函数中，还可以自定义连接成功后的处理逻辑。

连接成功后，通过一个 while 循环进行客户端消息的读取，这对应着上述代码中的 message = await webSocket.receive()。在上述代码中，进程会处于阻塞状态，一直等待客户端有消息发送过来，消息发送过来之后系统会对消息类型进行判断。

❑ 如果是 webSocket.receive 类型的消息，则说明是客户端发送过来的消息，此时需要对发送过来的消息进行解码，然后触发 on_receive() 回调方法。调用 on_receive() 回调方法主要是为了重写 WebSocketEndpoint 子类，从而实现收到客户端发送的消息后完成自定义消息处理的逻辑。需要注意的是，decode() 解码函数支持的编码解码类型有 TXT 纯文本、JSON 格式、BYTES 字节数组。

❑ 如果是 webSocket.disconnect 类型的消息，则说明客户端请求断开连接，此时需要设置 close_code 值并退出 while 循环，然后调用 on_disconnect() 回调方法。调用 on_disconnect() 回调方法主要是为了重写 WebSocketEndpoint 子类，从而关闭客户端连接。

2. 定义 WebSocket 连接路由

接下来基于 WebSocketEndpoint 定义 WebSocket 的路由端点，实现代码如下：

```
#省略部分代码
router_char = APIRouter(tags=["聊天室"])
```

```
@router_char.webSocket_route("/api/v1/room/socketws/")
class ChatRoomWebSocket(WebSocketEndpoint):

    def __init__(self, *args, **kwargs):
        super().__init__(*args, **kwargs)
        #每一个客户端请求进来时都会执行一次，归属当前会话请求
        self.curr_user: Optional[User] = None

    async def on_connect(self, webSocket):
        pass

    async def on_disconnect(self, _webSocket: WebSocket, _close_code: int):
        pass

    async def on_receive(self, _webSocket: WebSocket, msg: Any):
        pass
```

对上述代码解析如下：

❑ 定义了 router_char.webSocket_route("/api/v1/room/socketws") 来请求 WebSocket 的端点 URL，可以通过访问这个路由端点连接到服务器的 WebSocket。

❑ 定义 ChatRoomWebSocket 路由类，这个路由类是基于 WebSocketEndpoint 实现的。ChatRoomWebSocket 类可对当前的每一个客户端 WebSocket 对象单独进行管理。这里可以定义属于当前客户端的信息，如当前连接上来的用户对象信息，所以在初始化 chatRoomWebSocket 时定义了一个 self.curr_user 对象。

❑ 在 ChatRoomWebSocket 类内部，为 WebSocketEndpoint 实现了一系列需要自己实现的扩展函数，这些函数主要用于 on_connect() 客户端连接、on_disconnect() 客户端断开连接及接收 on_receive() 客户端发送消息等功能。后续与业务相关的逻辑都在这些函数中完成。

3. 用户信息模型类

从前文可知，每一个客户端连接都对应着一个用户，所以可以定义一个 User 用户对象模型类来绑定当前用户信息和 WebSocket 对象。用户信息模型类代码如下：

```
@dataclass
class User:
    phone_number: str
    username: str
    WebSocket:WebSocket
```

在上面的代码中使用类的方式对一个用户（包含用户名、用户号码和对应的 WebSocket 对象）进行了封装，这样方便后续的统一管理。

4. 房间连接管理

对于整个服务端而言，需要管理很多客户端连接对象，这就要求对所有连接到某个端点路由的所有客户端 WebSocket 进行统一管理和消息广播发布，此时需要用到 RoomConnectionManager。RoomConnectionManager 的示例代码如下：

```python
class RoomConnectionManager:
    pass

    def __init__(self):
        self._users_socket: Dict[str, User] = {}

    def user_add_login_room(self, user: User):
        #添加当前连接到客户端的用户到当前字典中
        if user.phone_number not in self._users_socket:
            self._users_socket[user.phone_number] = user

    def user_out_logout_room(self, user: User):
        #在当前的字典中删除退出房间的用户
        if user.phone_number in self._users_socket:
            del self._users_socket[user.phone_number]

    def check_user_logic(self,userlogin:User):
        if userlogin.phone_number in  self._users_socket:
            return True
        return False

    async def broadcast_system_room_update_userlist(self):
        user_online_list = [f"{user.username}({user.phone_number})" for userid,
            user in self._users_socket.items()]
        #循环用户列表信息，获取用户的WebSocket实例对象，并广播更新房间用户列表信息
        for userid, user in self._users_socket.items():
            await user.webSocket.send_json(
                {"type": "system_room_update_userlist",
                 "data": {'users_list': user_online_list}})

    async def broadcast_room_user_login(self, curr_user: User):
        for userid, user in self._users_socket.items():
                #循环用户列表信息，获取用户的WebSocket实例对象，并发送用户登录信息
                await user.webSocket.send_json(
                    {"type": "system_msg_user_login",
                     "data": {'phone_number':
self._users_socket[curr_user.phone_number].phone_number,
                        'username':
self._users_socket[curr_user.phone_number].username}})

    async def broadcast_room_user_logout(self, leave_user):
        for userid, user in self._users_socket.items():
            await user.webSocket.send_json(
                {"type": "system_msg_user_logout", "data": {'phone_number':
                    leave_user.phone_number,
                                        'username': leave_user.username}})

    async def broadcast_user_send_message(self, leave_user: User, msg: str):
        for userid, user in self._users_socket.items():
                #判断处理是否是自己发出的消息
                if userid == leave_user.phone_number:
                    sendmsg = f"我({leave_user.username})说: {msg}"
                else:
```

```
                    sendmsg = f"{leave_user.username}说: {msg}"
            await user.webSocket.send_json(
                {"type": "user_send_msg", "data": {'phone_number': leave_user.
                    phone_number,
                                        'username': leave_user.username, "msg":
                                            sendmsg,
                                        "datetime": datetime.datetime.now().
                                            strftime("%Y-%m-%d %H:%M:%S")}})
```

对上述代码中的核心部分解析如下：

❑ 定义了 RoomConnectionManager 来管理客户端 WebSocket 类，内部使用一个 self._users_socket 字典来统一管理当前连接到服务端的所有用户信息以及对应客户端的 WebSocket，该字典是以用户号码 KEY 来关联当前 User 类型用户实体对象的。

❑ 当有客户端连接到服务端时，通过 user_add_login_room() 方法把当前实例化的 User 对象添加到全局 self._users_socke 字典中。在添加时，以电话号码为键。

❑ user_out_logout_room() 方法主要用于剔除已经断开与服务端连接的用户实体对象。

❑ check_user_logic() 方法主要用于检测当前用户是否已经连接到服务器。如果用户已连接，则返回 True，否则返回 False，避免一个用户对应多个连接。

❑ 通过迭代遍历 self._users_socket 字典的方式取出对应 User 实体对象的 WebSocket 对象，然后使用 .webSocket.send_json() 为客户端发送消息。

❑ 当某一个用户登录房间时，通过 broadcast_system_room_update_userlist() 广播当前房间内在线用户列表。该方法的内部处理机制是，首先从 _users_socket 字典中获取所有用户的用户名和电话号码，然后循环 _users_socket 字典，使用 send_json() 方法向每个用户的 WebSocket 实例对象发送一个 JSON 格式的消息，消息的类型为 "system_room_update_userlist"。

❑ 当某一个用户登录房间时，通过 broadcast_room_user_login() 广播当前房间内该用户加入房间的消息。该方法的内部处理机制是，当用户成功连接到服务端时，从 _users_socket 字典中获取用户的电话号码和用户名，并循环 _users_socket 字典，使用 send_json() 方法向每个用户的 WebSocket 实例对象发送一个 JSON 格式的消息，消息的类型为 "system_msg_user_login"。

❑ 当某一个用户离开房间时，通过 broadcast_room_user_logout() 广播当前房间内该用户离开房间的消息。该方法的内部处理机制是，当有用户断开连接时，从 _users_socket 字典中获取用户的电话号码和用户名，并循环 _users_socket 字典，使用 send_json() 方法向每个用户的 WebSocket 实例对象发送一个 JSON 格式的消息，消息的类型为 "system_msg_user_logout"。

❑ 当某一个用户在房间发布了聊天信息时，通过 broadcast_user_send_message() 实时广播当前房间内该用户发布的消息。该方法的内部处理机制是，当有用户发送消息时，从 _users_socket 字典中获取发送消息的用户电话号码和用户名，然后循环 _users_socket 字典，使用 send_json() 方法向每个用户的 WebSocket 实例对象发送一个 JSON 格式的消息，消息的类型为"user_send_msg"，其中发送的消息内容包含了用户的电话号码、用户名、消息内容以及发送时间。为了识别是谁发出的消息，内部机制还做了相关判断。如果发送消息的用户是当前循环到的用户，则在消息内容前加上"我"两个字。

5. 完善 WebSocket 连接路由

当完成了房间管理类的创建后，就可以开始实现用户和房间之间的管理逻辑了，相关代码如下：

```python
#省略部分代码

#实例化房间连接管理类
room = RoomConnectionManager()

@router_char.webSocket_route("/api/v1/room/socketws/")
class ChatRoomWebSocket(WebSocketEndpoint):

    def __init__(self, *args, **kwargs):
        super().__init__(*args, **kwargs)
        #每一个客户端请求进来时都会执行一次，归属当前会话请求
        #用户登录授权的token
        self.curr_user: Optional[User] = None

    async def curr_user_login_init(self, websocket):

        token = webSocket.query_params.get('token')
        if not token:
            #由于收到不符合约定的数据而断开连接，这是一个通用状态码
            await webSocket.close(code=status.WS_1008_POLICY_VIOLATION)
            raise RuntimeError("用户还没有登录！")
        if not self.curr_user and token:
            payload = AuthToeknHelper.token_decode(token=token)
            #解析token信息
            phone_number = payload.get('phone_number')
            username = payload.get('username')
            #初始化当前连接的用户信息
            self.curr_user = User(phone_number=phone_number, username=username,
                WebSocket=WebSocket)

        if room.check_user_logic(self.curr_user):
            #由于收到不符合约定的数据而断开连接，这是一个通用状态码
            await webSocket.close(code=status.WS_1008_POLICY_VIOLATION)
            raise RuntimeError("当前用户已登过了！")

    async def check_user_in_logic(self):
        if self.curr_user:
            pass

    async def on_connect(self, webSocket):

        #初始化当前连接到服务端的用户信息
        await self.curr_user_login_init(webSocket)
```

```
#等待连接处理
await webSocket.accept()
#把当前服务用户列表信息广播到所有客户端，用于更新在线用户信息
room.user_add_login_room(self.curr_user)
#广播用户加入聊天室的消息
await room.broadcast_room_user_login(self.curr_user)
#添加在线用户列表信息
await room.broadcast_system_room_update_userlist()

async def on_receive(self, webSocket: WebSocket, msg: str):
    #根据webSocket找到具体的用户
    if self.curr_user is None:
        #由于收到不符合约定的数据而断开连接，这是一个通用状态码
        await webSocket.close(code=status.WS_1008_POLICY_VIOLATION)
        raise RuntimeError("用户还没有登录! ")
    if not isinstance(msg, str):
        #由于接收到不允许的数据类型而断开连接
        await webSocket.close(code=status.WS_1003_UNSUPPORTED_DATA)
        raise ValueError("发送的消息格式错误")
    await room.broadcast_user_send_message(self.curr_user, msg)

async def on_disconnect(self, _webSocket: WebSocket, _close_code: int):
    pass
    #要及时删除已关闭的连接
    room.user_out_logout_room(self.curr_user)
    #广播某用户退出房间的消息
    await room.broadcast_room_user_logout(self.curr_user)
    #更新在线用户列表信息
    await room.broadcast_system_room_update_userlist()
    #删除引用
    del self.curr_user
```

对上述代码中的核心部分解析如下：

❑ 实例化了一个 RoomConnectionManager 房间连接管理类的 room 对象，它主要用于后续和客户端连接交互的过程中进行相关方法的调用，如当有客户端连接到服务端时，它会调用 room.user_add_login_room(self.curr_user) 方法。

❑ 在 curr_user_login_init() 函数中会传递 WebSocket 参数，该参数代表一个客户端对象的连接实例。curr_user_login_init() 函数主要是为了完成 self.curr_use 对象的初始化，它通过解析客户端连接到服务端时在 URL 地址上携带的 token 信息来判断是哪一个用户提交的连接申请。从 token 中解析出相关参数后生成对应的 User 对象实例，并将该对象实例赋值给 self.curr_user。如果 token 信息是非法的，则直接抛出异常，然后关闭当前客户端的连接。

❑ on_connect() 函数主要负责处理的业务如下：

　　❍ 初始化当前连接到服务端的用户信息。

　　❍ 通过 room.user_add_login_room(self.curr_user) 把用户加入房间内的当前用户列表中。

　　　　○ 广播用户加入聊天室的信息，前端消息列表会收到新加入用户的广播消息。

　　　　○ 广播新用户加入信息，更新当前聊天室内的在线用户列表。

❑ on_receive() 函数主要负责接收当前客户端发送过来的消息，然后把消息推送到聊天室。

❑ 当客户端连接断开时，on_disconnect() 函数负责删除存储在房间管理类的字典中的 User 对象（包括对应的 WebSocket 对象），再将相关用户退出聊天室的消息推送给其他在线用户，最后更新在线用户列表。

　　至此，后端整个 WebSocket 连接管理的相关功能就开发完成了，接下来就可以启动聊天室的服务进程了。

6. 用户注册和登录页面模板渲染

　　接下来定义登录和注册页面的 API 端点路由，这些路由主要用于渲染前端登录和注册模板页面，这里统一定义路由分组来进行管理，代码如下：

```
#省略部分代码

router_user = APIRouter(prefix="/api/v1/user", tags=["用户登录API"])

@router_user.get("/register")
async def index():
    return FileResponse("templates/register.html")

@router_user.get("/register_action")
async def register(user: RegisterAaction = Depends(), db_session: AsyncSession =
    Depends(get_db_session)):
    #判断是否已经注册
    result = await UserServeries.get_user_by_phone_number(db_session, user.phone_
        number)
    if not result:
        #若没有注册，则注册并写入数据库
        await UserServeries.create_user(db_session, **user.dict())
        return RedirectResponse("/api/v1/user/login")
    else:
        return PlainTextResponse("该用户已注册过了！请重新输入账号信息")

@router_user.get("/login")
async def login():
    return FileResponse("templates/login.html")

@router_user.get("/login_action")
async def login_action(user: LoginAaction = Depends(), db_session: AsyncSession =
    Depends(get_db_session)):
    result = await UserServeries.check_user_phone_number_and_password(db_session,
        password=user.password,phone_number=user.phone_number)
    if result:
        #生成一个token值，签发JWT有效负载信息
        data = {
            'iss ': user.phone_number,
            'sub': 'xiaozhongtongxue',
```

```
                    'phone_number': user.phone_number,
                    'username': result.username,
                    #设置token的有效期
                    'exp': datetime.utcnow() + timedelta(days=2)
                }
                #生成token
                token = AuthToeknHelper.token_encode(data=data)
                #登录成功，跳转到聊天室中
                return RedirectResponse(f"http://127.0.0.1:8000/api/v1/room/online?
                    token={token}")
        else:
            return PlainTextResponse("用户没注册过或密码错误，请重新输入账号信息！")
```

对上述代码中的核心部分解析如下：

❑ 定义了 @router_user.get("/register") 和 @router_user.get("/login") 两个路由，以渲染注册和登录的 HTML 页面。

❑ 定义了 @router_user.get("/register_action") 路由，以接收在注册页面输入的表单数据，并且进行用户注册入库处理，用户信息注册完成后自动重定向到用户登录页面。

❑ 定义了 @router_user.get("/login_action") 路由，以接收在登录页面输入的表单数据，并且进行用户登录信息验证。如果用户是合法的，则签发 token 信息，然后用户携带着对应的 token 信息被重定向到聊天室房间的路由地址上。

通过上述准备之后，启动服务就可以看到一个简单的聊天室了。接口访问流程如下：

1）请求访问 http://127.0.0.1:8000/api/v1/user/register 进行用户注册，注册成功后跳转至登录页面。

2）请求访问 http://127.0.0.1:8000/api/v1/user/login，登录聊天室房间。登录成功后会自动跳转到聊天室页面。

7. 聊天室页面模板渲染

接下来定义聊天室页面的 API 端点路由，该路由主要用于渲染前面使用 Vue 编写的 HTML 聊天室模板页面。渲染方式和前文介绍的渲染用户登录及注册页面大同小异，示例代码如下：

```
#省略部分代码
router_char = APIRouter(tags=["聊天室"])

@router_char.get("/api/v1/room/online")
def index():
    return FileResponse("templates/room.html")
```

注意，由于这里的页面模板引入了 Vue.js 框架，在进行 HTML 页面模板渲染时需要使用 FileResponse 的方式，不能通过 templates.TemplateResponse 等方式进行渲染。

当用户通过认证之后会重定向到上述示例实现的页面。当用户进入此页面时，系统会解析该地址传输过来的 token 值信息，并传入 WebSocket 请求连接中，以方便后端对 WebSocket 客户端的用户信息进行校验。

11.3.4 跨进程 WebSocket 通信

在上一小节的示例中，服务使用 uvicorn 来启动，启动代码如下：

```
if __name__ == "__main__":
    import uvicorn
    import os
app_modeel_name = os.path.basename(__file__).replace(".py", "")
    print(app_modeel_name)
uvicorn.run(f"{app_modeel_name}:app", host='127.0.0.1')
```

使用上述代码启动服务，意味着当前服务的工作进程只有一个，也就是 uvicorn.run (workers=1) 参数默认是 1。在这种情况下，可以确保所有的客户端连接对象都连接到服务端之后存储于同一个进程中。此时，在这个进程内，RoomConnectionManager 类中的 self._users_socket: Dict[str, User] 对象可以处于共享状态。如果使用多 workers 方式启动服务，那么 RoomConnectionManager 类中的 self._users_socket: Dict[str, User] 对象将无法进行跨进程共享，甚至后续扩展服务后各个服务分布在不同的服务器中，也无法完成 self._users_socket: Dict[str, User] 对象的共享。这意味着客户端连接对象会分散在不同的服务器上，进而导致在不同的服务进程中用户发送的消息无法进行共享和同步。

由上述介绍可知，要进行消息同步和共享，就需要实现对应的跨进程 WebSocket 通信。此时，可以基于之前学习的 Redis 的发布—订阅机制来实现。Redis 的发布—订阅机制是一个消息队列机制，Redis 在里面充当消息代理的角色。

通过消息代理实现跨进程 WebSocket 通信的思路如下：

❑ 当服务进程启动时进行各种频道消息订阅。在本章的案例中，可以根据发送的广播消息类型来订阅各种主题频道。

❑ 当其他客户端有消息发送过来时，或者服务端需要主动发送消息时，可以把对应的消息发布到消息代理，然后通过消息代理进行全局广播。通过这种方式，其他跨进程的服务只要订阅了此类频道，就可以接收到对应的消息。

通过消息代理实现跨进程 WebSocket 通信的流程如图 11-5 所示。

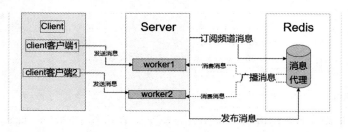

图 11-5　通过消息代理实现跨进程的 WebSocket 通信的流程

1. RoomConnectionManager 类的改造

基于上面的思路，需要在 RoomConnectionManager 类中新增其他方法来完成 Redis 的发布—订阅机制。

首先修改初始化时所需的参数，具体如下：

```
#省略部分代码
class RoomConnectionManager:
    pass

    def __init__(self):
        #仅存储用户信息，不保存对应的WebSocket对象
        self._users_socket: Dict[str, UserDistribute] = {}
        #连接对象单独存储
        self.active_connections: List[WebSocket] = []
        # self.active_connections: Dict[str,WebSocket] = {}
        #当前服务启动时的Reids客户端对象
        self.redis: Optional[Redis] = None
        self.pubsub: Optional[PubSub] = None
```

代码说明：

❑ 这里修改了保存用户对象信息的方式，使用字典保存 UserDistribute 对象，而 User-Distribute 对象仅包含用户名和密码两个属性。

❑ 把当前服务中的所有客户端 WebSocket 都保存到一个 List 列表中。

❑ 新增了两个需要实例化的对象，一个是 Redis 客户端连接对象，另一个是通过 Redis 客户端连接对象创建出来的发布—订阅对象 pubsub。

当修改完初始化参数后，就可以新增初始化 Reids 客户端对象和发布—订阅对象 pubsub 的方法了，代码如下：

```
async def register_pubsub(self):
    #监听频道消息
    if not self.redis:
        self.redis: Redis = aioredis.from_url("redis://localhost",
            encoding="utf-8", decode_responses=True)
    #返回发布—订阅对象,使用pubsub才可以订阅频道并收听发布的消息
    self.pubsub = self.redis.pubsub()
```

有了 pubsub 对象之后，就可以通过它来订阅频道消息了，代码如下：

```
async def do_listacton(self):

    await self.pubsub.subscribe(
                            "chat: system_msg_user_login",
                            "chat: system_msg_user_logout",
                            "chat: user_send_msg"
                            )
    async def reader(channel: aioredis.client.PubSub):
        while True:
            try:
                async with async_timeout.timeout(1):
                    message = await channel.get_message(ignore_subscribe_
                        messages=True)
                    if message is not None:
```

```
                                    pass

                                    message_event: MessageEvent = MessageEvent.parse_
                                        raw(message["data"])

                                    #判断消息频道类型，根据不同的频道处理不同的消息广播
                                    if message_event.channel == 'chat: system_msg_user_
                                        login':
                                        #广播用户在线列表信息
                                        await self.broadcast_system_room_update_
                                            userlist()
                                        #广播用户加入信息UserDistribute
                                        await
self.broadcast_room_user_login(curr_user=message_event.user)
                                    if message_event.channel == 'chat: system_msg_user_
                                        logout':
                                        pass

                                        #广播某用户退出房间的消息
                                        await
self.broadcast_room_user_logout(leave_user=message_event.user)
                                        await self.broadcast_system_room_update_userlist()

                                    if message_event.channel == 'chat: user_send_msg':
                                        pass
                                        await
self.broadcast_user_send_message(curr_user=message_event.user,msg=message_event.
    message)

                            await asyncio.sleep(0.01)
                    except asyncio.TimeoutError:
                        pass

        asyncio.create_task(reader(self.pubsub))
```

在上面的代码中，定义了一个协程函数 do_listacton()。该函数主要有两个作用：

❏ 通过 pubsub.subscribe() 方法来执行相关频道消息的订阅。在该案例中，仅订阅了用户加入聊天室、用户退出聊天室、用户发送消息到聊天室几个频道的消息。

❏ 定义了一个 reader() 协程函数，该函数依赖于一个 channel: aioredis.client.PubSub 对象的传入，其主要作用是监听相关频道消息的发送和接收处理，也就是开始进行频道消息的消费处理。在该函数中，通过 while 循环的方式不断地使用 await channel.get_message() 方法来获取当前频道消息，如果消息不为空，则说明有消息存在 Redis 消息队列中，此时就开始对消息进行解析处理。消息是通过一个 MessageEvent 模型类来封装的，所以可以通过 MessageEvent.parse_raw() 方法来反向生成一个实例化的对象，然后根据不同的消息类型进行不同的处理。当消息类型是"用户加入"时，那么就通过 await self.broadcast_system_room_update_userlist() 和 await self.broadcast_room_user_login() 方法来通知当前所在服务进程中所有的客户端 WebSocket 进行相关消息的发送处理，其他消息的类型操作与此相似，这里不

重复说明。

- 这里比较关键的就是执行消息的订阅。需要注意 asyncio.create_task(reader(self.pubsub)) 这一行代码的调用，这里不能使用"await"关键字进行等待，也就是不能进行 await asyncio.create_task(reader(self.pubsub)) 调用。如果调用"await"等待，则会引起阻塞。

2. RoomConnectionManager 实例化位置迁移

前面已经完成了 RoomConnectionManager 类的基本改造，为了方便进行统一管理，并进行相关频道消息的订阅初始化，把它的实例化位置进行迁移，代码如下：

```
#省略部分代码
app = FastAPI()

@app.on_event("startup")
async def startup_event():
    pass
    from db.database import async_engine, Base
    async def init_create_table():
        async with async_engine.begin() as conn:
            await conn.run_sync(Base.metadata.create_all)

    await init_create_table()
    #实例化房间连接管理类
    app.state.room_connection = RoomConnectionManager()
    #创建发布订阅对象
    await app.state.room_connection.register_pubsub()
    #开始订阅相关的频道消息
    await app.state.room_connection.do_listacton()
```

上面代码的解析说明如下：
- 房间连接管理类的初始化迁移到了"startup"的回调事件函数中。
- 通过 app.state.room_connection 来存储 RoomConnectionManager 实例化对象。
- 通过 RoomConnectionManager 实例化对象调用 .register_pubsub() 的协程函数，从而完成发布订阅对象的创建。
- 通过 RoomConnectionManager 实例化对象调用 .do_listacton() 协程函数来完成消息频道的订阅注册。

3. WebSocket 端点路由的改造

在前面的内容中，WebSocket 端点路由不涉及任何 Redis 客户端的调用处理，都是直接调用 RoomConnectionManager 实例化对象已经定义好的广播方法进行消息的发送。但是引入分布式之后，则不能直接进行发送处理。需要对消息发送调用的时机进行迁移，当有消息发布到消息代理之后再向客户端消息发送，代码如下：

```
@router_char.websocket_route("/api/v1/room/socketws/")
class ChatRoomWebsocket(WebsocketEndpoint):
```

```python
    def __init__(self, *args, **kwargs):
        super().__init__(*args, **kwargs)
        #每一个客户端请求进来时都会执行一次函数的调用，self.curr_user是当前连接请求过来后对
            应的用户信息
        self.curr_user: Optional[UserDistribute] = None
        if not token:
                #由于收到不符合约定的token数据而断开连接，这是一个通用状态码
                await websocket.close(code=status.WS_1008_POLICY_VIOLATION)
        if not self.curr_user and token:
            try:
                    AuthToeknHelper.token_decode(token)
                    payload = AuthToeknHelper.token_decode(token=token)
                    #解析token信息
                    phone_number = payload.get('phone_number')
                    username = payload.get('username')
                    #初始化当前连接的用户信息
                    self.curr_user = UserDistribute(phone_number=phone_number,
                        username=username)
            except:
                    pass
                    await
self.close_clean_user_websocket(code=status.WS_1000_NORMAL_CLOSURE, websocket=websocket)

        if self.room.check_user_logic(self.curr_user):
                #由于收到不符合约定的数据而断开连接，这是一个通用状态码
                await websocket.close(code=status.WS_1008_POLICY_VIOLATION)
                # raise RuntimeError("当前用户已登过了！")

    async def check_user_in_logic(self):
        pass
        if self.curr_user:
            pass

    async def on_connect(self, _websocket):
        #初始化当前连接到服务端的用户信息
        self.room = _websocket.app.state.room_connection
        #确认连接
        await _websocket.accept()
        #初始化当前用户信息
        await self.curr_user_login_init(_websocket)

    async def curr_user_login_init(self, websocket:Websocket):
        # 获取websocket中携带的查询参数对象信息
        token = websocket.query_params.get('token')
        if not token:
                # 由于收到不符合约定的token 数据而断开连接，这是一个通用状态码
                await websocket.close(code=status.WS_1008_POLICY_VIOLATION)
        if not self.curr_user and token:
            try:
AuthToeknHelper.token_decode(token)
                payload = AuthToeknHelper.token_decode(token=token)
                # 解析token信息
```

```
phone_number = payload.get('phone_number')
                username = payload.get('username')
                # 初始化当前连接的用户信息
self.curr_user = UserDistribute(phone_number=phone_number, username=username)
            except:
                pass
                await
self.close_clean_user_websocket(code=status.WS_1000_NORMAL_CLOSURE, websocket=websocket)

        if self.room.check_user_logic(self.curr_user):
            # 由于收到不符合约定的数据而断开连接，这是一个通用状态码
            await websocket.close(code=status.WS_1008_POLICY_VIOLATION)
            # raise RuntimeError("当前用户已登过了！")

async def check_user_in_logic(self):

        if self.curr_user:
            pass


    async def on_connect(self, _websocket):
        # 初始化当前连接到服务端的用户信息
        self.room = _websocket.app.state.room_connection
        # 确认连接
        await _websocket.accept()
        # 初始化当前用户信息
        await self.curr_user_login_init(_websocket)
        # 把用户加入当前用户列表中
self.room.user_add_login_room(self.curr_user)
        # 把客户端连接添加到列表中
self.room.websocket_add_login_room(self.curr_user, _websocket)
# 广播用户加入聊天室的消息，并同时发布一个消息到消息代理中
        await self.room.pubsub_room_user_login(self.curr_user)


    async def close_clean_user_websocket(self, code, Websocket):
        # 资源释放处理
        await websocket.close(code=status.WS_1003_UNSUPPORTED_DATA)
        if self.room:
self.room.user_out_logout_room(self.curr_user)
            # 删除连接
self.room.websocket_out_logout_room(self.curr_user, websocket=websocket)

    async def clean_user_websocket(self, code, websocket):
        # 资源释放处理
        await websocket.close(code=status.WS_1003_UNSUPPORTED_DATA)
        if self.room:
self.room.user_out_logout_room(self.curr_user)
            # 删除连接
self.room.websocket_out_logout_room(self.curr_user, websocket=websocket)

    async def on_receive(self, _websocket: Websocket, msg: str):
        # 根据_websocket找到具体的用户
        if self.curr_user is None:
            # 由于收到不符合约定的数据而断开连接，这是一个通用状态码
            await
```

```
self.close_clean_user_websocket(code=status.WS_1008_POLICY_VIOLATION,websocket=_
    websocket)

        if not isinstance(msg, str):
            # 由于接收到不允许的数据类型而断开连接 (如仅接收文本数据的终端接收到了二进制数据)
            await
self.close_clean_user_websocket(code=status.WS_1003_UNSUPPORTED_DATA, websocket=_
    websocket)

        # 发布一个消息到消息代理中
        await self.room.pubsub_user_send_message(self.curr_user,message=msg)

    async def on_disconnect(self, _websocket: Websocket, _close_code: int):
        pass
        # 要及时删除已关闭的连接
self.room.user_out_logout_room(self.curr_user)
        # 删除连接
self.room.websocket_out_logout_room(self.curr_user, websocket=_websocket)
# 发布一个消息到消息代理中
        await self.room.pubsub_room_user_logout(self.curr_user, message=None)
        # 删除引用
        del self.curr_user
```

上面代码中的大部分和前面没有跨进程的代码是一样的，最主要的区别在于：

❑ 在 on_connect() 方法中获取的 RoomConnectionManager 实例化对象 self.room 来自当前 _webSocket: Websocket 对象中附带的 app.state。

❑ 在 on_connect() 方法中，服务端发送消息时不再直接调用 await self.broadcast_ xxxx() 等方法，而是把它们迁移到了 reader() 消息订阅方法中，然后通过 Redis 客户端中的 pubsub 订阅发布对象，根据不同的消息类型把消息发送到 Redis 消息代理中心，相关订阅者再从对应的 Redis 消息代理中心接收消息，并进行 await self. broadcast_xxxx() 等方法的调用，把消息发送给客户端。

❑ 在 on_connect() 方法中，room.pubsub_room_user_login(self.curr_user) 是 RoomConnection-Manager 类中已经封装好的方法，可以在用户登录成功后广播一个"chat：system_msg_user_login"类型的消息，以通知其他用户有人加入聊天室。订阅方法收到此类消息后，通过 websocket.send_json() 方法把消息发送给其他在线的用户。

❑ 在 on_receive() 方法中，通过 room.pubsub_user_send_message() 广播发布一个"chat：user_send_msg"类型的消息，以把对应的客户端 WebSocket 发送过来的消息广播出去，之后通过 websocket.send_json() 方法把消息发送给其他在线的用户。

❑ 在 on_disconnect() 函数中，通过 room.pubsub_room_user_logout() 广播一个"chat：system_msg_user_logout"类型的消息，以把用户退出的消息广播出去，并在订阅方法中进行消息的发送。

通过上面的改造，服务可以改用多 workers 的方式来启动了，代码如下：

```
if __name__ == "__main__":
    import uvicorn
    import os
    app_modeel_name = os.path.basename(__file__).replace(".py", "")
    print(app_modeel_name)
    uvicorn.run(f"{app_modeel_name}:app", host='0.0.0.0', port=9082, workers=3)
```

基于上述代码启动服务，意味着当前启动了 3 个 workers 服务工作进程。在这种情况下，每一个工作进程都会存在自身的 self._users_socket: Dict[str, User] 对象，各个对象互不干扰，但是每一个工作进程都会同时订阅相关的频道消息，在接收到订阅频道发送过来的消息后，在自己的进程范围内进行相关消息的广播并发送给客户端，这就完成了跨进程分布式通信。注意，在多 workers 工作模式下，reload 热重启无效，需要关闭多 workers 工作模式才可以正常启动服务。

如果是在 Windows 系统下启动多 workers 工作模式的，则可能会遇到 OSError: [WinError 10022] 问题，这主要是因为默认 Windows 系统的事件循环机制有所不同，我们需要设置合适的事件循环机制才可以解决，设置代码如下：

```
asyncio.set_event_loop_policy(asyncio.WindowsSelectorEventLoopPolicy())
```

预约挂号系统实战

第 10 章和第 11 章介绍的案例仅是 FastAPI 框架应用中的冰山一角，为了帮助读者系统地应用整个 FastAPI 框架，本章介绍一个较完整的案例——预约挂号系统。该系统主要分为两个部分：一部分是前端页面，用于展示预约信息并实现预约操作；另一部分提供前端页面 API，实现预约挂号下单、取消、查看等操作。

由于本书的侧重点在于讲解 FastAPI 框架的应用，所以本章重点介绍后端 API 的编写。对于前端的实现，读者可以自行根据这里介绍的后端 API 程序来编写。

本章包含的主要知识点如下：

- ❑ 定制统一 API 返回内容规范。
- ❑ 定制全局异常错误处理。
- ❑ 制定系统内部自定义的错误编码。
- ❑ 处理 API 请求接口日志记录。
- ❑ 优化校验异常信息输出。
- ❑ 使用路由分组更好地管理路由。
- ❑ 引入消息队列来处理延迟订单关闭处理机制。
- ❑ 合理利用后台任务来处理异步任务。
- ❑ 应用 PostgreSQL 数据库。
- ❑ 对接微信公众号开发。
- ❑ 对接微信支付系统。

 说明 本章相关代码位于 \fastapi_tutorial\chapter12 目录之下。

12.1　应用开发背景及系统功能需求

本项目主要为一些中小医院提供在线预约挂号功能。用户可以关注指定医院的微信公众号，然后通过公众号内置的菜单页面导航到具体的 H5 页面，选择指定医生进行预约挂号操作。本项目涉及的技术要点主要有：

- ❑ SQLAlchemy 在实际工作中的应用。
- ❑ 消息队列 RabbitMQ 在实际工作中的应用。
- ❑ 同步和异步之间的转换。
- ❑ 对接微信公众号授权机制。

由于本应用面向的用户群体分为两类，一类是用户，另一类是医生，所以编写的 API 也会分为两个部分——用户侧和内部侧，如图 12-1 所示。

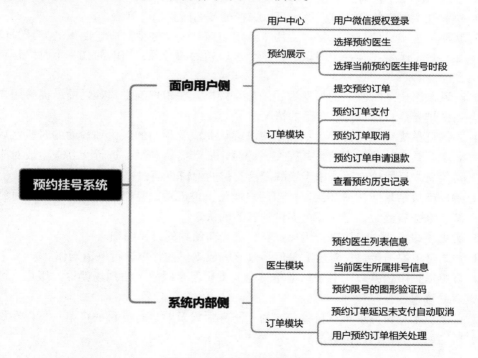

图 12-1　应用功能模块图示

关于需要开发哪些 API 来实现整个挂号预约流程，可以结合上面的系统功能需求描述及实际前端用户的操作流程步骤进行梳理。这里首先围绕整个预约订单操作流程进行，需要完成以下几个步骤：

步骤 1　用户关注公众号（只有关注了公众号，才可以进行微信支付下单）。

步骤 2　进行微信授权登录处理。在打开挂号预约系统页面之前，需要获取对应用户的 OpenID，所以需要进行这一步。若是成功获取当前用户的 OpenID，则表示已经登录成功。

步骤 3 查看医生列表信息，选择指定的医生进行挂号预约。

步骤 4 确定了医生和时段等预约信息之后，把挂号预约人员的信息提交到订单接口，并弹窗显示是否进行微信支付确认。此时需要把当前的订单信息添加到下单的消息队列中，避免用户只下单不支付，导致当前医生号源被占用。

步骤 5 当用户在微信支付弹窗中确认支付，并输入对应的支付密码后，开始回调支付状态的查询页面，并等待支付结果的回调和查询。

步骤 6 完成订单交易之后，用户可以查看自己的历史订单详情或已下单但还没有支付的订单，还可以进行取消、申请退款等操作，或者对未及时付款的订单再次进行支付。

基于以上一些操作步骤，总结出当前项目需要的 API，主要有如下几个：

❏ 微信授权登录接口：获取用户的 OpenID。

❏ 获取医院信息接口：展示当前医院的概况。

❏ 获取医生列表信息接口：展示可以选择的预约医生信息列表。

❏ 获取医生排班信息详情接口：用于展示当前某一个医生对应日期下的排号详情，比如某一个医生在某一个时段有多少个可以预约的号源，当前的某一个时段是否可以预约。

❏ 获取某医生某时段下的号源数明细信息接口：在用户确定预约之前，提醒用户确认当前排号信息是否符合自己的情况。

❏ 预约订单提交和支付接口：当用户已确认完成要预约的医生和预约的时段之后，需要填写具体的预约人信息并提交，此时，后端需要和微信进行交互来生成对应的支付信息并返回给前端，用于唤醒微信支付的弹窗页面，进行订单支付确认。

❏ 微信支付结果回调通知接口：当用户微信支付成功，且以异步的方式将支付结果回调到服务器上时，完成订单支付状态的确认。

❏ 历史预约详情列表接口：用户查看自己当前预约的订单明细。

❏ 预约订单取消接口：对已下单但是没有完成支付的订单进行取消操作。

❏ 订单退款申请接口：对于已下单且完成支付但是因故无法到场就诊的用户，可以申请退款。

❏ 已下单未支付订单再支付接口：对于下单后没及时进行支付的订单，可以在没有过期之前再次发起支付申请。

12.2 项目框架结构规划

由于本章的项目有别于前面两章的案例，所以项目结构也和前面两章的案例有所不同。本项目新增了一些自定义的扩展插件，还有一些其他第三方自定义的 SDK，如微信支付 SDK。微信支付 SDK 直接使用第三方库。最终项目框架结构如图 12-2 所示。

项目结构说明：

❏ apis 主要包含了当前项目的所有 API。在包中，用户会根据不同的业务功能划分不同的模块：

- ○ doctor 模块主要负责医生列表信息，医生排班信息登录接口的处理。
  - api 表示当前模块的所有 API 路由定义。
  - dependencies 表示当前模块下使用到的依赖项。
  - repository 表示当前模块下对应的数据仓库层，它主要用于封装数据的查询、创建、更新、删除等逻辑，供API 进行调用。
- ○ hospital 模块主要负责医院信息接口的处理。
- ○ payorders 模块主要负责用户预约提交和支付请求处理。
- ○ userorders 模块主要负责用户授权登录，用户订单信息详情列表查看，用户订单查看、用户订单支付及退款申请等处理。
- ❑ config 模块负责当前项目一些配置项信息的读取。
- ❑ db 模块负责整个项目的数据库模型管理和数据库连接创建处理。
- ❑ exts 模块主要自定义了一些扩展，如全局异常处理类和全局 Request 代理对象的实现、统一全局响应报文格式等插件的实现。
- ❑ log 文件夹负责日志文件存放。
- ❑ middlewares 模块存放全局公共的一些中间件。
- ❑ utils 模块存放全局公共的一些辅助工具类。
- ❑ wxchatsdk 模块负责实现微信支付 SDK 的封装。

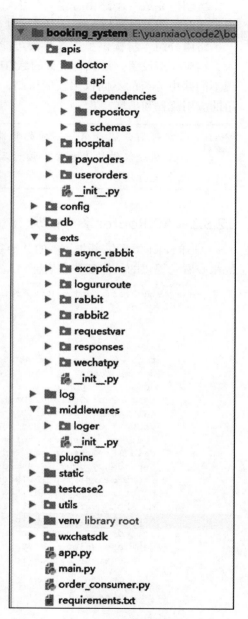

图 12-2　项目框架结构

12.3　使用路由分组模块化程序

第 3 章已经简单介绍了关于路由分组的应用。为了能更好地理解当前的项目框架，根据实际情况，这里再梳理一下路由分组应用流程。

当创建完成一个路由分组对象之后，只需将对应的路由分组对象提供的一系列装饰器绑定到对应的视图函数上即可完成 API 路由端点的创建。

路由分组本身提供了很多扩展可能性，它和 app 对象一样，具有路由添加、依赖项注入、响应模型设置、设置自定义的 APIRoute 处理类等功能。通过依赖注入，我们还可以实现不同路由分组的不同权限校验机制、设置不同的路由分组前缀等。下面详细介绍路由分组的应用流程和扩展参数。

> 🔟 注意 通常路由分组是根据不同的功能点来划分的，当然不同的业务划分方式有所不同，以上划分仅供读者参考。读者后续在做自己的项目开发时，需要根据自己的实际情况来进行划分。

12.3.1 APIRouter 参数说明

APIRouter 类提供了非常多的其他参数来扩展路由功能。这里通过查看 APIRouter 的源码来查看它提供的具体参数项信息，部分源码如下：

```
class APIRouter(routing.Router):
    def __init__(
        self,
        *,
        prefix: str = "",
        tags: Optional[List[Union[str, Enum]]] = None,
        dependencies: Optional[Sequence[params.Depends]] = None,
        default_response_class: Type[Response] = Default(JSONResponse),
        responses: Optional[Dict[Union[int, str], Dict[str, Any]]] = None,
        callbacks: Optional[List[BaseRoute]] = None,
        routes: Optional[List[routing.BaseRoute]] = None,
        redirect_slashes: bool = True,
        default: Optional[ASGIApp] = None,
        dependency_overrides_provider: Optional[Any] = None,
        route_class: Type[APIRoute] = APIRoute,
        on_startup: Optional[Sequence[Callable[[], Any]]] = None,
        on_shutdown: Optional[Sequence[Callable[[], Any]]] = None,
        deprecated: Optional[bool] = None,
        include_in_schema: bool = True,
        generate_unique_id_function: Callable[[APIRoute], str] = Default(
            generate_unique_id
        ),
    ) -> None:
        #省略部分代码
```

如上代码所示，下面列举几个关键参数进行说明：

❏ prefix：表示当前路由分组的 URL 前缀。

❏ tags：表示当前路由分组在可交互文档中所属的分组标签列表。一个 API 端点路由可以属于多个分组。

❏ dependencies：表示当前路由分组下的依赖项列表。需要注意，这里依赖项列表的返回值不会传递到视图函数的内部，也就是说，依赖项的返回值是不会被接收处理的。

❑ default_response_class：表示设置默认响应报文类，默认情况下返回的是 JSONResponse 响应报文体类型。

❑ responses：表示根据响应体设置不同的响应报文 model 模型。

❑ redirect_slashes：表示是否对路由分组中的斜杠处理进行重定向。

❑ dependency_overrides_provider：表示当前的依赖注入提供者，默认指向当前的 app 对象。

❑ route_class：表示当前自定义的 APIRoute 类。通过自定义的 APIRoute 类，我们可以实现路由钩子函数处理机制、响应报文的压缩机制等。

❑ on_startup 和 on_shutdown：对应 app 中所提供的启动和关闭事件回调函数。

❑ deprecated：表示是否标记 API 废弃。当标记为废弃时，当前路由分组下所有的 API 在可视化交互文档中都会显示删除线，但是它不会影响 API 的使用。

❑ include_in_schema：表示当前路由分组是否显示在可视化交互文档 API 中。

12.3.2　APIRouter 路由分组创建

通过项目框架结构可知，路由分组对象统一存储在 apis 模块下的不同子模块中。apis 模块根据路由性质的不同分成了 doctor、hospital、payorders、userorders 子模块，通过这种方式来组织 API 可以让程序更加模块化。下面以 doctor 子模块为例来说明整个路由分组的一些应用。

首先在 doctor 子模块下 api 包中的 __init__ 文件中定义了路由分组实例对象，代码如下：

```
from fastapi import APIRouter
router_docrot = APIRouter(prefix='/api/v1',tags=["医生信息模块"])
from…api import  doctor_api
```

在上面的代码中，首先从 FastAPI 导入 APIRouter，然后实例化了一个 APIRouter 路由分组对象实例，并给该实例的对象设置统一的 URL 前缀为 "/api/v1"，另外还设置它的分组标签名为 "医生信息模块"，最后导入当前 api 下的所有其他模块。这里的其他模块主要是指包含了经过 router_docrot 进行装饰的相关路由函数模块。

> **注意**　只有导入当前 api 下所有其他模块对应的路由函数，才可以真正实现路由分组对象添加具体路由的功能。也就是说，需要导入 from…api import doctor_api 语句，才可以把定义的路由添加并注册到路由分组对象的路由列表中。

12.3.3　视图函数绑定

视图函数绑定就是通过路由分组的对象所提供的一些装饰器装饰到具体的函数上，如 doctor_api 模块代码所示：

```
from fastapi import Depends
```

```
from apis.doctor.repository import DoctorServeries
from db.database import depends_get_db_session
from db.database import AsyncSession
from exts.responses.json_response import Success, Fail
from apis.doctor.api import router_docrot
from apis.doctor.schemas import SchedulingInfo
from utils.datatime_helper import diff_days_for_now_time


@router_docrot.get("/doctor_list", summary='获取可以预约的医生列表信息')
async def callback(db_session: AsyncSession = Depends(depends_get_db_session)):
    '''
    获取可以预约的医生列表信息\n\n
    :param db_session:数据库连接依赖注入对象\n\n
    :return:返回可以预约的医生列表信息\n\n
    '''
    info = await DoctorServeries.get_doctor_list_infos(db_session)
    return Success(result=info)
```

在上面的代码中，通过 apis.doctor.api 导入 router_docrot 对象的 get 装饰器，完成了视图函数的绑定。在视图函数中，通过依赖注入的方式注入了一个获取数据库会话对象依赖项来完成数据库会话对象的创建，并且传递给了 DoctorServeries 类中的 get_doctor_list_infos() 方法，从而获取到可以预约医生的列表信息并返回。

12.3.4 APIRouter 路由分组注册

完成路由分组对象及视图函数绑定之后，还需要把定义的路由分组对象注册到 app 的根路由对象中，这样才能把路由分组真正添加到 app 对象中。此时在 app.py 模块下完成具体路由分组对象的注册，代码如下：

```
from apis.hospital.api import router_hospital
from apis.doctor.api import router_docrot
from apis.userorders.api import router_userorders
from apis.payorders.api import router_payorders


app.include_router(router_hospital)
app.include_router(router_docrot)
app.include_router(router_userorders)
...
```

在上面的代码中，首先导入 apis 中所有已定义好的路由分组对象，然后根据 app 对象所提供的 include_router() 方法来完成所有路由分组对象的注册。

12.4 数据表模型设计

12.4.1 数据库安装

本项目是基于 PostgreSQL 关系数据库来实现数据存储的，项目还处于本地的开发阶段，所以数据库环境可以在本地进行搭建。下面在 Windows 上搭建 PostgreSQL 数据库环境。

步骤 1　下载数据库安装包。首先进入 PostgreSQL 官网，找到对应安装包的下载地址：

`https://www.enterprisedb.com/downloads/postgres-postgresql-downloads`

进入页面之后选择符合项目需求的版本进行下载。当前项目中，这里使用的是 9.6 版本的 PostgreSQL 数据库安装包。

步骤 2　执行安装。下载完成对应版本的安装包后，双击安装包，开始安装，Postgre-SQL 数据库开始安装界面如图 12-3 所示。

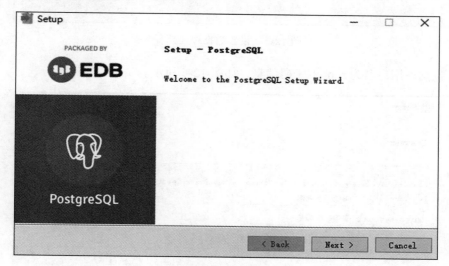

图 12-3　PostgreSQL 数据库开始安装界面

接着设置安装数据库的路径，如图 12-4 所示。

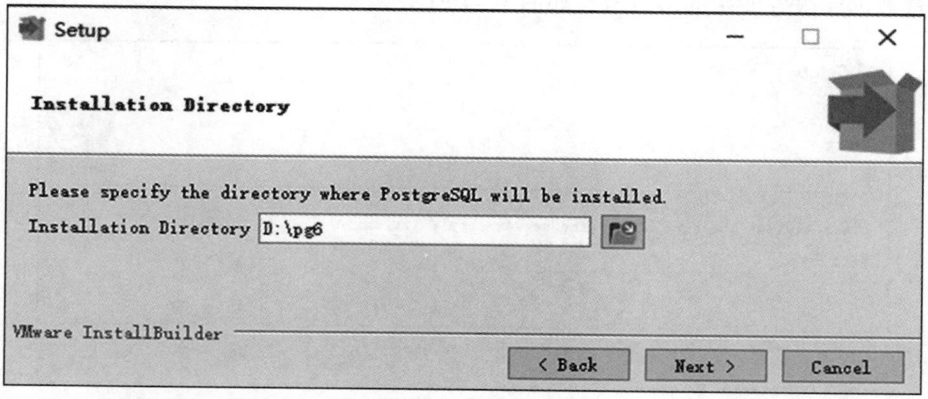

图 12-4　设置安装路径

设置数据存在路径，如图 12-5 所示。

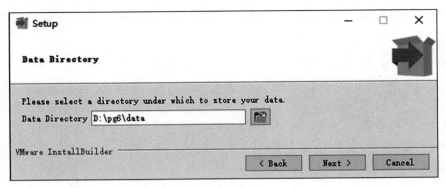
图 12-5　设置数据存在路径

设置数据库用户名为 root 的密码信息，如图 12-6 所示。

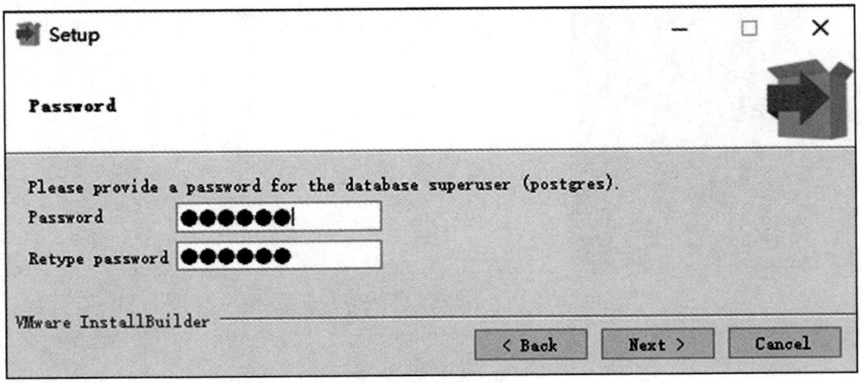

图 12-6　设置数据库用户名为 root 的密码信息

设置数据库服务使用的端口号，如图 12-7 所示。

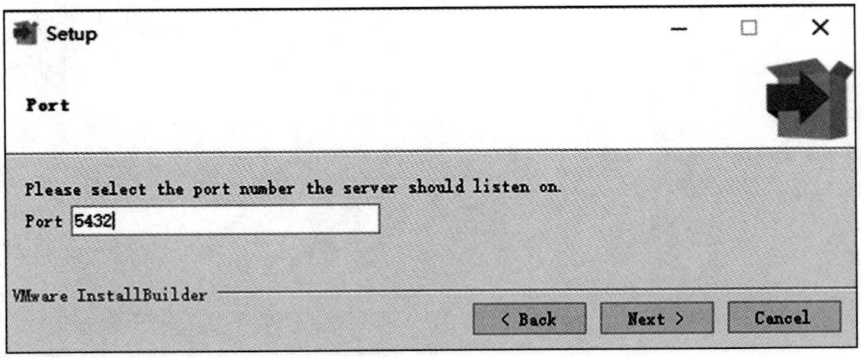

图 12-7　设置数据库服务端口号

设置是否使用集群方式，使用默认参数即可，如图 12-8 所示。

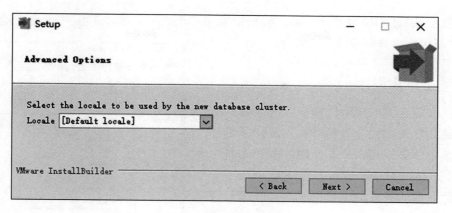

图 12-8 设置数据库安装方式

单击"Next"按钮，提示已经准备好，如图 12-9 所示。

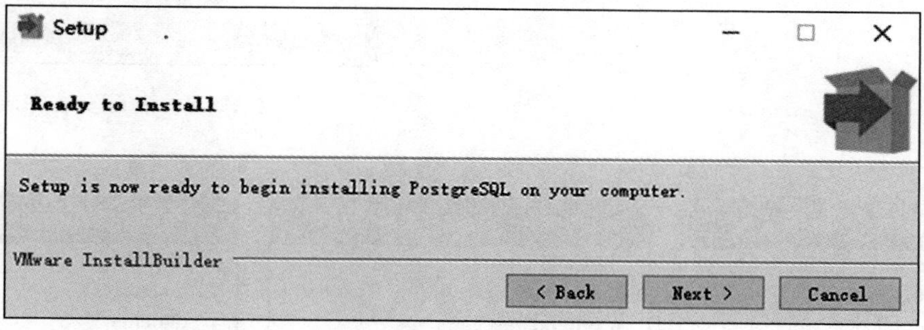

图 12-9 安装就绪提示

继续下载，然后等待安装完成即可，如图 12-10 所示。

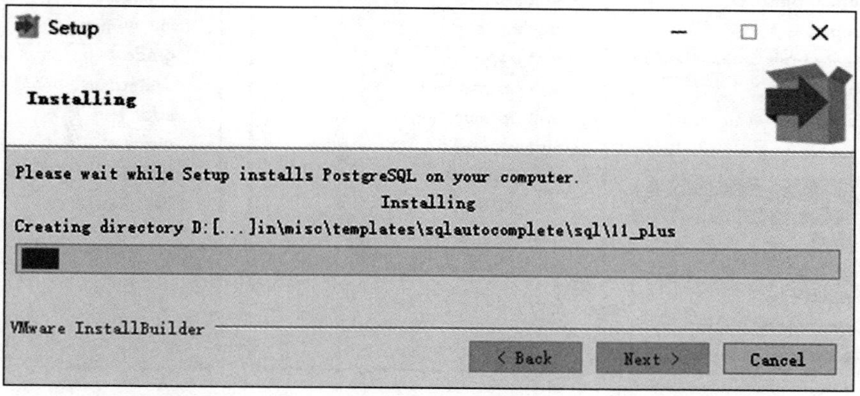

图 12-10 安装完成图示

步骤 3 验证本地数据库安装。 数据库安装完成之后，通过工具进行连接访问测试，图 12-11 所示本地数据库已安装成功。

12.4.2 数据表设计

完成本地数据库环境搭建后，通过前面小节对系统功能需求和业务的分析，设计出项目业务系统中的表模型图，并梳理各个表之间的内在联系，如图 12-12 所示。

基于上面的表模型图，生成系统中相关的表实体和实体属性。

❑ 医院信息（hospitalinfo）实体如图 12-13 所示。

图 12-11 验证安装完成

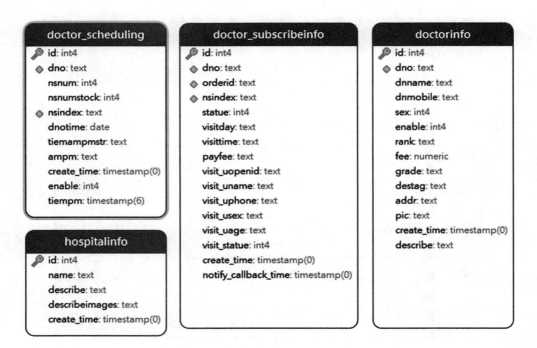

图 12-12 业务系统中的表模型图

图 12-13　医院信息实体

- 医生信息（doctorinfo）实体如图 12-14 所示。
- 医生号源数信息（doctor_scheduling）实体如图 12-15 所示。
- 医生号源数订单（doctor_subscribeinfo）实体如图 12-16 所示。

图 12-14　医生信息实体

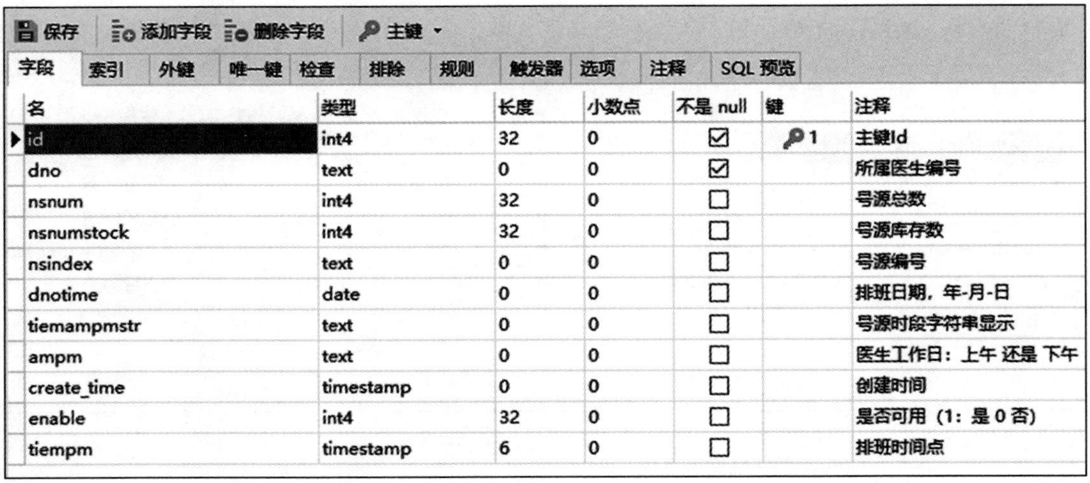

保存 添加字段 删除字段 主键

字段 索引 外键 唯一键 检查 排除 规则 触发器 选项 注释 SQL 预览

名	类型	长度	小数点	不是 null	键	注释
id	int4	32	0	☑	1	主键Id
dno	text	0	0	☑		所属医生编号
nsnum	int4	32	0	☐		号源总数
nsnumstock	int4	32	0	☐		号源库存数
nsindex	text	0	0	☐		号源编号
dnotime	date	0	0	☐		排班日期，年-月-日
tiemampmstr	text	0	0	☐		号源时段字符串显示
ampm	text	0	0	☐		医生工作日：上午 还是 下午
create_time	timestamp	0	0	☐		创建时间
enable	int4	32	0	☐		是否可用（1：是 0 否）
tiempm	timestamp	6	0	☐		排班时间点

图 12-15　医生号源数信息实体

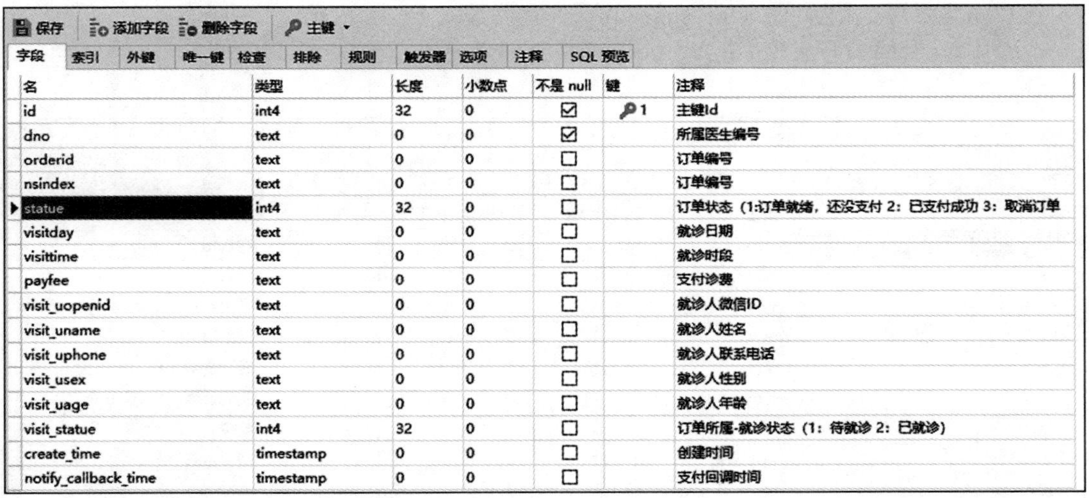

保存 添加字段 删除字段 主键

字段 索引 外键 唯一键 检查 排除 规则 触发器 选项 注释 SQL 预览

名	类型	长度	小数点	不是 null	键	注释
id	int4	32	0	☑	1	主键Id
dno	text	0	0	☑		所属医生编号
orderid	text	0	0	☐		订单编号
nsindex	text	0	0	☐		订单编号
statue	int4	32	0	☐		订单状态（1:订单就绪，还没支付 2：已支付成功 3：取消订单
visitday	text	0	0	☐		就诊日期
visittime	text	0	0	☐		就诊时段
payfee	text	0	0	☐		支付诊费
visit_uopenid	text	0	0	☐		就诊人微信ID
visit_uname	text	0	0	☐		就诊人姓名
visit_uphone	text	0	0	☐		就诊人联系电话
visit_usex	text	0	0	☐		就诊人性别
visit_uage	text	0	0	☐		就诊人年龄
visit_statue	int4	32	0	☐		订单所属-就诊状态（1：待就诊 2：已就诊）
create_time	timestamp	0	0	☐		创建时间
notify_callback_time	timestamp	0	0	☐		支付回调时间

图 12-16　医生号源数订单实体

12.4.3 模型类逆向生成

上一小节完成了数据库表和表字段的设计。接下来，为了后续方便使用 ORM 操作数据库，需要生成对应表的模型类。根据前面所学，可以使用 sqlacodegen 来反向生成模型类。反向生成模型类的脚本如下：

```
import os

from urllib import parse
```

```
def main():
    host = 'localhost'
    user = 'postgres'
    password = parse.quote_plus('123456')
    port = 5432
    db = 'booking_system'
    args = f'sqlacodegen --noviews --outfile ./model.py postgresql://
        {user}:{password}@{host}:{port}/{db}'
    os.system(args)
    print('模型从表中逆向生成完成！')

if __name__ == '__main__':
    main()
```

上述脚本中有如下几个需要注意的点：

❑ 如果连接主机的密码涉及特殊符号，则需要进行 parse.quote_plus() 转化处理才可以
正常连接成功。

❑ 生成的模型类是通过 --outfile 参数来指定的。在上面的脚本中，模型类会自动生成
于当前脚本执行目录下的 ./model.py 文件中。

❑ host 和 password 等信息需要结合本机的具体情况进行配置。

当执行了上述脚本之后，数据库中对应表的模型类也生成成功了。把这些模型类统一
存储在项目中的 db 模块下的 models.py 子模块中，接下来分析生成的模型类。

1. 医院信息模型

医院信息表中对应模型 Hospitalinfo 类的代码如下：

```
class Hospitalinfo(Base):
    __tablename__ = 'hospitalinfo'
    __table_args__ = {'comment': '医院信息表'}

    id = Column(Integer, primary_key=True,
server_default=text("nextval('hospitalinfo_id_seq'::regclass)"), comment='主键ID')
    name = Column(Text, server_default=text("''::text"), comment='医院名称')
    describe = Column(Text, server_default=text("''::text"), comment='医院描述')
    describeimages = Column(Text, server_default=text("''::text"), comment =
        'describeimages')
    create_time = Column(TIMESTAMP(precision=0), server_default=text("now()"),
        comment='创建时间')
```

Hospitalinfo 类没有任何的关联，仅用于当前医院一些全局信息的配置或一些医院信息
介绍。

2. 医生信息模型

医生信息表中对应模型 Doctorinfo 类的代码如下：

```
class Doctorinfo(Base):
    __tablename__ = 'doctorinfo'
    __table_args__ = {'comment': '医生信息表'}
```

```
    id = Column(Integer, primary_key=True, server_default=text("nextval('doctori
        nfo_id_seq'::regclass)"), comment='主键ID')
    dno = Column(Text, nullable=False, unique=True, server_ default =
        text("''::text"), comment='医生编号')
    dnname = Column(Text, server_default=text("''::text"), comment='医生名称')
    dnmobile = Column(Text, server_default=text("''::text"), comment='医生号码')
    sex = Column(Integer, comment='医生性别: 1: 男2:女3: 保密')
    enable = Column(Integer, comment='是否可用（1: 是; 0: 否）')
    rank = Column(Text, server_default=text("''::text"), comment='职称')
    fee = Column(Numeric, comment='医生诊费')
    grade = Column(Text, server_default=text("''::text"), comment='等级')
    destag = Column(Text, server_default=text("''::text"), comment='专业擅长标签')
    addr = Column(Text, server_default=text("''::text"), comment='开诊地点')
    pic = Column(Text, server_default=text("''::text"), comment='医生图片')
    create_time = Column(TIMESTAMP(precision=0), server_default=text("now()"),
        comment='创建时间')
    describe = Column(Text, comment='说明信息')
```

由于当前项目没有使用外键关联等处理机制，所以模型之间没有 relationship 属性关系存在。医生信息模型类和**医生号源数**信息模型之间，依赖于当前医生信息模型类中的 dno 字段来绑定关联。后续关联查询都是通过联表方式来查询的。

3. 医生排班信息表信息模型

医生排班信息表中对应模型 DoctorScheduling 类的代码如下：

```
class DoctorScheduling(Base):
    __tablename__ = 'doctor_scheduling'
    __table_args__ = {'comment': '医生排班信息表'}

    id = Column(Integer, primary_key=True, server_default=text("nextval('doctor_
        scheduling_id_seq'::regclass)"), comment='主键ID')
    dno = Column(Text, nullable=False, index=True, server_ default=text("''::text"),
        comment='所属医生编号')
    nsnum = Column(Integer, comment='号源总数')
    nsnumstock = Column(Integer, comment='号源库存数')
    nsindex = Column(Text, unique=True, server_default=text("''::text"),
        comment='号源编号')
    dnotime = Column(Date, comment='排班日期, 年-月-日')
    tiemampmstr = Column(Text, server_default=text("''::text"), comment='号源时段
        字符串显示')
    ampm = Column(Text, server_default=text("''::text"), comment='医生工作日: 上午
        还是下午')
    create_time = Column(TIMESTAMP(precision=0), server_default=text("now()"),
        comment='创建时间')
    enable = Column(Integer, comment='是否可用（1: 是; 0: 否）')
    tiempm = Column(TIMESTAMP(precision=6), comment='医生工作日: 号源时段(年-月-日时:
        分)')
```

通过分析可以看到，上述的模型中，DoctorScheduling 和 Doctorinfo 类之间可以通过 dno 属性进行关联查询。后续当需要查询某个医生的排班信息时，可以通过 dno 进行关联查询。

4. 预约订单表信息模型

预约信息详情表中对应模型 DoctorSubscribeinfo 类的代码如下：

```
class DoctorSubscribeinfo(Base):
    __tablename__ = 'doctor_subscribeinfo'
    __table_args__ = {'comment': '预约信息详情表'}

    id = Column(Integer, primary_key=True, server_default=text("nextval('doctor_
        subscribeinfo_id_seq'::regclass)"), comment='主键Id')
    dno = Column(Text, nullable=False, index=True, server_default=text("''::text"),
        comment='所属医生编号')
    orderid = Column(Text, index=True, server_default=text("''::text"), comment='
        订单编号')
    nsindex = Column(Text, server_default=text("''::text"), comment='订单编号')
    statue = Column(Integer, server_default=text("1"), comment='订单状态（1:订单就
        绪，还没支付；2: 已支付成功；3: 取消订单）')
    visitday = Column(Text, server_default=text("''::text"), comment='就诊日期')
    visittime = Column(Text, server_default=text("''::text"), comment='就诊时段')
    payfee = Column(Text, server_default=text("''::text"), comment='支付诊费')
    visit_uopenid = Column(Text, server_default=text("''::text"), comment='就诊人
        微信ID')
    visit_uname = Column(Text, server_default=text("''::text"), comment='就诊人姓
        名')
    visit_uphone = Column(Text, server_default=text("''::text"), comment='就诊人联
        系电话')
    visit_usex = Column(Text, server_default=text("''::text"), comment='就诊人性别
        ')
    visit_uage = Column(Text, server_default=text("''::text"), comment='就诊人年龄
        ')
    visit_statue = Column(Integer, server_default=text("1"), comment='订单所属-就
        诊状态（1: 待就诊；2: 已就诊）')
    create_time = Column(TIMESTAMP(precision=0), server_default=text("now()"),
        comment='创建时间')
    notify_callback_time = Column(TIMESTAMP(precision=0), comment='支付回调时间')
```

通过分析可以得知，DoctorSubscribeinfo 其实就是用户预约下单的订单信息。它涉及的字段比较多，主要涉及用户信息、订单信息、预约医生信息及支付信息等。

12.4.4　数据库引擎配置

完成对应数据库模型类的创建之后，即可对数据库引擎进行相关的配置。为了管理方便，在项目 db 模块下的 database.py 子模块中进行创建具体的数据库引擎对象和数据库会话对象创建等操作，代码如下：

```
#导入异步引擎的模块
from sqlalchemy.ext.asyncio import create_async_engine, AsyncSession
from sqlalchemy.orm import declarative_base, sessionmaker
from sqlalchemy.exc import SQLAlchemyError
from sqlalchemy.ext.asyncio import AsyncSession
from typing import AsyncGenerator
```

```
from contextlib import asynccontextmanager
from sqlalchemy import MetaData
from sqlalchemy.engine.url import URL
# URL地址格式
from config.config import get_settings

#创建异步引擎对象
settings = get_settings()
async_engine = create_async_engine(url=URL.create(settings.ASYNC_DB_DRIVER,
                                                  settings.ASYNC_DB_USER,
                                                  settings.ASYNC_DB_PASSWORD,
                                                  settings.ASYNC_DB_HOST,
                                                  settings.ASYNC_DB_PORT,
                                                  settings.ASYNC_DB_DATABASE),
                                     echo=settings.ASYNC_DB_ECHO,
                                     pool_size=settings.ASYNC_DB_POOL_SIZE,
                                     max_overflow=settings.ASYNC_DB_MAX_OVERFLOW,
                                     future=True)


metadata = MetaData()
#创建ORM模型基类
Base = declarative_base(metadata=metadata)
#创建异步的会话工厂管理对象
AsyncSessionLocal = sessionmaker(bind=async_engine, expire_on_commit=False, clas
    s_=AsyncSession,autocommit=False,autoflush=False, future=False)

async def depends_get_db_session() -> AsyncGenerator[AsyncSession, None]:
    db_session = None
    try:
        db_session = AsyncSessionLocal()
        yield db_session
        await db_session.commit()
    except SQLAlchemyError as ex:
        await db_session.rollback()
        raise ex
    finally:
        await db_session.close()



#需要使用@asynccontextmanager装饰器来装饰，才可以使用with
@asynccontextmanager
async def async_context_get_db() -> AsyncGenerator:
    session = AsyncSessionLocal()
    try:
        yield session
        await session.commit()
    except SQLAlchemyError as ex:
        await session.rollback()
        raise ex
    finally:
        await session.close()
```

上面部分核心代码的解析说明如下：

- ❑ 首先导入了 SQLAlchemy 中其他模块各种创建数据库引擎对象和会话对象等所需的类，如 create_async_engine、AsyncSession、declarative_base、sessionmaker 等。
- ❑ 使用导入之前在 config 中定义好的配置类信息创建对应的配置项实例 settings = get_settings()，通过配置项实例 settings 读取出连接到数据库的一些配置项信息，并通过 create_async_engine() 创建出异步连接引擎对象。这里需要注意的是，由于项目是基于协程的方式编写的，所以这里的引擎对象也使用支持异步连接的引擎对象来创建。
- ❑ 当创建完成异步引擎对象之后，可以通过传入异步引擎实例对象到 sessionmaker 类中来完成异步会话工厂管理对象的创建。
- ❑ 定义一个使用 yield 返回当前数据库异步会话对象的依赖项 depends_get_db_session()，后续在被装饰的视图函数中进行依赖注入使用，通过依赖注入的方式可以方便地对会话进行自动关闭处理和异常的回滚处理。
- ❑ 除了使用依赖注入的方式来获取异步会话对象之外，还可以使用 asynccontextmanager 异步上下文的方式来获取。通过这种方式也可以对会话进行自动关闭处理和异常的回滚处理。

12.5　后端项目基础框架搭建

目前，我们已经了解到项目的每个模块所负责的任务。下面介绍整个项目基础框架中模块的搭建。

12.5.1　数据库配置

前面已经介绍过基于 BaseSettings 来配置项目信息的示例，在本案例中，在项目结构目录下的 Config 下新建一个 config.py 文件，在里面定义了一些关于应用配置项信息，代码如下：

```
from pydantic import BaseSettings
from functools import lru_cache

class Settings(BaseSettings):

    #连接数据库引擎
    ASYNC_DB_DRIVER: str = "postgresql+asyncpg"
    #数据库host
    ASYNC_DB_HOST: str = "localhost"
    #数据库端口号
    ASYNC_DB_PORT: int = 5432
    #数据库用户名
    ASYNC_DB_USER: str = "postgres"
    #数据库密码
    ASYNC_DB_PASSWORD: str = "123456"
```

```
#需要连接数据库的名称
ASYNC_DB_DATABASE: str = "booking_system"
#是否输出SQL语句
ASYNC_DB_ECHO: bool = False
#默认的连接池大小
ASYNC_DB_POOL_SIZE: int = 60
ASYNC_DB_MAX_OVERFLOW: int = 0

#公众号-开发者ID(AppID)
GZX_ID: str = 'xxxxxxx' #微信公众号ID
#公众号-开发者密码
GZX_SECRET:str = 'xxxxxxxxxxx'
GZX_PAY_KEY: str = 'xxxxxxxxx' #微信支付密钥
MCH_ID: str = 'xxxxxxxxxx' #微信支付ID
NOTIFY_URL =    'http://xxxxxxxxxxxx/api/v1/doctor/subscribe/paycallback' #支
        付回调


@lru_cache()
def get_settings():
    return Settings()
```

上面代码中关于公众号等的配置项信息，需要用户根据自身申请的信息来填写。这里使用 x 来代替。

具体的配置项信息说明如下：

❑ ASYNC_DB_DRIVER：设置连接数据库引擎的类型。本项目中使用的是 PostgreSQL 数据库，且使用的是异步类型，所以这里设置为 postgresql+asyncpg。

❑ ASYNC_DB_HOST：设置连接数据库所在的主机地址，当前的值为 localhost，表示连接本地的主机。

❑ ASYNC_DB_PORT：设置连接数据库所在主机对应的端口号，通常，PostgreSQL 数据库默认使用的端口号是 5432。

❑ ASYNC_DB_USER：设置连接数据库所在主机数据库的用户名信息。

❑ ASYNC_DB_PASSWORD：设置连接数据库需要登录用户名的密码信息。

❑ ASYNC_DB_DATABASE：设置连接数据库中具体的数据库名称。

❑ ASYNC_DB_ECHO：设置是否输出执行的 SQL 具体信息，通常仅限于在本地开发环境时开启。

❑ ASYNC_DB_POOL_SIZE：设置异步连接池的最大连接数。

❑ ASYNC_DB_MAX_OVERFLOW：异步连接池的最大连接数是由 ASYNC_DB_POOL_SIZE 参数设置的。当连接池中的连接数达到最大值时，如果有新的连接请求进来，就会发生连接池溢出现象，这时就需要根据 ASYNC_DB_MAX_OVERFLOW 参数的设置来决定是否允许创建新的连接。当设置 ASYNC_DB_MAX_OVERFLOW 的值为 0 时，则表示当连接池中的连接数达到最大值时不允许创建新的连接，最终会直接抛出一个异常。

❑ GZX_ID：设置当前项目对应的微信公众号 ID。

❑ GZX_SECRET：设置当前项目对应的微信公众号所分配密钥信息。

❑ GZX_PAY_KEY：设置当前项目的微信支付密钥信息。

❑ MCH_ID：设置当前微信公众号所绑定的微信支付账号 ID。

❑ NOTIFY_URL：设置当前微信公众号微信支付的成功回调通知地址。

12.5.2　定制统一 API 内容规范

在设计 API 返回内容时，通常需要与前端约定好 API 返回响应体内容的格式。这样方便前端进行数据反序列时做相应的解析处理。不同的公司有不同的 API 响应内容格式规范要求，这需要依据个人业务的实际需求来决定，当前非常流行后端使用 JSON 格式返回给前端进行使用，以下是常使用的一种 JSON 格式，代码如下：

```
{
    "success":true,
    "message":"登录成功",
    "code":200,
    "result":{
        "username":'xxx',
        "userVisitCount":686
    },
    "timestamp":1652606787192
}
```

1. success 状态

success 状态主要描述当前请求处理结果是否成功，通常返回值是一个 bool 值。当返回值是 True 时，表示当前 API 请求处理结果响应是成功的。如果返回 False，则表示请求处理不成功。

2. code 状态码

code 状态码主要用于表示错误类型区间状态码，与 HTTP 状态码类似，但是又与 HTTP 状态码有所区别。这里的 code 可以理解为当前内部系统自定义的错误内码。通常，对于每一个的错误内码，都可以设定不同的错误区间，用于表示当前 code 区间内所对应的错误分类描述。说明如下：

```
#200：表示当前请求处理正常。
#1000~1999区间：表示当前用户提交参数校验异常。
#2000~2999区间：表示登录用户信息异常或错误。
#3000~3999区间：表示当前医生排班信息异常。
#4000~4999区间：表示当前对接第三方接口异常。
#5000~5999区间：表示当前系统内部异常。
```

3. message 字段

message 字段是对当前 code 状态码错误明细的补充说明。通常，不同的 code 状态码有不同的 message 描述信息。

4. result 值

result 值通常代表返回的数据内容体详情。它可以是列表，也可以是字典。

5. timestamp 值（可选）

timestamp 值通常主要返回当前系统处理接口的当前系统时间戳，主要用于后续的一些 API 日志排查，这个可以忽略。

基于上述的格式规范要求，通常可以直接基于 FastAPI 框架提供的 JSONResponse 完成，但是为了更好地扩展或处理其他类型 JSON 的转换处理，可以基于 JSONResponse 来自定义响应 JSON 格式。在本项目中，在 exts 模块下的 responses 下面自定义一个 JSONResponse 类，代码如下：

```python
#省略部分代码
class CJsonEncoder(json.JSONEncoder):
    def default(self, obj):
        if hasattr(obj, 'keys') and hasattr(obj, '__getitem__'):
            return dict(obj)
        elif isinstance(obj, datetime.datetime):
            return obj.strftime('%Y-%m-%d %H:%M:%S')
        elif isinstance(obj, datetime.date):
            return obj.strftime('%Y-%m-%d')
        elif isinstance(obj, datetime.time):
            return obj.isoformat()
        elif isinstance(obj, decimal.Decimal):
            return float(obj)
        elif isinstance(obj, bytes):
            return str(obj, encoding='utf-8')
        elif isinstance(obj.__class__, DeclarativeMeta):
            #如果是models类型的，则可以直接序列化为JSON对象
            return self.default({i.name: getattr(obj, i.name) for i in obj.__
                table__.columns})
        elif isinstance(obj, dict):
            for k in obj:
                try:
                    if isinstance(obj[k], (datetime.datetime, datetime.date,
                        DeclarativeMeta)):
                        obj[k] = self.default(obj[k])
                    else:
                        obj[k] = obj[k]
                except TypeError:
                    obj[k] = None
            return obj
        return json.JSONEncoder.default(self, obj)

class ApiResponse(JSONResponse):
    #定义HTTP返回响应码,默认值为200
    http_status_code = 200
    #定义内部系统的错误内码,默认值为0
    api_code = 0
    #定义返回结果内容,默认值为Node
    result: Optional[Dict[str, Any]] = None
```

```
    message = '成功'
    success = True
    timestamp = int(time.time() * 1000)

    def __init__(self, success=None, http_status_code=None, api_code=None,
        result=None, message=None, **options):
        self.message = message or self.message
        self.api_code = api_code or self.api_code
        self.success = success or self.success
        self.http_status_code = http_status_code or self.http_status_code
        self.result = result or self.result

        #返回内容体
        body = dict(
            message=self.message,
            code=self.api_code,
            success=self.success,
            result=self.result,
            timestamp=self.timestamp
        )
        super(ApiResponse, self).__init__(status_code=self.http_status_code,
            content=body, **options)
    def render(self, content: typing.Any) -> bytes:
        return json.dumps(
            content,
            ensure_ascii=False,
            allow_nan=False,
            indent=None,
            separators=(",", ":"),
            cls=CJsonEncoder
        ).encode("utf-8")
```

上面部分核心代码的解析说明如下：

❑ 首先定义一个 CJsonEncoder 类，在使用 json.dumps() 进行数据结构转换时可以对传入的数据结构做不同的处理。

　　○ 如果传入的数据是一个 datetime.datetime 类型的对象，则需要进行 datetime 对象字符串格式化处理。

　　○ 如果传入 Decimal 类型的对象，则需要进行 float 类型转化。

　　○ 如果传入 bytes 类型的对象，则需要进行 bytes 类型转换为字符串等。

❑ 定义 ApiResponse 类，用于统一封装返回的响应体内容，它继承于 JSONResponse 类。在进行定义时定义一些内部属性，这些内部属性和上面所涉及的 API 内容规范保持一致，具体属性说明如下：

　　○ http_status_code 表示默认的 HTTP 响应状态码值。

　　○ api_code 表示内部系统自定义的错误内码。

　　○ result 表示响应报文内容数据。

　　○ message 表示当前请求处理结果的描述或错误信息描述。

　　○ success 表示当前请求处理结果是否成功处理。

❍ timestamp 表示当下系统时间戳（可选参数值）。

❑ 在 ApiResponse 类实例化时，如果没有传入指定的参数值，则默认会寻找到父类定义参数值，也就是默认值，并把相关的参数进行字典封装，之后进行 json.dumps() 处理，转换为 JSON 格式数据。

❑ render() 方法会执行自动调用，它是子类进行重写实现的一个方法。

基于上面的 ApiResponse 类进一步扩展，定义统一的响应类型，代码如下：

```
#省略部分代码
class Success(ApiResponse):
    http_status_code = 200
    api_code = 200
    result = None
    message = '获取成功'
    success = True


class Fail(ApiResponse):
    http_status_code = 200
    api_code = 1000
    result = None
    message = '操作失败，参数异常'
    success = False
```

通过上面的扩展实现，后续在API返回数据时，直接进行调用即可返回统一的API接口格式内容。

12.5.3 定制全局异常 / 错误处理

统一全局异常 / 错误处理机制，有助于进行全局异常的捕获和分析，并进行统一异常规范提示，示例代码如下所示：

```
from fastapi import FastAPI, Request
from starlette.exceptions import HTTPException as StarletteHTTPException
from fastapi.exceptions import RequestValidationError
from exts.responses.json_response import InternalErrorException, \
    MethodnotallowedException, \
    NotfoundException, LimiterResException, BadrequestException, ParameterExce-
        ption, Businesserror

from enum import Enum

class ExceptionEnum(Enum):
    SUCCESS = ("0000", "OK")
    PARAMETER_ERROR = ("10001", "参数处理异常/错误")
    FAILED = ("5000", "系统异常")
    USER_NO_DATA = ("10001", "用户不存在")
    USER_REGIESTER_ERROR = ("10002", "注册异常")
    PERMISSIONS_ERROR = ("2000", "用户权限错误")

class BusinessError(Exception):
    __slots__ = ['err_code', 'err_code_des']
```

```
        def __init__(self, result: ExceptionEnum = None, err_code: str = "0000",
            err_code_des: str = ""):
            if result:
                self.err_code = result.value[0]
                self.err_code_des = err_code_des or result.value[1]
            else:
                self.err_code = err_code
                self.err_code_des = err_code_des
            super().__init__(self)


class ApiExceptionHandler:
    def __init__(self, app=None, *args, **kwargs):
        super().__init__(*args, **kwargs)
        if app is not None:
            self.init_app(app)


    def init_app(self, app: FastAPI):
        app.add_exception_handler(Exception, handler=self.all_exception_handler)
        app.add_exception_handler(StarletteHTTPException, handler=self.http_
            exception_handler)
        app.add_exception_handler(BusinessError, handler=self.all_businesserror_
            handler)
        app.add_exception_handler(RequestValidationError, handler=self.validation_
            exception_handler)

    async def validation_exception_handler(self, request: Request, exc: Request-
        ValidationError):
        return ParameterException(http_status_code=400, api_code=400, message='参
            数校验错误', result={
            "detail": exc.errors(),
            "body": exc.body
        })


    async def all_businesserror_handler(self, request: Request, exc: BusinessError):
        return Businesserror(http_status_code=200, api_code=exc.err_code, message=exc.
            err_code_des)


    async def all_exception_handler(self, request: Request, exc: Exception):

        return InternalErrorException()


    async def http_exception_handler(self, request: Request, exc: StarletteHTTP-
        Exception):
        if exc.status_code == 405:
            return MethodnotallowedException()
        elif exc.status_code == 404:
            return NotfoundException()
        elif exc.status_code == 429:
            return LimiterResException()
        elif exc.status_code == 500:
            return InternalErrorException()
```

```
elif exc.status_code == 400:
    return BadrequestException(msg=exc.detail)
```

上面部分核心代码的解析说明如下：

❏ 自定义错误类型 ExceptionEnum 枚举类，用于表示不同业务错误区间的错误码及描述信息，其中的每一个状态值，其错误码以及对应的错误描述说明会配对出现。

❏ 自定义异常 BusinessError 类用户，它直接继承于 Exception。它主要用于业务处理过程中需要抛出自定义错误时。在进行错误抛出时，可以根据 ExceptionEnum 中定义的错误码来进行匹配。

❏ 定义全局 ApiExceptionHandler 异常类，用于统一管理所有异常的捕获。其中主要涉及 StarletteHTTPException、RequestValidationError、BusinessError、Exception 几种异常类型的处理。

    ○ validation_exception_handler() 方法主要处理所有 RequestValidationError 异常类的捕获处理。在方法内部，它通过返回 ParameterException 响应报文异常来告知客户端对应参数校验错误及详细的错误明细。

    ○ all_businesserror_handler() 方法可对自定义的 BusinessError 错误进行捕获处理，并返回 Businesserror 响应报文来显示具体的错误信息。

    ○ all_exception_handler() 方法可对顶层所有的 Exception 错误进行捕获处理。

    ○ http_exception_handler() 方法可进行相关的 HTTPException 异常捕获处理。在内部可根据不同的状态码，返回不同类型的响应报文对象。

12.5.4　基于中间件日志记录

在开发 API 的过程中，接口请求日志记录是要处理的事项之一。日志记录不仅方便用户查看程序运行过程中的执行情况，也可以在程序运行过程中捕获异常信息，方便后续通过日志快速定位问题所在位置。

如果是大型的分布式项目，那么通常还需要考虑日志汇聚处理。由于项目不是大型的项目，那么通常只需要记录到本地的文件上即可。

在进行日志记录之前，首先应考虑日志需要记录的具体字段信息内容。本项目需要记录的日志有：

❏ 需要自定义一个请求链路 ID，用于标记整个请求过程中分散的日志记录。

❏ 需要记录所有的请求参数信息，包括查询参数、body 参数和 path 参数等。

❏ 日志内容 messsage 使用 JSON 格式进行存储。

基于上述需求，需要考虑的问题有以下几点：

❏ 在 FastAPI 框架中，如果在中间件中多次读取 request.body()，那么会存在无法读取且会引发整个请求阻塞的情况，所以日志中间件需要针对此类特殊情况做特殊的处理。

❑ 如何在日志中间件中生成一个请求链路 ID，并且可以在整个请求链路上下文过程中进行传递。

❑ 如何定义一个全局代理 request 的对象，并避免在其他模块中使用显式的方式进行 request 传参（也就是如何实现类似 Flask 框架中全局的且线程和协程安全的 request 的对象）。

1. loguru 库概述

在开始记录日志之前，需要先创建一个日志记录对象。这里使用的是 loguru 第三方库。loguru 是一个比较优秀的日志记录器，它支持与 Python 原生的 Logging 模块兼容使用。用户可以将原始的标准日志记录器记录的信息轻松地转移到 loguru 中。除此之外，它还可以进行多种方式的切割和滚动日志、自动压缩、定时删除操作，并且还具有多线程安全、高亮日志、日志告警等多种功能。

首先，使用如下命令安装 loguru 库：

```
pip3 install loguru
```

安装完成之后，就可以直接在项目里使用这个 loguru 库了。下面是最简单的使用示例代码：

```
from loguru import logger
logger.info('my info logs')
logger.debug('my debug logs')
logger.warning('my warning logs')
logger.error('my error logs')
```

如上代码所示，首先导入 logger 的对象，然后调用 logger.info() 方法，即可把日志信息输出到控制台中。此时，在控制台中可以看到输出如下结果：

```
2022-05-16 11:41:27.781 | INFO    | __main__:<module>:2 - my info logs
2022-05-16 11:41:27.781 | DEBUG   | __main__:<module>:3 - my debug logs
2022-05-16 11:41:27.781 | WARNING | __main__:<module>:4 - my warning logs
2022-05-16 11:41:27.781 | ERROR   | __main__:<module>:5 - my error logs
```

从上面的输出结果可以看出，它默认输出的字段信息有：

❑ 日志记录创建时间。

❑ 日志的类型。

❑ 当前模块名和函数名以及行号信息。

❑ 日志具体的内容。

除了默认输出控制台的方式外，loguru 库还支持输出到文件中，而且它对输出到文件的日志提供了非常多的配置项，方便根据实际情况进行日志处理。示例代码如下：

```
from loguru import logger
format = " {time:YYYY-MM-DD HH:mm:ss:SSS} | process_id:{process.id} process_
    name:{process.name}| thread_id:{thread.id} thread_name:{thread.name} |
    {level} | {message}"
```

```
logger.add('info.log', format=format, rotation='00:00', encoding='utf-8',
    level='INFO',enqueue=True)
logger.info('日志输出')
```

在上面的代码中，通过 logger.add() 方法定义一个输出到 "info.log" 日志文件的接收器。loguru 和 Logging 模块不同，它不需要再定义 Handler，当前日志文件会默认在当前脚本所在的目录下生成。查看 logger.add() 方法的源码：

```
class Logger:
    #省略部分代码
    @overload
    def add(
        self,
        sink: Union[str, PathLike[str]],
        *,
        level: Union[str, int] = ...,
        format: Union[str, FormatFunction] = ...,
        filter: Optional[Union[str, FilterFunction, FilterDict]] = ...,
        colorize: Optional[bool] = ...,
        serialize: bool = ...,
        backtrace: bool = ...,
        diagnose: bool = ...,
        enqueue: bool = ...,
        catch: bool = ...,
        rotation: Optional[Union[str, int, time, timedelta, RotationFunction]] = ...,
        retention: Optional[Union[str, int, timedelta, RetentionFunction]] = ...,
        compression: Optional[Union[str, CompressionFunction]] = ...,
        delay: bool = ...,
        mode: str = ...,
        buffering: int = ...,
        encoding: str = ...,
        **kwargs: Any
```

它支持的参数项很多，主要的一些参数信息说明如下：

❑ sink：表示日志的接收器，它可以采用多种形式：简单函数、字符串路径、类似文件的对象、协程函数或内置处理程序。

❑ level：表示日志输出级别，它主要有 info、debug、warning、error 等几个级别。

❑ format：表示格式化日志输出，如上面示例中定义的输出字段信息有日志时间、进程 ID、进程名称、线程 ID、线程名称、日志等级以及日志内容。

❑ filter：日志过滤处理器。用户可以通过它定制哪一些日志需要记录。

❑ colorize：表示是否给日志添加颜色。

❑ serialize：是否对日志记录进行序列化（转换为 JSON 字符串）输出。

❑ backtrace：是否对于错误异常跟踪显示完整的堆栈内容。

❑ diagnose：错误异常信息是否应显示变量值。

❑ enqueue：是否开启多进程支持。开启后能够使得多个进程同时向同一个日志文件写入内容，避免了多个进程之间的资源竞争问题。默认情况下，添加到记录器的所有接收器都是线程安全的，但多进程场景下则不是多进程安全的。当

enqueue=True 时，日志消息会被添加到一个独立于主线程的处理队列中，从而不会影响应用程序的性能，并且可以在后台运行时向日志文件写入数据。但需要注意，这种方式只适用于多进程环境下，因为在单进程中使用队列可能会导致死锁等问题。

❑ catch：表示是否捕获异常。

❑ rotation：表示对文件类型日志的一种处理切割规则。例如，rotation='00:00' 表示每天 0 点新创建一个 log 文件。

❑ compression：表示切割日志文件时是否进行压缩。

❑ delay：表示日志文件创建机制，设置为 True 表示有第一条日志记录时才创建文件。

❑ mode：表示对日志文件的写入模式，默认为 a，也就是日志文件使用追加模式打开并写入。

❑ buffering：表示日志写入时缓存策略。

❑ encoding：表示日志文件写入时的编码格式。

对于 loguru 库其他内容的学习，读者可以查阅它的官方文档：https://loguru.readthedocs.io/en/stable/ 。

2. 日志对象配置

在该项目中，把日志写入本地文件中，这里使用两个 logger.add() 函数分别记录不同级别类的日志，一个用于记录 INFO 等级的日志，另一个则用于记录 ERROR 类型的错误日志，代码如下：

```
from loguru import logger
#省略部分代码
def setup_ext_loguru(log_pro_path: str = None):
    import os
    if not log_pro_path:
        #当前日志文件的存储路径
        log_pro_path = os.path.split(os.path.realpath(__file__))[0]
        #定义info_log文件名称
        log_file_path = os.path.join(log_pro_path, 'log/info_{time:YYYYMMDD}.
            log')
        err_log_file_path = os.path.join(log_pro_path, 'log/error_{time:YYYYMMDD}.
            log')

        from sys import stdout
        LOGURU_FORMAT: str = '<green>{time:YYYY-MM-DD HH:mm:ss.SSS}</green> |
            <level>{level: <16}</level> | <bold>{message}</bold>'
        #指定了loguru库的日志处理方式和输出格式
        logger.configure(handlers=[{'sink': stdout, 'format': LOGURU_FORMAT}])
        #配置ERROR类型日志格式
        format = " {time:YYYY-MM-DD HH:mm:ss:SSS} | thread_id:{thread.id} thread_
            name:{thread.name} | {level} |\n {message}"
        #rotation参数表示每天0点进行文件日志切割
        #enqueue=True表示开启多进程写入支持
        logger.add(err_log_file_path, format=format, rotation='00:00', encoding='utf-8',
```

```
            level='ERROR', enqueue=True)
    #配置INFO类型日志格式
    format2 = " {time:YYYY-MM-DD HH:mm:ss:SSS} | thread_id:{thread.id}
        thread_name:{thread.name} | {level} | {message}"
    logger.add(log_file_path, format=format2, rotation='00:00',
        encoding='utf-8', level='INFO', enqueue=True)
```

在上面的代码中定义了一个日志初始化的函数,它主要用于创建日志文件的接收器。它可以通过 log_pro_path 参数传入指定日志文件生成的目录。在指定目录下,分别创建了两个文件,一个是用于记录 INFO 类型的日志,另一个则是用于记录 ERROR 类型的日志。

当对应的日志文件创建完成后,则开始配置日志对象。首先通过 logger.configure() 来配置一些处理器的配置信息。其中,logger.configure() 方法的参数说明如下:

❏ handlers:指定了日志处理器,是列表类型。

❏ 'sink': stdout:指定将日志消息输出到标准输出流(stdout)中。

❏ 'format':LOGURU_FORMAT:指定了日志输出的格式。其中 LOGURU_FORMAT 是自定义的格式字符串,可以包含时间戳、日志级别、模块名等信息。

完成 logger.configure() 配置之后,开始正式创建对应的日志处理器,通过 logger.add() 可以添加不同的日志处理器对象。在上面的代码中创建了两个日志处理器对象,给不同的处理器配置了不同的 format 格式,并且对不同的处理器进行了编码和异步写入等。

3. 定义 request 全局代理

FastAPI 框架没有提供 Flask 框架提供的 request 全局代理对象。request 全局代理对象可方便用户在任意模块中进行导入。这里基于 contextvars 上下文环境变量实现类似的功能,以方便后续其他插件引用 request 对象时进行日志信息记录。示例代码如下:

```
def bind_contextvar(contextvar):
    class ContextVarBind:
        __slots__ = ()

        def __getattr__(self, name):
            return getattr(contextvar.get(), name)

        def __setattr__(self, name, value):
            setattr(contextvar.get(), name, value)

        def __delattr__(self, name):
            delattr(contextvar.get(), name)

        def __getitem__(self, index):
            return contextvar.get()[index]

        def __setitem__(self, index, value):
            contextvar.get()[index] = value

        def __delitem__(self, index):
            del contextvar.get()[index]
```

```
    return ContextVarBind()

...
from contextvars import ContextVar
from fastapi import Request
import shortuuid
from utils.requestvar.bing import bind_contextvar
request_var: ContextVar[Request] = ContextVar("request")
request:Request = bind_contextvar(request_var)

__all__ = ("request_var", "request", )
```

上面部分核心代码的解析说明如下：

❑ 定义一个 ContextVar 类型的全局上下文环境变量对象 request_var，它主要用于存储当前每一次请求所产生的 Request 实例对象。通过 ContextVar 所创建的对象，是线程和协程安全的一个上下文对象。

❑ 定义绑定上下文 ContextVar 函数，在函数内部返回一个定义好的 ContextVarBind 类的实例对象。当对这个 ContextVarBind 类的实例对象调用对应方法时，会自动调用 _getattr_() 获取传入的 ContextVar 上下文对象中包含的 request 实例，通过重写 _getattr_() 函数的方法来返回对应 contextvar.get() 中得到的 request 实例的属性或方法。

❑ 在 request: Request = bind_contextvar(request_var) 中，bind_contextvar(request_var) 返回一个 ContextVarBind 类的实例对象，这里传入 ContextVar[Request] 对象实例 request_var，并将返回值赋给当前模块下的 request 对象。当完成赋值之后，该模块下的 request 对象实现了类似 Flask 框架中的 request 全局对象，从而可以方便地在其他模块中导入并使用。

> 💡 上述实现方式代码参考了 index.py 框架的实现，该项目网址为 https://github.com/index-py/index.py。index.py 框架的设计非常优秀，如果读者感兴趣，那么可以进行扩展学习。

4. 定义记录日志方法

完成 request 全局代理对象定义后，定义一个 async_trace_add_log_record() 协程函数，它主要用于使用 logger.info() 函数写入具体日志内容信息到日志文件中，代码如下：

```
async def async_trace_add_log_record(event_type='', msg={}, remarks=''):
    '''

        :param event_type:日志记录事件描述。
        :param msg:日志记录信息字典。
        :param remarks:日志备注信息。
        :return:
    '''
#request.state对象中是否存在traceid链路追踪ID的属性值
```

```
    if request and hasattr(request.state, 'traceid'):
        #对当前traceid链路追踪ID事件索引序号值进行累加，用于标记链路中的事件编号ID
        trace_links_index = request.state.trace_links_index = getattr(request.
            state, 'trace_links_index') + 1
        log = {
            #获取当前traceid链路追踪ID
            'traceid': getattr(request.state, 'traceid'),
            #定义当前traceid链路追踪ID
            'trace_index': trace_links_index,
            #事件类型描述
            'event_type': event_type,
            #日志内容详情
            'msg': msg,
            #日志备注信息
            'remarks': remarks,

        }
        #删除空的日志内容信息
        if not remarks:
            log.pop('remarks')
        if not msg:
            log.pop('msg')
        try:
            log_msg = json_helper.dict_to_json_ensure_ascii(log)   #返回文本
            logger.info(log_msg)
        except:
            logger.info(getattr(request.state, 'traceid') + ': 索引: ' +
                str(getattr(request.state, 'trace_links_index')) + ':日志信息写入异
                常')
```

在上面的代码中，定义的日志内容信息项有：

❑ traceid：日志追踪链路 ID。

❑ trace_index：日志追踪事件触发编号索引，也就是日志记录的先后顺序

❑ event_type：日志事件类型。

❑ msg：日志具体的内容详情。

❑ remarks：日志其他备注说明。

在开始记录日志之前，由于日志需要记录一个 traceid，但是该 traceid 存在于 request. state 中，所以应先判断当前 request.state 对象中是否有对应的"traceid"属性。如果存在，则开始正式调用 logger.info(log_msg) 来执行日志写入。

5. 自定义日志中间件

在前文中，只是通过 request_var: ContextVar[Request] = ContextVar("request") 声明了一个上下文变量对象，但是没有完成它的赋值操作，接下来在自定义中间件中对 request_var 进行赋值，代码如下：

```
from contextvars import ContextVar
from fastapi import Request
import shortuuid
from exts.requestvar.bing import bind_contextvar
```

```python
from starlette.types import ASGIApp, Receive, Scope, Send
from user_agents import parse
from urllib.parse import parse_qs
from datetime import datetime
from loguru import logger
from utils import json_helper
import typing
from time import perf_counter

request_var: ContextVar[Request] = ContextVar("request")
request: Request = bind_contextvar(request_var)

def setup_ext_loguru(log_pro_path: str = None):
    #省略部分代码


async def async_trace_add_log_record(event_type='', msg={}, remarks=''):
    #省略部分代码


class LogerMiddleware:

    def __init__(
            self,
            *,
            app: ASGIApp,
            log_pro_path: str,
            is_record_useragent=False,
            is_record_headers=False,
            nesss_access_heads_keys=[],
            ignore_url: typing.List = ['/favicon.ico', 'websocket'],
    ) -> None:
        self.app = app
        self.is_record_useragent = is_record_useragent
        self.is_record_headers = is_record_headers
        self.nesss_access_heads_keys = nesss_access_heads_keys
        self.ignore_url = ignore_url
        setup_ext_loguru(log_pro_path)

    def make_traceid(self, request) -> None:
        '''
        生成追踪链路ID
        :param request:
        :return:
        '''
        request.state.traceid = shortuuid.uuid()
        #追踪索引序号
        request.state.trace_links_index = 0
        #追踪ID
        request.state.traceid = shortuuid.uuid()
        #计算时间
        request.state.start_time = perf_counter()

    def make_token_request(self, request):
        '''
        生成当前请求上下文对象request
```

```
        :param request:
        :return:
        '''
        return request_var.set(request)

    def reset_token_request(self, token_request):
        '''
        重置当前请求上下文对象request
        :param request:
        :return:
        '''
        request_var.reset(token_request)

    async def get_request_body(self, request) -> typing.AnyStr:
        body = None
        try:
            body_bytes = await request.body()
            if body_bytes:
                try:
                    body = await  request.json()
                except:
                    pass
                if body_bytes:
                    try:
                        body = body_bytes.decode('utf-8')
                    except:
                        body = body_bytes.decode('gb2312')
        except:
            pass
        request.state.body = body
        return body

    def filter_request_url(self, request):
        path_info = request.url.path
        #过滤不需要记录日志的请求地址URL
        for item in self.ignore_url:
            if path_info not in item:
                return True
        return False

    async def make_request_log_msg(self, request) -> typing.Dict:
        #从当前请求中获取具体的客户端信息
        ip, method, url = request.client.host, request.method, request.url.path
        #解析请求提交的表单信息
        try:
            body_form = await request.form()
        except:
            body_form = None
        #这里记录当前提交的body数据，用于下文的提取
        body = await self.get_request_body(request)
        #从头部里面获取对应的请求头信息，包括用户机型等信息
        try:
            user_agent = parse(request.headers["user-agent"])
```

```
#提取UA信息
browser = user_agent.browser.version
if len(browser) >= 2:
    browser_major, browser_minor = browser[0], browser[1]
else:
    browser_major, browser_minor = 0, 0
#用户当前OS信息提取
user_os = user_agent.os.version
if len(user_os) >= 2:
    os_major, os_minor = user_os[0], user_os[1]
else:
    os_major, os_minor = 0, 0

log_msg = {
    'headers': None if not self.is_record_headers else
    [request.headers.get(i, '') for i in
     self.nesss_access_heads_keys] if self.nesss_access_heads_keys
        else None,
    #记录请求URL信息
    "useragent": None if not self.is_record_useragent else
    {
        "os": "{} {}".format(user_agent.os.family, user_agent.
            os.version_string),
        'browser': "{} {}".format(user_agent.browser.family, user_
            agent.browser.version_string),
        "device": {
            "family": user_agent.device.family,
            "brand": user_agent.device.brand,
            "model": user_agent.device.model,
        }
    },
    'url': url,
    #记录请求方法
    'method': method,
    #记录请求来源IP
    'ip': ip,
    #记录请求提交的参数信息
    'params': {
        'query_params': parse_qs(str(request.query_params)),
        'from': body_form,
        'body': body
    },
    "ts": f'{datetime.now():%Y-%m-%d %H:%M:%S%z}'
}
except:
    log_msg = {
        'headers': None if not self.is_record_headers else
        [request.headers.get(i, '') for i in
         self.nesss_access_heads_keys] if self.nesss_access_heads_keys
            else None,
        'url': url,
        'method': method,
        'ip': ip,
```

```
                            'params': {
                                'query_params': parse_qs(str(request.query_params)),
                                'from': body_form,
                                'body': body
                            },
                            "ts": f'{datetime.now():%Y-%m-%d %H:%M:%S%z}'
                        }

                #如果请求头信息需要记录且数据为空，那么删除该请求参数项的日志信息
                if 'headers' in log_msg and not log_msg['headers']:
                    log_msg.pop('headers')
                if log_msg['params']:
                    if 'query_params' in log_msg['params'] and not log_msg['params']
                        ['query_params']:
                        log_msg['params'].pop('query_params')
                    if 'from' in log_msg['params'] and not log_msg['params']['from']:
                        log_msg['params'].pop('from')
                    if 'body' in log_msg['params'] and not log_msg['params']['body']:
                        log_msg['params'].pop('body')

                return log_msg

            async def __call__(self, scope: Scope, receive: Receive, send: Send) -> None:
                if scope["type"] != "http":
                    await self.app(scope, receive, send)
                    return

                #读取一次
                receive_ = await receive()

                #定义一个新协程函数并返回receive结果
                async def receive():
                    return receive_

                #创建需要解析的参数
                request = Request(scope, receive)

                #过滤需要记录的请求URL
                if self.filter_request_url(request):
                    #生成链路ID
                    self.make_traceid(request)
                    token_request = self.make_token_request(request)
                    #生成日志记录
                    log_msg = await self.make_request_log_msg(request)
                    #开始写日志信息到文件中
                    await async_trace_add_log_record(event_type='request', msg=log_msg)
                    try:
                        response = await self.app(scope, receive, send)
                        return response
                    finally:
                        self.reset_token_request(token_request)
```

上述代码中的部分关键代码说明如下：

❑ 定义 LogerMiddleware 日志中间件，这个日志中间件是一个符合标签 ASGI 协议的

app 类。它提供了初始化时的一些参数，主要参数说明如下：

- ○ log_pro_path：表示当前日志文件的生成目录。
- ○ is_record_useragent：日志中是否记录用户 UA 信息。
- ○ is_record_headers：日志中是否记录请求头信息。
- ○ nesss_access_heads_keys：日志记录哪一部分关键请求头信息。
- ○ ignore_url：表示忽略不需要记录到日志中的一些请求 URL 地址。

❑ 在 LogerMiddleware 中间件类中定义了 make_traceid() 方法，用于生成当前请求上下文中新增的链路追踪 ID 和链路追踪事件索引值，以及日志开始记录的时间等信息，然后写入 request.state 中进行存储。

❑ 在 LogerMiddleware 中间件类中定义了 make_token_request() 方法，用于对上面创建的 ContextVar[Request] 对象 request_var 实例进行当前 request 对象的设置，这样后续的全局代理对象获取的才是当前设置的 request 对象。

❑ 定义 reset_token_request() 方法，用于对上面创建的 ContextVar[Request] 对象实例 request_var 进行当前 request 对象重置。

❑ 定义 get_request_body() 方法，当请求参数有对应的 body 参数信息时会自动进行读取，方便后续记录到日志文件中。需要注意，这里定义的是一个协程函数，而不是一个同步函数。

❑ 定义 filter_request_url() 方法，用于对不需要记录的 URL 进行过滤处理。

❑ 定义 make_request_log_msg() 方法，用于读取当前请求 request 对象内包含的一些内容信息，并且存储到一个字典中。其中，需要从 request 对象读取出来的内容信息，对应的是需要记录到日志文件中的字段信息，主要字段信息有：

- ○ 客户端请求来源 IP、请求的方法、请求的 URL。
- ○ 请求提交的表单参数（存在数据则记录）。
- ○ 请求提交的 body 参数（存在数据则记录）。
- ○ 请求提交的请求头参数。
- ○ 请求提交的查询参数等信息（存在数据则记录）。

❑ 定义 async_trace_add_log_record() 方法，用于正式开始进行日志写入。

❑ _call_() 方法是中间件比较关键的地方。当有请求进来时，会创建当前的请求 request = Request(scope, receive) 对象。在此之前，需要关注 receive 参数，它是内部自定义的一个新的协程函数，在函数中直接返回了 receive_ = await receive() 的结果。该处理方法是整个日志中间件可以正常读取 body 内容最关键的。在后续的章节中，会着重叙述在中间件中消费 body 内容的问题。

6. 添加自定义日志中间件

目前已经自定义了日志中间件，但是最后还需要把它添加到 app 的中间件列表中，这样才真正完成了日志中间件的功能，代码如下：

```
from middlewares.loger.middleware import  LogerMiddleware
app.add_middleware(LogerMiddleware,log_pro_path=os.path.split(os.path.realpath(__
    file__))[0])
```

当启动服务后，就可以查看当前目录下的 log 文件夹里面有对应的日志文件内容生成
了。至此就完成了相关请求日志记录。

12.6　关键业务 API 实现

目前，整个项目的一些基础公共功能已完成了，接下来正式进入对应的 API 业务逻辑
开发中。

12.6.1　微信登录授权

在开始登录公众号及支付之前，需要提前准备公众号的 AppID 和 AppSecret（开发者密
码），后续对接微信支付时还需要提前准备好微信支付相关账号信息。关于公众号和微信支
付申请及开通支付的过程，读者可以自行阅读官方文档。

由用户操作步骤可以得知，由于后续的下单支付过程需要依赖公众号对应的 OpenID，
所以在用户关注了公众号后及进入预约页面前需要进行用户授权登录。

> **注意** OpenID 是微信公众号为了识别用户而创建的一个安全的用户标识 ID，以辨识当前
> 用户身份。

下面简单介绍微信用户登录授权的步骤，微信用户授权登录的步骤与前面介绍过的用
授权码登录鉴权的步骤是相似的。具体步骤如下：

步骤 1　开通公众号且认证通过后获取 AppID 和 AppSecret。

步骤 2　使用微信公众号分配的 AppID 和 AppSecret 信息，并在客户端填写请求微信
登录授权的认证地址。具体地址内容为：

```
https://open.weixin.qq.com/connect/oauth2/authorize?appid=APPID&redirect_
    uri=REDIRECT_URI&response_type=code&scope=SCOPE&state=STATE#wechat_redirect
```

微信请求授权认证参数如图 12-17 所示。

步骤 3　客户端通过请求授权认证地址后会弹出具体授权页面，如果只是获取 openid，
则不会弹出授权页面。

步骤 4　如果存在授权确认页面，则会弹出授权页面；如果不存在，则默认会自动重定
向到 redirect_uri 页面地址，并且此时在 redirect_uri 地址后面附加上一个 code 参数信息进
行传递。

步骤 5　客户端提取 code 参数信息，并提交到开发者自己的服务器上，通过 code 换取
access_token。在获取 access_token 的整个过程中，开发者在服务端侧需要结合 code、appid、
appSecret 等关键参数提交给微信服务器，这样才获取对应的 access_token 和 openid。

步骤 6 后端接收到对应的 access_token 之后，可以通过 access_token 请求微信开放平台上的其他 API。

参数	是否必须	说明
appid	是	公众号的唯一标识
redirect_uri	是	授权后重定向的回调链接地址，可使用urlEncode对链接进行处理
response_type	是	返回类型，可填写code
scope	是	应用授权作用域，snsapi_base（不弹出授权页面，直接跳转，只能获取用户openid），snsapi_userinfo（弹出授权页面，可通过openid获取昵称、性别、所在地。即使在未关注的情况下，只要用户授权，就能获取其信息）
state	否	重定向后会带上state参数，开发者可以填写a-zA-Z0-9的参数值，最多128字节
#wechat_redirect	是	无论是直接打开，还是做页面302重定向，必须带此参数

图 12-17 微信请求授权认证参数

接下来编写微信登录授权接口。为了方便、快速地对接微信公众号对应的开发 API，这里使用一个比较常用的第三方开发库 wechatpy，它是微信（WeChat）的第三方 Python SDK，已经封装好微信公众号、企业微信和微信支付开放的 API，用户可以直接使用。这里直接下载源码并导入当前项目的 exts 模块下。

下面定义相关的 API。首先需要在 apis 模块下新建 userorders 子包，里面分别新建 api 子包和 schemas 子包，由于该接口需要校验和获取前端提交过来的 code 参数信息，因此需要编写获取 code 请求参数的模型类代码，后续所有的相关请求参数模型类都会统一放置在对应模块下的 schemas 子包中，当前模型类代码如下：

```
from pydantic import BaseModel
from fastapi import  Query
class WxCodeForm(BaseModel):
    code: str = Query(..., min_length=1,description="微信CODE")
```

核心的部分代码解析说明：

❑ 对于 WxCodeForm 定义的模型类，使用了 Query 来定义的 code 参数是一个查询参数，实际上直接定义 code:str 即可，上面代码中的定义方式主要是为了增加具体的参数校验机制及后续可视化文档中显示的具体描述。

定义好参数提取的模型类之后，接下来定义 API。创建路由分组对象，代码如下：

```
from fastapi import APIRouter
router_login = APIRouter(prefix='/api/v1',tags=["微信授权登录"])
#导入模块
from apis.login.api import wxlogin
```

核心的部分代码解析说明：

- ❑ router_login = APIRouter 表示新建了一个用于微信登录授权模块的 APIRouter 对象，且设置路由分组请求的 URL 前缀为 "/api/v1"。
- ❑ 从当前 apis.login.api 下导入具体的 API 路由端点。

有了路由分组对象之后，接下来定义具体的路由端点，代码如下：

```python
from fastapi import Depends
from exts.responses.json_response import Success,Fail
from ..api import router_login
from ..schemas import WxCodeForm
from exts.wechatpy import WeChatClient, WeChatOAuth, WeChatOAuthException,
    WeChatException
from config.config import get_settings
settings = get_settings()


def getWeChatOAuth(redirect_url):
    return WeChatOAuth(get_settings().GZX_ID, get_settings().GZX_SECRET,
        redirect_url, 'snsapi_userinfo')


@router_login.get("/wxinfo", summary='微信access_token和openid')
def callback(querys: WxCodeForm = Depends()):
    try:
        code = querys.code.strip()
        wechat_oauth = getWeChatOAuth(redirect_url='')
        #通过code换取网页授权access_token
        res_openid = wechat_oauth.fetch_access_token(CODE)
    except WeChatOAuthException as wcpayex:
        return Fail(api_code=2000, result=None, message='授权处理失败,原因:{}'.
            format(str(wcpayex.errmsg)))
    except Exception as ex:
        return Fail(api_code=2001, result=None, message='授权处理失败,原因:未知异常
            的错误信息')

    user_info = wechat_oauth.get_user_info()
    #正常获取用户信息
    openid = user_info.get('openid')
    avatar_url = user_info.get('headimgurl')
    city = user_info.get('city')
    coutry = user_info.get('country')
    nick_name = user_info.get('nickname')
    province = user_info.get('province')
    sex = 1 if user_info.get('sex') == 1 else 2

    data = {
        "wechatid": openid,
        "nick_name": nick_name,
        "avatar_url": avatar_url
    }

    return Success(api_code=200, result=data, message='获取成功')
```

上面部分核心代码的解析说明如下：

❑ get_settings() 是 config 包下的配置项实例，它会返回一个配置项实例 settings，通过这个实例可以获取具体的配置项信息。

❑ getWeChatOAuth() 可获取当前微信授权认证的实例对象，主要返回 WeChatOAuth 类的实例化对象，该类在实例化时需要传入微信分配的公众号对应的 AppID、AppSecret。后续在 API 中，可以通过这个实例对象调用它的 fetch_access_token() 方法来获取微信返回的 access_token 和 openid 值。不过，该方法需要传入前端提交过来的 code 参数值，才可以正常获取。当然微信返回的不仅有 access_token 和 openid 这两个参数值，还有其他值，如 refresh_token 和 expires_in 等。这里只需要获取 access_token 和 openid 的值即可。如果需要获取更多的用户信息，则可以调用 wechat_oauth.get_user_info() 解析出更多用户字段信息。

❑ 对于 callback() 视图函数，这里需要注意它是一个**同步函数**，主要原因是 wechatpy **库是一个同步的库，不支持异步的方式**，如果换成协程函数，那么会引起阻塞，所以对于这个接口，这里使用**多线程的方式**来处理内部的业务逻辑。本章基于同步的方式来进行微信 API 的对接。

❑ 在 callback() 视图函数中声明了请求参数 WxCodeForm 模型类。在视图函数中对 WxCodeForm 模型类执行 Depends()，WxCodeForm 模型类里面定义的 code 参数**会自动转换为查询参数**。

❑ 在输出最终响应报文时使用了前面定义的 Success 响应报文对象，使用这种方式可以把数据转换为 JSON 格式的数据返回给前端。

当成功解析出 openid 值之后，返回给前端。通常，前端需要保存返回的 openid 值，以便后续的微信支付下单接口使用。

12.6.2　获取首页医院信息

在前端，由于需要展示医院信息，所以需要编写对应的 API 来获取当前医院信息。首先需要在 apis 模块下新建 hospital 子包，里面新建 api 子包和 repository 子包。由于获取医院信息接口不涉及任何的参数提交，也不需要特殊的依赖项，所以这里不需要定义 schemas 模型子包和 dependencies 子包。

首先定义 repository 数据层模块下对应数据的查询、创建、更新、删除等逻辑。获取医院信息对应的 HospitalServeries 数据层服务的代码，在 HospitalServeries 类中定义 get_hospital_info() 方法，它主要用于查询医院的信息。代码如下：

```
from sqlalchemy import select, update, delete
from sqlalchemy.ext.asyncio import AsyncSession
from db.models import Hospitalinfo
from db.database import async_engine, Base

class HospitalServeries:
```

```
@staticmethod
async def get_hospital_info(async_session: AsyncSession, id: int):
    _result = await async_session.execute(
        select(Hospitalinfo.name, Hospitalinfo.describe, Hospitalinfo.
            describeimages).where(Hospitalinfo.id == id))
    scalars_result = _result.first()
    return scalars_result
```

上面部分核心代码的解析说明如下：

❑ 导入在当前数据仓库操作的 ORM 模型类，后续服务方法都依赖具体的 ORM 模型类，所以前面导入非常重要。这里主要是对医院信息模型类的操作，所以导入了 Hospitalinfo 类。

❑ HospitalServeries 类中定义了各种静态方法，如这里定义了 get_hospital_info() 方法，该方法需要传入的参数有 async_session 异步会话对象和一个记录 ID。该方法主要用于读取医院信息 Hospitalinfo 模型类中的某一条记录。然后通过 async_session.execute() 方法执行异步 SQL 语句，完成医院信息查询及序列化后返回前端。

完成了 HospitalServeries 服务之后，接下来创建路由分组对象，代码如下：

```
from fastapi import APIRouter
router_hospital = APIRouter(prefix='/api/v1',tags=["医院信息模块"])
#导入模块
from apis.hospital.api import get_hospital_info
```

上面部分核心代码的解释说明如下：

❑ router_hospital= APIRouter 表示新建了医院信息模块的 APIRouter 对象，且设置路由分组请求的 URL 前缀为"/api/v1"。

❑ 从当前 apis.hospital.api 下导入具体的 API 路由端点。

有了路由分组对象之后，接下来定义具体的路由端点，代码如下：

```
from fastapi import Depends
from apis.hospital.repository import HospitalServeries
from db.database import depends_get_db_session
from db.database import AsyncSession
from exts.responses.json_response import Success
from ..api import router_hospital


@router_hospital.get("/hospital_info", summary='获取医院信息')
async def callback(db_session: AsyncSession = Depends(depends_get_db_session)):
    info = await HospitalServeries.get_hospital_info(db_session, id=1)
    return Success(result=info)
```

上面部分核心代码的解析说明如下：

❑ 在上面的代码中，使用 router_hospital 路由分组对象提供的 get() 装饰器绑定了一个 callback() 协程函数。这里使用了异步协程方式，这意味着该函数业务逻辑的**执行都会被放置到一个异步事件循环中**。

❑ 由于所有的 repository 数据仓库层服务的静态方法都会依赖一个会话对象，所以在视图函数中注入一个获取数据库会话的 depends_get_db_session 依赖项。使用这种方式可以获取一个对象异步数据库会话对象（AsyncGenerator 异步生成器）。当通过依赖注入项完成获取数据库会话对象之后，直接传递到 HospitalServeries 类的 get_hospital_info() 方法中即可返回对应的查询结果。

当完成了 API 路由端点创建后，还需要把当前路由分组对象添加到 app 对象上，代码如下：

```
#省略部分代码
from apis.hospital.api import router_hospital
app.include_router(router_hospital)
```

启动服务，通过 API 可视化交互文档查看具体的显示结果，如图 12-18 所示。

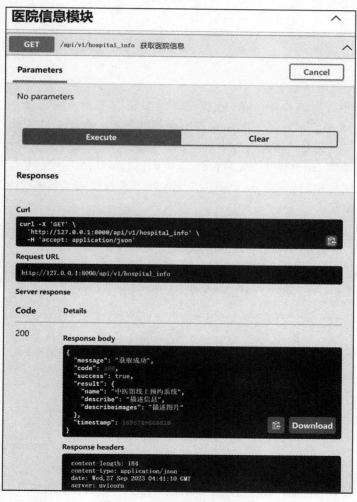

图 12-18 获取医院信息结果

12.6.3　获取医生列表信息

前端需要展示医生列表页面。通过这个医生列表页面，用户可以选择指定医生进行预约挂号操作，所以需要编写对应的 API，用于获取医生排班信息详情。由于大部分的步骤和获取医院信息接口的步骤一样，因此这里只针对部分关键代码进行说明。

首先定义 repository 数据仓库模块 DoctorServeries 类下对应的 get_doctor_list_infos() 方法，它主要用于获取医生列表数据，代码如下：

```
#省略部分代码
class DoctorServeries:

    @staticmethod
    async def get_doctor_list_infos(async_session: AsyncSession, enable: int = 1):
        query = select(Doctorinfo.dno, Doctorinfo.dnname, Doctorinfo.fee,
            Doctorinfo.pic, Doctorinfo.rank)
        _result = await async_session.execute(query.where(Doctorinfo.enable ==
            enable))
        return _result.all()
```

核心的部分代码解析如下：

在上述代码中，查询 Doctorinfo 数据记录时只获取了表中的部分字段，这种查询方式可以提高查询效率，避免了一次性查询出全部的字段。对于只获取表中部分参数的方式，需要在 select 中设置具体需要查询的字段，如这里只需查询医生编号 dno、医生姓名 dnname、医生门诊费 fee、医生的头像 pic、医生职称 rank 几个字段信息。

关于路由分组对象的创建，这里不再介绍。接下来直接定义具体医生列表页面对应的路由端点，代码如下：

```
from fastapi import Depends
from apis.doctor.repository import DoctorServeries
from db.database import depends_get_db_session
from db.database import AsyncSession
from exts.responses.json_response import Success, Fail
from apis.doctor.api import router_docrot
from apis.doctor.schemas import SchedulingInfo
from utils.datatime_helper import diff_days_for_now_time

@router_docrot.get("/doctor_list", summary='获取可以预约医生的列表信息')
async def callback(db_session: AsyncSession = Depends(depends_get_db_session)):
    '''
    获取可以预约医生的列表信息\n\n
    :param db_session:数据库连接依赖注入对象\n\n
    :return:返回可以预约医生的列表信息\n\n
    '''
    info = await DoctorServeries.get_doctor_list_infos(db_session)
    return Success(result=info)
```

代码内容比较简单，这里不再介绍。当完成了 API 路由端点创建后，还需要把当前的路由分组对象添加到 app 对象上，这里也不再介绍。

启动服务，通过 API 可视化交互文档查看具体的显示结果，如图 12-19 所示。

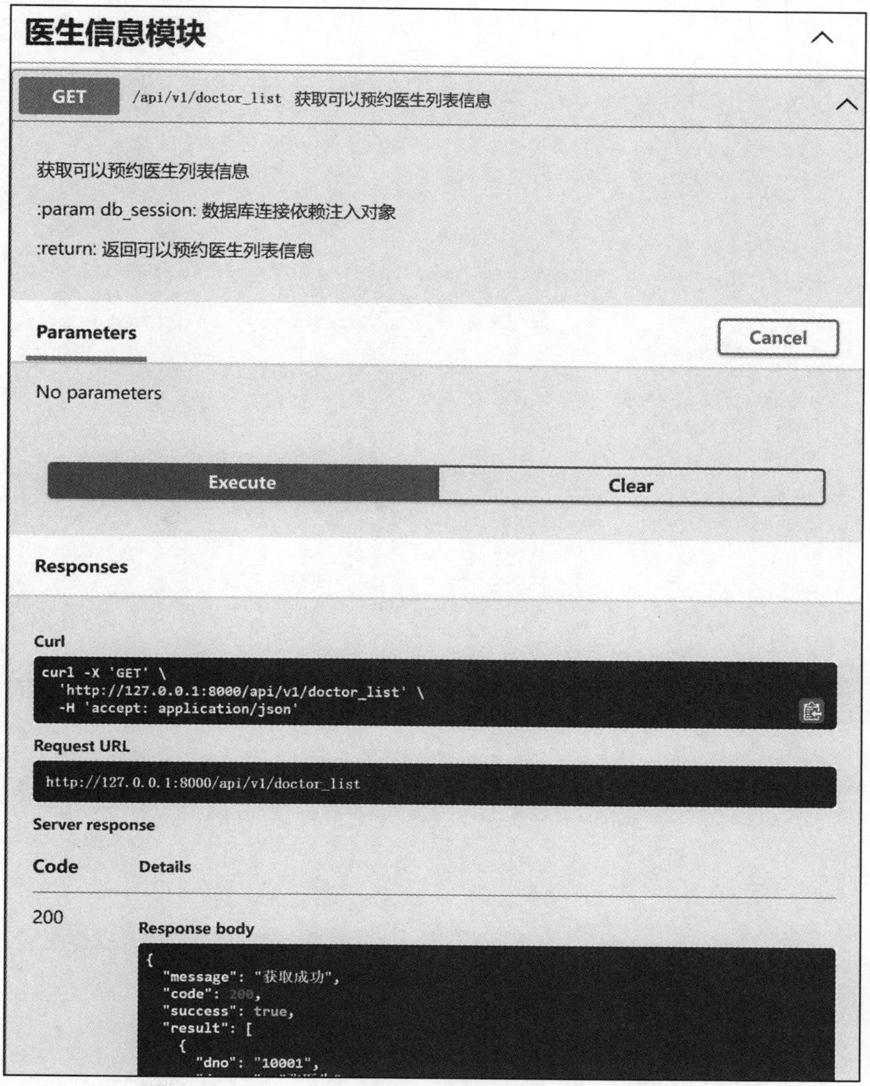

图 12-19　获取医生信息列表结果

12.6.4　获取医生排班信息

当用户选择医生之后，前端页面需要展示出当前用户所选医生的具体排号信息，所以需要编写对应的 API 接口，用于获取当前所选医生对应日期下的排班信息。

首先定义数据仓库层的 DoctorServeries 类中用于获取排班信息的 get_doctor_scheduling_info() 方法，代码如下：

```python
@staticmethod
async def get_doctor_scheduling_info(async_session: AsyncSession, dno,
    enable: int = 1, start_time=None):
    '''
    返回预约医生的排班信息
    :param async_session:
    :param enable:
    :param start_time:当前医生的排班时间起点,默认查询当天的时间排班
    :param end_time: 当前医生的排班截止时间点,默认查询当天的时间排班
    :return:
    '''
    #查询出当前医生的信息
    query = select(Doctorinfo.dno, Doctorinfo.dnname, Doctorinfo.destag,
        Doctorinfo.pic, Doctorinfo.rank, Doctorinfo.describe)
    _result = await async_session.execute(query.where(Doctorinfo.enable ==
        enable, Doctorinfo.dno == dno))
    doctor_result: Optional[Doctorinfo] = _result.first()
    #查询当前医生上午和下午的排班信息
    doctor_scheduling_result = []
    if doctor_result:
        query = select(DoctorScheduling.nsindex,
                       DoctorScheduling.nsnum,
                       DoctorScheduling.ampm,
                       DoctorScheduling.dnotime,
                       DoctorScheduling.tiempm,
                       DoctorScheduling.nsnumstock,
                       DoctorScheduling.tiemampmstr)
        #查询当前医生排班信息归属
        query = query.where(DoctorScheduling.enable == enable,
            DoctorScheduling.dno == dno)

        if start_time:
            #格式化时间处理
            start_time = str_to_datatime(start_time)
            end_time = str_to_datatime(datatime_to_str((start_time +
                datetime.timedelta(days=1))))
        else:
            #格式化时间处理
            start_time = str_to_datatime(datatime_to_str(datetime.datetime.
                now()))
            end_time = str_to_datatime(datatime_to_str((datetime.datetime.
                now() + datetime.timedelta(days=1))))

        query = query.where(DoctorScheduling.dnotime >= start_time,
            DoctorScheduling.dnotime < end_time)

        _result = await async_session.execute(query)
        doctor_scheduling_result = _result.all()
    return doctor_result, doctor_scheduling_result
```

核心的部分代码解析如下:

❑ 在上面的代码中,定义了一个用于获取预约医生排班信息的函数。函数接收 4 个参数:第一个是异步的数据库会话对象 async_session;第二个是医生的编号 dno;第三个是可选的参数 enable,用于指定医生是否可用,默认为 1(即可用状态);第四

个是可选参数 start_time，用于指定查询开始时间，默认为当天。该代码主要实现的功能是根据传入的医生编号和可用状态查询出该医生的基本信息，并根据传入的查询开始时间（如果有）查询出该医生在该时间段内的排班信息，最后将医生的基本信息和排班信息作为元组对象返回，其中的元组对象包含 octor_result 医生信息和医生对应的 doctor_scheduling_result 排班列表信息。

❑ doctor_result: Optional[Doctorinfo] = _result.first() 代码细节是对当前 Doctorinfo 模型类根据指定的条件查询出的结果内容。如果存在医生记录信息，才会继续查询当前医生的排班信息（其实这里也可以直接进行连表的查询，以获取具体的排班信息）。

❑ doctor_scheduling_result = _result.all() 代码细节则是指查询符合当前条件的 Doctor-Scheduling 模型类的所有记录的列表。

由于该接口涉及前端参数接收，所以需要在 doctor 模块下建立对应的 schemas 模型，代码如下：

```
from pydantic import BaseModel
class SchedulingInfo(BaseModel):
    #预约医生编号
    dno: str
    #预约时间
    start_time: str = None
```

由于在选择并查看医生信息时需要指定要查看的医生，所以前端需要提交 dno 医生编号 ID，它是一个必选项。另外，可以选择查看当前医生不同日期的排班信息，所以需要在前端传入具体的预约时间 start_time。默认情况下，只允许查看当天的和未来几天的排班信息。如果 start_time 字段为空，则默认查看的是当天的排班信息。有了具体传参要求之后，定义 API 路由端点，代码如下：

```
@router_docrot.get("/doctor_scheduling_info", summary='获取医生排班信息')
async def callback(forms: SchedulingInfo = Depends(), db_session: AsyncSession =
Depends(depends_get_db_session)):
    if forms.start_time:
        try:
            #判断是否已超过当前预约系统时段，超过无法查询
            is_limt_start_time = diff_days_for_now_time(forms.start_time)
            if is_limt_start_time < 0:
                return Fail(message="当前日期无效,无排班信息!")
        except:
            return Fail(message="当前日期无效,日期格式错误!")
    #查询排班信息
    doctor_result, doctor_scheduling_result = await DoctorServeries.get_doctor_
        scheduling_info(db_session,

dno=forms.dno,

start_time=forms.start_time)
    scheduling_info = {}
    for item in doctor_scheduling_result:
        if item.ampm == 'am':
            if 'am' not in scheduling_info:
                scheduling_info['am'] = []
```

```
                    scheduling_info['am'].append(item)
            else:
                    scheduling_info['am'].append(item)
        if item.ampm == 'pm':
            if 'pm' not in scheduling_info:
                scheduling_info['pm'] = []
                scheduling_info['pm'].append(item)
            else:
                    scheduling_info['pm'].append(item)
    backinfo = {
        'doctor': doctor_result,
        'scheduling_info': scheduling_info
    }
    return Success(result=backinfo) if doctor_result else Fail(message="当前医生信息")
```

在上面的代码中，在视图函数内部，对传入参数预约时间进行逻辑判断处理，以避免查看已经过期的预约时间。把具体的查询操作交给 DoctorServeries 类的 get_doctor_scheduling_info() 方法，获取到具体的排班信息列表之后，再对当前排班列表数据根据上午和下午的号段进行分组，之后返回前端。

启动服务，通过 API 可视化交互文档查看具体的显示结果，如图 12-20 所示。

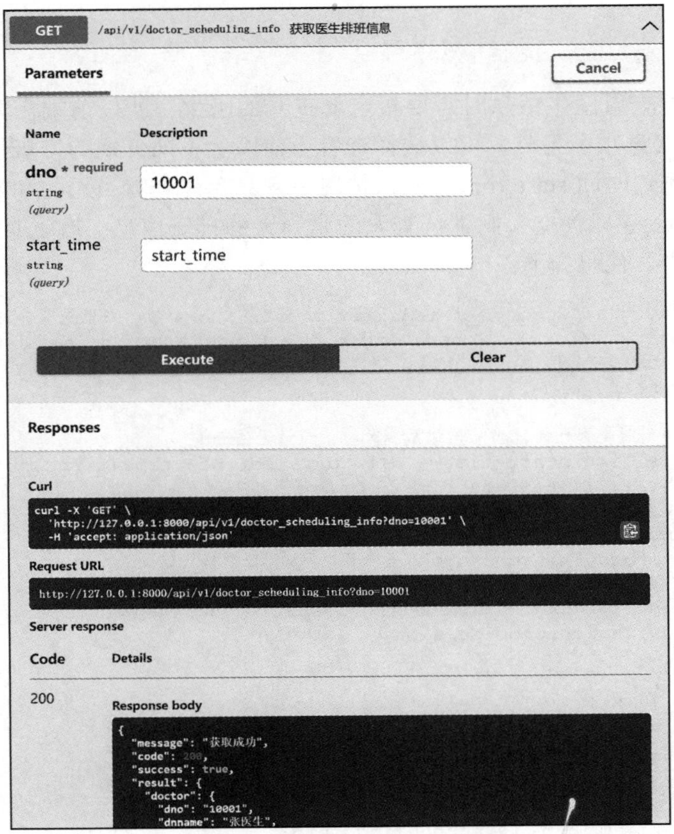

图 12-20　获取医生排班信息结果

12.6.5　获取排班信息详情

上一小节已完成医生排班信息列表的获取。当用户确认预约某日期某时段的排班之后，会跳转到输入预约人信息详情页面，此时需要获取当前时段下的预约详情信息。首先查看具体的 DoctorServeries 类的 get_doctor_curr_nsindex_scheduling_info() 方法，代码如下：

```
@staticmethod
async def get_doctor_curr_nsindex_scheduling_info(async_session:
        AsyncSession, dno, nsindex, enable: int = 1):
    query = select(Doctorinfo.dno, Doctorinfo.dnname, Doctorinfo.pic,
        Doctorinfo.rank, Doctorinfo.addr,Doctorinfo.fee)
    _result = await async_session.execute(query.where(Doctorinfo.enable ==
        enable, Doctorinfo.dno == dno))
    doctor_result: Optional[Doctorinfo] = _result.first()
    doctor_nsnuminfo_result: Optional[DoctorScheduling] = None
    if doctor_result:
        query = select(DoctorScheduling.nsindex,
                        DoctorScheduling.ampm,
                        DoctorScheduling.dnotime,
                        DoctorScheduling.nsnum,
                        DoctorScheduling.nsnumstock,
                        DoctorScheduling.tiempm,
                        DoctorScheduling.tiemampmstr)
        #查询当前医生排班信息归属
        query = query.where(DoctorScheduling.enable == enable,
            DoctorScheduling.dno == dno,
                        DoctorScheduling.nsindex == nsindex)

        _result = await async_session.execute(query)
        doctor_nsnuminfo_result = _result.first()

    return doctor_result, doctor_nsnuminfo_result
```

get_doctor_curr_nsindex_scheduling_info() 方法和前面介绍的 get_doctor_scheduling_info() 完成的功能类似，只是最终这里返回的是某个医生所属的某个时段的信息详情，也就是代码中的 doctor_nsnuminfo_result 变量。

完成对应数据层服务方法定义之后，再定义该 API 接口所需的 schemas 模型，代码如下：

```
class MakeReserveOrderForm(BaseModel):
    #预约医生编号
    dno: str
    #预约医生排号时段
    nsindex: str
```

该 MakeReserveOrderForm 模型类需要提交的请求参数有预约医生编号 dno 和预约医生排号时段 nsindex。有了对应的模型类之后，需要把它声明到视图函数上，代码如下：

```python
@router_payorders.post("/reserve_order_info", summary='获取预约订单信息')
async def callback(forms: MakeReserveOrderForm, db_session: AsyncSession =
    Depends(depends_get_db_session)):
    #查询预约信息
    doctor_result, doctor_nsnuminfo_result = await DoctorServeries.get_doctor_
        curr_nsindex_scheduling_info(db_session,

dno=forms.dno,

nsindex=forms.nsindex)
    if not doctor_result:
        return Fail(message="当前医生信息不存在! ")
    if not doctor_nsnuminfo_result:
        return Fail(message="当前医生无此排班信息! ")
    #已消耗的库存预约数
    if doctor_nsnuminfo_result.nsnumstock <= 0:
        return Fail(message="当前时段预约已无号! ")
        #过期的不显示
    is_limt_start_time = diff_days_for_now_time(str(doctor_nsnuminfo_result.
        dnotime))
    if is_limt_start_time < 0:
        return Fail(message="当前日期无效,无排班信息!")
    backresult = {
        'dnotime': str(doctor_nsnuminfo_result.dnotime),
        'dnoampm_tag': '{} {} {}'.format(
            num_to_string(doctor_nsnuminfo_result.dnotime.isoweekday()),
            '上午' if doctor_nsnuminfo_result.ampm == 'am' else '下午',
            doctor_nsnuminfo_result.tiemampmstr
        )
    }
    return Success(result={**doctor_result, **backresult}) if doctor_result else
        Fail(message="无当前医生排班信息")
```

核心的部分代码解析说明如下：

❑ 在函数内部逻辑中，主要通过 get_doctor_curr_nsindex_scheduling_info() 方法查询当前要查看的医生和排班信息是否存在。

❑ 如果存在排班信息，则需要进一步判断是否还有库存及查询的排班信息是否已超过了有效期等逻辑处理。

启动服务，通过 API 可视化交互文档查看具体的显示结果，如图 12-21 所示。

12.6.6　订单提交并支付

当用户确认了排班信息无误之后，会在对应的下单页面输入具体的挂号人员信息，然后提交订单并确认支付，所以需要编写 API 来生成对应的订单信息及返回微信支付信息。

微信提供多种类型的支付方式，主要有：

1）微信支付：用户通过微信 App 上的钱包功能或小程序使用微信账号进行支付。

2）公众号支付（JSAPI 支付）：商家在微信公众号内开通支付功能，用户可以关注公众号，进入支付页面完成支付。

3）扫码支付（Native 支付）：商家在后台生成二维码，用户通过微信 App 的"扫一扫"功能扫描二维码完成支付。

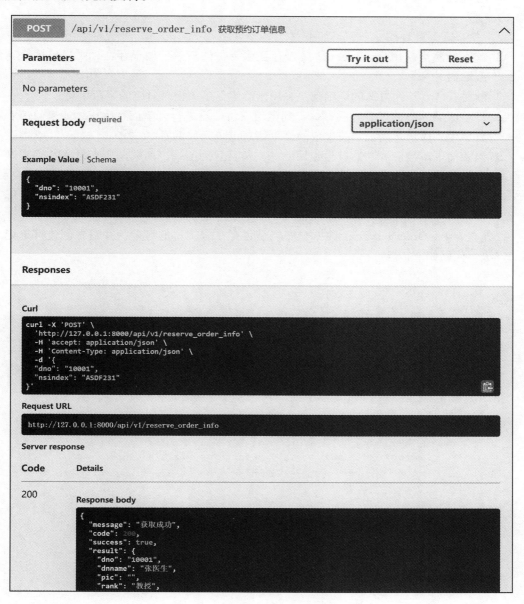

图 12-21　获取排班信息详情结果

4）App 支付：商家在 App 中集成微信支付 SDK，用户可以直接在 App 内完成支付。

5）H5 支付（MWEB 支付）：商家在移动网页或 WAP 网站上添加微信支付功能，用户通过微信内置浏览器完成支付。

本项目提供的预约挂号服务是内嵌在公众号内的，所以使用的是公众号支付（JSAPI 支付）的方式。

下单接口需要处理的业务逻辑如下：

❑ 首先检测当前用户（openid）是否存在未支付的订单，如果存在，则提示用户支付或取消。

❑ 然后获取要预约号源的详细信息，用于后续订单中记录对应的字段信息。

❑ 订单所需的参数设置好后，提交到微信支付后端进行订单信息生成。如果微信后端订单生成成功，则把当前生成的订单信息记录到数据库中。

❑ 当微信下单响应成功后，会返回一些支付信息到前端，前端调用支付 API 唤醒微信支付的确认弹窗，用户输入支付密码后完成订单支付。

❑ 当用户输入支付密码后，前端重定向到一个等待查询支付结果的页面，等待微信支付结果的回调，用户可以手动核查当前的支付是否成功。

首先查看 PayOrderServeries 数据仓库层是否存在未支付的订单，并查看创建订单记录等的方法，代码如下：

```
#省略部分代码
@staticmethod
async def get_order_info_byvisit_uopenid_state(async_session: AsyncSession,visit_
    uopenid, statue=1):
    '''
    判断是否存在未支付的订单
    :param async_session: 数据库会话对象
    :param visit_uopenid:当前用户的openid
    :param statue:订单状态（1:订单就绪，还没支付；2: 已支付成功；3: 取消订单
    :return:
    '''
    query = select(DoctorSubscribeinfo.id)
    query = query.where(DoctorSubscribeinfo.statue == statue,
        DoctorSubscribeinfo.visit_uopenid == visit_uopenid)
    _result = await async_session.execute(query)
    return _result.first()


@staticmethod
async def creat_order_info(async_session: AsyncSession, **kwargs):
    '''
    开始创建订单内容，并添加到数据库
    :param async_session:
    :param kwargs:
    :return:
    '''
    new_order = DoctorSubscribeinfo(**kwargs)
    async_session.add(new_order)
    await async_session.commit()
```

```
    return new_order
```

上面的代码中，定义了一个 get_order_info_byvisit_uopenid_state() 静态方法，它接收 3 个参数：async_session（异步会话对象）、visit_uopenid（当前用户的 openid）、statue（订单状态）。该方法的作用是查询是否存在未支付的订单。该方法中业务逻辑的具体实现过程如下：

1）使用 SQLAlchemy 中的 select() 函数创建一个查询对象 query，查询 DoctorSubscribeinfo 表中符合特定条件的 id 字段。

2）通过 where 条件限制查询结果，即查询符合 statue 和 visit_uopenid 两个条件的数据。

3）使用异步会话对象执行查询操作，并返回查询结果的第一条数据。

另外的一个静态方法为 creat_order_info()，它接收两个参数：async_session、**kwargs（关键字参数字典）。该方法的作用是创建一个新的医生预约订单记录，并将其添加到数据库中。具体实现过程如下：

1）根据传入的关键字参数创建一个新的 DoctorSubscribeinfo 对象 new_order。

2）使用异步会话对象添加新的订单记录到数据库中。

3）使用异步会话对象提交更改，并返回新创建的订单记录 new_order。

由于订单记录的创建依赖于前端提交的信息，所以需要定义一个模型类来接收前端提交的参数。以下是订单提交请求参数模型类，代码如下：

```
#省略部分代码
class PayReserveOrderForm(BaseModel):
    #预约医生编号
    dno: str
    #预约医生排号时段
    nsindex: str
    #预约人信息
    visit_uname: str
    visit_uphone: str
    visit_uopenid:str =None
    visit_usex:str
    visit_uage:str
```

核心的部分代码解析说明如下：

PayReserveOrderForm 类是当前 API 需要接收参数的模型类，里面定义的参数信息主要包括需预约医生的编号、预约医生排号时段，以及需要添加的预约人信息，如姓名、联系电话、当前公众号授权登录的 openid、性别、年龄。

接下来定义 API 路由端点，代码如下：

```
#省略部分代码

from starlette.requests import Request

def get_client_ip(request: Request):
```

```
    """
    获取客户端真实IP
    :param request:
    :return:
    """
    forwarded = request.headers.get("X-Forwarded-For")
    if forwarded:
        return forwarded.split(",")[0]
    return request.client.host


#省略部分代码
@router_payorders.post("/doctor_reserve_order", summary='填写预约人员信息,处理订单的
    提交')async def callback(forms: PayReserveOrderForm,
                    db_session: AsyncSession = Depends(depends_get_db_session),
                    client_ip: str = Depends(get_client_ip)):
    #下单处理
    doctor_result, doctor_nsnuminfo_result = await DoctorServeries.get_doctor_
        curr_nsindex_scheduling_info(db_session,
dno=forms.dno,
nsindex=forms.nsindex)
    if not doctor_nsnuminfo_result:
        return Fail(api_code=200, result=None, message='排班信息不存在! ')
    #检测订单是否未支付，未支付的订单需取消或重新支付后才可以继续操作预约
    get_order_info = await PayOrderServeries.get_order_info_byvisit_uopenid_
        state(db_session,visit_uopenid=forms.visit_uopenid, statue=1)
    if get_order_info:
        return Fail(api_code=200, result=None, message='您当前存在未支付的订单记录,
            请支付或取消后再操作! ')

    tiempmss = str(doctor_nsnuminfo_result.tiempm).split(' ')[1].split(':')
    visitday = str(doctor_nsnuminfo_result.dnotime)
    visitdaytime = f"{visitday} {tiempmss[0]}:{tiempmss[1]}:00"
    tiemampmstr = doctor_nsnuminfo_result.tiemampmstr
    visittime = '{} {} {}'.format(num_to_string(doctor_nsnuminfo_result.dnotime.
        isoweekday()),'上午' if doctor_nsnuminfo_result.ampm == 'am' else '下午',
        tiemampmstr)
    #订单编号
    orderid = ordernum_helper.order_num_3(user_num=forms.visit_uphone)
    payfee = str(doctor_result.fee)
    order_info = {
        'dno': forms.dno,
        'nsindex': forms.nsindex,
        'visit_uphone': forms.visit_uphone,
        'visit_uopenid': forms.visit_uopenid,
        'visittime': visittime
    }
    #开始提交订单信息到微信支付中心。需注意，这里调用微信支付时使用的是同步方式
    wx_pay = WeChatPay(appid=get_settings().GZX_ID, api_key=get_settings().GZX_
        PAY_KEY, mch_id=get_settings().MCH_ID)
    try:
        #商品描述
```

```
        body = f'XXX中医院诊费'
        #商品详细描述
        detail = f'XXX中医院预约时段:{visittime}'
        #总金额，单位为分
        total_fee = decimal.Decimal(payfee) * 100
        # total_fee = 1
        #订单支付成功回调通知
        notify_url = get_settings().NOTIFY_URL
        # out_trade_no, 商户系统内部订单号
        #回调透传信息attach, 在查询API和支付通知中原样返回, 可作为自定义参数使用
        attach = f"{forms.dno}|{orderid}|{forms.nsindex}"
        #支付响应回调对象
        pay_wx_res_result = wx_pay.order.create(
            trade_type='JSAPI',
            body=body,
            detail=detail,
            total_fee=total_fee,
            client_ip=client_ip,
            notify_url=notify_url,
            attach=attach,
            user_id=forms.visit_uopenid,
            out_trade_no=orderid
        )
        pass
except WeChatPayException as wcpayex:
    #记录请求异常回调信息
    order_info['wcpayex.return_msg'] = wcpayex.errmsg
    print(wcpayex.errmsg)
    return Fail(api_code=200, result=None, message=f'微信支付配置服务异常, 请稍后
        重试! {wcpayex.errmsg}')
except Exception:
    return Fail(api_code=200, result=None, message='微信支付服务未知错误异常, 请
        稍后重试! ')


return_code = pay_wx_res_result.get('return_code')
if return_code == 'SUCCESS':
    #提取相关的参数信息
    wx_gzx_id = pay_wx_res_result.get('appid')
    wx_mch_id = pay_wx_res_result.get('mch_id')
    sign = pay_wx_res_result.get('sign')
    nonce_str = pay_wx_res_result.get('nonce_str')
    prepay_id = pay_wx_res_result.get('prepay_id')
    timestamp = str(get_timestamp10())
    wx_jsapi_data = wx_pay.order.get_appapi_params_xiugai(prepay_id=pay_wx_
        res_result.get('prepay_id'),
            timestamp=timestamp,nonce_str=pay_wx_res_result.get('nonce_str'))

    creat_order_info_result = await PayOrderServeries.creat_order_info(
        db_session, dno=forms.dno,orderid=orderid,
    payfee=payfee,
```

```
                visit_uname=forms.visit_uname,
                visit_uopenid=forms.visit_uopenid,
                visit_uphone=forms.visit_uphone,
                visit_usex=forms.visit_usex,
                visit_uage=forms.visit_uage,
                #订单状态（1:订单就绪，还没支付；2：已支付成功；3：取消订单）
                statue=1,
                #订单所属-就诊状态（0:待预约；1：待就诊；2：已就诊）
                visit_statue=0,
                #订单所属-就诊日期
                visitday=visitday,
                #订单所属-就诊时间（格式为周x-上午-8：00）
                visittime=visittime,
                create_time=datetime.datetime.now(),
                nsindex=forms.nsindex
                )
if creat_order_info_result:
            return Success(api_code=200, result={'orderid': orderid, 'wx_info':
                wx_jsapi_data}, message='订单预约成功！')

    return Fail(api_code=200, result=None, message='微信服务请求处理异常，请稍后重试！')
```

核心的部分代码解析说明如下：

❑ 由于微信支付 API 需要获取当前用户环境下的 IP 地址信息，所以定义了 get_client_ip() 方法，该方法位于 payorders 模块下的 dependencies 子包中。该方法本身是一个依赖项，主要用于当前客户端 IP 地址的获取。

❑ 在 callback() 视图函数中可以看到，在当前的路由器对象中注入了两个依赖项，一个依赖于数据库会话对象，另一个获取客户端请求 IP 地址。

❑ 在视图函数内部，首先通过 PayOrderServeries.get_order_info_byvisit_uopenid_state() 方法查询当前用户是否存在未支付的订单信息。如果存在未支付的订单，则需要先取消或者继续支付。

❑ 如果不存在未支付的订单，则继续获取具体排班信息，并生成对应的订单信息及订单信息所需字段。

❑ 通过 ordernum_helper.order_num_3() 生成一个订单号。

❑ 当生成订单时所需的字段信息都准备好之后，提交至微信支付中心，接着创建用于微信支付交互的 wx_pay = WeChatPay() 实例对象，通过 wx_pay 可以直接请求微信服务端返回前端需要的微信支付参数信息。

❑ 需要提交到微信服务端的微信支付字段信息的主要核心参数有：

  ○ trade_type：支付类型，这里使用了 JSAPI 支付方式。

  ○ body：支付产品。

  ○ detail：支付内容信息。

  ○ total_fee：支付金额，单位是分。

○ client_ip：客户端发起请求支付时的来源 IP。

○ notify_url：支付成功后异步通知微信结果的 URL 地址。

○ attach：微信支付透传自定义的参数信息，该字段内容怎么传，微信后期就会怎么回调。

○ openid（在 wechatpay 库中它为 user_id），当前用户的 openid。

○ out_trade_no：当前微信支付订单 ID。

❑ 有了具体的微信支付字段信息后，开始通过 wx_pay.order.create() 方法请求微信服务器，最终返回公众号内发起微信支付的字段信息，也就是代码中的 wx_jsapi_data 字段信息。

❑ 当返回 wx_jsapi_data 字段信息后，说明对应的微信服务器已完成了订单创建，此时把微信返回的信息写入本地的数据库中。于是通过调用 PayOrderServeries.creat_order_info() 方法生成订单记录，订单记录完成后，把服务器端从微信中心处获取到的 wx_jsapi_data 支付信息返回到前端。

❑ 前端成功获取到服务器端生成的 wx_jsapi_data 字段信息后，根据微信支付提供的 JS-SDK 中的相关接口调用微信支付，并将这些参数按照指定的规则进行签名，并发送给微信支付系统，此时可弹出微信支付窗口。用户可根据微信提示进行下一步的支付确认操作。

至此就完成了订单提交的 API 编写。启动服务，通过 API 可视化交互文档查看具体的显示结果，如图 12-22 所示。

注意 当前下单接口存在 3 个问题：

❑ 下单时没有把订单信息写入消息队列，对于超时没支付的订单，无法进行自动取消。

❑ 存在异步中调用同步的操作，如微信支付请求发起时使用了同步 IO 的方式，这样会引起阻塞。

❑ 高并发下的库存扣减问题。读者可以参考之前关于 Redis 分布式的介绍，自己进行库存扣减时的加锁处理，避免号源库存数扣减异常。

12.6.7　未支付订单再次支付

如果用户在预约挂号下单之后没及时进行支付，那么订单处于未支付状态。对于未支付订单，只要还在有效时间内，用户就可以对该订单重新发起再次支付的请求。

需要注意，此类订单由于在微信服务器上已存在对应订单号，所以如果发起一样的订单号时，必须保持与上一次下单时的所有参数一致，否则微信会提示订单号重复。再次发起微信支付订单号的 API 路由端点的代码如下：

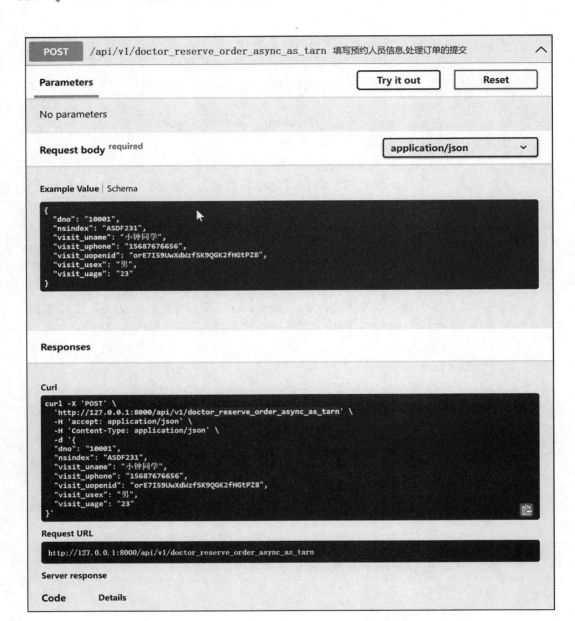

图 12-22　订单支付结果

```
@router_payorders.get("/doctor_reserve_order", summary='未支付订单重新发起支付')
async def callback(forms: PayCancelPayOrderForm = Depends(),
                   db_session: AsyncSession = Depends(depends_get_db_session),
                   client_ip: str = Depends(get_client_ip)):
    #获取预约详情信息列表
    doctor_order_info_result = await
```

```
PayOrderServeries.get_order_info_dno_orderid_visituopenid_state(db_session,
        visit_uopenid=forms.visit_uopenid.strip(),
        orderid=forms.orderid.strip(),
        dno=forms.dno.strip(),
    )
    #订单状态（1:订单就绪，还没支付；2:已支付成功；3:取消订单；4:超时未支付订单；5:申请退
    款状态；6:已退款状态）
    #先查询上次下单记录的信息
    if not doctor_order_info_result:
        return Fail(api_code=200, result=None, message='无此订单记录信息！')

    if doctor_order_info_result.statue == 4:
        return Fail(api_code=200, result=None, message='订单已超时未支付！建议取消重
            新下单！')

    #对订单信息进行校验，只有未付款的订单才可以继续下一步的支付操作
    if doctor_order_info_result.statue != 1:
        return Fail(api_code=200, result=None, message='订单信息状态异常！无法继续支
            付！建议取消重新下单！')

    #查询当前预约时段
    nsindex = doctor_order_info_result.nsindex
    #查询排班信息
    doctor_nsnum_info_result = await
PayOrderServeries.get_doctor_scheduling_info_info_order(db_session, dno=forms.
    dno, nsindex=nsindex)
    if not doctor_nsnum_info_result:
        return Fail(api_code=200, result=None, message='无排班记录信息！')

    #判断当前的预约时段是否有效
    if not datatime_helper.effectiveness_tiempm(str(doctor_nsnum_info_result.
        tiempm)):
        return Fail(api_code=200, result=None, message='当前的预约时段无效！请更换另一
            个时段进行预约！')

    order_info = {
        'dno': forms.dno,
        'nsindex': nsindex,
        'orderid': doctor_order_info_result.orderid if doctor_order_info_result.
            orderid else None,
        'visit_uphone': doctor_order_info_result.visit_uphone,
        'visit_uopenid': forms.visit_uopenid,
        'visittime': doctor_order_info_result.visittime
    }

    #支付订单信息生成
    try:
        wx_pay = WeChatPay(appid=get_settings().GZX_ID, api_key=get_settings().
            GZX_PAY_KEY,
                        ch_id=get_settings().MCH_ID)
```

```
        orderid = doctor_order_info_result.orderid
        order_info_json = json_helper.dict_to_json(order_info)
        payfee = doctor_order_info_result.payfee
        visittime = doctor_order_info_result.visittime
        doctor_info_result = await PayOrderServeries.get_doctor_info(db_session,
            dno=forms.dno)
        dnname = doctor_info_result.dnname

        #如果出现商户订单号重复错误，则需保证相关支付信息和上一次的下单信息保持一致
        #商品描述
        body = f'XXX中医院诊费'
        #商品详细描述
        detail = f'XXX中医院预约时段:{visittime}'
        #总金额，单位为分
        total_fee = decimal.Decimal(payfee) * 100
        # total_fee = 1
        #订单支付成功回调通知
        notify_url = get_settings().NOTIFY_URL
        # out_trade_no，商户系统内部订单号
        #回调透传信息attach，在查询API和支付通知中原样返回，可作为自定义参数使用
        attach = f"{forms.dno}|{orderid}|{nsindex}"
        #支付响应回调对象
        pay_wx_res_result = wx_pay.order.create(
            trade_type='JSAPI',
            body=body,
            detail=detail,
            total_fee=total_fee,
            client_ip=client_ip,
            notify_url=notify_url,
            attach=attach,
            user_id=forms.visit_uopenid,
            out_trade_no=orderid
        )
    except WeChatPayException as wcpayex:
        #记录请求异常回调信息
        order_info['wcpayex.errmsg'] = wcpayex.errmsg
        return Fail(api_code=200, result=None, message=f'微信支付配置服务异常，请稍后
            重试！错误提示{wcpayex.errmsg}')
    except Exception:
        import traceback
        traceback.print_exc()
        return Fail(api_code=200, result=None, message='微信支付服务未知错误异常，请
            稍后重试！')


    return_code = pay_wx_res_result.get('return_code')
    if return_code == 'SUCCESS':
        #提取相关的参数信息
        wx_gzx_id = pay_wx_res_result.get('appid')
        wx_mch_id = pay_wx_res_result.get('mch_id')
        sign = pay_wx_res_result.get('sign')
        nonce_str = pay_wx_res_result.get('nonce_str')
```

```
        prepay_id = pay_wx_res_result.get('prepay_id')

        timestamp = str(datatime_helper.get_timestamp10())
        wx_jsapi_data =
wx_pay.order.get_appapi_params_xiugai(prepay_id=pay_wx_res_result.get('prepay_id'),
                                                timestamp=timestamp,

once_str=pay_wx_res_result.get('nonce_str'))

        # 更新当前支付的订单信息
        doctor_nsnum_info_result = await
PayOrderServeries.updata_order_info_byorder_dno(db_session,
                                            dno=forms.dno,
                                            orderid=forms.orderid,

                                            visit_uopenid=forms.visit_uopenid,

                                            statue=1,
                                                                )
    if doctor_nsnum_info_result:
        return Success(api_code=200, result={'orderid': orderid, 'wx_info':
            wx_jsapi_data},
                        message='您已提交订单，请尽快支付！')
    else:
        order_info['creat_order_info_error'] = '创建订单到数据库时异常'
        return Fail(api_code=200, result=None, message='微信服务请求处理异常，请
            稍后重试！')

  else:
    #记录请求异常回调信息
    order_info['wx_return_code'] = pay_wx_res_result.get('return_code')
    order_info['wx_return_msg'] = pay_wx_res_result.get('return_msg')
    return Fail(api_code=200, result=None, message='微信服务请求处理异常，请稍后重试！')
```

上述代码和订单提交的 API 接口代码大致一致，这里不再重复说明。

12.6.8　微信支付回调

微信支付订单发起之后，如果用户在前端页面已经确认支付，则此时微信交易完成，微信后端会根据下单时提交的 notify_url 把支付成功订单信息通知到服务器，所以需要定义对应的 notify_url API 地址来接收微信支付结果的通知，代码如下：

```
@router_payorders.post("/payback_reserve_order", summary='支付订单回调处理')
async def callback(request: Request, db_session: AsyncSession = Depends(depends_
    get_db_session)):
    wx_pay = WeChatPay(appid=get_settings().GZX_ID, api_key=get_settings().GZX_
        PAY_KEY, mch_id=get_settings().MCH_ID)
    body = await request.body()
    try:
        _result = wx_pay.parse_payment_result(body)
    except InvalidSignatureException as e:
        #日志记录
        _result = xmlhelper.parse_xml_data(body)
```

```
        out_trade_no = _result.get('out_trade_no')
        #微信要求的回复模式
        resXml = "<xml>" + "<return_code><![CDATA[FAIL]]></return_code>" +
            "<return_msg><![CDATA[签名不一致]]></return_msg>" + "</xml> "
        return Response(content=resXml, media_type="application/xml")

    except Exception as e:
        #日志记录
        _result = xmlhelper.parse_xml_data(body)
        resXml = "<xml>" + "<return_code><![CDATA[FAIL]]></return_code>" +
            "<return_msg><![CDATA[签名不一致]]></return_msg>" + "</xml> "
        return Response(content=resXml, media_type="text/xml; charset=utf-8")

    if _result:
        #返回状态码信息
        return_code = _result.get('return_code')

        #如果支付不成功
        if return_code != 'SUCCESS':
            #微信手机支付回调失败订单号
            resXml = "<xml>" + "<return_code><![CDATA[FAIL]]></return_code>" +
                "<return_msg><![CDATA[报文为空]]></return_msg>" + "</xml> "
            return Response(content=resXml, media_type="text/xml; charset=utf-8")

        #订单支付成功处理
        if result_code == 'SUCCESS':
            wx_gzx_id = _result.get('appid')
            attach = _result.get('attach')
            bank_type = _result.get('bank_type')
            cash_fee = _result.get('cash_fee')
            fee_type = _result.get('fee_type')
            is_subscribe = _result.get('is_subscribe')
            wx_mch_id = _result.get('mch_id')
            nonce_str = _result.get('nonce_str')
            openid = _result.get('openid')
            out_trade_no = _result.get('out_trade_no')
            time_end = _result.get('time_end')
            total_fee = _result.get('total_fee')
            trade_type = _result.get('trade_type')
            transaction_id = _result.get('transaction_id')

            #透传信息attach的解析
            attach_info = attach.split("|")
            attach_dno = attach_info[0]
            attach_orderid = attach_info[1]
            attach_visit_uopenid = openid
            attach_nsindex = attach_info[2]

            #查询当前订单的支付状态
            doctor_nsnum_info_result = await
PayOrderServeries.get_order_info_byorder_dno_state(db_session, attach_dno,

attach_orderid)
            if not doctor_nsnum_info_result:
```

```
            resXml = "<xml>" + "<return_code><![CDATA[SUCCESS]]></return_
                code>" + "<return_msg><![CDATA[查无此订单信息]]></return_msg>"
                + "</xml> "
            return Response(content=resXml, media_type="text/xml;
                charset=utf-8")

        #如果订单信息存在且当前的支付状态是已支付成功，则直接返回，不再继续往下执行
        if doctor_nsnum_info_result.statue == 2:
            resXml = "<xml>" + "<return_code><![CDATA[SUCCESS]]></return_code>"
                + "<return_msg><![CDATA[OK]]></return_msg>" + "</xml> "
            return Response(content=resXml, media_type="text/xml;
                charset=utf-8")

        #如果订单状态为支付成功且还没有修改，则开始更新订单记录状态信息
        isok, updata_result = await
PayOrderServeries.updata_order_info_byorder_dno(db_session, dno=attach_dno,

orderid=attach_orderid,

visit_uopenid=attach_visit_uopenid,

updata={

'statue': 2,

#标记已支付，待就诊

'visit_statue': 1,

'notify_callback_time': 'now()',

'is_subscribe': is_subscribe,

}

)

        #设置微信公众号通知模板上提醒的信息
        visittime = doctor_nsnum_info_result.visittime
        visitday = doctor_nsnum_info_result.visitday

        #模板订单跳转地址详情信息
        template_url = f'http://xxxxxxxx/pages/orderDetailed/orderDetailed?did=
            {attach_dno}&oid={attach_orderid}'
        #如果本地数据库中的订单信息修改成功，则开始调用相关接口发送模板消息
        if isok:
            #构建模板消息通知信息
            client = WeChatClient(appid=get_settings().GZX_ID, secret=get_
                settings().GZX_SECRET)
            resulst = client.message.send_template(to_user_openid=attach_
                visit_uopenid,
    template_id='XXXXXXXXXXXXXXXXXXXXX',
url=template_url,
data={
```

```
                "first": {
                    "value": f"您预约挂号{visitday}{visittime}成功! ",
                    "color": "#173177"
                },
            #科室
            "keyword2": {
                "value": "中医科",
                "color": "#173177"
            },
            #就诊地址
            "keyword3": {
                "value": "XXXXXXXXXXXXXX中医院",
                "color": "#173177"
            },
            #备注信息
            "remark": {
                "value": "本次预约成功,如需取消,请在就诊前一天申请,超过时间则申请无效,无法退
                    费,谢谢谅解! ",
                "color": "#173177"
            }
        }
    )
    #响应微信支付回调处理
    resXml = "<xml>" + "<return_code><![CDATA[SUCCESS]]></return_code>" +
        "<return_msg><![CDATA[OK]]></return_msg>" + "</xml> "
    return Response(content=resXml, media_type="text/xml; charset=utf-8")
else:
    resXml = "<xml>" + "<return_code><![CDATA[FAIL]]></return_code>" +
        "<return_msg><![CDATA[业务支付状态非SUCCESS]]></return_msg>" + "</xml> "
    return Response(content=resXml, media_type="text/xml; charset=utf-8")
else:
    #微信手机支付回调失败订单号
    resXml = "<xml>" + "<return_code><![CDATA[FAIL]]></return_code>" +
        "<return_msg><![CDATA[报文为空]]></return_msg>" + "</xml> "
    return Response(content=resXml, media_type="text/xml; charset=utf-8")
```

核心的部分代码解析说明如下:

❑ 微信异步通知到 API 时使用了 POST 的方式进行请求,且请求参数是通过 body 参数提交过来的,因此微信提交过来的 body 参数至关重要。由于它被用于后续支付订单的签名校验,需要保证参数顺序正确,所以这里没有使用模型类的方式来解析 body 内容,而是通过 body = await request.body() 的方式进行读取。

❑ 当读取完成后,需要对参数进行签名校验以判断是否合法。这里通过 WeChatPay 实例化对象 wx_pay 的 parse_payment_result() 方法来进行签名校验,如果校验通过则表示是合法的请求,如果不通过则表示是非法请求。

❑ 当签名校验通过后,需要提取相关的参数信息,比如自定义的透传参数等,从中提取出当前支付回调对应的订单,然后修改对应订单的支付状态。

❑ 订单状态修改完成后,需要通过微信公众号提供的消息模板来通知用户挂号预约结果(需要开发者提前准备好通知模板),此时实例化一个 WeChatClient 对象,并调

用 client.message.send_template() 方法来完成对应消息模板的发送。

12.6.9　历史预约详情列表接口

历史预约详情列表接口主要根据不同订单状态值返回对应状态的订单列表信息。由于接口相对简单，这里主要介绍根据不同订单状态查询订单列表的数据操作层的代码，代码如下：

```
#省略部分代码
@staticmethod
async def get_order_info_list_by_visit_uopenid_select(async_session: AsyncSe
    ssion, visit_uopenid, statue=1) -> list:
    query_subscribe_info = select(
        DoctorSubscribeinfo.orderid,
        #订单状态（1：订单就绪，还没支付；2：已支付成功；3：取消订单；4：超时自动取消）
        DoctorSubscribeinfo.statue,
        DoctorSubscribeinfo.dno,
        DoctorSubscribeinfo.visittime,
        DoctorSubscribeinfo.visitday,
        DoctorSubscribeinfo.payfee,
        DoctorSubscribeinfo.visit_statue,
        Doctorinfo.dnname,
        Doctorinfo.addr,
        Doctorinfo.rank,
        Doctorinfo.pic
    ).outerjoin_from(DoctorSubscribeinfo, Doctorinfo, DoctorSubscribeinfo.dno ==
        Doctorinfo.dno) \
    .filter(DoctorSubscribeinfo.visit_uopenid == visit_uopenid,
            DoctorSubscribeinfo.statue == statue,
            )

    _subscribe_info_result:AsyncResult = await async_session.execute(query_
        subscribe_info)
    _rows = _subscribe_info_result.mappings()
    return [_row for _row in _rows]
```

核心的部分代码解析说明如下：

在上面的查询过程中使用了左联表查询方式。在联表查询时只获取某个表中的某些字段，这里通过简单的方式把最终的查询结果转换为字典，如代码中的 _subscribe_info_result.mappings()，它可以将查询结果转换为一个字典列表，其中的每个字典都表示结果集中的一行，列名作为键，列值作为值。这样可以更容易地把查询结果集和对应要查询的字段进行一一对应。

12.6.10　其他业务接口说明

其余的业务接口相对简单，大部分的内容都是对已存在数据层代码的重复调用，因此读者可以自行阅读项目代码进行了解。如：

❑ 预约订单取消：主要完成当用户在前端页面点击取消订单后对当前号源进行回收，并修改当前订单状态。

❑ 订单状态查询：主要完成根据不同订单状态来查询所属用户的订单列表信息。

12.7　超时订单处理

在用户预约下单接口中提到了两个问题。其中一个问题就是：有些用户下单了，但在规定时间内一直没有完成支付。为了避免库存占用，通常需要执行订单自动取消并回收库存的机制。对于这种情况，通常需要引入消息队列机制来处理。

12.7.1　消息队列说明

消息队列（Message Queue，MQ）是一种用于处理异步通信的协议方法，它允许应用程序在同一个进程内或跨进程之间发送和接收消息。消息队列可以帮助解耦应用程序组件之间的通信，并提高系统的可伸缩性和可靠性。"消息队列"中的"消息"通常是指应用程序需要处理的传递消息的抽象封装，这些消息通常被推送到一个待处理的队列里面进行排队，等待被取出来进行消费。

使用消息队列的好处有：

❑ 消息的异步通信处理，允许应用程序在处理消息时不必等待响应，加速响应，提供 Web 吞吐量。

❑ 应用和业务解耦。因为消息的传递没有直接调用关系，都是依赖中间件来处理的，因此系统侵入性不强，耦合度低。

❑ 进行流量控制，有效地削峰填谷，避免流量突刺造成系统负载过高。

❑ 多种消息通信可以为点对点的通信，也可以为聊天时的通信，基于此特性可更容易地扩展应用程序，而无须更改现有代码。

❑ 消息队列可以提供持久性和可靠性，确保消息在传递过程中不会丢失或重复。

当前业界比较流行的消息中间件有 ActiveMQ、RabbitMQ、RocketMQ、Kafka、ZeroMQ 等，本项目使用 RabbitMQ 作为消息队列中间件。

 注意　*在前面的章节中介绍过关于 Redis 的发布－订阅机制。Redis 本身也可以作为消息队列，只是它并非是专业的消息队列，相比其他 MQ 缺少一些高级的特性，处理起来相对麻烦，难以保证 ack（消息的确认机制）及错误异常重试等机制，所以这里不使用它作为消息队列。*

12.7.2　AMQP 介绍

在使用消息队列之前，需要简单了解 AMQP（高级消息队列协议，Advanced Message Queuing Protocol）。该协议本身是提供统一消息服务的应用层标准高级消息队列协议，是应用层协议的一个开放标准，它主要是为面向消息的中间件而设计的。AMQP 的概念模型如图 12-23 所示。

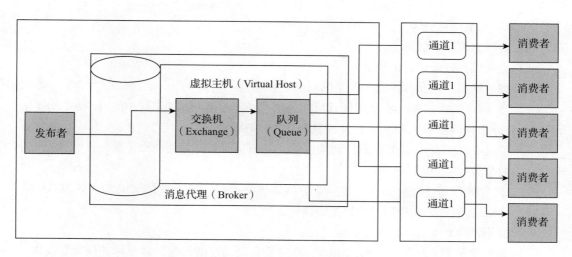

图 12-23 AMQP 的概念模型

从上面的模型图可以看出：发布者发布消息，进入 AMQP 中的虚拟主机，查询需要对接的交换机（Exchange），Exchange 对应的绑定是指定队列（Queue），然后消息存放在 Queue 里面，等待被消费者从信道上取走消息并进行消费处理。消息在消息队列的流转过程如图 12-24 所示。

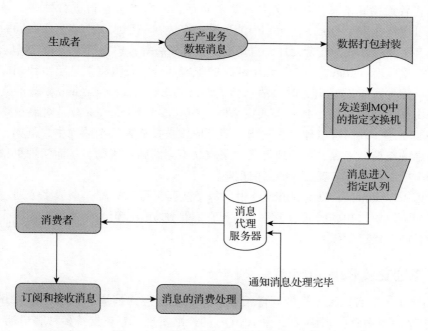

图 12-24 消息在消息队列的流转过程

通常，AMQP 由如下 3 部分组成：

- ❑ 队列：消息的载体。
- ❑ 交换机：分发策略的定义。
- ❑ 绑定操作：定义匹配规则，是队列和交换器的中间人。

基于此协议的客户端与消息中间件可传递消息，不受客户端 / 不同中间件产品、不同的开发语言等条件的限制。AMQP 涉及的其他几个核心角色有：

- ❑ 消息（Message）：消息是传输的主体，是消息服务器处理的原子单元。它包括以下两部分：
  - ○ 有效载荷（Payload）：要传输的具体数据内容，可以是任何内容，如 JSON 串、二进制数据、自定义的数据协议等。
  - ○ 标签（Label）：描述了有效载荷。
- ❑ 消息发布者（生产者，Publisher）：它主要负责消息的创建，以及标签设置和发送。
- ❑ 消息消费者（Consumer）：它主要负责消息的消费。
- ❑ 消息代理（Broker）：它处理消息传递的中间件，负责接收发布者发送的消息并将其路由到相应的队列，然后等待消费者来接收并处理它们。除此之外，它还负责管理交换机、队列和路由规则，以确保消息在正确的位置可以被处理。
- ❑ 消息队列（Queue）：它是 Broker 的组成部分，负责消息存储，是消息的一个容器。消费者连接到消息代理服务并订阅消息后，消费者会自行进行处理。一个 Broker 中可以存在多个 Queue，而一个消息可以存放在一个或多个队列中。同时，队列还具有不同的属性，如持久性、自动删除、优先级等，以支持不同的应用场景。
- ❑ 交换机（Exchange）：它也是 Broker 的组成部分，负责将消息路由到相应队列的组件。当发布者发送消息时，消息会被发送到 Exchange，Exchange 会根据预定义的路由规则将消息路由到一个或多个队列中。每个 Exchange 都是对消息路由规则策略的描述，人们可以理解为它指示消息应该被投递到哪个队列中。例如，可以根据消息的类型、来源、目的地等条件来定义不同的路由规则，从而实现更精细的消息路由控制，以及实现灵活的路由策略。
- ❑ 通道（Channel）：在 RabbitMQ 中，每个队列都可以分配一个或多个通道，不同的队列可以使用相同的通道名称，因为它们是独立的。但是，不能在同一个队列中使用相同的通道名称。

12.7.3　本地安装 RabbitMQ

RabbitMQ 是当前比较流行的开源消息队列系统之一，是基于 Erlang 语言开发的，它遵循 AMQP（高级消息队列协议），是 AMQP 的标准实现。它还支持多种客户端，如 Java、Ruby、PHP、Python、Go 等。RabbitMQ 消息队列安装的方式有多种，主要的安装方式有如下几种：

❑ 可以通过直接下载可执行文件安装。

❑ 可以通过 Docker 镜像安装。

❑ 可以购买云服务上的 RabbitMQ 服务，如阿里云云服务商提供的消息队列
　　RabbitMQ 版。

由于当前还处于开发阶段，因此先把 RabbitMQ 安装在本地，后续在生产环境中可以考虑使用 Docker 镜像的安装或云服务商提供的服务。

步骤 1　查看 RabbitMQ 和 Erlang 版本的关系。 由于 RabbitMQ 是基于 Erlang 编写的，所以在安装 RabbitMQ 之前需要先安装好 Erlang。首先访问 RabbitMQ 官网地址（https://www.rabbitmq.com/download.html），如图 12-25 所示。

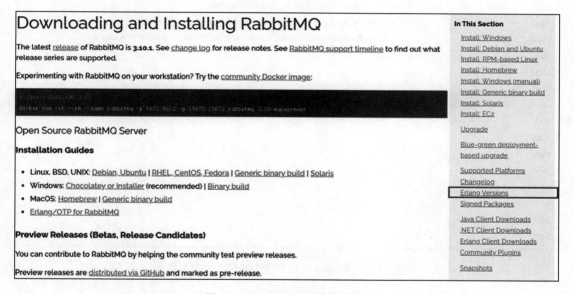

图 12-25　RabbitMQ 官网界面

单击"Erlang Versions"链接，查看具体的版本信息，如图 12-26 所示。

本项目使用的是 RabbitMQ 3.10.0 版本，对应的 Erlang 最低版是 23.2，对应的最高版本是 25.0。

步骤 2　下载并安装 Erlang。 知道需要安装的具体 Erlang 版本之后，访问 Erlang 官方，进行安装包下载即可。Erlang 官方地址为 http://www.erlang.org/downloads。Erlang 安装包下载页面如图 12-27 所示。

根据提示下载 Windows 24.0 版本后直接安装即可。安装过程相对简单，这里不过多叙述。安装成功后，需要配置当前的 Erlang 环境变量。

首先需要新建一个系统环境变量 ERLANG_HOME，并配置它的变量值为 Erlang 安装路径下的 bin 目录，如图 12-28 所示。

RabbitMQ version	Minimum required Erlang/OTP	Maximum supported Erlang/OTP	Notes
3.10.1 3.10.0	23.2	25.0	• Erlang 25 support is in preview. • Erlang 24.3 introduces LDAP client changes that are breaking for projects compiled on earlier releases (including RabbitMQ). RabbitMQ 3.9.15 is the first release to support Erlang 24.3.
3.9.17 3.9.16 3.9.15	23.2	24.3	• Erlang 24.3 introduces LDAP client changes that are breaking for projects compiled on earlier releases (including RabbitMQ). RabbitMQ 3.9.15 is the first release to support Erlang 24.3.
3.9.14 3.9.13 3.9.12 3.9.11 3.9.10 3.9.9 3.9.8 3.9.7 3.9.6 3.9.5 3.9.4 3.9.3 3.9.2 3.9.1 3.9.0	23.2	24.2	• Erlang/OTP 24 support announcement • Erlang 24 was released on May 12, 2021 • Some community plugins and tools may be incompatible with Erlang 24

图 12-26　Erlang 对应的 RabbitMQ 版本信息

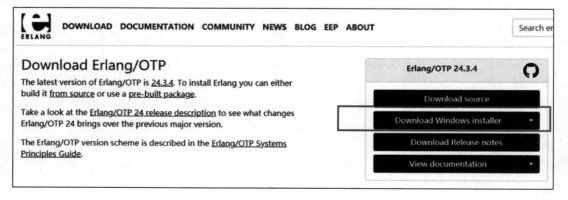

图 12-27　Erlang 安装包下载页面

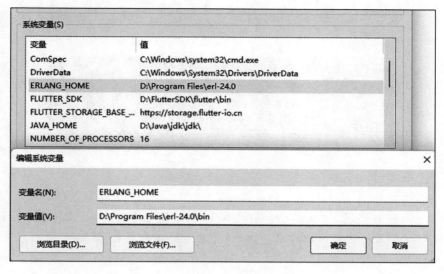

图 12-28　Erlang 环境变量的配置

然后为系统变量配置 Path 信息，添加新建的 ERLANG_HOME 系统变量，如图 12-29 所示。

图 12-29　配置 Path 信息

最后通过命令行验证安装，出现图 12-30 所示的结果，表示已完成安装。

图 12-30　Erlang 安装成功

至此完成了 Erlang 的安装。

步骤 3　下载并安装 RabbitMQ。首先在 RabbitMQ 官网进行安装包下载，用户可以访问 https://www.rabbitmq.com/install-windows.html 来查看具体的安装文档，如图 12-31 所示。

installs RabbitMQ as a Windows service and starts it using the default configuration.

Direct Downloads

Description	Download	Signature
Installer for Windows systems (from GitHub)	rabbitmq-server-3.10.1.exe	Signature

Run RabbitMQ Windows Service

Once both Erlang and RabbitMQ have been installed, a RabbitMQ node can be started as a Windows service. The RabbitMQ service starts automatically. RabbitMQ Windows service can be managed from the Start menu.

CLI Tools

RabbitMQ nodes are often managed, inspected and operated using CLI Tools in PowerShell.

On Windows, CLI tools have a `.bat` suffix compared to other platforms. For example, `rabbitmqctl` on Windows is invoked as `rabbitmqctl.bat`.

In order for these tools to work they must be able to authenticate with RabbitMQ nodes using a shared secret file called the Erlang cookie.

图 12-31　RabbitMQ 安装包下载页面

下载好对应的 RabbitMQ 安装包并进行安装即可。安装过程相对简单，这里不过多叙述。

安装好 RabbitMQ 后，即可启动 RabbitMQ 服务。在启动 RabbitMQ 服务之前，需要安装 RabbitMQ 图形界面管理插件。进入 RabbitMQ 的安装路径下的 sbin 目录：

```
D:\Program Files\RabbitMQ Server\rabbitmq_server-3.10.1\sbin
```

安装对应的插件，命令如下：

```
>rabbitmq-plugins enable rabbitmq_management
```

插件安装完成后，启动 RabbitMQ（或直接进入安装路径的 sbin 中，双击 rabbitmq-server.bat），命令如下：

```
>rabbitmq-server.bat
```

服务启动后打开浏览器访问 http://localhost:15672/，即可看到 RabbitMQ 图形界面管理首页（如图 12-32 所示），然后输入 RabbitMQ 默认账号及密码信息。需要注意，RabbitMQ 系统默认账号及密码都是 guest。

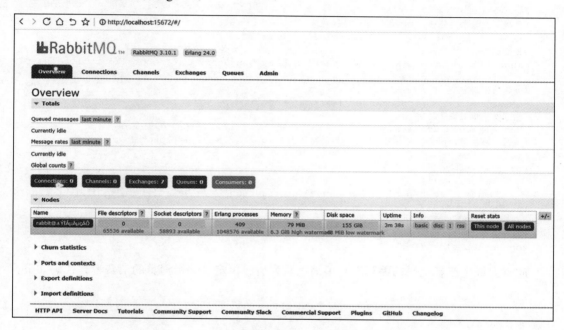

图 12-32　RabbitMQ 图形界面管理首页

至此，RabbitMQ 已完成安装。基于 RabbitMQ，就可以在业务上实现消息延迟通知处理功能了。

12.7.4　RabbitMQ 简单应用

安装 RabbitMQ 服务后，接下来介绍 RabbitMQ 的使用流程。首先需要安装对应的客户端 pika 库，它是当前比较常用的使用同步方式进行 RabbitMQ 连接和操作的库，代码如下：

```
pip install pika
```

如果使用异步方式，则需要安装 aio-pika。这里先以同步方式来使用 RabbitMQ。RabbitMQ 提供了 6 种消息类型：

- ❏　生产者 / 消费者模式。
- ❏　工作队列模式。

❑ 发布 / 订阅（Pub/Sub）模式。

❑ 路由模式。

❑ 主题通配符模式。

❑ 请求 / 回复模式。

下面基于**生产者 / 消费者模式**来简单介绍 RabbitMQ 的使用流程。首先定义一个消息的生产者，代码如下：

```python
import pika
#创建用户登录的凭证，使用用户密码进行登录
credentials = pika.PlainCredentials("guest","guest")
#创建连接
connection = pika.BlockingConnection(pika.ConnectionParameters(host='localhost',
    credentials=credentials))
#创建信道对象
channel = connection.channel()
#指定交换机对应队列
channel.queue_declare(queue='hello',passive=True,exclusive=True)
#执行发布消息，消息被发布到字符串为空的交换机上，表示消息路由到hello队列中
import time
for i in range(1,1000):
    time.sleep(1)
    channel.basic_publish(exchange='', routing_key='hello',body='小钟同学你好!{}'.
        format(i).encode('utf-8'))
print("已经发送了消息")
#程序退出前/关闭链接
connection.close()
```

此时完成生产者代码的编写。有了消息队列后，再定义一个消息的消费者，代码如下：

```python
import pika, sys, os

def main():
    #创建用户登录的凭证，使用用户密码登录
    credentials = pika.PlainCredentials("guest", "guest")
    #创建连接
    connection = pika.BlockingConnection(pika.ConnectionParameters(host='localhost',
        credentials=credentials))
    #创建信道对象
    channel = connection.channel()
    #创建hello队列，这里默认使用的是由空字符串标识的交换机
    channel.queue_declare(queue='hello')

    def callback(ch, method, properties, body):
        print('ch', ch)
        print('properties',properties)
        print(" [x] Received %r" % body.decode('utf-8'))

    #订阅某个队列发送的消息，并启用自动确认消息机制
    channel.basic_consume(queue='hello', on_message_callback=callback, auto_
        ack=True)
    print(' [*] Waiting for messages. To exit press Ctrl+C')
    #消费者会阻塞在这里，一直等待消息，队列中有消息后就会执行消息的回调函数
```

```
    channel.start_consuming()

if __name__ == '__main__':
    try:
        main()
    except KeyboardInterrupt:
        print('Interrupted')
        sys.exit(0)
```

编写完成消费者脚本之后，先启动消费者的脚本，再启动消息生产者的脚本，此时观察输出结果，可以看到当前消息可以正常进行消费了。

12.7.5 RabbitMQ 死信队列

通过前面的小节，读者已经简单了解了 RabbitMQ 的使用。接下来使用 RabbitMQ 中的一种死信队列机制来解决业务中订单超时后自动取消的问题。

1. 什么是死信队列

我们知道，队列存放的是消息。通常，消息会具有一些特殊属性，比如死信消息，它是一种比较特殊的消息。在整个系统的运行过程中，生产者将待处理的消息正常投递到队列后，消费者由于某些因素或特定设置而引发了队列中的某些消息无法被正常进行消费的情况，这种类型的消息一直没处理，就会成为**死信**（Dead Letter），此时死信会转移到新的队列进行保存，这个新队列就是**死信队列**。

通常，消息转换为**死信**有以下几种情况：

❑ 消息被消费者拒绝。使用 channel.basicNack 或 channel.basicReject，并且此时的 requeue 属性需设置为 False。

❑ 消息在队列中的时间超过设置的 TTL 时间（一个队列中消息的 TTL 对其他队列中同一条消息的 TTL 没有影响）。默认情况下，RabbitMQ 中的消息不会过期，但可以人为地设置队列的过期时间及消息的过期时间。

❑ 消息队列的消息数量已经超过最大队列长度，无法继续新增消息到 MQ。

RabbitMQ 中对于死信消息的处理，会依据是否配置了死信队列信息来决定消息的去留。如果开启了配置死信队列信息，则消息会被转移到这个死信队列（DLX）中；如果没有配置，则此消息会被丢弃。

关于死信队列配置的说明如下：

❑ 可以为每一个需要使用死信业务的队列配置一个死信交换机。

❑ 每个队列都可以配置自己专属的死信队列，相关消息进入死信队列需要经过死信交换机来进行归纳处理。

❑ 死信交换机只是一个普通的交换机，是专门用来处理死信的交换机。

❑ 创建队列时可以为该队列附带一个死信交换机。在这个队列里，因各自情况出现问题而作废的消息会被重新发送到附带交换机，让这个交换机重新路由这条消息。

2. 死信队列简单应用

以下是一个简单的死信队列设置示例，具体内容有：

❑ 设置消息过期时间为 2s，到期后就变为死信。

❑ 变为死信的消息，会被转移到另一个死信交换机的队列上。

代码如下：

```python
import pika
import sys

#创建用户登录的凭证，使用用户密码登录
credentials = pika.PlainCredentials("guest","guest")
#创建连接
connection = pika.BlockingConnection(pika.ConnectionParameters(host='localhost',
    credentials=credentials))
#通过连接创建信道
channel = connection.channel()

#创建异常交换器和队列，用于存放没有正常处理的消息
channel.exchange_declare(exchange='xz-dead-letter-exchange',exchange_
    type='fanout',durable=True)
channel.queue_declare(queue='xz-dead-letter-queue',durable=True)
#绑定队列到指定的交换机
channel.queue_bind(queue='xz-dead-letter-queue',exchange= 'xz-dead-letter-
    exchange',routing_key= 'xz-dead-letter-queue')
#通过信道创建队列名称是task_queue，并且这个队列的消息是需要持久化的
#持久化存储会占磁盘空间
#不能由持久化队列变为普通队列，反过来也是，否则会报错，所以队列类型在创建开始时必须确定
arguments = {}
# TTL: ttl的单位是us, ttl=60000表示60s
# arguments['x-message-ttl'] = 2000
#指定死信转移到的另一个交换机的具体名称
arguments['x-dead-letter-exchange'] = 'xz-dead-letter-exchange'
#  auto_delete=False表示队列是否应该在消费者取消订阅后自动删除
# durable参数表示队列是否应该持久化，durable和x-message-ttl不能同时存在
channel.queue_declare(queue='task_queue', durable=True,arguments=arguments,auto_
    delete=False)
#定义需要发送的消息内容
#开始发布消息到代理服务器上，注意，这里没有对发布的消息是否发布成功进行确认
import time
for i in range(1,100):
    time.sleep(1)
    properties = pika.BasicProperties(delivery_mode=2,)
    # expiration字段以微秒为单位表示TTL值
    properties.expiration='2000'
    body = '小钟同学你好!{}'.format(i).encode('utf-8')
    print(body.decode('utf-8'))
    channel.basic_publish(
        #默认使用的交换机
        exchange='',
        #默认匹配的key
        routing_key='task_queue',
        #发送的消息内容
```

```
            body=body,
            #发现的消息类型
            properties=properties
            # pika.BasicProperties中的delivery_mode=2指明message为持久的，1表示不是持久
                化，2表示持久化
        )

    connection.close()
```

　　运行上面生产者的代码，观察命令行输出的内容，可知消息已发送到了队列中。当超过了指定的消息过期时间后，观察队列列表中的死信队列，如图 12-33 所示。

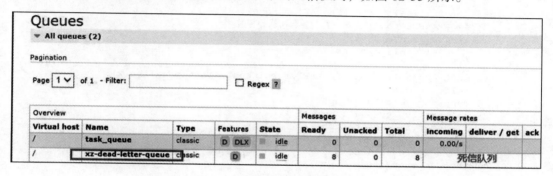

图 12-33　信息流转为死信队列后的结果

 注意　当消息发布到 DLX（Dead Letter Exchange，死信交换机）后，该消息会立即从原始队列中删除。这种机制主要是确保没有因为出现过多的消息积累而耗尽代理资源。这也意味着，如果目标队列无法接收消息，那么消息可能会丢失。

3. 什么是延迟队列

　　RabbitMQ 本身没有直接支持延迟队列的功能，但是综合死信队列和过期时间的使用可实现延迟队列。延迟队列指某个消息在某个固定的时间失效后，进入死信队列，其他死信的消费者实时处理这些过期的消息，就可以起到延迟处理的效果。

12.7.6　订单超时后自动取消的实现

　　前面已经介绍了相关的 RabbitMQ 应用，并编写了一个简单的死信消息应用示例。我们知道，在 RabbitMQ 中，当消息被拒绝、过期或达到最大重试次数时，将被发送到 DLX。DLX 会将消息路由到一个或多个特定的队列中，以便进行处理。接下来改写之前小节介绍的下单操作的代码，把订单消息发送到消息队列中，并设置消息过期时间，这样就可以在我们的订单消息超过指定的时间后，进入死信队列中，被死信消费者给消费处理。

1. RabbitMQClintWithLock 客户端封装

　　在改写之前，首先需要封装 RabbitMQ 客户端对象，代码如下：

```python
from fastapi import FastAPI
from pika.exceptions import UnroutableError
import pika

import threading

lock = threading.Lock()
import uuid

class RabbitMQClintWithLock:
    pass

    def __init__(self, app: FastAPI = None):
        #如果有APPC传入，则直接进行初始化的操作即可
        if app is not None:
            self.init_app(app)

    def init_app(self, app: FastAPI,rabbitconf,startup_callback):
        self.app = app
        @app.on_event("startup")
        def startup_event():
            self.init_sync_rabbit()
            #回调函数的调用
            startup_callback()
        @app.on_event("shutdown")
        def shutdown_event():
            self._clear_all()


    def init_sync_rabbit(self,rabbitconf):
        credentials = pika.PlainCredentials(rabbitconf.RABBIT_USERNAME,
            rabbitconf.RABBIT_PASSWORD)
        parameters = pika.ConnectionParameters(rabbitconf.RABBIT_HOST,
            rabbitconf.RABBIT_PORT, rabbitconf.VIRTUAL_HOST,
                                        credentials, heartbeat=0)
        self.connection = pika.BlockingConnection(parameters)
        self.channel = self.connection.channel()

    @property
    def _check_alive(self):
        #检查连接与信道是否存活
        return self.connection and self.connection.is_open and self.channel and
            self.channel.is_open

    def make_exchange_declare(self, exchange_name, exchange_type='fanout',
        durable=True):
        #创建交换机
        pass
        self.channel.exchange_declare(exchange=exchange_name, exchange_
            type=exchange_type, durable=durable)

    def open_confirm_delivery(self):
        self.channel.confirm_delivery()

    def make_queue_declare(self, queue_name, durable=True, auto_delete=False,
        arguments=None):
```

```
        #创建队列
        pass
        self.channel.queue_declare(queue=queue_name, durable=durable, auto_
            delete=auto_delete, arguments=arguments)

    def make_queue_bind(self, exchange_name, queue_name, routing_key):
        #将交换机和队列进行绑定
        pass
        self.channel.queue_bind(exchange=exchange_name, queue=queue_name,
            routing_key=routing_key)

    def make_queue_delete(self, queue):
        #删除队列
        self.channel.queue_delete(queue)

    def make_exchange_delete(self, exchange_name):
        self.channel.exchange_delete(exchange_name)

    def send_basic_publish(self, routing_key, body, content_type="text/plain",
        exchange_name='', content_encoding='utf-8', message_ttl=3, delivery_
        mode=2, is_delay=False):
        #消息的发布

        #使用简单的线程锁来避免由于多线程的不安全而引发问题

        with lock:
            try:
                if self._check_alive:

                    correlation_id = str(uuid.uuid4())
                    message_id = str(uuid.uuid4())

                    if is_delay:
                        properties = pika.BasicProperties(content_type=content_
                            type,content_encoding=content_encoding,delivery_
                            mode=delivery_mode)
                        # expiration字段以毫秒为单位表示TTL值
                        properties.expiration = f"{message_ttl * 1000}"   #秒
                        self.channel.basic_publish(
                            #默认使用名为“/”的交换机
                            exchange=exchange_name,
                            #默认匹配的key
                            routing_key=routing_key,
                            #发送的消息内容
                            body=body,
                            #设置消息类型
                            properties=properties
                        )
                    else:
                        self.channel.basic_publish(
                            #默认使用名为“/”的交换机
                            exchange=exchange_name,
                            #默认匹配的key
                            routing_key=routing_key,
                            #发送的消息内容
```

```
                            body=body
                        )
                else:
                    # 初始化rabbit
                    # self.init_sync_rabbit()
        except UnroutableError:
            print('消息发送失败')

    def listen_basic_consume(self, queue, func):
        #启动循环监听，用于数据消费
        self.channel.basic_consume(queue, func)
        self.channel.start_consuming()

    def _close_connect(self):
        """
        关闭TCP连接
        :return:
        """
        self.connection.close()

    def _close_channel(self, channel):
        """
        关闭信道
        :param channel:
        :return:
        """
        if not hasattr(self, 'channel'):
            raise ValueError("the object of SenderClient has not attr of
                channel.")

        self.channel.close()

    def _clear_all(self):
        #清理连接与信道
        if self.connection and self.connection.is_open:
            self.connection.close()
        self.connection = None

        if self.channel and self.channel.is_open:
            self.channel.close()
        self.channel = None

sync_rabbit_client = RabbitMQClintWithLock()
```

部分核心代码说明如下：

❑ 在上面的代码中定义了一个类，在类进行实例化的过程中，在 init_sync_rabbit() 方法中传入 rabbitconf 配置信息，完成对应连接和信道创建。另外，还可以在对应连接和信道初始化完成时传入自定义的一个函数，该函数主要在初始化完成后进行函数回调。使用这种方式，可以在自定义函数里面执行交换机和队列等初始化工作。

❑ 内部定义 make_exchange_declare() 方法，用户创建当前 RabbitMQ 中的交换机。

❑ 定义 make_queue_declare() 方法，执行对应队列的创建。

❑ 定义 make_queue_bind() 方法，执行消息和队列的绑定创建。

❑ 定义 make_queue_delete() 和 make_exchange_delete() 方法，分别完成队列的删除和交换机的删除。

❑ 定义 send_basic_publish() 方法，进行消息的发送。在消息发送时，内部通过一个简单线程锁来避免由于多线程的不安全而引发问题。其中，properties 是 BasicProperties 的一个实例对象，它可以对消息类型进行设置，可以设置的 BasicProperties 属性信息有：

○ content_type：消息内容的类型。

○ content_encoding：消息内容编码。

○ headers：消息内容传递的头部信息。

○ delivery_mode：消息是否持久化。1 表示不持久化，2 表示持久化。

○ priority：消息优先级。

○ correlation_id：消息关联的 ID。

○ reply_to：用于指定恢复的队列名称。

○ expiration：消息失效时间。

○ message_id：消息 ID。

○ timestamp：消息的时间戳。

○ type：类型。

○ user_id：消息所属用户 ID。

○ app_id：应用的 ID。

○ cluster_id：集群 ID。

当消息属性设置完成后，通过 self.channel.basic_publish() 方法可完成消息的发送。

❑ listen_basic_consume() 方法的主要作用是启动消息消费监听。

❑ _close_connect() 方法和 _close_channel() 方法用于处理连接和关闭通道。

进行上面的封装之后，后续只需要调用 sync_rabbit_client 对象的 send_basic_publish()，即可完成消息的发送。

2. RabbitMQClintWithLock 实例化

完成了封装后，在对应模块中创建了单例对象 sync_rabbit_client，然后在 app.py 中进行导入。只需要调用 sync_rabbit_client 对象的 init_app() 方法，并传入 app 对象的引用、配置项信息和一个回调函数接口即可完成 sync_rabbit_client 对象的初始化工作。配置项信息的详细代码如下：

```
#链接用户名
RABBIT_USERNAME: str = 'guest'
#链接密码
RABBIT_PASSWORD: str = 'guest'
#链接的主机
RABBIT_HOST: str = 'localhost'
#链接端口
RABBIT_PORT: int = 5672
```

```
#要链接的虚拟主机名称
VIRTUAL_HOST: str = 'yuyueguahao'
#心跳检测
RABBIT_HEARTBEAT = 5
```

以上配置项说明，需要首先定义一个 virtual hosts 名为"yuyueguahao"的虚拟空间。

> 📖 注意　virtual hosts（简写为 vhost）类似 Redis 中的数据库 ID，提供 Virtual Hosts 管理。默认情况下，RabbitMQ 自带的 vhost 虚拟主机为" / "，每个 vhost 本质上是一个 mini 版的 RabbitMQ 服务器，可以拥有自己的 connection、exchange、queue、binding 以及权限，不同的 vhost 之间完全的独立，互不影响。

在管理界面中新建 virtual hosts，具体操作如图 12-34 所示。

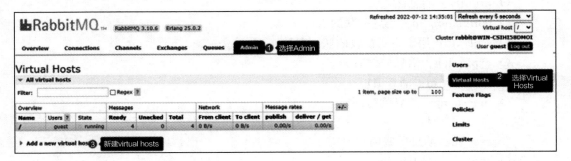

图 12-34　新建 virtual hosts

完成 vhost 创建后，在 startup_callback 回调函数中进行交换机和队列创建。startup_callback 回调函数内部的处理逻辑代码如下：

```
#初始化同步连接RabbitMQ
from exts.rabbit import sync_rabbit_client
#启动成功后的回调
def startup_callback_init_data():
    #为测试方便，每次初始化时将相关死信队列、消息队列删除
    # sync_rabbit_client.make_exchange_delete('xz-dead-letter-exchange')
    # sync_rabbit_client.make_exchange_delete('xz-order-exchange')
    #定义死信交换机的名称
    order_dead_letter_exchange_name = 'xz-dead-letter-exchange'
    #定义死信对象类型为fanout
    order_dead_letter_exchange_type = 'fanout'
    #定义死信队列的名称
    order_dead_letter_queue_name = 'xz-dead-letter-queue'
    #定义路由key名称
    order_dead_letter_routing_key = 'xz-dead-letter-queue'
    #死信交换机初始化
    sync_rabbit_client.make_exchange_declare(exchange_name=order_dead_letter_
        exchange_name,exchange_type=order_dead_letter_exchange_type)
    #死信队列初始化
    sync_rabbit_client.make_queue_declare(queue_name=order_dead_letter_queue_
        name)
```

```
#死信交换机和死信队列的绑定
sync_rabbit_client.make_queue_bind(exchange_name=order_dead_letter_exchange_
    name,
                                    queue_name=order_dead_letter_queue_name,
                                    routing_key=order_dead_letter_routing_key)

#订单消息队列交换机名称、交换机类型、队列名称、队列路由key等信息的配置
order_exchange_name = 'xz-order-exchange'
order_exchange_type='direct'
order_queue_name = 'xz-order-queue'
order_routing_key = 'order_handler'
order_queue_arguments = {'x-dead-letter-exchange': 'xz-dead-letter-exchange'}
sync_rabbit_client.make_exchange_declare(exchange_name=order_exchange_name,
    exchange_type=order_exchange_type)
sync_rabbit_client.make_queue_declare(queue_name=order_queue_
    name,arguments=order_queue_arguments)
sync_rabbit_client.make_queue_bind(exchange_name=order_exchange_name, queue_
    name=order_queue_name, routing_key=order_routing_key)

sync_rabbit_client.init_app(app=app,rabbitconf=get_settings(),startup_callback=
    startup_callback_init_data)
```

部分核心代码说明如下：

❏ 上述代码中定义了一个回调函数 startup_callback_init_data()，该函数是在完成 sync_
rabbit_client.init_app() 的连接和信道创建后自动调用的一个回调函数，在回调函数
里面主要完成对应的死信交换机创建、死信队列的创建，以及死信交换机和死信队
列绑定的执行逻辑。

❏ 在回调函数中创建了一个名为 " xz-dead-letter-exchange " 的**死信交换机**，并且设置
它的类型是 fanout（广播模式），并且创建了一个名为 " xz-dead-letter-queue " 的**死
信队列**，最终完成了死信队列和死信交换机的绑定，并且设置它的 routing_key 路
由消息的标识符名为 " xz-dead-letter-queue "。完成绑定之后，后续的死信消息都
会进入此队列中进行存放。

❏ 还创建了一个存放订单消息的交换机，以及和它进行绑定的队列，创建过程和创建
死信交换机及死信队列类似，主要的区别是这里设置交换机类型为 direct（直接交
换模式），且在创建订单消息队列时传入了一些自定义参数 x-dead-letter-exchange，
这个参数值的设置表示的是死信交换机 xz-dead-letter-exchange 的名称。当创建订
单之后，先把订单消息存入订单消息队列，并设置对应的消息过期时间，本项目设
置的消息过期时间是 15min。当 15min 之后，订单消息就会从订单消息队列里面转
到死信队列里面，当死信消息被消费时检测当前订单的状态，如果没有支付，则修
改订单状态为 "未支付"，并回收对应的号源库存。

3. 订单消息发送

当完成 sync_rabbit_client 实例对象和相关 RabbitMQ 的交换机及队列等创建之后，接
下来则是在产生订单之后把订单消息发送到队列中。回到之前的下单 API 中，在写入订单
信息成功后，增加发送订单消息到 RabbitMQ 的操作，代码如下：

```
#省略部分代码
#开始发送订单消息到消息队列中
#获取消息操作事件，15min（函数内部已经乘以1000）
pay_message_ttl = 60 * 15
order_exchange_name = 'xz-order-exchange'
order_routing_key = 'order_handler'
sync_rabbit_client.send_basic_publish(exchange_name=order_exchange_name, routing_
key=order_routing_key,
                                      body=order_info_json,
content_type='application/json', is_delay=True,
                                      message_ttl=pay_message_ttl)
```

需要注意，这里发送订单消息到队列使用了同步方式进行操作。执行一次下单操作，
观察队列中的消息情况，如图 12-35 所示。

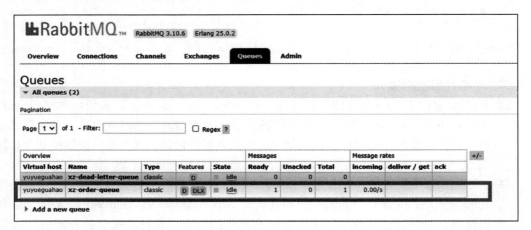

图 12-35　订单消息进入消息队列后的情况

等待消息超时，观察消息流转情况，如图 12-36 所示。

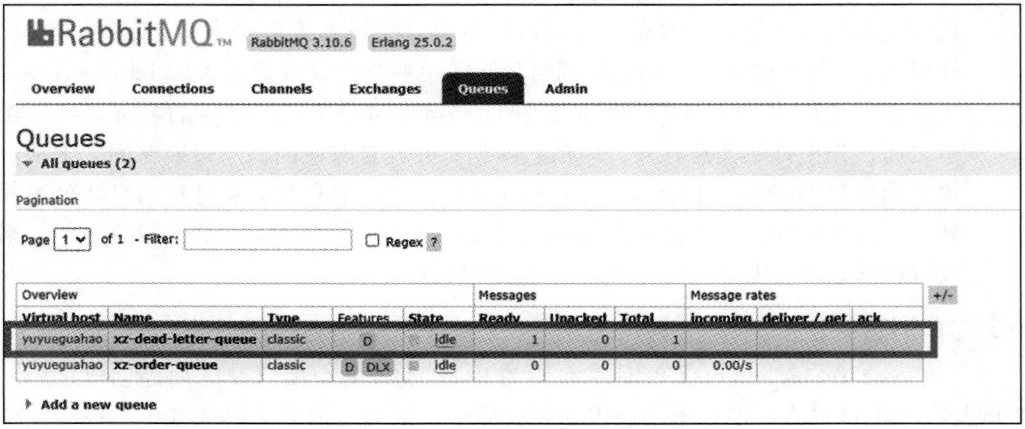

图 12-36　订单消息进入死信队列后的情况

从图 12-36 可以看出，订单消息超时后已流转到死信队列中等待被消费了。

4. 编写死信消费者脚本

当订单消息已经从订单消息的队列流转到死信队列之后，需要有对应的消费者去消费死信消息，代码如下：

```python
import pika
import time
from utils import json_helper
from db.sync_database import sync_context_get_db
from db.models import DoctorSubscribeinfo
from sqlalchemy.sql import and_, asc, desc, or_

#创建用户登录的凭证，使用用户密码登录
credentials = pika.PlainCredentials("guest", "guest")
#创建连接http://47.99.189.42:30100/
connection = pika.BlockingConnection(
    pika.ConnectionParameters(host='localhost', port=5672, virtual_
        host='yuyueguahao', credentials=credentials))
#通过连接创建信道
channel = connection.channel()
#通过信道创建队列，其中名称是task_queue，并且这个队列的消息是需要持久化的
order_dead_letter_exchange_name = 'xz-dead-letter-exchange'
order_dead_letter_exchange_type = 'fanout'
order_dead_letter_queue_name = 'xz-dead-letter-queue'
order_dead_letter_routing_key = 'xz-dead-letter-queue'

'''只要有交换机名称即可接收消息的广播模式（fanout），direct模式在其基础上增加了密码限制（routingKey）'''
channel.exchange_declare(exchange=order_dead_letter_exchange_name, durable=True,
                        exchange_type=order_dead_letter_exchange_type)
channel.queue_declare(queue=order_dead_letter_queue_name, durable=True)
channel.queue_bind(exchange=order_dead_letter_exchange_name, queue=order_dead_
    letter_queue_name,
                    routing_key=order_dead_letter_routing_key)

print("[*]死信队列里面的死信消息的消费. To exit press Ctrl+C")
#初始化数据库的链接处理
def callback(ch, method, properties, body):
    print(" [x] Received %r" % body.decode())
    #预扣库存回退
    mesgg = json_helper.json_to_dict(body.decode())

    #获取当前的订单支付状态信息，如果当前处于没支付的状态，则需要回滚库存
    with sync_context_get_db() as session:
        _result = session.query(DoctorSubscribeinfo).filter(and_(Doctor-Subscribeinfo.
            dno == mesgg.get('dno'),

DoctorSubscribeinfo.visit_uopenid == mesgg.get(
                                                'visit_uopenid'),

DoctorSubscribeinfo.orderid == mesgg.get(
```

```
'orderid'))).one_or_none()

        if _result:

            '''订单状态（1:订单就绪，还没支付；2：已支付成功；3：取消订单；4：超时未支付订单；
                5：申请退款状态；6：已退款状态）'''
            if _result.statue == 2:
                pass
            elif _result.statue == 1:
                pass
                #更新订单状态
                session.query(DoctorSubscribeinfo).filter(and_(DoctorSubscribeinfo.
                    dno == mesgg.get('dno'),DoctorSubscribeinfo.orderid == mesgg.
                    get(
'orderid'))).update({DoctorSubscribeinfo.statue: 4},
synchronize_session=False)
            elif _result.statue == 3:
                pass
            elif _result.statue == 5:
                pass
            elif _result.statue == 6:
                pass
            else:
                pass
        #回复确认消息已被消费
        ch.basic_ack(delivery_tag=method.delivery_tag)


#设置预取消息数量
channel.basic_qos(prefetch_count=1)
#开始进行订阅消费
ack = channel.basic_consume(queue='xz-dead-letter-queue', on_message_
    callback=callback)
print('s', ack)
#消费者会阻塞在这里，一直等待消息，队列中有消息后就会执行消息的回调函数
channel.start_consuming()
```

部分核心代码说明如下：

上面是消费者进行死信消息消费的脚本，在部署时会独立运行。这里的代码和前面**生产者 / 消费者模式案例**中的消费者脚本几乎一样，主要对死信消息进行订阅和消费。当获取到对应的订单信息之后，主要做的是判断订单状态，如果当前的状态为没有进行支付，则只进行订单状态的修改。

 由于这里的消费者脚本使用了同步模式，所以在进行数据库查询操作时需要使用同步的方式。

12.8 同步转异步处理

在本章上面小节的 API 编写过程中，存在异步代码中使用同步方式处理的问题。其中

主要涉及：

- ❏ 微信支付底层使用的 requests 库，它本身是一个同步处理机制。
- ❏ 发布消息到 RabbitMQ 时使用的 Pika 库也是一个同步处理机制。

如果实现真正全部的异步化处理，则需要使用对应的异步库来实现，若为 requests 库，可以使用 apihttp 或 httpx 等来实现，若为 Pika 库，则使用 aio-pika 库。为了方便，还可以使用另一种方式来实现转换，也就是使用多线程的方式来处理并返回处理结果。

不管是从同步到异步，还是异步到同步，涉及的问题都相对复杂，甚至转换过程中会有相关的性能损耗，因为在转换处理中需要考虑的是线程安全或协程安全等问题。

- ❏ 同步到异步：该转换处理过程是把需要同步运行的代码放在一个额外的线程池里面去执行，为避免拥堵阻塞，在单独线程执行完成同步函数的逻辑处理之后把结果返回异步协程中。
- ❏ 异步到同步：该转换处理过程是把需要运行在主线程上的协程函数调用转换为一个在子线程中运行的同步函数，并在异步函数处理完成的逻辑之后把结果返回到同步运行的子线程中。

12.8.1　asgiref 转换库介绍

asgiref 库是一个用于 ASGI 应用程序的通用辅助库，提供了一些常用的功能和工具。它提供了两个非常方便的转换函数。使用 asgiref 可以把异步或同步函数进行相互的转换。async_to_sync 用于把异步转换为同步，就是将异步函数（协程函数）转换普通的函数，方便在同步线程函数中调用。sync_to_async 用于把同步转换为异步，就是把一个同步线程调用函数使用线程的模式转换为多线程的调用方式并包装为一个协程函数返回。

注意 默认情况下，出于安全原因，sync_to_async 将在同一线程中运行程序中的所有同步代码；用户可以禁用此功能以获得更高的性能（禁用代码为 @sync_to_async(thread_sensitive=False)），但应确保代码在执行此操作时不依赖任何绑定到线程（如数据库连接）的内容。也就是说，如果不考虑线程安全问题，那么建议设置 thread_sensitive=False，这样可以获得更好的性能。但是如果存在上下文依赖绑定到线程，则不能关闭。

12.8.2　asgiref 转换库应用

通过 asgiref 库的转换，可以把之前下单后发起微信订单的代码进行转换，原来的 API 代码如下：

```
try:
    #省略部分代码
    #支付响应回调对象
    pay_wx_res_result = wx_pay.order.create(
        trade_type='JSAPI',
        body=body,
```

```
                    detail=detail,
                    total_fee=total_fee,
                    client_ip=client_ip,
                    notify_url=notify_url,
                    attach=attach,
                    user_id=forms.visit_uopenid,
                    out_trade_no=orderid
                )
                pass
        except WeChatPayException as wcpayex:
            #记录请求异常回调信息
            order_info['wcpayex.return_msg'] = wcpayex.errmsg
            print(wcpayex.errmsg)
            return Fail(api_code=200, result=None, message=f'微信支付配置服务异常，请稍后
                重试! {wcpayex.errmsg}')
        except Exception:
            return Fail(api_code=200, result=None, message='微信支付服务未知错误异常，请
                稍后重试! ')
```

转换之后，API 代码如下：

```
from asgiref.sync import sync_to_async
    try:
        pay_wx_res_result = await
sync_to_async(func=wx_pay.order.create)(trade_type='JSAPI',
            body=body,
            detail=detail,
            total_fee=total_fee,
            client_ip=client_ip,
            notify_url=notify_url,
            attach=attach,
            user_id=forms.visit_uopenid,
            out_trade_no=orderid)
        pass
    except WeChatPayException as wcpayex:
        #记录请求异常回调信息
        order_info['wcpayex.return_msg'] = wcpayex.errmsg
        print(wcpayex.errmsg)
        return Fail(api_code=200, result=None, message=f'微信支付配置服务异常，请稍后
            重试! {wcpayex.errmsg}')
    except Exception:
        return Fail(api_code=200, result=None, message='微信支付服务未知错误异常，请
            稍后重试! ')
```

上述代码中的核心转化处理机制是：首先从 asgiref.sync 引入了 sync_to_async() 方法，然后使用 sync_to_async(func=wx_pay.order.create)() 把同步转换为异步，最后把函数所需要的参数进行传入，此时 sync_to_async() 返回的结果就是一个可等待的对象。这样就完成了转换处理。另外，把消息发送到消息队列中的同步转换机制与此类似，这里不再重复介绍。读者可以自行阅读代码进行处理。

本章介绍了如何完整地编写一个项目的所有 API，并进行相关的模块分层规划。本章比较重要的知识点包括数据库异步操作的一些应用，使用 RabbitMQ 消息队列解决超时订单自动取消的问题，以及在异步机制中使用同步机制时如何进行转换处理。

第 13 章 *Chapter 13*

基于 Pytest 的 API 测试

上一章已经完成预约挂号项目程序的开发，接下来需要测试 API 能否正常运行。测试在整个应用程序的开发中是一个非常重要的环节，也是交付高质量软件、保证程序健壮性的必经环节。

在开发初期，只能通过 API 可交互式文档手动发起请求，然后以查看结果的方式来测试应用程序。采用这种方式，整个过程需要逐个对接口进行调测，过程非常烦琐。另外，可能由于各种原因而导致测试覆盖不全，引发交付应用之后出现异常，从而造成比较严重的生产环境故障。因此在交付应用前有必要进行单元测试，从而尽可能地规避此类问题发生。

本章主要介绍如何进行单元测试。顾名思义，"单元测试"是对软件中的最小测试单元进行的检查和验证。最小测试单元可以是表达式，也可以是函数、类、模块等。单元测试虽然在某种程度上会增加项目开发时间，但是长远来看，所带来的价值远远高于所投入的时间成本。单元测试的优点主要有以下几项：

❑ 改善项目开发过程中的代码设计。

❑ 保证程序的健壮性以及代码的高质量性。

❑ 引入新功能、其他依赖库时，或整个代码重构时，确保相关功能正常运行，避免引入新问题。

本章结合预约挂号项目程序来介绍如果针对预约挂号项目的 API 进行单元测试。

 说明　本章相关代码位于 \fastapi_tutorial\chapter13 目录之下。

13.1　Pytest 简单应用

Python 中用于测试的库非常多，比如内置库 unittest。unittest 简洁易用，但编写的测试代码比较烦琐。本章要介绍的单元测试主要使用 Pytest 实现。相比 unittest，Pytest 的使用更简单、简洁、易用，是一个非常成熟且功能齐全的 Python 测试框架，主要有以下几个特点：

❑ 简单灵活，容易上手，支持参数化。

❑ 拥有比较多的第三方插件库，支持自定义扩展。

❑ 结合 requests 可以进行对应接口的自动化测试，甚至还可以结合异步测试 Httpx 客户端来编写异步接口的单元测试用例。

❑ 兼容 unittest 和 nose 测试集。

❑ 可以自动识别测试模块和测试函数。

❑ 可以结合 allure 生成完美的 HTML 测试报告。

13.1.1 unittest 和 Pytest 的对比

下面简单对比 unittest 和 Pytest 两个测试库在使用上的异同。首先安装 Pytest 依赖库：

```
pip install pytest
```

安装后，执行下面的命令可以验证是否安装成功：

```
pytest --version
```

下面编写简单的测试代码用例来进行对比。

基于 unittest 编写的测试代码用例如下：

```
# 导入unittest
import unittest
#定义测试类
class UnitTestForAdd(unittest.TestCase):
    #测试用例运行之前
    def setUp(self) -> None:
        print('前置条件')

    #测试用例运行之后
    def tearDown(self) -> None:
        print('后置条件')
    #定义测试用例
    def test_add(self):
        self.assertEqual(3,3)
if __name__ == '__main__':
    unittest.main()
```

对上述代码的说明如下：

首先导入 unittest 内置库，然后定义了一个继承自 unittest.TestCase 的类，在类内部定义了 setUp() 函数，该函数会在每个单独的测试用例运行之前执行。另外，tearDown() 函数会在每个单独的测试用例运行之后执行。定义一个测试用例 test_add() 函数，在里面使用 assertEqual() 进行函数的验证，然后在 __main__ 入口函数中使用 unittest.main() 方法来启动脚本。

unittest 的基本语法规则有以下几个特点：

❑ 相关的测试用例类都需要继承于 unittest.TestCase 类来实现。

❏ 测试用例定义的相关测试函数需要以 test_ 开头进行编写。

❏ 单个测试类的运行入口需要使用 unittest.main() 方法启动。

执行上述脚本并运行的方式有以下两种。

方式一，使用命令行：

```
python -m unittest tests/mytest.py
```

方式二，使用 PyCharm。当前 IDE 默认的配置是直接使用 unittest 方式，这里不需要修改。在脚本文件所在编辑区内直接右击，然后在弹出的快捷菜单中选择对应命令即可运行。运行结果如下：

```
Launching unittests with arguments python -m unittest ceshi.UnitTestForAdd in E:\
    yuanxiao\code\booking_system\booking_system\tests
Ran 1 test in 0.003s
OK
前置条件
后置条件
```

从输出的结果可以看出，前面的测试单元已经成功输出且测试正常。

下面使用 Pytest 进行测试，首先在特定的目录下定义一个名称格式为 test_*.py 的文件，这里的文件名是 test_add.py。

基于 Pytest 的测试用例代码如下：

```
import pytest
from cast_helper import add
class TestMyAddClass:
    def setup_class(self):
        print("前置条件")
    def teardown_class(self):
        print("后置条件")

    def test_add(self):
        assert 3 == 3

if __name__ == "__main__":
    pytest.main(['-q'])
```

对上述代码的说明如下：

❏ 直接自定义一个 TestMyAddClass 类，在类内部定义 setup_class() 函数和 teardown_class() 函数，它们的作用与 TestCase 类中的 setUp() 函数和 tearDown() 函数是类似的。

❏ 定义测试用例 test_add() 函数，在里面使用 assert 3 == 3 进行断言验证。

❏ 在 TestMyAddClass 类内部定义的方法名称是以 test_ 开头的。

❏ 在 _main_ 入口中，使用 pytest.main() 方法来启动测试脚本。

基于 Pytest 编写的测试用例比较随意，没有任何继承约束，但是它也需遵循标准的测试发现规则，具体规则主要有以下几点：

- 定义的测试文件名称需要以 test_ 开头或者以 _test 结尾，Pytest 后续会自动检索加载。
- 测试文件中，如果使用类的方式定义，那么测试用例类的名称需要以 Test 开头，且不能包含 _init_() 方法。
- 测试用例定义的相关测试函数名称需要以 test_ 开头。
- 内部对需要测试的函数使用 assert 进行验证即可。
- 单个测试类的运行入口需要使用 pytest.main() 方法启动，且可以传入具体的参数值，如根据参数值指定需要的测试目录等。

执行上述脚本有以下两种方式。

方式一，使用命令行：

```
#单个模块运行测试用例
>pytest test_add.py
#自动搜索并加载目录下的测试用例
>pytest pytest_demo/
#没有参数时会扫描当前所在位置目录下的所有测试用例，也就是以test_开头/以_test结尾的文件
```

方式二，使用 PyCharm。IDE 默认的配置是直接使用 unittest 的方式，因此需要做相应配置修改，修改操作路径为 File → Settings → Tools → Python Integrated Tools → Testing → Pytest，如图 13-1 所示。

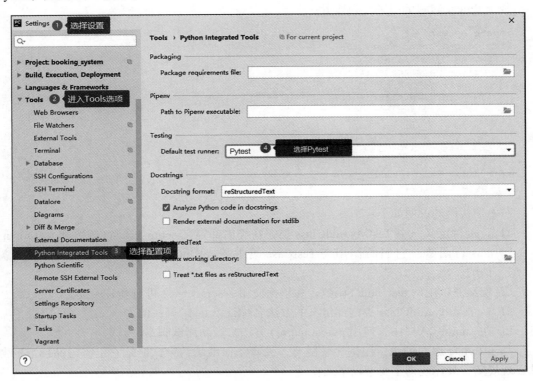

图 13-1 配置 Testing 选项

完成上述配置后运行脚本即可，最终的运行结果如下：

```
============================ test session starts =============================
platform win32 -- Python 3.9.13, pytest-7.1.2, pluggy-1.0.0
rootdir: E:\yuanxiao\code\booking_system\booking_system\tests
plugins: anyio-3.6.1
collected 1 item

test_add.py .                                                           [100%]

============================= 1 passed in 0.06s ==============================
```

从运行结果可以看出，测试结果是正常的。

假如在上面的测试用例中故意进行错误验证，新增一个测试方法，具体代码如下：

```python
import pytest
from utils.cast_helper import add
class TestMyAddClass:
    def setup_class(self):
        print("前置条件")
    def teardown_class(self):
        print("后置条件")
    def test_add(self):
        assert 3 == 3
    def test_add_v2(self):
        assert 3 == 5
if __name__ == "__main__":
    pytest.main(['-q', 'tests'])
```

再运行，可以看到如下的测试结果：

```
============================ test session starts =============================
platform win32 -- Python 3.9.13, pytest-7.1.2, pluggy-1.0.0
rootdir: E:\yuanxiao\code\booking_system\booking_system\tests
plugins: anyio-3.6.1
collected 2 items

test_add.py .F                                                          [100%]

================================== FAILURES ==================================
_____ TestMyAddClass.test_add_v2 _____

self = <tests.test_add.TestMyAddClass object at 0x00000215D531E700>

    def test_add_v2(self):
>       assert 5 == 3
E       assert 5 == 3

test_add.py:20: AssertionError
-------------------------- Captured stdout teardown -------------------------
后置条件
========================== short test summary info ==========================
FAILED test_add.py::TestMyAddClass::test_add_v2 - assert 5 == 3
========================= 1 failed, 1 passed in 0.09s =======================
```

从输出结果可以看到，它一共收集到两个测试用例，其中有一个出现了错误，错误明细也指出来了。

13.1.2 pytest.fixture 装饰器的使用

fixture（夹具）是 Pytest 提供的一个装饰器。它是一种用于提供测试环境的机制，可以在需要进行测试的函数中使用它来获取预定义的对象和数据。fixture 常用于模拟数据库连接、创建测试数据、初始化测试环境等操作，从而提高测试代码的可读性和可维护性。fixture 可以通过装饰器 @pytest.fixture 来定义，并可以设置作用域，如 function、class、module 等。在测试函数中，可以通过参数注入 fixture，从而使用它提供的测试环境。

1. fixture 前后置方法

unittest 提供了 setUp() 和 tearDown() 两个方法，可以在自动化测试过程中通过 setUp() 方法来执行测试前的初始化工作，如测试前环境变量初始化、日志对象创建、数据量连接初始化等。对于 tearDown()，则可以来完成对应的清理工作，如资源对象的还原或释放等。

Pytest 不仅提供了类似 unittest 中的 setUp()、tearDown() 等方法，还提供了很多其他方法，比如：

❑ setup_module()、teardown_module()：用于模块级别的场景，具有全局性。它是在模块级别上执行的 fixture，可以用来在模块开始和结束时进行一些操作，如连接数据库、启动服务等。

❑ setup_function()、teardown_function()：用于函数级别的场景。它是在每个测试函数中执行的 fixture，可以在每个测试函数开始和结束时执行一些操作。setup_function() 和 teardown_function() 函数在每个测试函数中都会执行一次，可以为每个测试函数提供定制化的测试环境。

❑ setup_class()、teardown_class()：用于类中定义级别的场景。它是在测试类级别上执行的 fixture，可以在测试类开始和结束时执行一些操作。setup_class() 和 teardown_class() 函数在测试类中只会执行一次，可以用于准备测试环境和清理测试环境。

❑ setup_method()、teardown_method()：用于类中方法级别的场景。它是在每个测试方法中执行的 fixture，可以在每个测试方法开始和结束时执行一些操作。setup_method() 和 teardown_method() 函数在每个测试方法中都会执行一次，可以为每个测试方法提供定制化的测试环境。

❑ setUp、tearDown：用于运行在调用函数的前后。它是在每个测试函数中执行的 fixture，可以在每个测试函数开始和结束时进行一些操作。

从上面的函数命名可以看出，它对应不同的应用场景。但是上述方法也存在局限性，它无法让某个测试用例单独被应用。针对此类情况，Pytest 提供了既可全局作用又可以局部作用的 @pytest.fixture，这个装饰器可完成类似前后置的方法，示例代码如下：

```python
import pytest

def setup():
    print('setup用例开始前执行')

def teardown():
    print('teardown用例结束后执行')

#定义一个前后置方法
@pytest.fixture
def my_first_fixture():
    print("前置方法")
    yield
    print("后置方法")
def test_cast_1(my_first_fixture):
    print("开始执行cast_1测试用例")
    assert 3 == 3
def test_cast_2(my_first_fixture):
    print("开始执行cast_2测试用例")
    assert 3 == 3
if __name__ == "__main__":
    pytest.main()
```

上述核心代码的解析说明如下：

定义 my_first_fixture() 函数并使用 @pytest.fixture 进行装饰，在 my_first_fixture() 函数的内部使用了一个 yield 让 my_first_fixture() 函数变成了一个生成器。基于 yield 关键字进行区分，通过这种方式也可以实现类似的后置方法的调用。

测试脚本执行后输出的结果如下（需注意，脚本运行前需要配置好 IDE 使用的 Pytest 测试库）：

```
============================ test session starts ============================
platform win32 -- Python 3.9.13, pytest-7.1.2, pluggy-1.0.0 --
E:\yuanxiao\fastapi_tutorial\venv\Scripts\python.exe
cachedir: .pytest_cache
rootdir: E:\yuanxiao\fastapi_tutorial\chapter13\pytest_fixture_demo\tests
plugins: anyio-3.6.1, Faker-14.0.0
collecting ... collected 2 items

test_fixs.py::test_cast_1 setup用例开始前执行
前置方法
PASSED                                              [ 50%]开始执行cast_1测试用例
后置方法

test_fixs.py::test_cast_2前置方法
PASSED                                              [100%]开始执行cast_2测试用例
后置方法
teardown用例结束后执行

============================ 2 passed in 0.11s ============================
```

从结果可以看出，使用 @pytest.fixture 也可以完成类似 setUp、tearDown() 方法的功能。从业务逻辑角度看，fixture 使用起来和依赖注入有点类似，定义 fixture 和定义依赖项一样，都可以达到复用的目的。

2. fixture 核心参数说明

在上面的示例中介绍了如何使用 fixture 来完成一个简单前后置应用，但是 fixture 所提供的功能不仅限于此，用户可以通过它的参数来了解更多的功能扩展点。首先查看 fixture 的源码，代码如下：

```
#省略部分代码
def fixture(
    fixture_function: Optional[FixtureFunction] = None,
    *,
    scope: "Union[_ScopeName, Callable[[str, Config], _ScopeName]]" = "function",
    params: Optional[Iterable[object]] = None,
    autouse: bool = False,
    ids: Optional[
        Union[Sequence[Optional[object]], Callable[[Any], Optional[object]]]
    ] = None,
    name: Optional[str] = None,
) -> Union[FixtureFunctionMarker, FixtureFunction]:
```

核心的关键参数说明如下：

❑ scope：它表示 fixture 的作用域，可以是 function、class、module、session，也可以是一个返回作用域的函数。它默认为 function，其中的可选参数有：

    ○ function：表示当前这个函数将会作用于每个方法或函数，且每个方法或函数都只会执行一次。

    ○ class：表示当前这个函数将会作用于整个 class（类）中，且每个 class 中的所有 test 只会执行一次。

    ○ module：表示当前这个函数将会作用于整个模块中，且每个模块中所有的 test 只会执行一次，也就是说每个 .py 文件会调用一次。

    ○ session：表示当前这个函数仅作用于 session，且整个 session 只会执行一次，如浏览器打开、App 的登入、启动 App 等场景。

❑ params：表示定义 fixture 时需要传入的参数列表。如果不需要传参，则为 None。参数值类型可以为 list、tuple、dict 等，默认为 None，定义的参数值可以通过调用 request.params 来获取。

❑ autouse：如果为 True，则表示每个测试函数都会自动调用该 fixture，无须传入 fixture 函数名；反之则需要手动传入 fixture 函数。

❑ ids：表示在 fixture 中对参数化内容项生成一个唯一的标识符。它和 params 相对应，也是测试的一部分。如果没有提供 ids，那么将会通过 params 来自动生成。

❑ name：表示当前定义 fixture 的名称。默认情况下，当没有设置值时，使用当前被 fixture 装饰器标记的函数名称。

3. fixture 的核心参数 params 的使用

上面介绍了 fixture 的核心参数，下面介绍 params 参数的使用，代码如下：

```
import pytest

data = ["superadmin", "admin","common"]

@pytest.fixture(scope = "function",name = 'user_role_fixture', params = data,
    autouse = True)
def user_role(request):
    print("当前用例使用的参数: ",request.param)
    return request.param

def test_get_user_role(user_role_fixture):
    print(f"获取当前用户角色:{user_role_fixture}")
if __name__ == "__main__":
    pytest.main()
```

对上述核心代码的解析说明如下：

❑ 定义一个 data 参数列表，用于表示用户角色标识。

❑ 定义 user_role() 函数且接收一个名为 request 的参数（request 是 Pytest 的内置 fixture，它的主要作用是为请求对象提供对请求测试上下文的访问权）。user_role() 函数被 @pytest.fixture 装饰，并且设置 scope（作用域）为当前函数级别，设置当前 fixture 的名称为 user_role_fixture，设置参数化值 params 为上面定义的 data 参数列表，设置 autouse 为自动应用的级别。

❑ 定义一个测试用例函数 test_get_user_role()，并传入当前名为 user_role_fixture 的 fixture。

执行脚本，输出的结果如下：

```
============================== test session starts ==============================
platform win32 -- Python 3.9.13, pytest-7.1.2, pluggy-1.0.0 --
E:\yuanxiao\fastapi_tutorial\venv\Scripts\python.exe
cachedir: .pytest_cache
rootdir: E:\yuanxiao\fastapi_tutorial\chapter13\pytest_fixture_demo\tests
plugins: anyio-3.6.1, Faker-14.0.0
collecting ... collected 3 items

test_fixs_params.py::test_get_user_role[superadmin]
test_fixs_params.py::test_get_user_role[admin]
test_fixs_params.py::test_get_user_role[common]

============================== 3 passed in 0.18s ==============================

Process finished with exit code 0
当前用例使用的参数: superadmin
PASSED                    [ 33%]获取当前用户角色:superadmin
当前用例使用的参数: admin
PASSED                    [ 66%]获取当前用户角色:admin
当前用例使用的参数: common
PASSED                    [100%]获取当前用户角色:common
```

从上面的输出结果可以看出，定义的 params 参数 data = ["superadmin", "admin", "common"] 被传入 fixture 中后，在执行测试用例时会从列表中循环地将每一项参数传入使用它的所有测试用例上。这种参数化的 fixture，可以让用户使用不同的测试数据来进行相同的测试脚本验证，从而提高测试用例的覆盖率和稳定性（这种测试数据和测试步骤完全分离的脚本设计模式被称为数据驱动）。

除了可以基于 params 进行参数化之外，还可以通过 Pytest 提供的 parametrize 装饰器实现测试用例参数化，代码如下：

```python
import pytest

#字典列表
data = ["superadmin", "admin", "common"]
data2 = ["superadmin2", "admin2", "common2"]

@pytest.mark.parametrize("request_data", data)
def test_get_user_role(request_data):
    print(f"获取当前用户角色:{request_data}")

@pytest.mark.parametrize("data",data)
@pytest.mark.parametrize("data2",data2)
def test_a(data,data2):
    print(f"测试参数组合, data:{data},data2:{data}")

if __name__ == "__main__":
    pytest.main()
```

上面脚本执行后的输出结果如下：

```
============================ test session starts ============================
platform win32 -- Python 3.9.13, pytest-7.1.2, pluggy-1.0.0 --
E:\yuanxiao\fastapi_tutorial\venv\Scripts\python.exe
cachedir: .pytest_cache
rootdir: E:\yuanxiao\fastapi_tutorial\chapter13\pytest_fixture_demo\tests
plugins: anyio-3.6.1, Faker-14.0.0
collecting ... collected 12 items

test_fixs_parametrize.py::test_get_user_role[superadmin]
test_fixs_parametrize.py::test_get_user_role[admin]
test_fixs_parametrize.py::test_get_user_role[common]
test_fixs_parametrize.py::test_a[superadmin2-superadmin] PASSED              [8%]获取
    当前用户角色:superadmin
PASSED                  [ 16%]获取当前用户角色:admin
PASSED                  [ 25%]获取当前用户角色:common

test_fixs_parametrize.py::test_a[superadmin2-admin]
test_fixs_parametrize.py::test_a[superadmin2-common]
test_fixs_parametrize.py::test_a[admin2-superadmin]
test_fixs_parametrize.py::test_a[admin2-admin]
test_fixs_parametrize.py::test_a[admin2-common]
test_fixs_parametrize.py::test_a[common2-superadmin]
test_fixs_parametrize.py::test_a[common2-admin]
test_fixs_parametrize.py::test_a[common2-common]

============================ 12 passed in 0.17s ============================

Process finished with exit code 0
```

```
PASSED                          [ 33%]测试参数组合, data:superadmin,data2:superadmin
PASSED                          [ 41%]测试参数组合, data:admin,data2:admin
PASSED                          [ 50%]测试参数组合, data:common,data2:common
PASSED                          [ 58%]测试参数组合, data:superadmin,data2:superadmin
PASSED                          [ 66%]测试参数组合, data:admin,data2:admin
PASSED                          [ 75%]测试参数组合, data:common,data2:common
PASSED                          [ 83%]测试参数组合, data:superadmin,data2:superadmin
PASSED                          [ 91%]测试参数组合, data:admin,data2:admin
PASSED                          [100%]测试参数组合, data:common,data2:common
```

执行上述脚本，对输出结果的说明如下：

❑ 执行被 @pytest.mark.parametrize("request_data", data) 装饰的 test_get_user_role() 函数测试用例，输出的结果和前面 fixture 中的 params 参数一样，也会循环进行每一项参数传入并执行用例测试。

❑ 被 @pytest.mark.parametrize("data", data) 和 @pytest.mark.parametrize("data2",data2) 装饰的 test_a() 函数的测试用例输出结果是一样的，但是前者要执行 3 次，因为它使用了堆叠的方式。

上面的示例使用了函数方式来定义测试用例，@pytest.mark.parametrize 也支持使用类方式来定义测试用例，代码如下：

```
import pytest

@pytest.mark.parametrize("role_name,age", [("superadmin",45), ("admin",4), ("common",6)])
class TestGetUserRole:
    def test_get_user_role(self,role_name,age):
        print(f"获取当前用户角色:{role_name,age}")

if __name__ == "__main__":
    pytest.main()
```

输出结果和上面类似，这里不再重复说明。

13.1.3　测试配置文件 conftest.py

通过前面的小节可以知道，使用 fixture 可以实现类似依赖注入中依赖项的复用，但是在前面小节的使用过程中，是在同一个模块下定义的，如果要在全局或在不同的 .py 文件调用，则无法通过此方法满足需求。此时可以基于 conftest.py 来配置对应的 fixture 函数。conftest.py 模块在某种程度上可以理解为存放 fixture 的仓库，使用它时需要遵循一定的原则，如该文件的名字不可以修改，且必须放置在同一个 pakage 下。conftest.py 可以作用于同级以下的模块。

如果在 conftest.py 模块中定义了具体的 fixture 函数，那么里面的 fixture 函数就可以实现在不同的 .py 文件中，并且它们不需要导入具体测试用例就可以使用。这里首先定义一个用于存放测试用例的 testcase 包，在该包下定义**测试配置文件** conftest.py，代码如下：

```python
import pytest

@pytest.fixture(scope="session", autouse=True)
def action_01():
    print("session-类型作用域-前置条件")
    yield
    print("session-类型作用域-后置条件")

@pytest.fixture(scope="module", autouse=True)
def action_02():
    print("module-类型作用域-前置条件")
    yield
    print("module-类型作用域-后置条件")

#生效的范围、类级别，每个类执行一次
@pytest.fixture(scope="class", autouse=True)
def action_03():
    print("class-类型作用域-前置条件")
    yield
    print("class-类型作用域-后置条件")
```

首先定义 3 个 fixture 函数，且这 3 个 fixture 函数各自的作用域不同。完成了 fixture 函数的定义后，接下来创建测试用例文件 test_case1.py，代码如下：

```python
import pytest

def test_get_user_role(action_01):
    print(f"获取当前用户角色:{action_01}")

if __name__ == "__main__":
    pytest.main()
```

执行上面的脚本，输出结果如下：

```
============================= test session starts =============================
platform win32 -- Python 3.9.13, pytest-7.1.2, pluggy-1.0.0 --
E:\yuanxiao\fastapi_tutorial\venv\Scripts\python.exe
cachedir: .pytest_cache
rootdir: E:\yuanxiao\fastapi_tutorial\chapter13\pytest_fixture_demo\testcase
plugins: anyio-3.6.1, Faker-14.0.0
collecting ... collected 1 item

test_case1.py::test_get_user_role session-类型作用域-前置条件
module-类型作用域-前置条件
class-类型作用域-前置条件
PASSED                              [100%]获取当前用户角色:None
class-类型作用域-后置条件
module-类型作用域-后置条件
session-类型作用域-后置条件
============================== 1 passed in 0.11s ==============================
```

由输出结果可以看出，定义的测试配置文件 action_01 在不需要导入的情况下也可以直接在 test_get_user_role() 用例中传入并使用。在 conftest.py 中定义的 fixture 函数都按各自的作用域被顺序执行。

通过上面的学习，我们已经基本上掌握了 Pytest 的一些应用。Pytest 涉及的内容比较多，如果结合 FastAPI 编写一些单元测试，那么上面学到的内容基本足够了。更多的知识点，有兴趣的读者可以自行参考 Pytest 官方文档进行学习。

13.2　用 FastAPI 进行 API 单元测试

FastAPI 是一个支持同步和异步的混合框架，使用 FastAPI 编写单元测试时可以分两种方式进行。具体采用哪种方式，读者需要结合自身业务场景决定。

13.2.1　基于 TestClient 的单元测试

FastAPI 框架自带一个测试客户端，就是 Starlette 自带的 TestClient。它可以模拟 HTTP 请求并获取响应，以便执行应用程序 API 端点、中间件测试等相关工作。使用 TestClient，人们可以轻松地编写自动化测试用例并确保应用程序的正确性。下面使用 TestClient 来编写具体 API 的测试用例。

这里基于编写好的预约挂号 API，首先在原有的目录结构中新建一个专门编写测试用例的 testcase 包，然后在对应的包下编写配置文件 conftest.py 的内容。配置文件 conftest.py 的具体内容如下：

```
from typing import Dict, Generator
import pytest
from app import app

from fastapi.testclient import TestClient
@pytest.fixture(scope="module")
def client() -> Generator:
    with TestClient(app) as c:
        yield c
```

有了全局的配置文件后，下面编写对应部分 API 的测试用例文件 test_sync_api.py，具体内容如下：

```
#省略部分代码
from fastapi.testclient import TestClient

def test_hospitalinfo(client:TestClient):
    res = client.get('/api/v1/hospital_info')
    print('sdsd',res.text)
    assert res.status_code == 200
    assert type(res.status_code) == int

def test_doctorlist(client:TestClient):
    res = client.get('/api/v1/doctor_list')
    print('dsasd',res.text)
    assert res.status_code == 200
    assert type(res.status_code) == int
```

在上面的代码中，首先在 conftest.py 配置文件中定义一个 fixture 函数。这里需要注意，设置 fixture 函数的作用域参数值为 scope="module"。module 作用域表示当前这个 fixture 函数将会作用于整个模块中且每个模块中所有的 test 只会执行一次。

在定义的 fixture 函数里面，返回一个从 fastapi.testclient 导入 TestClient 类的对象 client。在实例化 TestClient 时，将创建的 FastAPI 的 app 对象传递给它，并使用 yield 进行返回，这样可以做到每个用例使用不同的 TestClient(app) 对象。

之后编写以 test_ 开头的测试用例文件 test_sync_api.py，在文件内部定义具体的测试用例，内部使用 client 发起 API 请求并获取接口返回内容，然后使用 assert 语句检查响应的状态码是否为 200，以及状态码的数据类型是否为 int。

> 💡 通过查看 TestClient 源码，我们可以知道它是基于 HTTP 请求库 requests 来完成扩展的，所以它的使用方法和 requests 是一致的。在部分的接口，如果需要携带请求头，那么可以使用 requests 的设置方式来进行提交。

执行测试脚本后的输出结果如下：

```
============================= test session starts =============================
platform win32 -- Python 3.9.13, pytest-7.1.2, pluggy-1.0.0 --
E:\yuanxiao\code\feedapi\venv\Scripts\python.exe
cachedir: .pytest_cache
rootdir: E:\yuanxiao\code\booking_system\booking_system\testcase
plugins: anyio-3.6.1, asyncio-0.19.0
asyncio: mode=strict
collecting ... collected 2 items

test_api_testclient.py::test_hospitalinfo PASSED [ 50%]获取会话！！！
sdsd {"message":"获取成功","code":200,"success":true,"result":{"name":"××医院
    ","describe":"医院中医科","describeimages":""},"timestamp":1658304109503}

test_api_testclient.py::test_doctorlist PASSED [100%]获取会话！！！
dsasd {"message":"获取成功","code":200,"success":true,"result":[{"dno":"10001","dn
    name":"张医生","fee":35.0,"pic":"","rank":"教授"},{"dno":"10002","dnname":"李医
    生","fee":15.0,"pic":"","rank":"主治医师"}],"timestamp":1658304109503}
============================= 2 passed in 0.14s =============================
```

从输出结果可以看出，上面编写的测试用例可以正常通过，获取到的 assert 响应状态码为 200，且类型也是 int，符合预期测试结果。

13.2.2 基于 Httpx 的异步单元测试

通过前文可以知道，TestClient 是基于 requests 扩展而来的，但如果单元测试是一个异步协程函数，则无法使用它来完成异步测试，此时需要引入一个支持异步的 HTTP 请求库才可以完成。对于异步的 HTTP 请求库，目前使用比较多的主要是 aiphttp 和 Httpx。本小节重点介绍 Httpx。

　　Httpx 库是一个既能发送同步请求也能发送异步请求的请求库，可以直接向 WSGI 应用程序或者 ASGI 应用程序发送请求。基于该特性，用户可以用它来编写异步单元测试用例。

　　在使用异步测试库之前，首先需要安装对应的异步测试依赖库，具体命令如下：

```
pip install Httpx
pip install trio
pip install anyio
pip install pytest-asyncio
```

　　其中，trio 和 anyio 是专用于一些测试函数的异步调用依赖库（安装多个依赖库主要是为了在不同环境下使用不同的异步库，非必须安装），在异步测试过程中，Pytest 有可能依赖于它们。

1. 简单 API 测试

　　依赖库安装完成后就要编写一个简单 API 了，具体内容如下：

```
from fastapi import FastAPI

app = FastAPI()

@app.get("/index")
async def index():
    return {"code": "200"}

@app.get("/index2")
async def index2():
    return {"code": "200"}
```

　　接下来开始编写配置文件 conftest.py，具体内容如下：

```
#省略部分代码
import pytest
from fastapi.testclient import TestClient
from httpx import AsyncClient
from app import app
import asyncio

#省略部分代码
@pytest.fixture
def event_loop():
    loop = asyncio.get_event_loop()
    yield loop
    loop.close()

@pytest.fixture
def async_client(event_loop):
    client = AsyncClient(app=app,base_url="http://test")
    yield client
    event_loop.run_until_complete(client.aclose())
#省略部分代码
```

　　上面的代码中，from app import app 中的 app 是 app = FastAPI() 创建的 app 对象，并新增了两个 fixture：

❑ async_client，主要用于获取异步函数用例的客户端请求对象，它是来自 Httpx 的一个异步客户端请求 AsyncClient 实例对象。该 async_client 对象会在执行用例完成后自动关闭。

❑ event_loop，主要用于创建一个异步循环事件对象。该 event_loop 对象会在执行用例完成后自动关闭。

 注意 client = AsyncClient(app=app,base_url="http://test") 中的 base_url 需要设置，否则测试用例无法知道当前请求接口使用哪一种协议方式来请求处理。

编写异步 API 测试用例，代码如下：

```python
import pytest

@pytest.mark.anyio
async def test_index(async_client):
    res = await async_client.get("/index")
    assert res.status_code == 200
    assert type(res.status_code) == int

@pytest.mark.anyio
async def test_index2(async_client):
    res = await async_client.get("/index2")
    assert res.status_code == 200
    assert type(res.status_code) == int
```

执行测试脚本，输出的结果如下：

```
============================ test session starts =============================
platform win32 -- Python 3.9.13, pytest-7.1.2, pluggy-1.0.0 --
E:\yuanxiao\code\feedapi\venv\Scripts\python.exe
cachedir: .pytest_cache
rootdir: E:\yuanxiao\code\booking_system\booking_system\testcase2
plugins: anyio-3.6.1, asyncio-0.19.0
asyncio: mode=strict
collecting ... collected 2 items

test_api.py::test_index2[asyncio]
test_api.py::test_index2[trio]


============================= warnings summary ==============================
test_api.py::test_index2[trio]
  E:\yuanxiao\code\feedapi\venv\lib\site-packages\trio\_core\_wakeup_
    socketpair.py:56: RuntimeWarning: It looks like Trio's signal handling
    code might have collided with another library you're using. If you're
    running Trio in guest mode, then this might mean you should set host_
    uses_signal_set_wakeup_fd=True. Otherwise, file a bug on Trio and we'll
    help you figure out what's going on.
    warnings.warn(

-- Docs: https://docs.pytest.org/en/stable/how-to/capture-warnings.html
======================== 2 passed, 1 warning in 0.20s =======================
```

　　如上结果所示，一个简单的异步单元测试已完成。通过上面的测试过程可以发现，每一个测试执行的过程都使用了不同的异步库，如果需要忽略或指定使用某个异步库，则可以使用以下参数：

```
import pytest

@pytest.mark.anyio
@pytest.mark.parametrize('anyio_backend', ['asyncio'])
async def test_index(async_client):
    res = await async_client.get("/index")
    assert res.status_code == 200
    assert type(res.status_code) == int

@pytest.mark.anyio
@pytest.mark.parametrize('anyio_backend', ['asyncio'])
async def test_index2(async_client):
    res = await async_client.get("/index2")
    assert res.status_code == 200
    assert type(res.status_code) == int
```

　　在上面的代码中，分别给测试函数加上了两个 pytest 装饰器。其中，@pytest.mark. anyio 装饰器用于告诉 pytest 该测试函数是一个异步函数，并且应该使用异步 IO 机制来运行。@pytest.mark.parametrize('anyio_backend', ['asyncio']) 装饰器则用于为测试函数提供参数化。它将一个名为 anyio_backend 的参数作为输入，并将其设置为 "asyncio"。这意味着在运行测试时，pytest 使用 asyncio 作为异步 IO 后端。这通常用于测试异步代码，并确保它在不同的异步 IO 后端运行良好。

2. 业务 API 测试

　　上面介绍的示例仅是一个简单的 API 测试。如果测试用例中涉及异步数据库操作，则上面的测试用例代码会遇到错误，如查询医院信息异步 API 的代码如下：

```
#省略部分代码
@router_hospital.get("/hospital_info", summary='获取医院信息')
async def callback(db_session: AsyncSession = Depends(depends_get_db_session)):
    info = await HospitalServeries.get_hospital_info(db_session, id=1)
    return Success(result=info)

@router_docrot.get("/doctor_list", summary='获取可以预约医生的列表信息')
async def callback(db_session: AsyncSession = Depends(depends_get_db_session)):
    info = await DoctorServeries.get_doctor_list_infos(db_session)
    return Success(result=info)
```

测试 API 的代码如下：

```
import pytest

@pytest.mark.anyio
@pytest.mark.parametrize('anyio_backend', ['asyncio'])
async def test_doctor_list(async_client):
    res = await async_client.get("/api/v1/doctor_list")
```

```
    assert res.status_code == 200
    assert type(res.status_code) == int

@pytest.mark.anyio
@pytest.mark.parametrize('anyio_backend', ['asyncio'])
async def test_hospital_info(async_client):
    res = await async_client.get("/api/v1/hospital_info")
    assert res.status_code == 200
    assert type(res.status_code) == int
```

执行测试用例脚本后，发现存在执行错误，错误信息的结果如下：

```
============================ test session starts ============================
platform win32 -- Python 3.9.13, pytest-7.1.2, pluggy-1.0.0 --
E:\yuanxiao\code\feedapi\venv\Scripts\python.exe
cachedir: .pytest_cache
rootdir: E:\yuanxiao\code\booking_system\booking_system\testcase2
plugins: anyio-3.6.1, asyncio-0.19.0
asyncio: mode=strict
collecting ... collected 2 items

test_api.py::test_doctor_list[asyncio]
test_api.py::test_hospital_info[asyncio] PASSED [ 50%]获取会话！！！
FAILED                                          [100%]获取会话！！！

test_api.py:26 (test_hospital_info[asyncio])
self = <ProactorEventLoop running=False closed=True debug=False>
callback = <built-in method _on_waiter_completed of Protocol object at
    0x0000017008B08040>
context = <Context object at 0x0000017008AFF400>
args = (<Future finished exception=AttributeError("'NoneType' object has no
    attribute 'send'")>,)

    def call_soon(self, callback, *args, context=None):
        """Arrange for a callback to be called as soon as possible.

        This operates as a FIFO queue: callbacks are called in the
        order in which they are registered.  Each callback will be
        called exactly once.

        Any positional arguments after the callback will be passed to
        the callback when it is called.
        """
>       self._check_closed()

D:\DevTool\Python39\lib\asyncio\base_events.py:751:
- - - - - - - - - - - - - - - - - - - - - - - - - - - - - - - - - - - - - - -

self = <ProactorEventLoop running=False closed=True debug=False>

    def _check_closed(self):
        if self._closed:
>           raise RuntimeError('Event loop is closed')
```

```
E               RuntimeError: Event loop is closed
#省略部分代码
```

比较关键的错误提示主要是 RuntimeError: Event loop is closed。它提示当执行完了第一个测试用例后，在执行第二个测试用例时，当前异步用例中的事件循环已经被关闭了。

出现这种错误的主要原因是当前的测试环境系统有问题。由于当前的开发环境是 Windows 系统，在 Python 3.8 之后的版本中，asyncio 在 Windows 中的实现是存在缺陷的，Windows 系统中默认的事件循环采用 ProactorEventLoop（仅用于 Windows），从错误中也能明显地看出使用的事件循环，如错误 "self = <ProactorEventLoop running=False closed=True debug=False>"。要解决此类问题，可以修改事件循环机制，测试配置文件修改后的代码如下：

```python
import pytest
import pytest_asyncio
from httpx import AsyncClient
import asyncio
import sys
from db.async_database import async_engine
from app import app

#设置优先循环事件
asyncio.set_event_loop_policy(asyncio.WindowsSelectorEventLoopPolicy())

#配置使用哪一种模式的异步
@pytest.fixture(
    params=[
        pytest.param(("asyncio", {"use_uvloop": True}), id="asyncio+uvloop"),
    ]
)
def anyio_backend(request):
    return request.param

#解决接口中涉及依赖注入的数据库使用问题
async def start_db():
    async with async_engine.begin() as conn:
        pass
    await async_engine.dispose()

@pytest_asyncio.fixture
async def async_client() -> AsyncClient:
    async with AsyncClient(app=app,base_url="http://test", headers={"Content-
        Type": "application/json"},) as async_client:
        await start_db()
        yield async_client
        await async_engine.dispose()
```

修改完成后，再执行测试用例：

```python
import pytest
from httpx import AsyncClient
pytestmark = pytest.mark.anyio
```

```
async def test_hospital_info(async_client: AsyncClient):
    response = await async_client.get("/api/v1/hospital_info")
    print('response', response.text)
    assert response.status_code == 200


async def test_doctor_list(async_client: AsyncClient):
    response = await async_client.get("/api/v1/doctor_list")
    print('response', response.text)
    assert response.status_code == 200
```

在上面的代码中，直接使用 pytestmark = pytest.mark.anyio 来标记当前模块下所有的测试用例，且都使用异步的方式，此时就不需要针对每个测试用例使用装饰器进行装饰了。再次执行异步测试用例，显示结果如下：

```
============================ test session starts ============================
platform win32 -- Python 3.9.13, pytest-7.1.2, pluggy-1.0.0 --
E:\yuanxiao\code\feedapi\venv\Scripts\python.exe
cachedir: .pytest_cache
rootdir: E:\yuanxiao\code\booking_system\booking_system\testcase2
plugins: anyio-3.6.1, asyncio-0.19.0
asyncio: mode=strict
collecting ... collected 2 items

test_async_api_v2.py::test_hospital_info[asyncio+uvloop]
test_async_api_v2.py::test_doctor_list[asyncio+uvloop] PASSED [ 50%]获取会话！！！
response {"message":"获取成功","code":200,"success":true,"result":{"name":"××医院
    ","describe":"医院中医科","describeimages":""},"timestamp":1658326035381}

============================ 2 passed in 0.46s ============================

Process finished with exit code 0
PASSED              [100%]获取会话！！！
response {"message":"获取成功","code":200,"success":true,"result":[{"dno":"10001",
    "dnname":"张医生","fee":35.0,"pic":"","rank":"教授"},{"dno":"10002","dnname":"
    李医生","fee":15.0,"pic":"","rank":"主治医师"}],"timestamp":1658326035381}
```

通过结果可以看到，编写的异步测试用例已经测试通过了。至此，基于 FastAPI 和 Pytest 编写同步或异步测试用例的方法就介绍完了。

第 14 章 *Chapter 14*

生产环境部署详解

到目前为止，项目开发及测试都已完成，接下来需要把项目部署到生产环境中，以供前端进行 API 请求访问。之前都是基于本地 Windows 系统开发的，但是部署到生产环境中需切换为 Linux 系统。切换为 Linux 系统的主要目的是让应用程序获取更好的性能以及更高的安全性。现行的 Linux 系统发行版本分为几类，主要有 Ubuntu、Debian 和 CentOS。本章基于 CentOS 的发行版来讲解。

在实际工作中，线上 Linux 服务器通常是直接购买的云服务器（Elastic Compute Service, ECS）。云服务器具有简单高效、安全可靠等特性。目前主流的云服务器提供商有亚马逊、阿里云、华为云等。本章主要以阿里云的 ECS 为例展开介绍。

通常，一个 ECS 不会仅部署一个项目，而是同时部署多个项目，它们之间都是相互隔离的，而且可能不同的项目使用的 Python 版本及依赖包的版本都有所不同。所以本章主要介绍如何把应用程序部署到生产环境。

说明　本章相关代码位于 \fastapi_tutorial\chapter14 目录之下。

14.1　Linux 服务器下部署应用程序

在传统方式下，部署应用程序主要有以下几个步骤：

1）购买或租用硬件服务器并托管至相关运营商，运营商分配对应远程主机的 IP。

2）购买对外服务可访问域名，解析域名到远程主机的 IP 地址上，这样就可以通过域名地址进行访问。

3）使用 SSH 等工具登录远程主机进行相关服务器配置及性能优化等，然后配置应用所需的环境。

项目生产环境所使用的服务器通常是由专门运维人员进行环境搭建的。作为开发人员，学会部署自己的项目是很有必要的。在开始生产环境搭建之前，服务器也许是刚购买的，有可能只自带了 Python 2.7。如果暂时不考虑多项目之间的隔离问题，则需要额外安装 Python 3；如果需要考虑多项目多版本之间的环境隔离，则需要借助 pyenv 和 pipenv 等工具来进行隔离。

14.1.1　分配具有 root 权限的普通用户

通常，在生产环境中不会直接使用 root 权限用户进行操作，因为 root 权限用户是拥有超级权限的用户，它可以执行很多命令。出于安全考虑，通常使用普通用户去执行操作，仅在特殊情况下才使用管理员权限账户。当普通用户遇到一些管理员权限才可以执行的情况时，可通过对普通用户赋予 sudo 执行权限来解决此类问题。具有 sudo 权限的普通用户也可以执行管理员的任务。下面介绍如何给一个普通用户赋予 sudo 权限。具体操作步骤如下：

步骤 1　新增一个普通用户并添加到 wheel 组，命令如下：

```
[root@199 ~]# adduser xiaozhong
[root@199 ~]# passwd xiaozhong
更改用户xiaozhong的密码
[root@199 ~]# usermod -a -G wheel xiaozhong
[root@199 ~]# groups xiaozhong
xiaozhong : xiaozhong wheel
[root@199 ~]#
```

步骤 2　测试验证用户权限，命令如下：

```
$ sudo rm ceshi.py
[sudo] xiaozhong的密码:
$
```

后续相关的操作都会基于这个新建的具有 root 权限的 sudo 权限用户来执行相关的命令，为节省篇幅，sudo 等命令省略。

14.1.2　Linux 系统上安装 Python 3

通常，新购的 Linux 服务器上安装的都是 Python 2 版本，默认不会安装任何 Python 3 以上的版本。CentOS 中的 Linux 系统自有的很多命令都依赖于 Python 2，所以需要考虑的问题是如何保证 Python 2 和 Python 3 版本共存。接下来介绍如何安装 Python 3 以上的版本。

步骤 1　安装 Python 3 所需依赖包，命令如下：

```
$ yum -y install zlib-devel bzip2-devel openssl-devel ncurses-devel sqlite-devel
    readline-devel tk-devel gdbm-devel db4-devel libpcap-devel xz-devel wget
```

步骤 2　指定安装包存放的目录路径，这里将下载的安装包存放于 /usr/local/python3 目录下，读者可以根据自己的习惯来存放。之后获取对应 Python 3 版本的安装包，这里使用 Python 3.9.5 安装包，下面通过 wget 来获取，命令如下：

```
$ wget https://www.python.org/ftp/python/3.9.5/Python-3.9.5.tar.xz
```

步骤 3　解压 Python 3.9.5 安装包，命令如下：

```
$ tar -xvJf Python-3.9.5.tar.xz
```

步骤 4　解压 Python 3.9.5 安装包后，进入解压后的目录并进行配置及执行编译安装，命令如下：

```
$ cd /Python-3.9.5
$ ./configure --prefix=/usr/local/python3
$ make&&make install
```

步骤 5　等待编译安装完成后，通过软链接的方式分别为 Python 3 和 PIP 3 创建快捷命令，命令如下：

```
$ ln -s /usr/local/python3/bin/pip3 /usr/bin/pip3
$ ln -s /usr/local/python3/bin/python3 /usr/bin/python3
```

执行上述步骤后，即可完成 Python 3.9.5 版本的安装，此时可以通过 Python 3 -V 命令来检测是否安装成功。注意，上面这种安装方式存在明显的问题，如果服务器存在多个项目且各个项目依赖的版本不一样，或者各自依赖包的版本不一样，就会产生严重的冲突问题。

14.1.3　基于 pyenv 管理 Python 版本

上一小节已完成 Python 3.9.5 版本的安装，然而在实际情况下有可能需要其他版本来部署项目，这样就需要在同一个服务器上进行多 Python 3 版本的管理。此时通过 pyenv 可以实现多版本的 Python 并存。pyenv 是 Python 版本管理的常用工具之一，它可以在当前系统中进行全局 Python 版本的切换，或者进行局部设置，如为单个项目提供对应的 Python 版本。接下来安装并使用 pyenv。

可以使用两种方式对 pyenv 进行安装，一种是一键脚本自动安装，另一种则是手动安装。下面介绍如何手动进行安装。

1. pyenv 手动安装步骤

步骤 1　获取对应的安装包，获取过程依赖 git。如果没有对应的 git 命令，则需要提前安装 git，安装命令如下：

```
$ yum install git
```

然后通过 git 复制对应项目，获取对应安装包的命令如下：

```
$ git clone https://github.com/pyenv/pyenv.git ~/.pyenv
```

步骤 2　配置 pyenv 环境变量。根据 shell 类型的不同，读者可以选择不同的配置方式。

配置的参考命令如下：

```
# shell类型: bash
$ echo 'export PYENV_ROOT="$HOME/.pyenv"' >> ~/.bash_profile
$ echo 'export PATH="$PYENV_ROOT/bin:$PATH"' >> ~/.bash_profile
```

或

```
# shell类型: Zsh
$ echo 'export PYENV_ROOT="$HOME/.pyenv"' >> ~/.zshrc
$ echo 'export PATH="$PYENV_ROOT/bin:$PATH"' >> ~/.zshrc
```

步骤 3 添加 pyenv 到 shell 并进行初始化，命令如下：

```
# shell类型: bash
$ echo -e 'if command -v pyenv 1>/dev/null 2>&1; then\n eval "$(pyenv init -)"\
    nfi' >> ~/.bash_profile
```

或

```
# shell类型: Zsh
$ echo -e 'if command -v pyenv 1>/dev/null 2>&1; then\n  eval "$(pyenv init -)"\
    nfi' >> ~/.zshrc
```

步骤 4 重新启动 shell 使更改生效，命令如下：

```
# shell类型: bash
$ source ~/.bash_profile
```

或

```
# shell类型: Zsh
$ source ~/.zshrc
```

步骤 5 检测 pyenv 的安装情况，命令如下：

```
$ sudo pyenv doctor
Cloning /root/.pyenv/plugins/pyenv-doctor/bin/...

BUILD FAILED (CentOS Linux 7 using python-build 1.2.13)

Problem(s) detected while checking system.

See https://github.com/pyenv/pyenv/wiki/Common-build-problems for known  solutions.
```

步骤 6 查看 pyenv 安装版本，命令如下：

```
$ sudo pyenv -v
pyenv 1.2.27
```

2. 基于 pyenv-installer 自动化脚本安装

步骤 1 获取安装脚本的命令如下：

```
$ curl -L https://raw.githubusercontent.com/pyenv/pyenv-installer/master/bin/
    pyenv-installer | bash
```

一键安装的优点是方便升级维护，它的安装是基于 git 的方式实现的，所以可以保证当前安装的是最新版本，对应的 Python 版本也是比较新的。

步骤 2 一键安装完成后，接下来需要配置 pyenv 环境变量：

```
export PYENV_ROOT=/usr/local/var/pyenv（该目录是pyenv的安装目录，不同的环境会有所不同）
if which pyenv > /dev/null; then eval "$(pyenv init -)"; fi
```

或者配置 .zshrc 环境变量：

```
$ export PYENV_ROOT="$HOME/.pyenv"
$ export PATH="$PYENV_ROOT/bin:$PATH"
$ eval "$(pyenv init --path)"
$ eval "$(pyenv init -)"
```

3. pyenv 的简单使用

这里使用 pyenv 安装不同的 Python 版本，命令如下：

```
#第一种方式:
$ pyenv install 3.6.6
#第二种方式:
```

使用来自淘宝的安装源：

```
$ v=3.7.6;wget http://npm.taobao.org/mirrors/python/$v/Python-$v.tar.xz -P ~/
    .pyenv/cache/;pyenv install $v
```

使用来自官网的安装源：

```
$ v=3.9.13;wget https://www.python.org/ftp/python/$v/Python-$v.tar.xz -P
    ~/.pyenv/cache/;pyenv install $v
```

对于上面命令，建议使用第二种方式来安装指定的版本。该方式可以指定安装源，加快安装速度。

安装完成对应版本后，查看当前系统中所有可用的 Python 版本，具体命令如下：

```
$ pyenv versions
* system (set by /root/.pyenv/version)
  3.7.3
  3.7.6
  3.9.4
  3.9.13
```

从上面的命令输出结果可以看出，当前全局系统使用 system 版本，也就是系统自带的 2.7 版本。这里还安装了其他版本，接下里使用 pyenv 切换 Python 版本。

1）切换全局系统版本，即直接通过 shell 输入"python"命令时看到的系统版本：

```
$ pyenv global 3.9.4
$ python
Python 3.9.4 (default, Jul 19 2022, 12:08:08)
```

```
[GCC 4.8.5 20150623 (Red Hat 4.8.5-44)] on linux
Type "help", "copyright", "credits" or "license" for more information.
```

在上面的命令中，设置当前全局 Python 版本为 3.9.4，此时直接输入"python"命令就可以看到当前系统的 Python 已切换到了 3.9.4 版本。

2）在指定的项目目录下设置指定的 Python 版本：

```
$ cd /data/www/fastapi/
$ pyenv local 3.7.6
$ python
Python 3.7.6 (default, Jul 20 2022, 00:53:28)
[GCC 4.8.5 20150623 (Red Hat 4.8.5-44)] on linux
Type "help", "copyright", "credits" or "license" for more information.
```

在上面的命令中，首先进入指定的项目目录"/data/www/fastapi/"，然后通过"local 3.7.6"命令指定当前目录使用 3.7.6 版本，最后通过输入"python"命令可以看到当前目录下的 Python 已切换到了 3.7.6 版本，这样就完成了使用 pyenv 进行全局或局部 Python 版本的切换操作。

更多的 pyenv 命令可以参考官方文档。下面列举一些常用的命令：

```
pyenv rehash                    #更新数据库
pyenv hooks                     #列出给出的pyenv命令的钩子脚本
pyenv version                   #查看当前激活的是哪个版本的Python
pyenv versions                  #查看所有已安装的版本
pyenv install --list            #查看所有可安装的版本
pyenv install 3.6.5             #安装指定版本
pyenv uninstall 3.5.2           #删除指定版本
pyenv local 3.6.5               #指定局部版本，当前目录生效
pyenv shell                     #设置某个shell为特定的Python版本
pyenv local --unset             #解除指定局部版本
pyenv global 3.6.5              #指定全局版本，整个系统生效
pyenv global 3.6.5 2.7.14       #指定多个全局版本，3版本优先
pyenv root                      #显示pyenv根目录
...
```

14.1.4 基于 pipenv 管理虚拟环境

如前面小节所述，完成了 Python 版本的管理。如果同一个版本中不同的项目使用不同版本的第三方库，则 pyenv 需要结合 virtualenv 或 pipenv 来进行虚拟环境的管理，但是 virtualenv 使用起来比较麻烦，所以这里主要介绍通过 pipenv 来实现本地虚拟环境的管理。

1. pipenv 的安装

步骤 1　安装命令如下：

```
$ sudo pip install --upgrade pip
pip install pipenv
```

步骤 2　配置环境变量，命令如下：

```
$ nano ~/.bashrc
```

写入配置信息，具体内容如下：

```
$ export PIPENV_VENV_IN_PROJECT=1
```

步骤 3　重新启动 shell 以使更改生效，命令如下：

```
$ exec $SHELL
WARNING: `pyenv init -` no longer sets PATH.
Run `pyenv init` to see the necessary changes to make to your configuration.
$ sudo  source ~/.bash_profile
WARNING: `pyenv init -` no longer sets PATH.
Run `pyenv init` to see the necessary changes to make to your configuration.
WARNING: `pyenv init -` no longer sets PATH.
Run `pyenv init` to see the necessary changes to make to your configuration.
```

2. pipenv 的使用

完成 pipenv 的安装后，进入当前项目目录 /data/www/fastapi/，在该目录下创建对应项目名称文件夹 booking_system，然后创建对应的虚拟环境。

由于在 Windows 开发环境中使用的是 Python 3.9.5，所以当前虚拟环境也需要基于 Python 3.9.5 来创建，具体创建命令如下：

```
$ cd /data/www/fastapi/
#创建目录
$ sudo mkdir booking_system
$ cd booking_system/ #进入目录
$ pipenv --python 3.9.5  #创建基于Python 3.9.5的虚拟环境
```

虚拟环境创建完成之后，通过以下命令来激活虚拟环境：

```
#激活虚拟环境
$ pipenv shell
(fastapi) [root@199 fastapi]#
```

激活成功后，命令行前面会有（fastapi），表示当前处于虚拟环境激活状态。在安装依赖项之前，需要设置该项目的安装源，这样可以加快第三方库的安装速度。设置安装源的主要方式是修改 Pipfile 配置项。Pipfile 配置文件的完整内容如下：

```
[[source]]
url = "https://pypi.tuna.tsinghua.edu.cn/simple"
verify_ssl = true
name = "pypi"

[packages]
fastapi = {extras = ["all"], version = "*"}

[dev-packages]

[requires]
python_version = "3.9"
```

上述代码中的 source 配置项是修改安装源的关键点：

❑ url：依赖安装源的地址。

❑ verify_ssl：决定是否使用 HTTPS 的方式请求获取依赖库。

❑ name：安装源的名称。

只需要修改 url 参数即可达到替换安装源的目的，具体修改命令如下：

```
> python -c
"s='https://mirrors.aliyun.com/pypi/simple';fn='Pipfile';pat=r'(\[\[source\]\]\
    s*url\s*=\s*\")(.+?)(\")';import re;fp=open(fn,'r+');ss=fp.read();fp.
        seek(0);fp.truncate();fp.write(re.sub(pat, r'\1{}\3'.format(s),ss));fp.
        close();print('Done! Pipfile source switch to:\n'+s)"
```

或

```
> sed -i 's|pypi.org|mirrors.aliyun.com/pypi|g' Pipfile
```

或

```
>直接编辑修改Pipfile配置文件
```

14.1.5 生成依赖项配置文件

在开发阶段，安装第三方库都是直接通过 PIP 或者 IDE 实现的。在安装时，已经获取到对应的第三方库及使用的版本信息。用户应保持开发环境和生产环境中依赖库的一致性，以确保当前应用程序能正常运行。为此需要生成对应的项目依赖项配置文件 requirements.txt。该文件包含当前项目所依赖的第三方库列表及对应的版本信息。在生产环境中进行对应依赖库安装时，可以直接通过 requirements.txt 来安装。

PIP 中提供了如下可以快速生成 requirements.txt 文件的命令：

```
pip freeze > requirements.txt
```

使用上述命令生成的第三方库的列表会生成很多无用的包，所以这里建议在开发的过程手动进行第三库的安装，这样可以避免生成 requirements.txt 所包含的第三方库。下面是手动维护的 booking_system 项目 requirements.txt 文件所包含的依赖项配置信息：

```
aio-pika==8.0.3
aiormq==6.3.4
anyio==3.6.1
asgiref==3.5.2
asyncpg==0.26.0
certifi==2022.6.15
charset-normalizer==2.1.0
click==8.1.3
colorama==0.4.5
dnspython==2.2.1
email-validator==1.2.1
fastapi==0.79.0
greenlet==1.1.2
gunicorn==20.1.0
```

```
h11==0.13.0
httptools==0.4.0
idna==3.3
itsdangerous==2.1.2
Jinja2==3.1.2
MarkupSafe==2.1.1
multidict==6.0.2
optionaldict==0.1.2
orjson==3.7.8
pamqp==3.2.0
pika==1.3.0
psycopg2==2.9.3
pycryptodome==3.15.0
pydantic==1.9.1
python-dotenv==0.20.0
python-multipart==0.0.5
PyYAML==6.0
requests==2.28.1
six==1.16.0
sniffio==1.2.0
SQLAlchemy==1.4.39
starlette==0.19.1
typing_extensions==4.3.0
ujson==5.4.0
urllib3==1.26.10
uvicorn==0.17.6
watchgod==0.8.2
websockets==10.3
xmltodict==0.13.0
yarl==1.7.2
```

后续要将代码同步到服务器上时，只需把该文件一同上传，然后使用如下命令进行安装即可：

```
> pip install - r requirements.txt
```

由于这里使用了 pipenv 来管理虚拟环境，所以安装依赖包的命令改变为 pipenv：

```
> pipenv install -r path/to/requirements.txt
```

其他更多的 pipenv 命令，读者可以参考官方文档来了解及使用。下面列举一些常用的命令：

```
pipenv --three              #使用当前系统的Python 3创建环境
pipenv shell               #激活虚拟环境
pipenv install requests     #安装相关模块并加入Pipfile
pipenv install django==1.11 #安装固定版本模块并加入Pipfile
pipenv graph               #查看目前安装的库及其依赖
pipenv uninstall --all      #卸载当前环境下的所有包
pipenv update              #更新当前环境下的所有包，升级到最新版本
pipenv --rm                #删除虚拟环境
pipenv --where             #显示目录信息
pipenv --venv              #显示虚拟环境信息
```

```
pipenv --py                       #列出虚拟环境的Python可执行文件
pipenv --python 3.6               #指定某一Python版本来创建环境
pipenv install                    #创建虚拟环境
pipenv isntall [moduel]           #安装包
pipenv install [moduel] --dev     #安装包到开发环境
pipenv uninstall[module]          #卸载包
pipenv uninstall --all            #卸载所有包
pipenv lock                       #生成lockfile
pipenv run python [pyfile]        #运行.py文件
```

14.1.6 基于 Gunicorn+Uvicorn 的服务部署

如果之前使用过 Flask 框架，则应该对 Gunicorn 有所了解，它是 UNIX 下的 WSGI HTTP 服务器（所以它不支持在 Windows 系统下使用）。Gunicorn 是一种流行的 Web 服务器，常用于部署 Django 和 Flask 等 Python Web 框架应用程序。因为 Gunicorn 具有轻量级的资源消耗、高稳定性和高性能等特性，所以通过它可以大幅度地提高 WSGI App 运行时的性能。它还可以与 Nginx 和 Apache 等 Web 服务器配合使用，将请求从 Web 服务器转发给 Gunicorn 进程，提供更好的性能和可靠性。

Gunicorn 之所以拥有高稳定性，是因为它采用了预派生（pre-fork）工作模型，也就是一个 master 进程和多个 worker 进程的工作模式。在这个模型下，master 进程负责接收并处理外部的连接请求，并将这些请求分配给多个 worker 进程来处理。

基于 Gunicorn 运行的服务流程是，当一个 Gunicorn 服务启动时，master 进程会首先创建多个 worker 工作进程，并将它们初始化为一个无限循环的状态，表示它们会一直不断地等待新请求的到来。当一个新的连接请求进入服务时，master 进程会使用一种类似于轮询的算法将当前的请求分配给其中的某一个 worker 工作进程来处理。不同的请求处理分配到不同的 worker 进程中，可以有效地提高请求的响应速度和并发处理能力。由于每个 worker 进程都是相互独立的，它们之间不会共享任何资源，也不会互相干扰，因此能够保证系统的高稳定性和可靠性，同时也避免了多个请求之间的资源竞争以及相互干扰。当某个 worker 进程崩溃或者异常终止时，master 进程会自动重新启动一个新的 worker 工作进程来代替它，从而确保系统服务的持续稳定运行。

Gunicorn 的高性能表现在支持多种并发模式上，主要有多线程及协程（eventlet、greenlet、gevent 等）。

在之前的本地开始阶段，运行服务器都是基于 Uvicorn 实现的。相对于 WSGI 服务器，Uvicorn 是一个基于 asyncio、高效、轻量级的 Python ASGI（Asynchronous Server Gateway Interface）服务器。它实现了 ASGI 规范，可以用于部署 ASGI 应用程序。也就是说，ASGI 是一个异步网关协议接口，它是介于网络协议服务和 Python 应用之间的标准接口。相比于 WSGI，Uvicorn 是 WSGI 的进一步扩展和实现，它能够处理的协议类型比 WSGI 多，主要包括 HTTP、HTTP2 和 WebSocket。而 Uvicorn 则是基于 uvloop 和 httptools 构建的非常快速的 ASGI 服务器之一。通过 Uvicorn 官网，我们可以了解到 uvloop 是 Python 内建的

asyncio 事件循环的替代品，而 httptools 则是 nodejs HTTP 解析器的 Python 实现。通过它们可以完成更高性能的 IO 密集型任务。

Gunicorn 和 Uvicorn 都是中间角色，都负责将外部的 HTTP 请求根据相关的 WSGI 或 ASG 协议转换为同步或异步 Web 框架的请求，然后通过同步或异步 Web 框架处理相关业务逻辑，并返回符合对应 WSGI 或 ASG 协议的响应报文 Gunicorn 或 Uvicorn。从某种程度上说，Gunicorn 和 Uvicorn 所做的事情是一样。Gunicorn 和 Uvicorn 都支持多 worker 模式的运行，但是两者也略有不同：

❑ Gunicorn 需要使用通过 uvicorn.workers.UvicornWorker 工作模式来支持 ASGI 协议。通过这种方式来实现与 FastAPI 兼容。如前面所说，Gunicorn 同时也可以作为一个进程管理器。

❑ Uvicorn 虽然不支持直接监控 worker，但可以通过与 Gunicorn 或 Nginx 等进程管理器或负载均衡器一起使用，实现一个具有高容错性和可扩展性的服务架构。Uvicorn 本身也包含了 Gunicorn workers 类的代码，所以可以与 Gunicorn 完全兼容，并可以使用 Gunicorn 的一些核心特性，如进程管理、负载均衡、工作进程数量、配置文件等。

❑ Gunicorn 不仅可以承载流量的请求和响应，还可以对多 worker 的流量分发以进行负载均衡。

综上可知，Gunicorn 可以作为反向代理服务器来接收客户端请求，并将请求转发给 Uvicorn 服务器处理。而 Uvicorn 则是一个异步框架，可以处理高并发的请求。人们可以综合 Gunicorn+Uvicorn 的方式来进行服务部署，利用 Gunicorn 的预生成工作模式和 Uvicorn 的异步能力等各自的优势，实现高效且稳定的 FastAPI 服务部署。这样既可以拥有 Uvicorn 异步高性能的特性，又可以基于 Gunicorn 对 worker 工作进程进行监控管理。

在 requirements.txt 文件中包含了 Gunicorn 依赖库的安装，接下来使用 Gunicorn 的命令方式来启动服务，具体命令如下：

```
gunicorn main:app -b 127.0.0.1:8080 -w 4 -k uvicorn.workers.UvicornWorker
```

对上述命令解析如下：

❑ main:app：表示处于某一个模块下的 app 对象。

❑ -b 127.0.0.1:8080：指定使用的 IP+ 端口。

❑ -w 4：指定使用几个工作进程。

❑ -k uvicorn.workers.UvicornWorker：设置基于 uvicorn.workers.UvicornWorker 类的工作模式。

由于前面使用了 pipenv 来管理虚拟环境，所以启动服务也需要对应地修改为使用 pipenv 来启动，具体命令如下：

```
pipenv run gunicorn main:app -b 127.0.0.1:8080 -w 4 -k uvicorn.workers.UvicornWorker
```

使用上面的命令，就可以在本地生产环境中启动服务。

14.1.7　基于 Supervisor 的服务进程管理

前面直接通过 pipenv 启动了服务，启动方式是**前台方式**。要使服务在**后台运行**，则需要一个服务进程管理。常见的进程管理器有 PM2 和 Supervisor 等，这里选择的是 Supervisor。Supervisor 本身是基于 Python 编写的进程管理应用，在生产环境中，用它可以很方便地启动、重启、关闭服务进程，并且当系统出现错误或重启时，可以自动重启相关服务进程。Supervisor 是基于 CS 架构实现的，主要有以下两个组成部分：

❑ supervisord：supervisord 是 Supervisor 的服务端程序。

❑ supervisorctl：客户端命令行工具，可以连接 supervisord 服务器端进行进程管理，如进程启动、进程关闭、进程重启、进程配置更新、查看进程状态等。

下面介绍安装 Supervisor 的具体步骤以及使用方法。

步骤 1　在使用前，首先需要通过 yum 对 Supervisor 进行安装，命令如下：

```
$ yum install epel-release
$ yum install -y supervisor
```

步骤 2　安装完成后，默认会在安装目录下生成一个文件名为 supervisord.conf 的全局配置文件。通过在 supervisord.conf 文件中定义进程相关命令信息，可达到管理服务进程的目的。设置开机启动 supervisord 服务端程序，开机后相关进程会自动启动，配置命令如下：

```
$ systemctl enable supervisord
$ systemctl start supervisord
#或者指定具体的配置文件
$ systemctl start supervisord -c /etc/supervisord.conf
```

然后查看对应 supervisord 服务端程序启动的服务状态及服务进程，具体命令如下：

```
$ systemctl status supervisord
● supervisord.service - Process Monitoring and Control Daemon
   Loaded: loaded (/usr/lib/systemd/system/supervisord.service; disabled; vendor
      preset: disabled)
   Active: active (running) since五2022-07-22 23:07:34 CST; 2min 6s ago
  Process: 10044 ExecStart=/usr/bin/supervisord -c /etc/supervisord.conf
      (code=exited, status=0/SUCCESS)
 Main PID: 10047 (supervisord)
   CGroup: /system.slice/supervisord.service
           └─10047 /usr/bin/python /usr/bin/supervisord -c /etc/superv...

7月22 23:07:34 199.232.28.133 raw.githubusercontent.com systemd[1]: ...
7月22 23:07:34 199.232.28.133 raw.githubusercontent.com systemd[1]: ...
Hint: Some lines were ellipsized, use -l to show in full.
$ sudo ps -ef|grep supervisord
root        10047      1  0 23:07 ?           00:00:00 /usr/bin/python /usr/bin/
      supervisord -c /etc/supervisord.conf
root        10254   9667  0 23:09 pts/0       00:00:00 grep --color=auto supervisord
```

其他更多通过 systemctl 管理 supervisord 的命令，读者可以参考官方文档。下面列举一些常用的命令：

```
systemctl enable supervisord    #激活开机启动Supervisor进程
systemctl start supervisord     #启动Supervisor进程
systemctl stop supervisord      #关闭Supervisor进程
systemctl reload supervisord    #重载Supervisor进程
systemctl status supervisord    #查看Supervisord进程状态
```

步骤 3　修改 supervisord.conf 配置文件。通常，安装完的文件会在 /etc/supervisord.conf 生成。supervisord.conf 的文件内容过多，这里不展开，读者可以查阅官网进行了解，Supervisor 的官网地址为 http://supervisord.org/configuration.html。下面列举一些常见配置项：

```
[unix_http_server]
file=/tmp/supervisor.sock      ;指向UNIX域套接字的路径，用于进程间通信（不建议放在tmp目录下）
;chmod=0700                    ;UNIX域套接字的UNIX权限模式位，也就是socket文件的mode
;chown=nobody:nogroup          ;socket文件的owner，格式为uid:gid
;[inet_http_server]            ;提供supervisord的Web管理HTTP服务器界面，默认不开启
;port=127.0.0.1:9001           ;supervisord的Web管理后台运行的IP和端口
;username=user                 ;登录supervisord的Web管理后台的用户名
;password=123                  ;登录supervisord的Web管理后台的密码
[supervisord]
logfile=/tmp/supervisord.log   ;supervisord进程活动日志文件存在路径
logfile_maxbytes=50MB          ;日志文件轮换前消耗的最大字节数
logfile_backups=10             ;日志文件轮换后保留的备份数量，默认为10，0表示不备份
loglevel=info                  ;日志记录级别（默认为info）
pidfile=/tmp/supervisord.pid   ;supervisord服务的pid文件路径（不建议放在tmp目录下）
nodaemon=false                 ;是否在前台启动，默认为false，即以daemon的方式启动
minfds=1024                    ;可以打开的文件描述符的最小值，默认为1024
minprocs=200                   ;可以打开的进程数的最小值，默认为200
;user=supervisord              ;表示启动supervisord时使用哪一个用户启动

[supervisorctl]
serverurl=unix:///tmp/supervisor.sock ; 访问supervisorctl服务器的URL地址
;username=chris                ;访问supervisorctl使用的身份验证的用户名
;password=123                  ;访问supervisorctl使用的身份验证的密码
;prompt=supervisor             ;访问supervisorctl提示的字符串（默认为"supervisor"）
;history_file=~/.sc_history    ;用作readline持久历史文件的路径（默认为无）

;[program:进程名称]             ;配置进程名称
;command=/bin/cat              ;表示服务进程的命令方式
;directory=/data/www/feedapi   ;表示服务进程应用程序所处的路径
;socket-timeout=3              ;表示服务超时时间
;process_name=%(program_name)s ;所属进程组名称
;autostart=true                ;表示启动supervisord时该进程是否自动启动（默认为true）
;startsecs=1                   ;表示supervisor启动该程序后等待的时间，默认是1s
;startretries=3                ;表示进程处于FATAL状态无法启动时的最大重试次数（默认为3）
;autorestart=unexpected        ;当进程处于RUNNING状态时退出，是否自动重启
;stdout_logfile                ;子进程的stdout日志的输出存放路径
...

;省略部分代码
;[group:thegroupname]          ;接管进程组的组名字
;programs=progname1,progname2  ;以逗号分隔的程序名称列表。列出的程序成为该组的成员
;priority=999                  ;类似于分配给组的[program:x]优先级值的优先级编号
...
```

```
[include]
files = supervisord.d/*.ini    ;使用配置文件*.ini的方式来配置管理进程信息
```

步骤 4 基于配置文件 *.ini 来配置管理进程信息，这种独立分离配置的方式，可以把相关的服务独立出来。创建 supervisord.d/ 目录，并在下面编写管理进程信息 booking_system.ini 文件，其内容如下：

```
[group:booking_system]
programs=booking_system_api_21151,booking_system_api_21152

[program:,booking_system_api_21151]
command=pipenv run gunicorn main:app -b 127.0.0.1:21151 -w 2 -k uvicorn.workers.
    UvicornWorker   ; supervisord将要执行的运行Python服务的命令
directory=/data/www/fastapi/booking_system
stdout_logfile=/data/logs/supervisord/booking_system_api_21151.log; 日志、存储路径
socket-timeout=3
autostart=true
autorestart=true
redirect_stderr=true
stopsignal=QUIT

[program:booking_system_api_21152]
command=pipenv run gunicorn main:app -b 127.0.0.1:21152 -w 2 -k uvicorn.workers.
    UvicornWorker   ; supervisord将要执行的运行Python服务的命令
directory=/data/www/fastapi/booking_system
stdout_logfile=/data/logs/supervisord/booking_system_api_21152.log;日志存储路径
socket-timeout=3
autostart=true
autorestart=true
redirect_stderr=true
stopsignal=QUIT
```

在上面的配置中定义了一个进程组，名称为 booking_system。进程组下面分别对应两个服务进程应用，也就是分别启动了两个服务实例（后续基于 Nginx 可以进行两个实例服务的负载均衡）——booking_system_api_21151 和 booking_system_api_21152。这样就可以通过操作进程组的方式来管理服务进程了。

在配置文件中指定了项目路径为 directory=/data/www/fastapi/booking_system，对应的启动服务命令为 pipenv run xxx。注意，此时，启动服务使用的是本地地址 127.0.0.1，所以对应服务也只能在内网访问，如果需要支持外网访问，则可以把地址设置为 0.0.0.0。

注意 日志文件的目录 /data/logs/supervisord 需要提前创建好，不然容易出现问题。其他配置项信息可以参考上文或官网文档进行了解。

步骤 5 使用 supervisorctl 客户端命令连接服务端并进行进程管理。注意，每次修改的配置文件都需要重新加载才可以生效。相关命令如下：

```
$ supervisorctl update
```

然后通过 supervisorctl 来查看当前进程的状态，执行命令后得到的结果如下：

```
$ supervisorctl status
booking_system:booking_system_online_api_21151                    RUNNING    pid
    19103, uptime 99 days, 21:40:03
booking_system:booking_system_online_api_21152                    RUNNING    pid
    19104, uptime 99 days, 21:40:03
```

至此就可以对 Supervisor 中的服务进程进行管理和访问了。其他更多的 supervisorctl 管理进程命令可以参考官方文档，下面列举一些常用的命令：

```
supervisorctl start program_name          #启动program_name进程
supervisorctl stop program_name           #停止program_name进程
supervisorctl restart program_name        #重启program_name进程
supervisorctl stop all                    #停止当前服务端中所有的进程
supervisorctl reload                      #重载并更新配置文件,此操作会停止所有进程并重启所有进程
supervisorctl update                      #重载并更新配置文件,此操作仅重启有更新配置文件的进程
```

如果还需要通过 Web 页面进行 supervisorctl 相关的操作，还需要继续修改配置项信息，具体如下：

```
[inet_http_server]           ; inet (TCP)服务器默认禁用
port=*:9001                  ; 对应端口号
username=user                ; 访问页面需要使用的用户名
password=123                 ; 访问页面需要使用的用户密码
```

完成如上配置，通过浏览器访问服务，就可以看到所有 Supervisor 中管理的服务进程状态。

14.1.8　基于 OpenResty 的反向代理

通常，为了提供更多系统负载能力，在部署服务时启动多个服务实例。这些服务实例可以部署在同一个服务器上，也可以部署在不同的服务器上。由于存在多个实例场景，因此会遇到如何把进来的请求流量分发到不同服务实例的问题，此时需要依赖一个负载均衡器来做反向代理。所谓"负载均衡"就是将客户端请求分发到多个服务实例或多个服务器上，以此来横向扩展服务性能。业界常用的工具是 Nginx，它是一个开源的 Web 服务器。

本小节使用的是 OpenResty，它是基于 Nginx 与 Lua 的高性能 Web 开源服务器。使用它可以实现 Nginx 所具备的功能，也可以方便地搭建处理超高并发和扩展性能的动态 Web 应用、Web 服务等，如通过 OpenResty 与 Lua 来进行网关接口 API 限流等。下面介绍如何使用它来实现反向代理，完成负载均衡效果。

步骤 1　在使用前要先安装 OpenResty（这里下载的是 openresty-1.17.8 版本）所需的依赖包，安装命令如下：

```
$ yum install -y readline-devel pcre-devel openssl-devel gcc postgresql-devel
$ yum install -y epel-release
$ yum install -y gcc gcc-c++ curl
$ yum install -y libreadline-dev libncurses5-dev libpcre3-dev libssl-dev perl
$ yum install -y nano wget
```

步骤 2 通过 wget 获取对应的 OpenResty 安装包并进行解压安装，命令如下：

```
$ wget http://openresty.org/download/openresty-1.17.8.1.tar.gz
$ tar -xzvf openresty-1.17.8.1.tar.gz
$ cd openresty-1.17.8.1
```

步骤 3 编译 configure 相关的配置，根据相关需求配置相关的依赖模块，命令如下：

```
$ ./configure&& make && make install
```

或（指定安装其他模块）：

```
$ ./configure --prefix=/usr/local/openresty --with-luajit --with-pcre --with-
    http_ssl_module --with-http_iconv_module --with-http_v2_module --with-http_
    realip_module --with-http_gunzip_module --with-http_gzip_static_module
    --with-http_auth_request_module --with-http_secure_link_module --with-http_
    stub_status_module --with-http_addition_module
&& make && make install
```

步骤 4 编译安装完成后，需要在某目录创建一个 nginx.conf 文件以测试验证服务是否启动成功，nginx.conf 文件内容如下：

```
worker_processes  1;
error_log logs/error.log;
events {
    worker_connections 1024;
}
http {
    server {
        listen 9000;
        location / {
            default_type text/html;
            content_by_lua '
                ngx.say("<p>Hello, World!</p>")
            ';
        }
    }
}
```

步骤 5 完成上述测试配置文件之后，根据指定运行的配置文件来启动 OpenResty 服务，具体命令如下：

```
$ /usr/local/openresty/nginx/sbin/nginx -p `pwd`/ -c conf/nginx.conf
```

步骤 6 启动服务成功后，通过访问测试地址来验证 OpenResty 是否安装成功，具体地址如下：

```
$ curl http://localhost:9000/
<p>Hello, World!</p>
```

输出结果为"<p>Hello, World!</p>"，说明 OpenResty 已经安装成功。

步骤 7 正式编写反向代理配置文件，反向到不同后端的 API 服务实例上。首先进入 /usr/local/openresty/nginx/conf，其中有一个 nginx.conf 文件，在该文件中新增一些配置项

（或者通过独立文件的方式包含进来）。具体的配置文件内容如下：

```
http {
#省略别分代码
    upstream booking_system_online_api_up{
        server 127.0.0.1:21151 weight=1 max_fails=0 fail_timeout=12s;
        server 127.0.0.1:21152 weight=1 max_fails=0 fail_timeout=12s;
    }

    server {
        listen      80;
        charset     utf-8;
        server_name www.booking_system_com;
        root /data/www/fastapi/booking_system;

        gzip on;
        gzip_min_length 1k;
        gzip_comp_level 9;
        gzip_types text/plain application/javascript application/x-javascript
            text/css application/xml text/javascript application/x-httpd-php
            image/jpeg image/gif image/png;
        gzip_vary on;
        gzip_disable "MSIE [1-6]\.";

        location /favicon.ico {
            log_not_found off;
            access_log off;
        }

        location /api/ {
            proxy_pass      http://booking_system_online_api_up;
            proxy_set_header    Host    $host;
            proxy_set_header    X-Real-IP    $remote_addr;
            proxy_set_header    X-Forwarded-For $proxy_add_x_forwarded_for;
            proxy_connect_timeout       300; #Nginx与后端服务器连接的超时时间(代理连接超时)
            proxy_send_timeout          300; #后端服务器数据回传时间(代理发送超时)
            proxy_read_timeout          300; #连接成功后，后端服务器的响应时间(代理接收超时)
            proxy_next_upstream         off;
        }

        access_log  off;
    }
}
```

配置文件说明如下：

1）http 全局配置块：包含所有 server 块。它可以配置代理、缓存、日志定义、连接超时时间、单链接请求数上限等功能，还可以进行第三方模块的配置等。

2）upstream 指令：表示配置后端 API 服务实例负载均衡及调度方法。upstream 的调度方法有多种，默认使用的是轮询方式，其他方式有：

❑ 按 weight 权重比轮询，可以根据服务器的不同性能分配不同的请求量。

❑ 按前置服务器或者客户端请求 IP 的哈希结果轮询，同一个 IP 会固定访问一个后端服务实例。

□ 按后端服务器的响应时间轮询，响应时间越短的后端服务实例优先分配并接收请求处理。

□ 按请求 URL 地址的哈希结果轮询，每个 URL 都定向到同一个后端服务实例。

3）在 upstream 配置中定义了两个后端 API 服务实例，它对应前面启动的 booking_system_api_21151 和 booking_system_api_21152 两个服务实例，并分别构成实例池。

> **注意** Nginx 主要负责监听外部流量，以及把服务暴露给外网，而 Gunicorn 启动的服务都在内网中，此时 Gunicorn 不对外网进行开放，而是将 Nginx 作为入口，进而转发到 Gunicorn 内网的服务端口上。

4）server 指令表示虚拟机主机的监听配置，在每个 server 下都可以配置当前服务实例。服务实例可以包含多个 Location 模块。

5）gzip 主要表示对前面的请求进行压缩。通常，压缩机制主要针对一些静态文件进行处理。

6）server_name 以及 listen 监听的端口号为 80，server_name 可以是 IP，也可以是域名（如果使用域名，那么需要将域名解析到本地的 IP；如果没有使用域名，那么一般使用当前服务器的公网 IP）。

7）在 server 中通过配置 Location 指令块匹配客户端发过来的请求 URI 地址。其中，/api/ 表示转发匹配 URL 规则，在本配置中，预约挂号系统的所有 API 中都有一个 /api/v1 的前缀，所以可以匹配到前端请求中包含 "api" 的地址进入 Location 中。

□ 当匹配到对应的 URL 进入 Location 后，通过 proxy_pass 转发到配置的两个后端 API 服务实例池中。

□ proxy_set_header 表示重写客户端请求头信息。

□ proxy_connect_timeout 表示 Nginx 与后端服务器连接的超时时间（代理连接超时）。

□ proxy_send_timeout 表示后端服务器数据回传时间（代理发送超时）。

□ proxy_read_timeout 表示连接成功后，后端服务器的响应时间（代理接收超时）。

□ proxy_next_upstream 表示容灾和重试机制，当出现对应的错误时，是否分配到下一台服务器程序继续处理当前失败的请求。

8）access_log off：表示关闭请求日志记录。

通过上面的配置文件，用户就可以使用负载均衡机制扩展服务实例了。更多关于 Nginx 的配置指令，读者可以阅读 Nginx 官方文档来了解。

修改完 nginx.con 配置文件后，在重启服务之前，一般需要检测 nginx.con 配置文件的有效性，具体命令如下：

```
$ /usr/local/openresty/nginx/sbin/nginx -t
$ /usr/local/openresty/nginx/sbin/nginx -s reload
```

其中：

□ -t：用于检测新增的配置文件是否存在问题。

❑ -s：表示向主进程发送信号，主要信号类型有 stop、quit、reopen、reload。

❑ -s reload：表示重新加载配置文件。这种重新加载机制以一种平滑的方式进行服务重启，不会对已产生的连接有影响。

完成了 Nginx 配置文件平滑重启后，访问服务 API 的地址就有所改变，此时改变为在 Nginx 配置访问的域名，也就是 www.booking_system.com。此时，基于 OpenResty 的外网请求 API 的流程如图 14-1 所示。

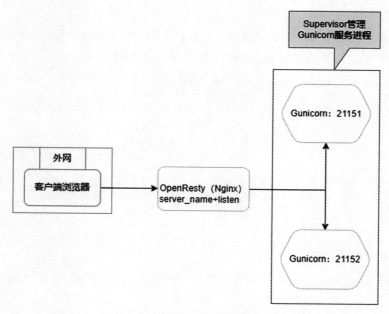

图 14-1　基于 OpenResty 的外网请求 API 的流程

14.1.9　PostgreSQL 数据库的安装

通过前面小节介绍的在生成环境中进行的各种部署操作，读者已经可以将项目按流程发布上线并可以进行有效的进程管理了。但是由于当前项目还涉及数据库操作，所以需要安装对应的数据库。如果生产环境对数据库的要求比较高，且用户体量非常大，那么一般可以自建高可用的数据库或直接使用云数据库。本项目直接在本地搭建数据库。接下来介绍如何在 Linux 系统中进行本地 PostgreSQL 数据库的安装及使用。

关于 PostgreSQL 数据库的安装，官网已经提供了具体的配置命令，用户可以通过访问官网地址获取对应的安装命令脚本，地址为：

```
https://www.postgresql.org/download/linux/redhat/
```

根据官网所给步骤可以得到如下安装脚本命令：

```
Copy, paste and run the relevant parts of the setup script:
```

```
# 安装存储库RPM包
sudo yum install -y https://download.postgresql.org/pub/repos/yum/reporpms/EL-
7-x86_64/pgdg-redhat-repo-latest.noarch.rpm

#安装PostgreSQL数据库
yum install -y postgresql10-server

#可选地初始化数据库并启动自动启动
/usr/pgsql-10/bin/postgresql-10-setup initdb
systemctl enable postgresql-10
systemctl start postgresql-10
```

根据官网提供的安装脚本安装完成后，默认会生成一个 postgres 用户。此时，该 postgres 用户没有设置密码，需要给当前 postgres 用户设置一个密码：

```
$ su - postgres: 表示以postgres用户身份切换到新的shell环境。
-bash-4.2$ psql -U postgres: 使用postgres用户登录。
postgres=# Alter user postgres with password '123456' : 修改password用户的密码。
ALTER ROLE
postgres=# \q : 表示退出psql。
```

或

```
postgres-# \password: 表示修改用户密码。
Enter new password for user "postgres":
```

再次输入：

```
postgres-# \q: 表示退出psql。
-bash-4.2$ exit
```

这里通过开启远程配置来验证是否可以连接成功。首先修改配置文件 pg_hba.conf，具体命令如下：

```
nano /var/lib/pgsql/10/data/pg_hba.conf
```

修改其中的内容项或新增如下的配置项：

```
host     all     all      0.0.0.0/0     md5
```

修改配置文件 postgresql.conf，具体命令如下：

```
nano /var/lib/pgsql/10/data/postgresql.conf
```

修改配置文件中的部分选项内容。
❑ 取消 listen_addresses 的注释，将参数值改为 "*"。
❑ 修改对应端口号时还需要修改 #port = 5432，修改完成后保存并退出即可。
重启数据库进程，使刚才修改的配置信息生效，重启命令如下：

```
[root@199 ~]# systemctl restart postgresql-10
```

此时，使用数据库连接工具连接到生产环境中的数据库即可。如果使用的是云服务器，则需要注意安全组策略中是否开启了对应的端口，只有开启对应的端口才可以进行外网访问。外网连接 PostgreSQL 数据库如图 14-2 所示。

图 14-2　外网连接 PostgreSQL 数据库

　　单击"测试连接"按钮，弹出对应弹窗，显示"连接成功"，表示已成功连接到数据库。连接成功后，就可以创建对应的数据库了。

> 注意　其他服务的安装（如 Redis 和 RabbitMQ 等），在后续介绍使用 Docker 部署时说明。

14.2　基于 SVN 自动化部署

　　14.1 节介绍的更新及部署应用程序的过程都需要人工进行代码上传、更新，还需要手动重启项目。也就是说，整个过程都需要人为干预，操作烦琐且效率极低，甚至有可能由于人工操作不规范而引入错误，所以有必要引进自动化部署。

　　自动化部署其实就是借助于技术手段实现有序、高效部署，尽量减少人工干预。在运维领域，基于自动化技术还衍生了一些常见的概念，如持续集成、持续交付和持续部署（CI/CD）等，也就是常说的 DevOps。DevOps 主要指通过技术工具链来完成持续集成、持续交付、用户反馈和系统优化的整合，整个过程所涉技术工具种类繁多。由于本书的主角是 FastAPI，所以对 DevOps 感兴趣的读者可以参考其他书籍，本书不再展开介绍。

关于代码的版本控制方式，目前常用的主要是 SVN 和 Git 等。其中，Git 是分布式的，SVN 是集中式的。SVN 上手相对简单，相比于 Git 复杂的命令来说，SVN 也方便进行代码管理。当然，SVN 也有缺点，就是需要中央服务器和用户客户端。虽然 SVN 有缺点，但是对于个人或小企业来说，使用此方式可以满足基本的代码版本管理需求。

下面基于 SVN 管理预约挂号系统的代码版本以及应用服务的自动更新。首先介绍如何进行对应的 SVN 安装及使用。

步骤 1 在使用前，首先需要通过 yum 进行 SVN（subversion）的安装，命令如下：

```
yum install -y subversion
```

步骤 2 安装完成后，可以通过查看 SVN 安装的版本确认是否安装成功，命令如下：

```
svnserve --version
```

步骤 3 确认安装成功后，创建统一存放代码的 SVN 仓库目录，命令如下：

```
mkdir /data/svn
```

步骤 4 创建好代码仓库目录后，开始启动 SVN 服务，命令如下：

```
/usr/bin/svnserve -d -r /data/svn
```

上述的命令中，-d 表示守护进程，-r 表示在后台执行。

步骤 5 创建对应的项目仓库，命令如下：

```
svnadmin create booking_system
```

通过上面几个步骤，我们基本完成了代码仓库的创建。接下来介绍如何对代码进行自动化更新并自动进行服务重启。

步骤 1 检测 booking_system 仓库中指定的线上服务中某一个特定的本地目录，本书检测的位置为 "/data/www/FastAPI/booking_system/"，检测命令如下：

```
$ svn checkout svn://localhost/booking_system /data/www/fastapi/booking_system
```

步骤 2 修改 booking_system 仓库中的用户信息、密码及用户对仓库的读写权限。

```
#修改/data/svn/booking_system/conf文件夹下的配置文件
[booking_system:/]
admin = rw
admin = rw
booking_system = rw
#修改/data/svn/booking_system/conf文件夹下的password内容:
[users]
admin = 123456
booking_system = 123456
#修改svnserve.conf文件内容:
[general]
anon-access = none
auth-access = write
password-db = passwd
authz-db = authz
```

步骤 3　在 /data/svn/booking_system/hooks/ 目录下创建 post-commit 钩子文件（post-commit 文件没有扩展名），用于 SVN 更新成功后自动同步到对应的项目目录和执行相关的重启服务命令。

```
#!/bin/sh
export.UTF-8
/usr/bin/svn up /data/www/fastapi/booking_system/
/usr/bin/supervisorctl restart booking_system:
```

在上面的脚本命令中：

❑ "/usr/bin/svn up /data/www/fastapi/booking_system/" 主要用于把仓库中的最新版本检出来并放到指定的本地项目目录下。

❑ "/usr/bin/supervisorctl restart booking_system:" 表示当检出项目完成后，自动使用 supervisorctl 来重启服务进程。

步骤 4　赋予 post-commit 勾子文件对应的执行权限，命令如下：

```
$ chmod +x /data/svn/booking_system/hooks/post-commit
```

步骤 5　远程检出 booking_system 仓库中的项目，然后把本地开发的代码提交到远程仓库，提交完成后即可执行自动代码更新以及服务进程重新启动。

基于 SVN 的代码自动化部署流程如图 14-3 所示。

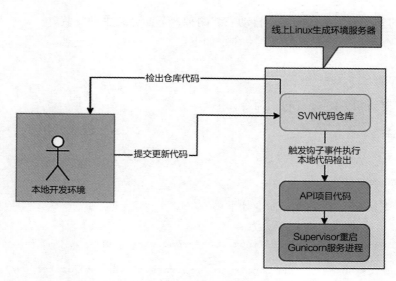

图 14-3　基于 SVN 的代码自动化部署流程图

14.3　基于 Docker 进行服务部署

Docker 是非常流行的应用程序容器化技术，它的出现主要迎合了云计算趋势。它可以让开发者更快、更稳定、更有效地进行应用环境搭建或应用程序持续交付。

Docker 在已经运行的 Linux 之下创建出隔离文件环境，在某种意义上它就是新的小 Linux 系统。因此，Docker 必须运行在 Linux 内核的系统上。使用 Docker，开发者可以方便地将应用程序封装并打包到容器镜像中，随后可以在其他任何支持 Docker 的 Linux 服务器上部署该镜像。当需要部署服务时，可以直接打包好镜像来运行对应容器，这种方式可以帮助开发者更加方便地管理和部署其应用程序。

从手动部署过程可以看到，各种手动操作的过程繁杂，而且还需要配置各种权限等。有了 Docker 就不一样了。用户直接在本地开发时，可以直接拉取一个有 Python 环境的 Docker 镜像，然后基于此开发，甚至可以在开发完成后直接基于此镜像重新打包，然后直接发布。用户完全不需要考虑各种服务器中的相关 Python 环境及相关虚拟环境的创建等。Docker 容器本身是相关隔离的沙箱环境，所以部署多服务时也相互不影响。

本节主要介绍 Docker 的基础知识，并将预约挂号程序通过 Docker 进行部署。

14.3.1 Docker 的安装和常用命令

前面小节已经把代码上传到了生成环境服务器上，所以接下来基于生产环境的服务器来介绍 Docker 的具体使用方法。

首先需要在对应的 Linux 服务器上安装 Docker。注意，Docker 要求的系统内核版本必须高于 3.10。

Docker 的安装分为手动安装和自动安装两种，下面介绍手动安装。

步骤 1 查看当前系统版本信息，命令如下：

```
$ uname -r
3.10.0-1062.el7.x86_64=
```

步骤 2 更新相关的 yum 包，命令如下：

```
$ yum update
```

或

```
$ yum makecache fast
```

步骤 3 更换 yum 源设置，命令如下：

```
$ yum-config-manager -add-repo
https://download.docker.com/linux/centos/docker-ce.repo
#更换为阿里云:
$ yum-config-manager --add-repo http://mirrors.aliyun.com/docker-ce/linux/centos/
    docker-ce.repo
```

步骤 4 通过 yum 安装 Docker 社区版，命令如下：

```
$ yum install docker-ce docker-ce-cli containerd.io
```

步骤 5 查看安装版本，检测是否安装成功，命令如下：

```
$ docker --version
Docker version 20.10.17, build 100c701
```

步骤 6　由于 Docker 需要 root 权限，所以需要配置一个 Docker 用户，让它具有权限，可以免 sudo 命令输入，命令如下：

```
$ groupadd docker #创建一个Docker用户组
$ usermod -aG docker $USER #需要把当前用户加入当前用户组
$ docker #刷新用户权限
```

步骤 7　配置开机启动，命令如下：

```
$ systemctl enable docker
```

步骤 8　启动 Docker，命令如下：

```
$ systemctl start docker
```

步骤 9　运行一个简单的示例容器，命令如下：

```
$ docker run hello-world
```

通过上述一系列的步骤后，就完成了 Docker 的安装。由于上面的安装步骤比较多，还可以通过一键安装的方式来安装，命令如下：

```
$ curl -fsSL https://get.docker.com | bash -s docker --mirror Aliyun
```

其他更多 Docker 命令，读者可以参考官方文档，下面列举一些常用的命令：

```
systemctl start docker                              #启动Docker
systemctl restart docker                            #重启Docker
systemctl stop docker                               #停止Docker
systemctl enable docker                             #开机启动Docker
systemctl disable docker                            #关闭Docker开机启动
systemctl daemon-reload                             #守护进程重启Docker

docker version                                      #查看Docker版本信息
docker info                                         #查看Docker概要信息
docker -v                                           #查看Docker的版本
docker image  --help                                #与镜像相关的帮助命令
docker search imagename                             #查找镜像
docker search --filter=stars=0 imagename            #仅显示指定星级以上的镜像，默认为0
docker search --no-trunc  imagename                 #输出信息不截断，默认是截断的
docker search --limit int  imagename                #返回多少个查询结果，默认为25
docker image pull centos = docker pull centos       #下载CentOS镜像
docker image pull -a                                #下载在此分支的所有镜像
docker image ls  -a                                 #列出所有的镜像
docker image ls -f dangling=true                    #输出没有被任何容器使用的镜像
docker image ls --no-trunc   #对输出结果的太长部分不进行截断，默认截断，加--no-trunc表示不截断
docker image ls -q                                  #列出本地已经存在的镜像的ID
docker image history imagename                      #查看镜像的构建过程
docker image  history -q imagename                          #显示指定镜像的历史记录信息
docker image tag SOURCE_IMAGE[:TAG] TARGET_IMAGE[:TAG]      #给镜像打标签
docker image inspect [OPTIONS] IMAGE [IMAGE...]            #显示一个或者多个镜像元信息
```

```
docker image  rm tagname          #根据标签来删除镜像
docker image  rm  -f  tagname     #强制删除镜像
docker image prune                #移除所有未标记(TAG)的镜像
docker rm                         #删除容器
docker rmi tagname                #删除镜像
docker ps                         #列出所有的容器
docker ps -a                      #显示所有的容器，包括未运行的容器
docker stop $(docker ps -aq)      #停止所有的容器
docker stop tagname               #删除一个运行中的容器
docker restart tagname            #重启一个容器，不论之前是否启动或停止
docker start tagname              #启动一个或多个已停止的容器
docker rm $(docker ps -aq)        #删除所有的容器
docker rmi $(docker images -q)    #删除所有的镜像
docker image prune --force --all或者docker image prune -f -a`  #删除所有不使用的镜像
docker container prune            #删除所有停止的容器
docker update -m 1500M --memory-swap 1500M  897a6a09807a # 修改正在运行的容器的内存大小
docker logs tagname               #查看容器运行日志信息
docker logs --since="2016-07-01" --tail=10 mynginx #查看容器从指定日期开始的最新10条日志
docker exec -it xxxxxxx /bin/bash #进入某个已经在运行的容器中
```

14.3.2　基于 Dockerfile 构建镜像

容器运行的基础是镜像，所以在运行服务之前，需要有具体的服务镜像。本小节主要介绍如何基于 Dockerfile 构建一个基础镜像。

Dockerfile 是由一系列的命令和参数构成的脚本文件，在该文件中构建镜像需要执行 UNIX 命令，比如使用 PIP 安装第三方依赖库等，最终使用 docker build 执行 Dockerfile 脚本来构建镜像。整个镜像构建过程全部自动化，不需要人工干预。

下面介绍官方提供的由 Gunicorn 管理的带有 Uvicorn 的 Docker 基础镜像。该镜像已经包含了 FastAPI 应用程序的基础依赖，因此结合实际项目情况安装对应依赖包即可。官方提供的镜像 Dockerfile 文件的内容如下：

```
FROM tiangolo/uvicorn-gunicorn:python3.9
LABEL maintainer="Sebastian Ramirez <tiangolo@gmail.com>"
COPY requirements.txt /tmp/requirements.txt
RUN pip install --no-cache-dir -r /tmp/requirements.txt
COPY ./app /app
```

对上面构建镜像的指令说明如下：

❑ FROM tiangolo/uvicorn-gunicorn:python3.9：表示当镜像构建的基础镜像。

❑ LABEL maintainer = "xxxx"：表示当前镜像的作者信息，即镜像的 Author 属性。

❑ COPY requirements.txt /tmp/requirements.txt：表示复制当前项目目录下的 requirements. txt，进入镜像中的 /tmp/requirements.txt 目录，后续镜像内要执行的依赖包都基于此目录下的 requirements.txt 文件来安装。

❑ RUN pip install xxxx：表示在镜像内通过 PIP 执行相关依赖包的安装，--no-cache-dir 表示是否使用缓存的方式，通常线上正式环境不建议使用。

❑ COPY ./app /app：表示复制当前项目 ./app 目录下的代码到镜像中的 /app 目录下。

如前面所说，通常需要结合使用 Gunicorn 来运行服务，但是在该镜像中没有发现任何与运行服务相关的指令，这是因为在基础镜像中已经包含这类指令信息。

在介绍过官网提供的 Dockerfile 的 FastAPI 应用程序的基础镜像后，读者依然不会构建镜像的整个基础过程，而这又是非常重要的。为此，下面结合实际情况来搭建一个属于自己的 FastAPI 应用程序的镜像过程。

前文已经从 SVN 中把项目代码检测出，并存放到服务器的 /data/www/fastapi/booking_system/ 目录下面。这里首先在此目录中新建一个 Dockerfile 文件，然后编写具体的构建镜像内容。文件详细内容如下：

```
FROM python:3.9
COPY ./requirements.txt ./requirements.txt
RUN pip install --upgrade -r ./requirements.txt -i
https://pypi.tuna.tsinghua.edu.cn/simple

COPY ./ .
CMD ["uvicorn", "main:app", "--host", "0.0.0.0", "--port", "12510"]
```

上面命令中的相关说明如下：

FROM python:3.9 表示基础镜像是基于 Python 3.9 版本来构建的，也就是说，当前 python 3.9 是一个安装了 Python 3.9 环境的纯粹的 Linux 系统。CMD ["uvicorn", "main:app", "--host", "0.0.0.0", "--port", "12510"] 表示在镜像内运行服务时需执行的命令，在镜像中使用 uvicorn 来运行服务，且服务在 12510 端口上启动。其余的命令和前面提到的命令都一样，这里不再重复介绍。

通过上面的学习，我们基本掌握了 Dockerfile 镜像文件的编写方法。下面整理 Dockerfile 常用命令，具体如下：

```
FROM              #表示当前镜像指定的基础镜像，它必须为第一个命令，有且只能有一个
MAINTAINER        #表示构建当前镜像创建者信息说明
WORKDIR           #表示设定当前镜像内的工作目录，默认情况下会进入此目录
ADD               #表示把本地文件添加到容器内
ENV               #设置当前容器内使用的环境变量
EXPOSE            #可以对外暴露的端口信息（EXPOSE并不会让容器的端口访问到主机，需通过-P参数
                   来发布EXPOSE导出的所有端口）
COPY              #表示把本地文件添加到容器内，功能类似ADD，但两者也有所区别
RUN               #在镜像容器中需要执行的脚本命令
CMD               #当镜像构建完成后，进行容器运行时需要执行的命令
VOLUME            #用于指定持久化目录，表示数据卷挂载（数据卷通常需要先存在）
...
```

编写好自定义的 Dockerfile 文件后，就可以执行镜像构建命令了，具体命令如下：

```
$ docker build -t booking_system_img .
```

在上面的命令中，基于 docker build -t 来执行自定义镜像的构建。booking_system_img 表示当前构建镜像的名称，后面的 . 表示构建镜像上下文目录。由于 Dockerfile 文件在当前根目录之下，所以当前的 . 也表示当前项目所在的根目录。执行完成上面的命令，因为网络

原因有可能整个镜像构建过程需要一定的时间，这时只需要等待即可。构建完成后，可以查看当前系统下已存在的镜像：

```
[xiaozHong@199 booking_system]$ sudo docker images
REPOSITORY            TAG        IMAGE ID        CREATED           SIZE
booking_system_img    latest     b0056fcaed94    15 seconds ago    1.02GB
python                3.9        c27da15ba022    10 days ago       915MB
[root@199 booking_system]#
```

如上所示，booking_system_img 镜像已构建成功。

14.3.3 Docker 容器化部署与运行

目前，镜像已经打包构建完成，下面只需要执行具体的命令，就可以创建运行服务的容器，命令如下：

```
$ docker run -it -p 12510:12510 booking_system_img
strftimestrftimestrftime %Y-%m-%d %H:%M:%S
INFO:      Started server process [1]
INFO:      Waiting for application startup.
INFO:      Application startup complete.
INFO:      Uvicorn running on http://0.0.0.0:12510 (Press CTRL+C to quit)
```

对上面的命令说明如下：

❑ - it 表示以命令行交互方式分配一个终端。
❑ - p 表示对应的端口映射。它们的对应映射关系格式为"宿主机端口：容器内端口"，这样可以通过访问宿主机的端口访问容器内的端口。
❑ booking_system_img 表示当前系统下的镜像名称。

执行上面的命令，可以看到服务已经使用前台的方式运行起来。此时通过访问映射到宿主机端口 12510 号服务的地址 http://192.168.126.140:12510 可验证服务是否已正常启动。接下来改为使用后台方式运行应用服务，命令如下：

```
$ docker run -di --name booking_server -p 12510:12510 booking_system_img
59991338f429b9b6fadab1a1aea655a3b98661e9e9fc9a2063800ed160100ed1
```

在上面的命令执行中，-d 表示服务需要在后台运行。执行命令 docker ps 可查看当前容器运行情况：

```
$ docker ps
CONTAINER ID    IMAGE                   COMMAND                                  CREATED
    STATUS              PORTS                                 NAMES
59991338f429    booking_system_img      "uvicorn main:app --..."    About a minute ago    Up
    About a minute    0.0.0.0:12510->12510/tcp, :::12510->12510/tcp    booking_server
```

还可以通过**停止容器运行**来停止应用服务的运行，具体命令如下：

```
#停止所有正在运行中的容器
$ docker stop $(docker ps -aq)
#单独停止某个容器
$ docker stop booking_server
```

上述代码中的 booking_server 表示当前容器的名称。当运行的容器停止后，如果要查看未运行的容器，则可以执行如下命令：

```
$ docker ps -a
CONTAINER ID    IMAGE                   COMMAND                CREATED
    STATUS                    PORTS      NAMES
59991338f429    booking_system_img      "uvicorn main:app --..."    18 minutes ago
    Exited (0) 9 minutes ago             booking_server
```

如果需要重新启动已停止的 booking_server 容器，则可以执行如下命令：

```
$ docker start booking_server
booking_server
```

14.4　Docker 下的环境变量

前面已经构建了属于自己的 FastAPI 项目服务镜像，也成功基于基础镜像运行了服务，但是代码的部署方式存在比较严重的问题，即配置项信息都是明文且通过硬编码写入代码，其中包括连接数据库的密码、微信支付的密钥等敏感信息。这种硬编码的方式容易导致安全事故的发生，且会导致对后续配置项修改时需要重新打包镜像，这无疑会增加额外的工作。解决该问题的方式是基于读取的环境变量来进行配置。

前文介绍过如何获取具体环境变量，这里进行扩展说明。在 FastAPI 框架中读取环境变量的常用方式有 3 种：

❑ 基于 OS 标准库读取。

❑ 基于 Pydantic 中的 BaseSettings 自动绑定并解析环境变量。

❑ 结合 Docker 下的环境变量读取。

通常，在 Linux 系统上设置环境变量的方式是执行 export 命令。为后续测试方便，首先在当前的系统上设置如下两个环境变量：

```
$ export POSTGRESQL_HOST='127.0.0.1'
$ export POSTGRESQL_PASSWORD='123456'
```

然后通过以下命令查看具体的环境变量设置结果：

```
$ echo $PATH          #查看单个环境变量
$ env                 #查看所有环境变量
```

14.4.1　基于 OS 标准库

基于 OS 标准库读取环境变量相对简单，使用示例如下：

```
>>> import os
>>> os.getenv("POSTGRESQL_HOST", "没有环境变量情况下的默认值→默认值没有HOST")
'127.0.0.1'
>>> os.getenv("POSTGRESQL_PASSWORD", "没有环境变量情况下的默认值→没有密码")
'123456'
>>>
```

如上代码所示，通过 OS 标准库就可以直接调用 getenv，从而读取出前面设置的两个环境变量的值。

14.4.2 基于 Pydantic 中的 BaseSettings 自动绑定并解析环境变量

Pydantic 中的 BaseSettings 在第 3 章中介绍过，这里进行补充说明。需要注意，基于 Pydantic 读取环境变量遵循的优先级是：先读取环境变量，再读取本地变量。代码示例如下：

```
from pydantic import BaseSettings
class Settings(BaseSettings):
    POSTGRESQL_PASSWORD: str = "没有环境变量情况下的默认值→没有密码"
    POSTGRESQL_HOST: str = "没有环境变量情况下的默认值→默认值没有HOST"

settings = Settings()
print(settings.POSTGRESQL_PASSWORD)
print(settings.POSTGRESQL_HOST)
```

在上面的代码中自定义了 Settings 类，它继承于 BaseSettings 类。此时，Settings 类被实例化就可以直接读取实例变量的具体值，里面定义的值会优先从环境变量中查询。如果有值，则会直接从环境变量中提取；而如果没有值，则默认使用上面写入的值。

上面这种方式本书并不提倡，尤其一些关键的变量使用默认值，会存在巨大的风险。应该对必要字段进行校验，因此，上面的代码可以修改为如下形式：

```
from pydantic import BaseSettings
class Settings(BaseSettings):
    POSTGRESQL_PASSWORD: str
    POSTGRESQL_HOST: str

settings = Settings()
print(settings.POSTGRESQL_PASSWORD)
print(settings.POSTGRESQL_HOST)
```

代码修改完成后，如果环境变量中没有具体的 POSTGRESQL_PASSWORD 和 POSTGRESQL_HOST 值，则会抛出 pydantic.error_wrappers.ValidationErro 异常提示。这种校验机制和 Pydantic 模型保持一致，通过它可以在应用程序启动前进行必要的参数校验。

14.4.3 Docker 下的环境变量读取

通过上面小节的学习，我们已经知道如何通过读取宿主机上的环境变量来获取对应项目中关键配置项的信息。但是现在代码已经被打包到 Docker 中，所以还需要学习如何使用 Docker 来设置环境变量。在 Docker 中设置环境变量的方法主要有以下几种：

❑ 在 Dockerfile 文件内使用 ENV 指令设置环境变量，对应的格式有如下两种：
　　○ ENV key value
　　○ ENV key1=value1 key2=value2
❑ 通过命令行参数 --env 或 -e 来设置环境变量。
❑ 通过命令行参数 --env-file 来指定某 .env 文件作为环境变量配置文件并完成解析和读取。

对于前面提到的 Dockerfile 文件，可以通过 ENV 来设置预约挂号系统中的几个环境变量。首先回顾与预约挂号系统对应的配置文件内容，代码如下：

```python
class Settings(BaseSettings):
        #创建异步类型连接数据库引擎
        ASYNC_DB_DRIVER: str = "postgresql+asyncpg"
        #创建同步类型连接数据库引擎
        SYNC_DB_DRIVER: str = "postgresql"
        #数据库JOST
        DB_HOST: str = "localhost"
        #数据库端口号
        DB_PORT: int = 5432
        #数据库用户名
        DB_USER: str = "postgres"
        #数据库密码
        DB_PASSWORD: str
        #需要连接数据库的名称
        DB_DATABASE: str = "booking_system"
        #是否输出SQL语句
        DB_ECHO: bool = False
        #默认的连接池大小
        DB_POOL_SIZE: int = 60
        DB_MAX_OVERFLOW: int = 0

        #公众号-开发者ID(AppID)
        GZX_ID: str
        #公众号-开发者密码
        GZX_SECRET:str
        GZX_PAY_KEY: str
        MCH_ID: str
        ...
```

上述代码中省略了一些配置项。在实际项目中提取部分关键配置项写入 Dockerfile 文件即可，修改之后的 Dockerfile 文件内容如下：

```dockerfile
FROM python:3.9
ENV ASYNC_DB_DRIVER=postgresql+asyncpg SYNC_DB_DRIVER=postgresql DB_
    PASSWORD=123456
COPY ./requirements.txt ./requirements.txt
RUN pip install --upgrade -r ./requirements.txt -i
https://pypi.tuna.tsinghua.edu.cn/simple
COPY ./ .

CMD ["uvicorn", "main:app", "--host", "0.0.0.0", "--port", "12510"]
```

接着重新构建一个新的镜像，执行的命令如下：

```
$ docker build -t booking_system_img_env .
```

构建完成后，可以进入容器内，通过 ENV 查看设置的环境变量，具体命令如下：

```
# docker images #查看当前镜像列表
REPOSITORY                TAG       IMAGE ID        CREATED          SIZE
booking_system_img_env    latest    d65c974b2374    7 minutes ago    1.04GB
booking_system_img        latest    2c49dfea9679    13 hours ago     1.04GB
```

```
python                    3.9      c27da15ba022    11 days ago      915MB
# docker run -i -t d65c974b2374 /bin/bash #进入容器内执行命令行
root@d1345c29525e:/# env #查看当前容器设置的环境变量信息
ASYNC_DB_DRIVER=postgresql+asyncpg
DB_PASSWORD=123456
SYNC_DB_DRIVER=postgresql
HOSTNAME=d1345c29525e
#省略部分代码
```

由上述显示结果可知，已成功设置了对应的环境变量。

14.5　基于 Docker Compose 进行服务编排

我们已经学习了如何单独对预约挂号系统代码进行镜像打包，并且成功运行服务。但是该项目还是存在问题：当正常进行相关 API 请求接口访问时会遇到连接数据库查询数据的问题。因为在镜像内连接的数据库是本地数据库，而镜像里面并没有对应 PostgreSQL 数据库和 RabbitMQ 服务，所以会遇到服务运行启动时数据库连接异常等问题。

14.5.1　多服务容器独立运行部署

在预约挂号项目中涉及 PostgreSQL 数据库以及 RabbitMQ 等服务的应用。接下来基于 Docker 来安装 PostgreSQL 数据库和 RabbitMQ 服务，具体命令如下：

```
$ docker pull postgres:9.6
$ docker pull rabbitmq:management
```

在上面的命令中，从 DockerHub 仓库中拉取一个 postgres:9.6 及最新版本的 RabbitMQ 镜像。接下来启动一个 PostgreSQL 数据库，命令如下：

```
$ docker run --name fastapi_pg -v /data/fastapi_pg/pgdata:/var/lib/postgresql/
    data -e POSTGRES_PASSWORD=123456 -p 9999:5432 -d postgres:9.6
```

对上面的命令解析如下：

❑ docker run：表示执行启动容器。

❑ --name fastapi_pg：表示将当前的启动容器命名为"fastapi_pg"。

❑ -v /data/fastapi_pg/pgdata:/var/lib/postgresql/data：表示进行宿主机和容器内目录的挂载映射，主要是把容器内的 :/var/lib/postgresql/data 目录映射到宿主机的" /data/fastapi_pg/pgdata"。通常，目录挂载是为了解决容器内部文件和外部文件的互通问题。通过它可以解决同步相关代码配置修改，以及日志双向的数据同步等问题。

❑ -e POSTGRES_PASSWORD=123456：表示设置当前容器内 POSTGRES_PASSWORD 环境变量的值。

❑ -p 9999:5432 表示把容器内的 5432 端口映射到宿主机的 9999 端口。

❑ -d postgres:9.6 表示基于 postgres:9.6 镜像在后台运行一个容器。

启动成功后，可以通过查看当前运行的容器进行验证，以上命令的显示结果：

```
$ docker run --name fastapi_pg -v /data/fastapi_pg/pgdata:/var/lib/postgresql/
    data -e POSTGRES_PASSWORD=123456 -p 9999:5432 -d postgres:9.6
42703110df0c6663b000c199e8c112e67d4a670f2034ea80ec81501ba5b26db3
# docker ps
CONTAINER ID    IMAGE                          COMMAND                CREATED
    STATUS          PORTS                                              NAMES
42703110df0c    postgres:9.6                   "docker-entrypoint.s…"  7 seconds ago
    Up 5 seconds    0.0.0.0:9999->5432/tcp, :::9999->5432/tcp          fastapi_pg
e651bd4adf1b    booking_system_img_env         "uvicorn main:app --…"  3 hours ago
    Up 3 hours      0.0.0.0:12511->12510/tcp, :::12511->12510/tcp      booking_
    server_env
59991338f429    booking_system_img             "uvicorn main:app --…"  12 hours ago
    Up 11 hours     0.0.0.0:12510->12510/tcp, :::12510->12510/tcp      booking_server
```

通过上面的输出结果可以看到数据库服务已正常运行。为了保证整个预约挂号系统完整运行，下面启动 RabbitMQ 服务。启动 RabbitMQ 服务的命令如下：

```
$ docker run -d -p 15673:15672 -p 5672:5672  -e RABBITMQ_DEFAULT_USER=admin
    -e RABBITMQ_DEFAULT_PASS=admin --name booking_system_rabbit --hostname=
    rabbitmqhostone
-v /data/fastapi_rabbitmq/rabbitmqdata:/var/lib/rabbitmq rabbitmq:management
```

启动 RabbitMQ 服务会映射两个端口：

❑ -p 5672:5672 端口：主要是针对客户端程序连接服务端时对外使用的端口。
❑ -p 15673:15672 端口：表示登录 RabbitMQ 启动 Web 界面时所使用的对外服务端口。
RABBITMQ_DEFAULT_USER 和 RABBITMQ_DEFAULT_PASS 环境变量表示用于登录 RabbitMQ 启动 Web 界面使用到的用户名和密码，这里使用默认的用户名和密码 admin。

RabbitMQ 服务启动成功后，通过浏览器访问地址 http://ip:15673，然后使用上面设置的用户名和密码即可登录 RabbitMQ 管理 UI 界面。

经过上面的操作启动了一系列服务，接下来通过设置 FastAPI 服务 Dockerfile 中对应的环境变量来指定连接 PostgreSQL 和 RabbitMQ 数据库的地址和密码，这样可以创建出 3 个容器服务来同时运行，从而可以完整地运行整个预约挂号应用程序。

> 注意 大多数有状态的服务组件，如数据库服务 MySQL 以及 postgres 等，不建议运行在容器内（不是完全不能运行，主要是看对数据的敏感程度），因为这会带来如下问题：
> ❑ 容器自身具有停止或者删除等操作，当容器被删除时，容器内的数据会丢失（虽然可以通过目录挂载方式进行存储，但是容器本身的一些特性有可能会造成数据损坏。）
> ❑ 通过容器运行数据服务程序，会存在 IO 读写性能问题。

14.5.2 多 Docker 容器一键编排部署

手动拉取镜像和手动启动相关服务的过程相对烦琐，且不利于管理。接下来通过 Docker Compose 来实现一键编排并启动服务。

Docker Compose 是基于 Python 开发的用于 Docker 服务编排的工具，在构建基于 Docker

的复杂应用时通过 Docker Compose 编写 docker-compose.yml 配置文件来管理多个 Docker 容器，或对容器集群进行管理和编排。从某种程度上看，可以将 Dockerfile 理解为用来构建 Docker 镜像的工具，而 Docker Compose 是创建容器的工具。Docker Compose 主要用于封装并执行一些 docker run 命令。

下面使用 Docker Compose 来编排 FastAPI+PostgreSQL+RabbitMQ。首先需要执行如下命令安装 Docker Compose：

```
$ curl -L "https://github.com/docker/compose/releases/download/1.28.3/docker-compose-$(uname -s)-$(uname -m)" -o /usr/local/bin/docker-compose
```

然后执行如下命令修改执行权限：

```
$ chmod +x /usr/local/bin/docker-compose
```

执行如下命令验证是否安装成功：

```
$ /usr/local/bin/docker-compose version
docker-compose version 1.18.0, build 8dd22a9
docker-py version: 2.6.1
CPython version: 3.6.8
OpenSSL version: OpenSSL 1.0.2k-fips  26 Jan 2017
```

如果出现上述结果，则表示已安装成功。接下来开始编写对应的 docker-compose.yml 文件，文件内容如下：

```
version: "3.9"
networks:
    #指定网络名称
    zyx-txnet:
        #指定网络模式为桥接模式
        driver: bridge
services:
    postgres_db:
        image: postgres:14.1-alpine
        #指定使用网络
        networks:
            - zyx-txnet
        environment:
            POSTGRES_USER: postgres
            POSTGRES_PASSWORD: 123456
            POSTGRES_DB: booking_system
            POSTGRES_HOST: postgres_db
        volumes:
            - /data/fastapi_pg/pgdata:/var/lib/posgresql/data/
        ports:
            - "5435:5432"
        restart: always
        healthcheck:
            test: [ "CMD-SHELL", "pg_isready -U postgres" ]
            interval: 10s
            timeout: 5s
            retries: 5
    fastapi_api_service:
```

```
    build: .
    #指定使用网络
    networks:
        - zyx-txnet
    environment:
        #需要注意，这里是指数据库用户名
        DB_USER: postgres
        #需要注意，这里是指数据库用户密码
        DB_PASSWORD: 123456
        #需要注意这里的连接数据库名称
        DB_NAME: booking_system
        #因为是同一个网络的，因此可以直接通过postgres_db来找到对应的HOTS地址
        DB_HOST: postgres_db
    command: [sh, -c, "uvicorn main:app --host 0.0.0.0 --port 8000"]
    ports:
        - "8005:8000"
    depends_on:
        postgres_db:
            condition: service_healthy
rabbit:
    image: rabbitmq:3-management-alpine
    #指定使用网络
    networks:
        - zyx-txnet
    environment:
        RABBITMQ_DEFAULT_USER: admin
        RABBITMQ_DEFAULT_PASS: admin
    volumes:
        - /data/fastapi_rabbitmq/rabbitmqdata:/var/lib/rabbitmq
    ports:
        - 5675:5672
        - 15675:15672
    healthcheck:
        test: [ "CMD", "nc", "-z", "localhost", "5672" ]
        interval: 5s
        timeout: 15s
        retries: 1
```

上述文件配置指令的说明如下：

❑ version："3.9" 表示当前支持 docker-compose.yml 的版本。

❑ networks：表示创建自定义网络。在本示例中指定网络模式是桥接（Bridge）模式，zyx-txnet 则表示网络名称。networks 参数通常应用在集群服务中，通过它可以使得不同的应用程序在同一网络中运行，从而解决应用网络隔离问题。

❑ services：表示当前所包含的 Container（容器），也就是包含哪些容器服务组件，一个 services 可以包含多个 Container。

❑ postgres_db：表示当前的 postgres 容器名称。

❑ build：. 表示是当前容器运行时所指定的构建镜像上下文的路径。如构建 fastapi_api_service 的过程中，之前自己编写的 Dockerfile 就在当前项目根目录下，所以使用 . 来表示当前目录下使用当前目录的 Dockerfile 文件来构建容器运行的基础

镜像。

- □ image：表示当前容器基于哪一个基础镜像启动运行。
- □ environment：表示当前这个容器启动时所设置的环境变量信息。
- □ command：表示当前容器启动后需要的命令。
- □ depends_on：表示相关容器之间相互的依赖关系，如 fastapi_api_service 容器依赖 postgres_db 容器，所以当一键运行服务时会优先启动 postgres_db 容器，之后才会启动 fastapi_api_service 容器。
- □ volumes：表示主机数据卷和容器内的目录映射挂载。
- □ ports：表示容器端口到主机端口的映射。
- □ restart：表示容器启动策略模式。always 表示容器总是自动重新启动的模式。另外还有其他模式，如 "no" 是默认的重启策略，表示任何情况下都不会重启容器等。
- □ healthcheck：表示对容器进行健康检查的机制，常用指令如下：
  - ○ CMD：表示在容器内执行具体的命令。
  - ○ interval：表示执行健康检查的间隔时间，默认为 30s。
  - ○ timeout：表示执行健康检查的超时时间，若超过则表示本次健康检查被视为失败，默认为 30s。
  - ○ retries：表示连续执行健康检查指定的次数后失败，则将容器状态视为 unhealthy，默认为 3 次。

关于更多 docker-compose.yml 配置项的说明，读者可以自行查阅官方文档。目前基于上面文件的一些指令进行编排，已可以完成应用程序的一键启动。命令如下：

```
（前台启动）docker-compose up
（后台启动）docker-compose up -d
```

其他更多的常用 Docker Compose 的命令，说明如下：

```
#基于docker-compose.yml使用前台方式启动Compose服务，命令退出时，所有容器都将停止
docker-compose -f docker-compose.yml up
#基于docker-compose.yml使用后台方式启动Compose服务
docker-compose -f docker-compose.yml up -d
#基于docker-compose.yml停止Compose服务
docker-compose -f docker-compose.yml stop
#基于docker-compose.yml停止并删除服务
docker-compose -f docker-compose.yml down
#基于docker-compose.yml停止并重启服务
docker-compose -f docker-compose.yml restart
#基于docker-compose.yml强制Kill服务
docker-compose -f docker-compose.yml kill
#基于docker-compose.yml查看Compose服务状态
docker-compose -f docker-compose.yml ps
#基于docker-compose.yml删除Compose服务
docker-compose -f docker-compose.yml rm
#查看容器启动的日志信息
docker-compose logs -f docker-compose.yml
#查看某一容器启动的日志信息
docker logs -f docker-compose.yml container_id
```

完成服务启动后，将对应数据库中的数据进行同步即可，此时访问对应 fastapi_api_service 服务对外暴露的 8005 端口，可查看到应用服务已正常启动，并可以获取到 API 中返回具体数据了。

14.6　基于 Gogs+Drone 进行可持续集成

前面小节已经介绍了基于 SVN 完成相关代码自动化的更新部署及基于 Docker 构建镜像服务，但是容器化时代下如何基于 Docker 来完成自动化发布代码呢？接下来介绍如何通过 Gogs 和 Drone 完成 CI（持续集成）进行代码自动化的更新部署。

持续集成是一种软件应用开发交付方式，通过持续集成可以让软件应用更快、更高质量地进行迭代发布。通过它可以自动进行代码产品的打包，以及程序产品的构建，并自动进行测试，在这一系列的发布软件操作执行过程中，可以检测出在哪一个环节出现了问题。当出现问题后，可以进行实时反馈，以便开发人员进行排查定位并进行及时的修复。不仅如此，它还可以进行代码质量分析等操作。

14.6.1　通过 Gogs 搭建自助 Git 服务

Gogs 是一个类似 SVN 的代码管理系统，基于 Gogs 可以实现类似 GitHub 的相关功能。使用 Gogs 可以轻松、方便、快捷地构建一个自助 Git 服务。它具有易安装、跨平台、轻量级等特性。相对其他的自助 Git 服务（如 Gitlab、Gitea 等），Gogs 对机器硬件的要求较低。由于这里的项目比较小，所以选择 Gogs 来进行项目代码的管理。

前面已经介绍了如何使用 Docker 来安装服务，Gogs 本身也提供了对应的 Docker 镜像进行快速的安装。下面直接使用 Docker 来安装 Gogs。首先拉取 Gogs 镜像，命令如下：

```
docker pull gogs/gogs
```

当镜像拉取成功后运行 Gogs 服务。我们知道，使用 Docker 启动服务分为前台和后台两种方式，命令如下：

```
（前台）$ docker run --name=gogs -p
        10022:22 -p 2080:3000 -v /
        data/gogs:/data gogs/gogs
（后台）$ docker run --name=gogs -p
        10022:22 -p 2080:3000 -v /
        data/gogs:/data -d gogs/gogs
```

Gogs 服务运行起来后，通过浏览器访问 http://127.0.0.1:2080 地址，即可进行 Gogs 初始化配置。

进行数据库配置，如图 14-4 所示。

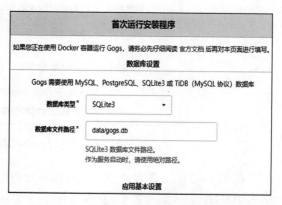

图 14-4　进行 Gogs 所需的数据库配置

这里为了方便，直接使用 SQLite3 作为仓库进行数据存储，读者可以根据自己的实际情况合理选择符合自己的数据存储类型。数据库配置完成后，继续进行 Gogs 服务应用的其他基本配置，如图 14-5 所示。

图 14-5　进行 Gogs 服务应用的其他基本配置

在图 14-5 中，需要注意，SSH 端口号对应的是启动 Gogs 容器时对外暴露的端口号（这里为 10022）。接下来为 Gogs 服务配置一个管理员账号，如图 14-6 所示。

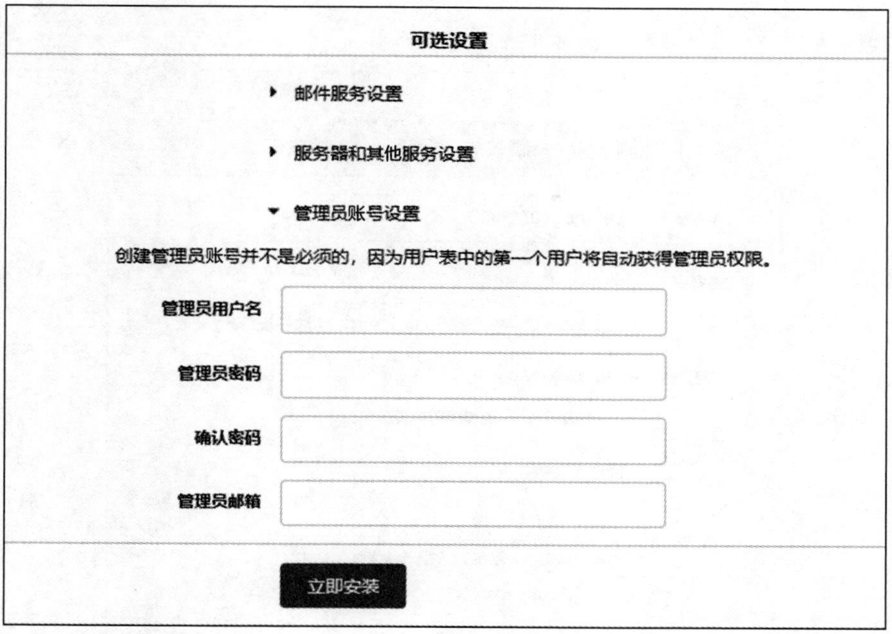

可选设置

▸ 邮件服务设置

▸ 服务器和其他服务设置

▾ 管理员账号设置

创建管理员账号并不是必须的，因为用户表中的第一个用户将自动获得管理员权限。

管理员用户名

管理员密码

确认密码

管理员邮箱

立即安装

图 14-6   为 Gogs 服务配置管理员账号

注意 这里配置的 Gogs 管理员账号，也是后续登录 Drone 时需要使用的账号。

在图 14-6 中直接单击"立即安装"按钮，即完成 Gogs 服务的配置。配置完成后，最终跳转到 Gogs 服务首页，如图 14-7 所示。

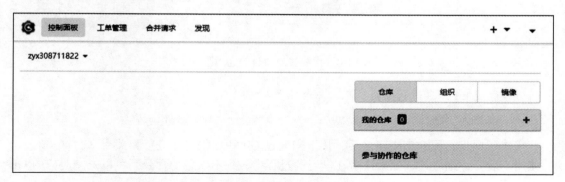

图 14-7   Gogs 服务首页

此时，可以给预约挂号项目新建一个 Git 仓库，具体的仓库配置如图 14-8 所示。

创建完成后，会跳转到一个新页面来告诉用户具体仓库如何进行拉取和提交，如图 14-9 所示。

图 14-8　预约挂号项目的仓库配置

可以通过 git 命令进行项目复制，命令如下：

```
git http://192.168.126.130:3000/zyx308711822/booking_system.git
```

完成了项目远程仓库搭建之后，接下来通过 Git 和远程仓库进行相关交互。这里对 Git 的使用不展开详细叙述，如果读者在学习的过程中遇到不熟悉的命令，可以查阅对应的 Git 官方文档。

14.6.2　通过 Drone 搭建持续集成和持续交付

Drone 是一个新一代 CICD（持续集成和持续交付）的平台，相对于 Jenkins、Gitlab

CICD 之类的工具来说比较轻量，它可以与 Docker 和 K8s 无缝衔接。通过 Drone 结合各种主流的 Git 平台，可以实现对应 Git Push 自动化的打包和部署。它使用简单的 YAML 配置文件就可以完成比较复杂的自动化构建、测试和发布等一系列的工作流程。本小节主要介绍 Drone 和 Gogs 的结合来实现持续集成。

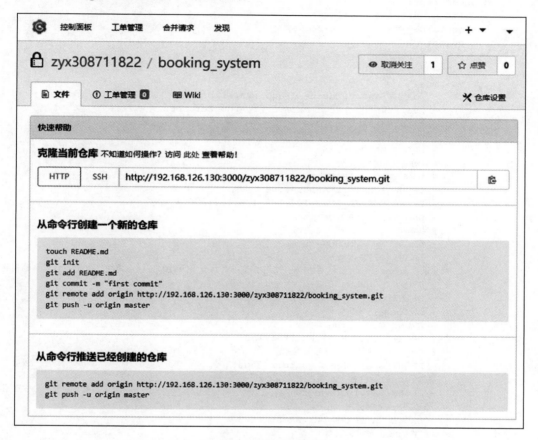

图 14-9　仓库拉取和提交

接下来通过 Docker Compose 来一键搭建 Drone 和 Gogs 服务平台，分步介绍整个自动化过程。

1. Gogs 和 Drone 的安装配置绑定

首先编写对应的 docker-compose.yml 文件，其详细内容如下：

```
version: '3'
services:
    gogs:
        image: gogs/gogs:latest
        container_name: gogs
        ports:
```

```
            - "3000:3000"
            - "10022:22"
        volumes:
            - /data/fastapi_drone/gogs:/data

    drone-server:
        image: drone/drone:latest
        container_name: drone-server
        ports:
            - "8080:80"
            - "8443:443"
        volumes:
            - /data/fastapi_drone/drone:/var/lib/drone/
            - /var/run/docker.sock:/var/run/docker.sock
        restart: always
        environment:
            - DRONE_DEBUG=true
            #启动日志，默认是关闭的
            - DRONE_LOGS_TRACE=true
            - DRONE_AGENTS_ENABLED=true
            - DRONE_SERVER_HOST=192.168.126.130:8080
            - DRONE_RPC_PROTO=http
            #启动debug日志，默认是关闭的
            - DRONE_LOGS_DEBUG=true
            - DRONE_OPEN=true
            #设置drone-server使用的host名称，可以是IP地址加端口号；容器中可以使用容器名称代替
            - DRONE_SERVER_HOST=drone-server
            - DRONE_GIT_ALWAYS_AUTH=false
            #开启Gogs
            - DRONE_GOGS=true
            - DRONE_GOGS_SKIP_VERIFY=false
            # Gogs服务地址，使用容器名+端口号
            - DRONE_GOGS_SERVER=http://gogs:3000
            # Drone的提供者，本项目中为Gogs服务
            - DRONE_PROVIDER=gogs
            #配置Drone数据库
            - DRONE_DATABASE_DRIVER=sqlite3
            #配置Drone数据库文件
            - DRONE_DATABASE_DATASOURCE=/var/lib/drone/drone.sqlite
            #协议，可选HTTP、HTTPS
            - DRONE_SERVER_PROTO=http
            #密钥，用于drone-server与drone-agent之间的RPC请求
            - DRONE_RPC_SECRET=xiaozhong
            #密钥，用于drone-server与drone-agent直接的请求
            - DRONE_SECRET=xiaozhong
            #指定当新用户尝试使用Drone服务时应该如何创建该用户
            - DRONE_USER_CREATE=username:zyx308711822,admin:true

    drone-agent:
        image: drone/agent:latest
        container_name: drone-agent
        depends_on:
        - drone-server
```

```
        volumes:
            - /var/run/docker.sock:/var/run/docker.sock
        restart: always
        environment:
            - DRONE_DEBUG=true
            #启动日志，默认是关闭的
            - DRONE_LOGS_TRACE=true
            #启动Debug日志，默认是关闭的
            - DRONE_LOGS_DEBUG=true
            #设置drone-server使用的host名称，可以是IP地址加端口号；容器中可以使用容器名称代替
            - DRONE_RPC_SERVER=http://drone-server
            #密钥，用于drone-server与drone-agent之间的RPC请求
            - DRONE_RPC_SECRET=xiaozhong
            - DRONE_SERVER=drone-server:9000
            #密钥，用于drone-server与drone-agent直接的请求
            - DRONE_SECRET=xiaozhong
            - DRONE_MAX_PROCS=5
```

上面的代码中编排了 3 个容器组件，具体说明如下：

❑ gogs：用于代码仓库存放容器。

❑ drone-server：Drone 服务器端用于处理任务分发。关于 Drone 服务配置核心的环境
变量，可看配置文件中的注释说明。

❑ drone-agent：Drone 代理客户端会主动轮询 Server，获取需要执行的流水线任务。

通过上面的编排即可成功把整个基于 Drone 的 CI（持续集成）的服务都启动起来。对
Gogs 服务进行初始化配置，并创建挂号预约项目的仓库，这里不再重复。

> 🔞 注
> 意
> 在新 Gogs 版本中进行 Gogs 服务初始化配置时，需要添加一个新的安全配置项，用
> 于后续和 Drone 的通信，不然在进行钩子推送的过程中会有提示：推送 URL 被解析
> 到默认禁用的本地网络地址。具体的配置路径为 gogs/conf/app.ini，随后在该文件中
> 新增如下配置信息：
>
> ```
> [security]
> ...
> LOCAL_NETWORK_ALLOWLIST = 192.168.126.140, drone-servery
> ```
>
> 其中，drone-servery 或 IP 信息主要用于指向 Drone 所在的本地网络地址。

完成仓库创建后，接下来配置 Drone 进行同步仓库项目操作。具体步骤如下：

步骤 1　首先通过浏览器访问 http://192.168.126.140:8080 地址，进入 Drone 提供的
Web 管理登录界面。

步骤 2　然后单击界面上的"继续按钮"按钮，输入之前配置 Gogs 服务时管理员的用
户名和密码信息进行登录。

步骤 3　登录成功后进入 Drone 首页，此时会显示 Gogs 所创建的仓库信息，接着进入
当前项目中，在 Project Settings 配置项中开启 Trusted，如图 14-10 所示。

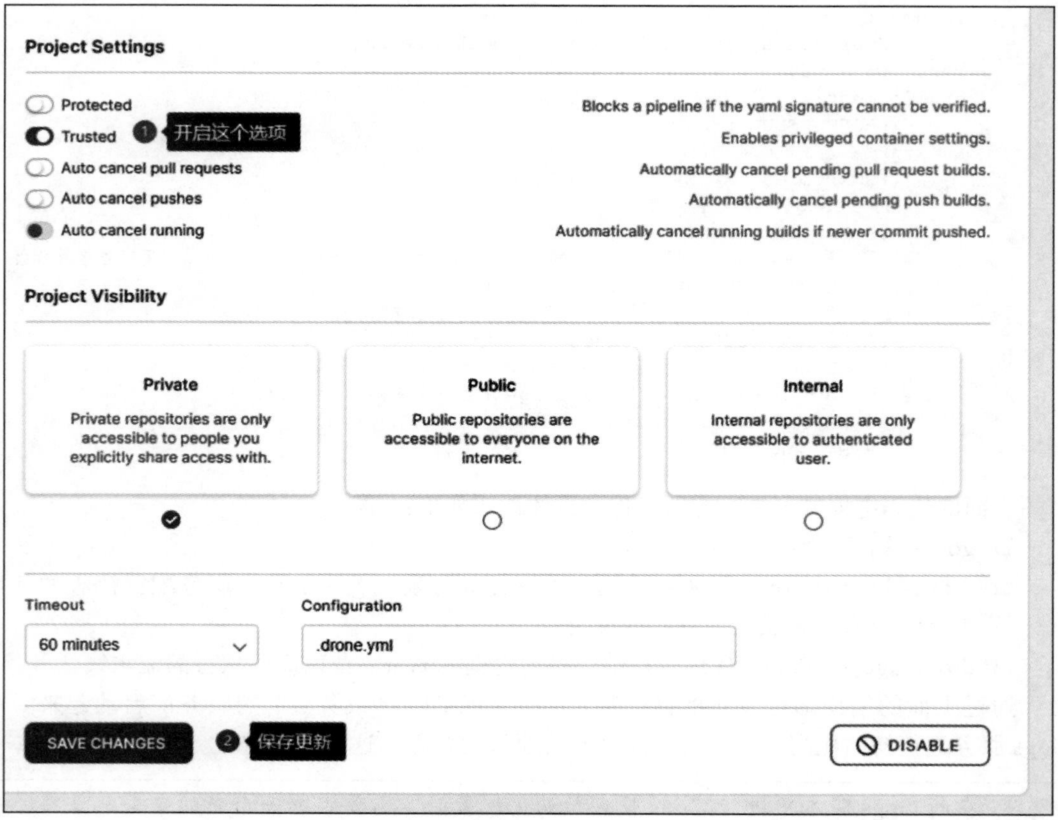

图 14-10　配置 Drone 中的项目 Trusted 特权

　　需注意，在 Drone 中，Trusted 特权容器是一种对宿主机资源具有特殊访问权限的容器，它能够为 Drone 构建过程中使用到的 Docker 容器提供相关必要的权限。在使用 Drone 构建和部署应用程序时，需要在 Drone 服务器上配置 Trusted 容器映像，并在 Drone Agent 使用 Docker 执行器时开启 Trusted 特权容器支持，以便其能够获取对应权限，不然执行流水线任务时会出现问题。接着进入 Gogs 仓库中，在对应的仓库项目设置项中查看并验证配置"管理 Web 钩子"的有效性。单击"测试推送"按钮，然后查看测试结果，如图 14-11 所示。

　　此时说明已完成项目关联。

2. 定义 Drone 的执行流水线任务

　　当向远程服务器中的 Git 仓库提交更新代码后，会触发仓库项目的配置 Web 钩子脚本的执行，Drone 会根据当前项目目录下的 .drone.yml 配置执行相应的流水线任务，.drone. yml 配置文件是整个 Drone 的核心。下面开始编写流水线任务 .drone.yml 配置文件，代码如下：

图 14-11　查看并验证配置"管理 Web 钩子"的有效性

```
kind: pipeline          #kind用于构建类型，主要有pipeline和signatures两种定义对象类型
type: docker            #定义流水线类型，还有kubernetes、exec、ssh等类型
name:挂号预约系统部署      #定义pipeline类型的名称
```

```
workspace:#定义构建工作区。工作区是在构建过程中存储和处理源代码及输出文件的目录
    path: /drone/src

steps: #定义流水线执行步骤，这些步骤将顺序执行
    #将本地或远程服务器上的文件复制到SSH服务器中，支持密码和密钥两种认证方式
    - name: code-scp
        image: appleboy/drone-scp
        settings:
            host: 192.168.126.130#远程连接地址
            username: root          #远程连接账号
            password: 123456
            port: 22                #远程连接端口
            #转移到宿主机的某个目录下
            target: /data/www/booking_system
            #复制当前工作区内的相关的所有文件(Git拉取下来的项目文件)
            source: .

    #正式进行部署项目
    - name: code-deploy
        image: appleboy/drone-ssh #链接宿主机的SSH插件镜像
        settings:
            host: 192.168.126.130 #远程连接地址
            username: root #远程连接账号
            password: 123456
            port: 22 #远程连接端口
            #执行相关的命令
            script:
                - cd /data/www/booking_system
                #每次发布更新代码都需要重新构建新的镜像
                #- docker-compose stop && echo y | docker-compose rm && docker
                    rmi fatest_api:latest
                - docker-compose stop && docker-compose up -d --build

    - name: notify
        image: drillster/drone-email
        settings:
            host: smtp.qq.com              #例如smtp.qq.com
            port: 465                      #例如QQ邮箱端口465
            username: 308711822@qq.com     #邮箱用户名
            password: xxxxxxxxxxx          #邮箱密码
            subject: "Drone build: [{{ build.status }}] {{ repo.name }} ({{ repo.
                branch }}) #{{ build.number }}"
            from: 308711822@qq.com
            skip_verify: true
            recipients_only: true   #只发送给指定的邮件收件人，不默认发送给流水线创建人
            recipients: [ 308711822@qq.com]
        when: #执行条件
            status: [ changed, failure, success]
```

对上面配置文件中定义流水线任务内容的说明如下：

❑ 第 1 个 step 通过一个 drone-scp 容器执行 cp 命令，从 Gogs 项目仓库服务器复制文件。

❑ 第 2 个 step 通过一个 drone-ssh 容器执行 SSH 命令，连接到远程服务器上并进入"/data/www/booking_system"目录下，然后通过 docker-compose 执行对应的脚本

　　　　文件来启动服务。对应的命令首先停止所有的服务，然后重新执行构建并启动。
❑　第 3 个 step 通过一个 drone-email 容器执行邮件通知发送的功能。
　　对于文件中各个配置项的说明，读者可以通过注释进行了解。然而上面的配置文件存在一个严重的问题，即远程服务端的密码和 QQ 邮箱的授权码等信息都是明文写入的，这种方式存在安全隐患，也是不可取的。所以 Drone 提供了 Secrets 配置密钥项，用户可以把一些关键敏感的配置信息写入 Secrets 中进行保存，从而避免此类问题。具体操作步骤如下：
　　步骤 1　首先进入 Drone 工作区，并进入对应已同步完成的项目中，然后在 Settings 选项下选择 Secrets，最后创建对应的账号信息和密钥信息，如图 14-12 所示。

图 14-12　配置项目的 Secrets

　　步骤 2　新建需要配置的密钥键值对，如图 14-13 所示。

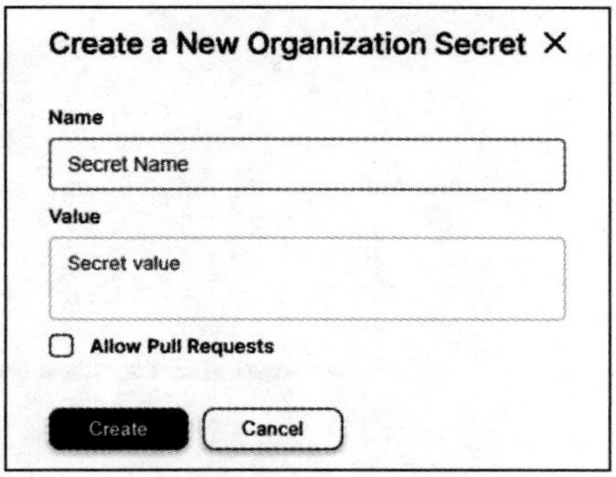

图 14-13　配置项目的密钥键值对

　　步骤 3　修改 .drone.yml 文件内容信息，将敏感的字段进行替换，一些字段信息如下：

```
kind: pipeline #kind用于构建类型，主要有pipeline和signatures两种定义对象类型
type: docker #定义流水线类型，还有kubernetes、exec、ssh等类型
name:挂号预约系统部署#定义pipeline类型的名称
```

```
workspace:#定义构建工作区。工作区是在构建过程中存储和处理源代码及输出文件的目录
  path: /drone/src

steps: #定义流水线执行步骤，这些步骤将顺序执行
         #将本地或远程服务器上的文件复制到SSH服务器中，支持密码和密钥两种认证方式
    - name: code-scp
        image: appleboy/drone-scp
        settings:
            host: 192.168.219.130 #远程连接地址
            username: root #远程连接账号
            password:
                from_secret: ssh_password
            port: 22 #远程连接端口
            #转移到宿主机的某个目录下
            target: /data/www/booking_system
            #复制当前工作区内的相关的所有文件（Git拉取下来的项目文件）
            source: .
#省略部分脚本代码
```

在上面的内容中，将一些敏感的密码信息替换为了 from_secret: ssh_password，ssh_password 就是创建的相关密钥键值对中的一个。

3. 执行代码的 Push 更新，观察流水线执行

流水线任务的脚本编写完成后，就可以向远端的 Git 仓库进行代码推送更新。如前面所述，此时会触发配置好的 Web 钩子，之后 Drone 会根据定义的 .drone.yml 脚本来执行相关任务。流水线任务界面如图 14-14 所示。

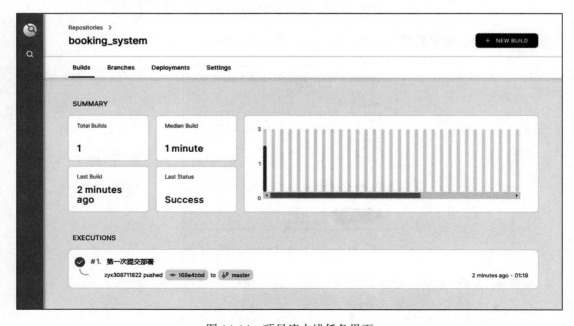

图 14-14　项目流水线任务界面

　　每一个流水线任务的执行都分为了几个阶段，用户可以单击进入，查看每一个阶段构建的过程，如图 14-15 所示。

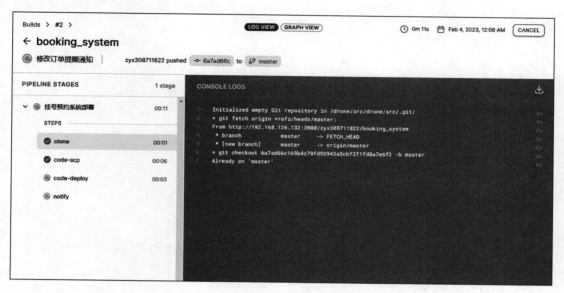

图 14-15　查看流水线每一个阶段构建的过程

　　如果每一个阶段的构建图标显示为绿色的"√"，则表示该阶段的任务执行没有问题。

　　当所有的阶段构建图标都显示为绿色的"√"时，则表示此时的整个流水线任务都成功执行。

　　通过上面一系列步骤的操作后，就完成了整个基于 Docker 容器化的自动化部署流程。关于 Drone 更多的配置项，读者可参考 Drone 官网来学习。

FastAPI 实战常见问题

前面几章介绍了如何开发、测试以及部署上线一个比较完整的应用程序。但实际应用中，还会遇到其他问题，常见的问题如下：

- ❑ 如何基于依赖注入传入自定义参数。
- ❑ 如何自定义一些扩展插件。
- ❑ 如何解决 body 被重复消费的问题。
- ❑ 如何定义一个全局 request 代理对象。
- ❑ 如何进行同步代码和异步代码之间的相互转换。
- ❑ 使用 response_model 作为响应报文模型，如何进行排序。
- ❑ 如何进行分布式链路追踪。
- ❑ 如何进行错误信息收集。

 本章相关代码位于 \fastapi_tutorial\chapter15 目录之下。

15.1 依赖注入项的传参

前面章节介绍过关于依赖注入的使用说明，但是对依赖项传参问题没有过多地深入探讨，在实际业务场景中，是有必要动态地对依赖项进行传参的，如权限校验等。下面通过一些简单示例来解决此类问题。我们知道，有函数和类等方式来定义依赖项，示例如下：

```
#省略部分代码
app = FastAPI()

def auth_check(role:str):
```

```
        return role

@app.get("/auth_check")
def auth_check(role: str = Depends(auth_check)):
    return commons
```

在上面的方式中，使用函数方式来定义依赖项 Depends(auth_check)，运行服务并访问后可以知道，role 被转换为一个必填的查询参数，但是无法动态地给 role 进行传参。接下来改为使用类的方式定义依赖项，代码如下：

```
#省略部分代码
app = FastAPI()
class AuthCheck:
    def __init__(self, role: str):
        self.role = role

@app.get("/auth_check")
def auth_check(role: dict = Depends(AuthCheck)):
    return role
```

在上面的代码中，把函数式的依赖项改为使用类形式的依赖项，但是上面的这种定义方式依然无法完成自定义的传参，类似的 role 参数属性也自动转换为一个必填的查询参数。

对于此类情况，主要的问题点在于依赖项初始化时必须传入一个可调用对象，然而使用类的定义方式无法在依赖项中进行实例化并自动转换为一个可调用对象，可以在类中再做一次转换，利用 _call_() 魔法函数把类实例化之后的对象转换为可调用对象，代码如下：

```
#省略部分代码
app = FastAPI()

class AuthCheck:
    def __init__(self, role_name: str):
        self.role_name = role_name

    def __call__(self,):
        print("当前角色是: ",self.role_name)
        if self.role_name =='admin':
            return "管理员"
        return "普通用户"

@app.get("/auth_check")
def auth_check(role: str = Depends(AuthCheck(role_name="admin"))):
    return role
```

在上面的代码中，在 AuthCheck 类内部实现了 _call_() 方法，此时 AuthCheck(role_name="admin") 也变为一个可调用的对象，这样就可以实现依赖项的传参效果。除此之外，还可以利用 FastAPI 框架提供的 Security 模块，该模块也可以实现类似的依赖注入项传参，具体代码如下：

```
#省略部分代码
from fastapi.security import SecurityScopes
```

```
from fastapi import Security
app = FastAPI()

def auth_check(security_scopes: SecurityScopes):
    print("传入的参数: ",security_scopes.scopes)
    if security_scopes.scopes[0]=='admin':
        return "管理员"
    return "普通用户"

@app.get("/auth_check")
def auth_check(role: str = Security(auth_check,scopes=["admin"])):
    return role
```

在上面的代码中，从 FastAPI 导入 Security 函数并传入视图函数中，其中 Security 是
Depends 的子类，它相对于 Depends 多了一个 scopes 参数。通过 scopes 参数，可以扩展传入自
定义参数值，此时依赖项的函数需要做一定的修改才可以接收对应 Security 中传入的 scopes。
如在 auth_check(security_scopes: SecurityScopes) 中，需要通过 security_scopes 来接收传入的
scopes=["admin"] 列表的值。上面那种方式如果改为类方式，那么也同样支持，代码如下：

```
#省略部分代码
from fastapi.security import SecurityScopes
from fastapi import Security
app = FastAPI()

class AuthCheck:
    def __init__(self, security_scopes: SecurityScopes,role:str):
        print("传入的参数: ", security_scopes.scopes)
        self.role = role

@app.get("/auth_check2")
def auth_check(role: str = Security(AuthCheck,scopes=["admin"])):
    return role
```

上面介绍的几种实现方式都可以完成依赖注入项中的传参。

15.2 自定义插件开发

FastAPI 框架本身的设计非常好，它可以让用户自由地进行相关扩展插件的开发。目
前，很多开发者也在积极地完善插件生态。开发者也可以结合自身的业务情况开发自己的
插件，多数情况下，通过自定义一个类来实现插件的定义，然后通过实例化这个插件类让
插件类具有 app 对象功能。这种实现的方式相对简单，因为 app 对象可以通过它自带的方
法来扩展，让插件本身可以独立于整个框架之外而存在，而每一个插件只依赖一个 app 的
引用即可，这种实现插件化的方式和 Flask 插件实现机制的原理类似。

15.2.1 插件模板基类的定义

在预约挂号系统中定义全局异常处理类，代码如下：

```
class ApiExceptionHandler:
    def __init__(self, app=None, *args, **kwargs):
        super().__init__(*args, **kwargs)
        if app is not None:
            self.init_app(app)

    def init_app(self, app: FastAPI):
        app.add_exception_handler(Exception, handler=self.all_exception_handler)
        app.add_exception_handler(StarletteHTTPException, handler=self.http_
            exception_handler)
        app.add_exception_handler(BusinessError, handler=self.all_businesserror_
            handler)
        app.add_exception_handler(RequestValidationError, handler=self.
            validation_exception_handler)

    async def validation_exception_handler(self, request: Request, exc:
        RequestValidationError):
        return ParameterException(http_status_code=400, api_code=400, message='参
            数校验错误', result={
            "detail": exc.errors(),
            "body": exc.body
        })
#省略部分代码
```

在上述代码中定义了 **ApiExceptionHandler** 类，在进行 ApiExceptionHandler 实例化时，把 app 对象当作参数传入，在实例化过程中调用了 init_app() 方法。init_app() 方法的逻辑就是插件附加功能的实现。通过上面这种方式，我们大概可以知道，一个插件模板和定义的全局异常类插件是类似的。代码如下：

```
import fastapi
import pydantic
import typing
import abc


class PluginBase(abc.ABC):

    def __init__(self,app: fastapi.FastAPI = None,config: pydantic.BaseSettings =
        None):
        if app is not None:
            self.init_app(app)

    @abc.abstractmethod
    def init_app(self,app: fastapi.FastAPI,config: pydantic.BaseSettings =
        None,*args,**kwargs) -> None:
        raise NotImplementedError('需要实现初始化')
```

PluginBase 基类实现之后，后续通过继承插件基类的方式即可实现对应的自定义插件。通过上面这种方式，用户可以很好地进行插件功能的扩展，并且插件之间相互独立，互不影响。下一小节将结合具体示例来编写简单的自定义插件。

15.2.2　实现类似 Flask 钩子事件插件

如果用户使用过 Flask，那么对它提供的一些钩子函数的实现会有所了解。在 Flask 框

架中,请求进来时会有具体的处理函数回调,通过这种方式可以实现一些请求前置和后置。请求处理有如下几个方法名称:

- ❑ 请求前(before_request)。
- ❑ 请求后(after_request)。
- ❑ 请求结束后(teardown_appcontext)。

下面结合中间件与继承于插件模板的基类来实现类似的插件需求。

在开始定义插件之前,我们发现这种事件回调和 FastAPI 框架中提供的 on_event() 的事件回调机制是一样的,所以可以参考框架内部的 on_event() 实现方式来实现上述钩子函数事件的需求。

首先自定义一个插件类,该类继承于 PluginBase,代码如下:

```python
class HookPluginClient(PluginBase):
    #设置插件默认的参数信息
    def __init__(self,
                 on_before_request: typing.Sequence[typing.Callable] = None,
                 on_after_request: typing.Sequence[typing.Callable] = None,
                 on_teardown_appcontext: typing.Sequence[typing.Callable] = None,
                 *args, **kwargs):
        super().__init__(*args, **kwargs)
        self.on_before_request = [] if on_before_request is None else list(on_
            before_request)
        self.on_after_request = [] if on_after_request is None else list(on_
            after_request)
        self.on_teardown_appcontext = [] if on_teardown_appcontext is None else
            list(on_teardown_appcontext)

    def init_app(self, app: FastAPI, *args, **kwargs):
        @app.middleware("http")
        async def event_request(request, call_next):
            response = None
            try:
                await self.before_request(request)
                response = await call_next(request)
                await self.after_request(request, response)
                return response
            finally:
                pass
                await self.teardown_appcontext(request, response)

        return self

    def add_event_handler(self, event_type: str, func: typing.Callable) -> None:
        assert event_type in ("before_request", "after_request", "teardown_
            appcontext")
        if event_type == "before_request":
            self.on_before_request.append(func)
        elif event_type == "after_request":
            self.on_after_request.append(func)
        else:
            self.on_teardown_appcontext.append(func)
```

```
    def on_event(self, event_type: str) -> typing.Callable:
        def decorator(func: typing.Callable) -> typing.Callable:
            self.add_event_handler(event_type, func)
            return func

        return decorator

    async def before_request(self, request) -> None:

        for handler in self.on_before_request:
            if asyncio.iscoroutinefunction(handler):
                await handler(request)
            else:
                handler(request)

    async def after_request(self, request, response) -> None:
        for handler in self.on_after_request:
            if asyncio.iscoroutinefunction(handler):
                await handler(request, response)
            else:
                handler(request, response)

    async def teardown_appcontext(self, request, response) -> None:
        for handler in self.on_teardown_appcontext:
            if asyncio.iscoroutinefunction(handler):
                await handler(request, response)
            else:
                handler(request, response)
```

在上述代码中：

❑ 自定义了 HookPluginClient 类，它继承于 PluginBase，而 PluginBase 是一个公共的抽象类，所以 HookPluginClient 类也必须实现抽象类中的 init_app() 抽象方法，该 init_app() 方法也是插件类的核心方法。

❑ 在 HookPluginClient 插件类的初始化过程中，定义了用于保存各种类型钩子函数的 on_before_request、on_after_request、on_teardown_appcontext 等列表对象。因为是列表对象，所以意味着可以注册多个钩子函数。

❑ 插件类中的 init_app() 方法则是具体插件业务的逻辑实现，方法内部主要基于 @app.middleware("http") 装饰器的方法来实现中间件的注册。因为在中间件中有前置请求、后置请求和最终请求等实现方式，因此可以根据不同的请求阶段来调用钩子函数，这样就可以完成钩子事件回调的触发。

❑ on_event() 方法的本质是一个装饰器的实现，通过它可以使用该插件类实例对象调用装饰器来注册对应的钩子函数。而 add_event_handler() 函数则是根据不同的注册事件类型分别注册到不同钩子类型的列表对象中，以便处理不同的事件类型，实现更加灵活的控制。

有了上面具体的插件类之后，接下来就可以直接进行实例化并传递 app 对象，代码如下：

```
app = FastAPI(debug=False)
#导入插件类
from plugins.request_hook import HookPluginClient
rehook:HookPluginClient = HookPluginClient()
rehook.init_app(app)

@rehook.on_event(event_type='before_request')
def before_request(reqest):
    print("before_request", reqest)

@rehook.on_event(event_type='after_request')
def after_request(reqest,response):
    print("after_request", reqest,response)

@rehook.on_event(event_type='teardown_appcontext')
def teardown_appcontext(request, response):
    print("teardown_appcontext", request,response)
```

在上面的代码中，从 request_hook.py 的模块中导入了 HookPluginClient 插件类，将其实例化为 rehook 变量，并传入了 app 对象来完成插件内部的初始化工作。当初始化完成后，分别定义了 3 个装饰器函数 before_request()、after_request() 和 teardown_appcontext()，并对这些函数分别注册了不同的事件类型来实现不同的处理。

上面的代码完成了一个简单自定义插件。后续更多的其他插件扩展，读者可以参考此示例来实现。

15.3　body 重复消费引发阻塞问题

在某些场景下，需要解析并读取客户端提交过来的请求报文体内容，也就是 body 内容。从一次完整的客户端请求发起到结束的过程中，有可能需要进行 body 读取消费：

❑ 在自定义的日志中间件中读取 body。

❑ 在依赖注入项解析的过程中读取 body。

❑ 在路由函数内部读取 body。

在一次请求过程中，当多次涉及 body 消费问题时，就可能引发阻塞问题。针对此类问题，下面尝试从还原问题场景和提出解决问题方案等方面展开说明。

15.3.1　阻塞问题复现

多次读取 body 而引发阻塞问题场景的示例代码如下：

```
import uvicorn
from typing import Optional
from fastapi import FastAPI
from fastapi import Security
from enum import Enum
from typing import Any, Callable, Dict, Optional, Sequence
from fastapi.params import Depends
```

```
from fastapi.security import SecurityScopes
from pydantic.fields import FieldInfo, Undefined
from fastapi.security import SecurityScopes
from fastapi import Security
from fastapi import Depends
from starlette.middleware.base import BaseHTTPMiddleware
from fastapi import Request
from starlette.responses import PlainTextResponse

app = FastAPI()

class LoggerMiddleware(BaseHTTPMiddleware):
    async def dispatch(self, request: Request, call_next):
        #需要在日志中间件里读取body数据
        _body = await request.body()
        print("Logger中间件解析读取: 消费request.body()",_body)
        response = await call_next(request)
        return response

app.add_middleware(LoggerMiddleware)

@app.get("/index")
async def index(request: Request):
    _body = await request.body()
    print("路由函数内部读取: ", _body)
    return PlainTextResponse("消费request.body()! ")

if __name__ == "__main__":
    import uvicorn
    import os
    app_model_name = os.path.basename(__file__).replace(".py", "")
    print(app_model_name)
    uvicorn.run(f"{app_model_name}:app", host='127.0.0.1', reload=True)
```

在上面的代码中，首先通过继承 BaseHTTPMiddleware 类实现了一个自定义的日志中间件 LoggerMiddleware 类，在 LoggerMiddleware 类内部的 dispatch() 分发函数中，通过 await request.body() 读取了一次 body 中的内容。完成自定义日志类定义后，把它添加到了 app 的中间件中。然后定义一个 API，在这个 API 视图函数内部也执行了一次 await request. body() 的内容读取（本质上，在框架源码中，在进入视图函数内部之前解析依赖项时也会读取一次 await request.body()）。此时访问这个 API 的"/index" URL 地址，会产生 3 次重复的 body 读取问题，进而会出现错误。错误提示如下：

```
#略部分代码
    _body = await request.body()
File "E:\yuanxiao\code2\fastapi-plugins\venv\lib\site-packages\starlette\
    requests.py", line 234, in body
    async for chunk in self.stream():
File "E:\yuanxiao\code2\fastapi-plugins\venv\lib\site-packages\starlette\
    requests.py", line 228, in stream
    raise ClientDisconnect()
starlette.requests.ClientDisconnect
```

出现上面问题的根本原因是，在自定义的中间件中已优先执行了一次 await request. body()，此时已经对 body 内容进行了消费，导致后续再次尝试消费时，即执行 self.stream() 内部的 message=await self._receive() 时，获取到的 message 对象已处于"http.disconnect"状态，所以会抛出 ClientDisconnect() 异常，表示当前的 requests 对象已经处于关闭状态，此时 API 请求会表现出阻塞现象。当注释了自定义中间件之后，就可以正常在路由函数的内部进行 body 的消费读取。下面给出解决此类问题的具体方案。

15.3.2　解决方案

在上一小节中已复现了因多次重复消费 body 内容而引发阻塞问题的现象，下面给出具体解决方案（以下解决方案还是存在一定的缺陷，它无法解决多个在中间件中重复读取 body 的问题），具体方案代码如下：

```
#省略部分代码
app = FastAPI()

class LoggerMiddleware(BaseHTTPMiddleware):

    async def set_body(self, request):
        receive_ = await request._receive()

        async def receive():
            return receive_

        request._receive = receive

    async def dispatch(self, request: Request, call_next):
        await self.set_body(request)
        #需要在日志中间件里读取body数据
        _body = await request.body()
        response = await call_next(request)
        return response

app.add_middleware(LoggerMiddleware)

@app.get("/")
async def index(request: Request):
    _body = await request.body()
    return PlainTextResponse("消费request.body()！")
```

在上面的代码中，定义了一个名为 LoggerMiddleware 的中间件 ()，这个中间件重写了 BaseHTTPMiddleware 的 dispatch() 方法。在 dispatch() 方法中，在处理请求前调用 set_body() 方法，将请求体的数据保存到 request._receive 属性中。接着，中间件通过调用 call_next(request) 将请求传递给下一个中间件或应用程序，获得响应结果后返回。函数中调用的 set_body() 方法的代码如下：

```
async def set_body(self, request):
    receive_ = await request._receive()
```

```
async def receive():
    return receive_

request._receive = receive
```

在该方法中，首先通过调用 await request._receive() 获取请求体数据并保存到 receive_ 变量中。然后在函数内部定义了一个协程函数 receive()，其返回值为 receive_ 变量。最后，将 receive() 协程函数绑定到 request._receive，即可实现在请求处理过程中读取请求体的数据。上面的这种方式虽然能解决在一个自定义的日志中间件中读取 body 的问题，但是如果在多个日志中间件中都需要读取 body，那么上面这种定义中间件的方式无效。示例代码如下：

```python
#省略部分代码
app = FastAPI()

class LoggerMiddleware(BaseHTTPMiddleware):

    async def set_body(self, request):
        receive_ = await request._receive()

        async def receive():
            return receive_

        request._receive = receive

    async def dispatch(self, request: Request, call_next):
        await self.set_body(request)
        #需要在日志中间件里读取body数据
        _body = await request.body()
        print("Logger中间件解析读取: 消费request.body()",_body)
        response = await call_next(request)
        return response


class LoggerMiddleware2(BaseHTTPMiddleware):

    async def set_body(self, request):
        receive_ = await request._receive()

        async def receive():
            return receive_

        request._receive = receive

    async def dispatch(self, request: Request, call_next):
        await self.set_body(request)
        #需要在日志中间件里读取body数据
        _body = await request.body()
        print("Logger中间件解析读取: 消费request.body()",_body)
        response = await call_next(request)
        return response
```

```
app.add_middleware(LoggerMiddleware)
app.add_middleware(LoggerMiddleware2)
```

上面的代码中重复定义了两个相同的中间件，在中间件中都涉及了 body 的消费读取，这种情况依然会出现阻塞。会出现上面这种问题，主要是因为自定义的中间件是基于 BaseHTTPMiddleware 来实现的。在 BaseHTTPMiddleware 内部读取 body 的方式存在一定的缺陷，从而导致无法重复多次进行读取，所以需要改用另一种自定义中间件的方式，代码如下：

```
#省略部分代码
class LoggerMiddleware1:
    def __init__(
            self,
            app: ASGIApp,

    ) -> None:
        self.app = app

    async def __call__(self, scope: Scope, receive: Receive, send: Send) -> None:
        if scope["type"] != "http":
            await self.app(scope, receive, send)
            return
        receive_ = await receive()

        async def receive():
            return receive_

        #创建需要解析的参数
        request = Request(scope, receive)
        _body = await request.body()

        await self.app(scope, receive, send)

class LoggerMiddleware2:
    def __init__(
            self,
            app: ASGIApp,

    ) -> None:
        self.app = app

    async def __call__(self, scope: Scope, receive: Receive, send: Send) -> None:
        if scope["type"] != "http":  # pragma: no cover
            await self.app(scope, receive, send)
            return
        #接收一次
        receive_ = await receive()
        async def receive():
            return receive_

        #创建需要解析的参数
        request = Request(scope, receive)
```

```
        _body = await request.body()

        await self.app(scope, receive, send)

app.add_middleware(LoggerMiddleware1)
app.add_middleware(LoggerMiddleware2)
```

上面的代码中，自定义了一个符合 ASGI 协议的中间件方式，并在里面先读取一次发送过来的 receive 数据，再定义一个新的协程传回去，当需要读取 body 时，就直接通过实例化 Request 对象的方式（request = Request(scope, receive)）来解析读取。使用上面这种方式，就可以解决多个中间件涉及多处消费 body 的问题。

15.4　全局 request 变量

Flask 框架中的 request 全局变量是一个 ThreadLocal 类，也就是说，它的实现是线程安全的。在 ThreadLocal 内部创建的局部变量，其作用域是它当前所属的线程范围，也就是说，这些变量是线程隔离的，它们各自请求绑定自身的上下文对象，这样就可以保证每一个请求过程都是相互隔离、互不影响的。开发者只需要直接导入 request 并使用它即可。但是在 FastAPI 框架中并没有这种 request 全局变量，在使用对应的 request 上下文对象时需要在所依赖的视图函数中显式地声明，代码如下：

```
#省略部分代码
@app.get('/index')
async def index(request: Request):
    #获取客户端host
    host= request.client.host
    #获取客户端连接的端口号
    port = request.client.port
    #获取请求查询参数
    query_params = request.query_params

    return res
```

假设在某种业务场景下，需要实现类似 Flask 中的全局 request 变量，也就是实现不在视图（路由）函数上显式声明的 request 对象，从而安全获取当前 request 请求的上下文对象。通过这种方式，可以很好地解耦一些业务逻辑处理，不需要显式地进行 request 的参数传递。

要实现这种效果，需要依赖一个自定义的中间件并结合 ContextVar 上下文变量。ContextVar 模块可以实现类似 ThreadLocal 的效果，可以对局部上下文变量进行管理、存储、访问，不仅支持同步环境，也支持异步环境。下面具体在 FastAPI 框架中实现类似的全局变量。

步骤 1　定义 ContextVar 上下文函数，代码如下：

```
def bind_contextvar(contextvar):
    class ContextVarBind:
        __slots__ = ()
```

```
        def __getattr__(self, name):
            return getattr(contextvar.get(), name)

        def __setattr__(self, name, value):
            setattr(contextvar.get(), name, value)

        def __delattr__(self, name):
            delattr(contextvar.get(), name)

        def __getitem__(self, index):
            return contextvar.get()[index]

        def __setitem__(self, index, value):
            contextvar.get()[index] = value

        def __delitem__(self, index):
            del contextvar.get()[index]

    return ContextVarBind()
```

步骤 2 实例化一个 ContextVar 上下文 request 变量对象，并且通过步骤 1 中定义的 bind_contextvar() 函数来进行绑定并返回，代码如下：

```
from contextvars import ContextVar
from fastapi import Request
request_var: ContextVar[Request] = ContextVar("request")
request:Request = bind_contextvar(request_var)
```

步骤 3 定义一个中间件，在中间件中进行上下文变量 request_var 的赋值和重置释放处理，代码如下：

```
@app.middleware("http")
async def add_process_time_header(request: Request, call_next):
    token = request_var.set(request)
    try:
        response = await call_next(request)
        return response
    finally:
        request_var.reset(token)
```

步骤 4 在中间件中对 request_var 初始化完成后，接下来在需要全局变量的地方导入步骤 2 中定义的 request 变量对象即可，此时不再需要在视图函数中显式地进行声明，代码如下：

```
from utils.request import request
@app.post('/index')
async def index():
    #这里应该使用事务处理
    print(request.headers)
    return JSONResponse({
        "code": 200,
```

```
            "msg": "成功"
        })
```

从上面的代码可以看出，用 from_utils.request 导入 request 全局变量后，就可以直接在视图函数内部进行使用了。

15.5　同步和异步相互转换

我们知道，FastAPI 本身既可以使用同步的方式也可以使用异步的方式来运行服务。
❑ 同步方式主要使用多线程的方式来实现并发。
❑ 异步方式主要基于协程的方式来实现并发。
基于以上这些特性，可能会遇到如下问题：
❑ 在同步函数中涉及调用异步函数（或协程对象）。
❑ 在异步函数中使用同步库的代码（同步方式会引发阻塞）。
以上两种场景可能会遇到，此时需要进行处理。

15.5.1　asgiref 转换包

FastAPI 框架在安装时默认安装了 Django 提供的 asgiref 转换包。asgiref 提供了两个非常方便的转换函数，可以把异步或同步函数进行相互转换。
❑ AsyncToSync 把异步函数转换为同步函数。在使用异步编程时，对于使用了 async/await 语法来定义的异步函数，通常需要将它放入 asyncio 模块的事件循环来运行。但是，在某些场景下，需要将异步函数转换为同步函数以便于使用，比如在使用一些旧的、仅支持同步调用的库时。而 AsyncToSync 函数可以将异步函数包装成同步函数，使得人们可以像调用同步函数一样调用它们。
❑ SyncToAsync 把同步函数转换为异步函数。通常，在使用同步编程时需要执行 I/O 阻塞操作，这意味着人们不能简单地使用传统的同步阻塞函数。相反，需要使用异步函数来避免 I/O 阻塞问题。同时，库支持也有限，所以需要先用一些同步库提供的方法进行转换，这样才可以在异步函数中进行调用。通过这种方式转换，人们可以将同步函数转换为异步函数，并在协程上下文中运行它，以确保不会阻塞当前的事件循环。

1. asgiref 异步到同步的转换

将异步转换为同步的示例代码如下：

```
#省略部分代码
@app.post("/get/access_token")
def access_token(request:Request,name=Body(...)):
    print(request.body())#为了说明问题，此处的调用会引发异常
    await request.body()
    return 'pk'
```

在上面的代码中，FastAPI 提供的 request.body() 是一个协程函数，也就是需要使用 await request.body() 这种方式才可以正常读取，然而在同步函数里面嵌套使用 await 调用协程函数是不允许的。所以此时需要把 await request.body() 转换为类似 "request.body()" 的方式才可以读取。问题解决方案的代码如下：

```python
from fastapi import FastAPI,Request
from fastapi.responses import PlainTextResponse
from fastapi.params import Body
from fastapi.background import  BackgroundTasks

app = FastAPI()

@app.post("/get/access_token")
def access_token(request:Request,name=Body(...)):
    # print(request.body()) #为了说明问题，此处的调用会引发异常。这里先将该语句注释掉
    from asgiref.sync import async_to_sync
    body = async_to_sync(request.body)()
    print(body)
    return PlainTextResponse(body.decode(encoding='utf-8'))

if __name__ == '__main__':
    import uvicorn
    uvicorn.run('main:app', host="127.0.0.1", port=8100, debug=True, reload=True)
```

上述代码中，最关键的代码如下：

```python
from asgiref.sync import async_to_sync
body = async_to_sync(request.body)()
```

在进行转换时，在同步视图函数中不再需要使用 await request.body()，取而代之的是使用 async_to_sync(request.body)() 的方式来读取。需要注意，async_to_sync 需要传入的是 awaitable 对象，返回的是一个类，所以还需要进行类的实例化，也就是后面的 "()" 不可缺少。

2. asgiref 同步到异步的转换

目前，大部分库有可能还没有对应 aio 的实现，比如假设有一个使用 HTTP 请求库（目前异步的已经有了，如 aiohttp、httpx 等，这里仅仅是假设）requests 的场景，如果项目的 API 使用异步的方式来进行处理，那么如何做到在异步的逻辑中进行同步调用而又不会产生阻塞呢？

在预约挂号系统中就存在这样的情况，当发起支付订单申请时，由于是使用第三方库 wechatpay 封装的支付 API，而其底层是基于 requests 来封装的，如果直接进行同步调用，则势必会遇到 IO 等待过程。针对此类场景，asgiref 也有对应的函数来处理转换，转换的示例代码如下：

```python
from fastapi import FastAPI,Request

from fastapi.responses import PlainTextResponse,HTMLResponse
from asgiref.sync import sync_to_async
```

```
import requests
#定义app服务对象
app = FastAPI()

def getdata():
    return requests.get('http://www.baidu.com').text

@app.get("/get/access_token")
async def access_token(request:Request):
    result = await sync_to_async(func=getdata)()
    return HTMLResponse(asds)

if __name__ == '__main__':
    import uvicorn
    uvicorn.run('main:app', host="127.0.0.1", port=8100, debug=True, reload=True)
```

上述代码中，最关键的代码如下：

```
#定义使用同步库请求网络函数
def getdata():
return requests.get('http://www.baidu.com').text
#将同步函数转换为异步后返回并赋值
result = await sync_to_async(func=getdata)()
```

在进行转换时，在协程视图函数中不再直接使用 requests.get() 进行读取，取而代之的是使用 await sync_to_async(func=getdata)() 的方式来进行读取。需要注意：sync_to_async 返回的是一个协程函数，所以需要把返回的协程函数转换为协程对象并进行 await 处理，才可以加入事件循环中执行调用。

15.5.2　asyncer 转换包

asyncer 库是 FastAPI 框架作者编写的一个转换库，它和 asgiref 一样，不仅可以把同步代码异步化，还可以把异步代码同步化。上个小节提到，asgiref 的转换是相互的，同样，asyncer 也提供了对应的转换函数。不仅如此，它们的使用方式也是一致的。在使用 asyncer 库之前，需要先安装，安装命令如下：

```
pip install asyncer
```

asyncer 提供的转换函数和 asgiref 保持一致，只是返回方式有些区别，所以下文不展开叙述，只提供具体的转换示例。

1. asyncer 异步到同步的转换

具体的转换示例代码如下：

```
from fastapi import FastAPI,Request
from fastapi.responses import PlainTextResponse
from fastapi.params import Body
from fastapi.background import BackgroundTasks
from asyncer import asyncify,syncify
```

```
app = FastAPI()

@app.post("/get/access_token")
def access_token(request:Request,name=Body(...)):
    body = syncify(request.body)()
    print(body)
    return PlainTextResponse(body.decode(encoding='utf-8'))

if __name__ == '__main__':
    import uvicorn
    uvicorn.run('main:app', host="127.0.0.1", port=8100, debug=True, reload=True)
```

2. asyncer 同步到异步的转换

具体的转换示例代码如下：

```
From fastapi import FastAPI,Request
From fastapi.responses import PlainTextResponse,HTMLResponse
From asyncer import asyncify
Import requests
#定义app服务对象
app = FastAPI()

def do_sync_work(name):
    return requests.get(f'http://www.baidu.com?name={name}').text

@app.get("/get/access_token")
async def access_token(request:Request):
    message = await asyncify(do_sync_work)(name="World")
    return HTMLResponse(message)

if __name__ == '__main__':
    import uvicorn
    uvicorn.run('main:app', host="127.0.0.1", port=8100, debug=True, reload=True)
```

15.6   Model 响应报文的排序

我们知道，在路径操作函数中，可以使用 response_model 参数传入对应的 pydantic 中的 Model 对象作为响应报文体，此参数不仅可以自动进行 Model 对象数据转换，还可以进行数据验证以及过滤输出模型数据的字段，还可以在 OpenAPI 中自动为 Response 添加 JSON Schema 和 Example Value 等。代码如下：

```
from fastapi import FastAPI
from pydantic import BaseModel
from typing import Optional

app = FastAPI()

class Item(BaseModel):
    desc: Optional[str] = None
    price: float
```

```
        age: str
        aname: str

@app.get('/items/', response_model=Item)
async def getitem(item: Item):
    return item
```

在上面的代码中，通过 response_model 指定输出的模型为 Item，但是在声明 Item 时，参数设定的顺序默认是谁先写谁就先输出，最终的 API 响应报文体输出结果如下：

```
{
    "desc": "string",
    "price": "string",
    "age": "string",
    "aname": "string"
}
```

在某种业务场景下，需要字段排序后再输出，也就是需要对 Item 类中定义的变量属性进行重新排序，那么这种情况下需要获取当前 Item 模型下定义的所有属性字段。结合 __new__() 魔法函数进行拦截并进行重新排序，可以解决此类排序问题，代码如下：

```
class Item(BaseModel):
    desc: Optional[str] = None
    price: str
    age: str
    aname: str
    def __new__(cls, *args, **kwargs):
        instance = super().__new__(cls)
        #对当前__fields__重新进行排序
        cls.__fields__ = {key: cls.__fields__[key] for key in sorted(cls.__fields__.keys())}
        return instance
```

在上面的代码中，__fields__ 本身是一个字典类型，它保存着 Item 类中对应的字段名以及字段里所保存的 ModelField，在利用 __new__() 魔法函数创建类的对象之前进行拦截，重新对 __fields__ 进行排序，就可以实现对输出模型的字段有排序要求的业务场景。重新排序完成后，最终的 API 响应报文体输出结果如下：

```
{
    "age": "string",
    "aname": "string",
    "desc": "string",
    "price": "string"
}
```

15.7　同步和异步邮件发送

在业务处理过程中，通常某些场景下需要用到电子邮件发送，如程序异常服务通知及用户注册时需要使用邮箱进行确认。下面主要介绍发送邮件的两种方式。

15.7.1 同步方式

同步方式中，邮件发送主要基于 smtplib 和 email 这两个 Python 内置库来实现，代码如下：

```python
# smtplib用于邮件的发信动作
import smtplib
# email用于构建邮件内容
from email.mime.image import MIMEImage
from email.mime.multipart import MIMEMultipart
from email.mime.text import MIMEText
#构建邮件头
from email.header import Header
#发信服务器
smtp_server = 'smtp.qq.com'
#发信方的信息：发信邮箱账号
from_addr = '308711822@qq.com'
#发信方的信息：QQ邮箱授权码
password = 'xxxxxxxxxx'

def send_email(send_to_addr:str,content_msg:str):
    #连接发信服务器
    server = smtplib.SMTP_SSL(smtp_server)
    #建立连接:QQ邮箱服务器和端口号
    server.connect(smtp_server, 465)
    #登录邮箱
    server.login(from_addr, password)
    #配置邮件正文内容

    msg = MIMEMultipart()
    msg['From'] = Header('小钟同学')
    msg['To'] = Header('其他同学')
    msg['Subject'] = Header("用户注册通知", 'utf-8')
    msg.attach(MIMEText(content_msg, 'html', 'utf-8'))

    #构造附件1，传送文本附件
    file_name = 'test1.txt'
    test_file_att = MIMEText(open(file_name, 'rb').read(), 'base64', 'utf-8')
    test_file_att["Content-Type"] = 'application/octet-stream'
    test_file_att["Content-Disposition"] = f'attachment; filename="{file_name}"'
    msg.attach(test_file_att)

    #构造附件2，传送文本附件
    file_name = 'test2.txt'
    test_file = MIMEText(open(file_name, 'rb').read(), 'base64', 'utf-8')
    test_file.add_header('Content-Type','application/octet-stream')
    test_file.add_header('Content-Disposition', 'attachment', filename=('utf-8',
        '', file_name))
    msg.attach(test_file)
```

```
#构造附件3，传送图片文件附件
image_file_name = 'test.jpg'
image_file = MIMEImage(open(image_file_name, 'rb').read())
image_file.add_header('Content-Type', 'application/octet-stream')
image_file.add_header('Content-Disposition', 'attachment', filename=('utf-8',
    '', image_file_name))
msg.attach(image_file)

server.sendmail(from_addr, send_to_addr, msg.as_string())
#关闭服务器
server.quit()
```

```
html_msg = """
<p>您好，您申请的XXXX注册成功，请单击下面的链接进行确认！</p>
<p><a href="http://www.xxxxxx.com">确认</a></p>
"""
send_email(send_to_addr='30226xxxxx@qq.com', content_msg=html_msg)
```

在上面的代码中，发送邮件的核心是 send_email() 函数，它需要传入两个参数：send_to_addr、content_msg。send_to_addr 表示发送到哪一个邮箱上，content_msg 表示发送邮件的文本内容。

在函数内部：

1）smtplib 模块负责发送邮件。

❏ smtplib.SMTP_SSL(smtp_server) 表示要连接的 SMTP 服务器，这里使用的是 QQ 邮箱，所以这里的 smtp_server = 'smtp.qq.com'。

❏ server.connect(smtp_server, 465) 表示连接到 QQ 邮箱服务器。

❏ server.login(from_addr, password) 表示创建连接成功后开始登录。这里需要注意，登录时使用的密码不是 QQ 邮箱账号登录密码，而是开启 POP3/SMTP 服务之后的授权码。

2）email 模块负责构造邮件内容。

❏ MIMEMultipart() 实例化后赋值给一个 msg 对象。msg 对象主要负责整个邮件内容构造。通过该对象，用户可以发送各种类型的文件内容，如 HTML，还可以添加相关附件进行发送。

❏ msg['From'] = Header(' 小钟同学 ') 表示设置邮件的发送者信息。

❏ msg['To'] = Header(' 其他同学 ') 表示设置邮件的接收人信息。

❏ msg['Subject'] = Header(" 用户注册通知 ", 'utf-8') 表示设置当前发送邮件的主题。

❏ msg.attach(MIMEText(html_msg, 'html', 'utf-8')) 表示添加 MIMEText 文本类型的邮件内容正文。

❏ 对于附件文件来说，需要声明具体的附件类型，如代码中添加文本附件和图片类型附件。

　○ MIMEImage(open(image_file_name, 'rb').read())

　○ MIMEText(open(file_name, 'rb').read(), 'base64', 'utf-8')

这里主要是通过设置附件类型对应的请求头文件信息来完成附件添加。

❑ 在发送附件时需要注意，后面指定了 filename 编码方式，如果没有指定这个编码方式，则会出现异常。下面的设置方式才可以正常进行发送：filename=('utf-8', '', file_name)。

3）当邮件服务器和内容都准备完后，直接调用 server.sendmail(from_addr, send_to_addr, msg.as_string()) 函数进行邮件发送。

4）发送完成后直接关闭连接。

 要完成邮件发送，需要开启对应的邮箱 POP3/SMTP 服务，并获取对应的授权码值。各大 SMTP 服务提供商通常都会有相关的设置入口。如 QQ 服务提供商的操作路径为邮箱主页→设置→账号→ POP3/IMAP/SMTP/Exchange/CardDAV/CalDAV 服务→选择开启 POP3/SMTP 服务。

15.7.2 异步方式

上一小节中使用的是同步方式，下面介绍如何使用异步方式进行邮件发送。首先需要安装对应的异步 aiosmtplib 库，它是 smtplib 异步方式的实现，安装命令如下：

```
pip install aiosmtplib
```

安装完成后，将前面小节中的同步代码改为异步方式，代码如下：

```
# aiosmtplib用于邮件的发信动作
import asyncio

import aiosmtplib
# email用于构建邮件内容
from email.mime.image import MIMEImage
from email.mime.multipart import MIMEMultipart
from email.mime.text import MIMEText

#构建邮件头
from email.header import Header
#发信服务器
smtp_server = 'smtp.qq.com'
#发信方的信息：发信邮箱账号
from_addr = '308711822@qq.com'
#发信方的信息：QQ邮箱授权码
password = 'xxxxxxxxxx'

async def send_email(send_to_addr:str,content_msg:str):
    #连接发信服务器
    server = aiosmtplib.SMTP(hostname=smtp_server, port=465,use_tls=True)
    #建立连接：QQ邮箱服务器和端口号
    await server.connect()
    #登录邮箱
    await server.login(from_addr, password)
    #配置邮件正文内容
```

```
msg = MIMEMultipart()
msg['From'] = Header('小钟同学')        #设置来自邮件的发送者信息
msg['To'] = Header('其他同学')          #设置来自邮件的接收人信息
msg['Subject'] = Header("用户注册通知", 'utf-8')   #设置邮件主题
#邮件正文内容
msg.attach(MIMEText(content_msg, 'html', 'utf-8'))

#构造附件1，传送文本附件
file_name = 'test1.txt'
test_file_att = MIMEText(open(file_name, 'rb').read(), 'base64', 'utf-8')
test_file_att["Content-Type"] = 'application/octet-stream'
test_file_att["Content-Disposition"] = f'attachment; filename="{file_name}"'
msg.attach(test_file_att)

#构造附件2，传送文本附件
file_name = 'test2.txt'
test_file = MIMEText(open(file_name, 'rb').read(), 'base64', 'utf-8')
test_file.add_header('Content-Type','application/octet-stream')
test_file.add_header('Content-Disposition', 'attachment', filename=('utf-8',
    '', file_name))
msg.attach(test_file)

#构造附件3，传送图片文件附件
image_file_name = 'test.jpg'
image_file = MIMEImage(open(image_file_name, 'rb').read())
image_file.add_header('Content-Type', 'application/octet-stream')
image_file.add_header('Content-Disposition', 'attachment', filename=('utf-8',
    '', image_file_name))
msg.attach(image_file)

await server.sendmail(from_addr, send_to_addr, msg.as_string())
#关闭服务器
await server.quit()

html_msg = """
<p>您好，您申请的XXXX注册成功，请单击下面的链接进行确认！</p>
<p><a href="http://www.xxxxxx.com">确认</a></p>
"""

if __name__ == '__main__':
    loop = asyncio.get_event_loop()
    loop.run_until_complete(send_email(send_to_addr='3022600790@qq.com', content_
        msg=html_msg))
    #也可以使用asyncio.run()函数执行调用
    # asyncio.run(send_email(send_to_addr='3022600790@qq.com', content_msg=html_
        msg))
```

在上面的代码中，仅改动了少部分的代码，就完成了从同步方式到异步方式的迁移。具体的变化主要有以下几点：

❑ smtplib.SMTP_SSL(smtp_server) 的方式变为 aiosmtplib.SMTP(hostname=smtp_server, port=465,use_tls=True)，其中 hostname 参数还是表示要连接的 SMTP 服务器，连接端口是 port=465。这里需要注意，由于使用了支持直接连接 TLS/SSL 的方式，因

此需要设置 use_tls=True，如果是 False，则无法连接成功。

- ❑ server.connect() 和 server.login() 的代码基本是一样的（主要区别是前面是否有 await），后面都是协程函数。发送 await server.sendmail() 和 server.quit() 也一样，都是协程函数。
- ❑ 邮件内容正文的封装都是一样的。

15.8　基于 Jaeger 实现分布式链路追踪

前面的章节介绍了如何生成链路 ID，以用于记录整个请求日志链路的过程。但是之前所生成的链路 ID 仅适合在本应用进程内进行链路的统计。

当服务部署开始跨入微服务架构场景之后，服务之间需要交互，协调配合。多服务之间相互调用意味着有可能越来越多地调用链路，而如果任何环境中的服务出现问题或故障，都会导致业务链路请求失败。传统的排错方式是逐层进行请求日志的分析排查，通过日志信息定位错误的服务，然后继续层层排除。很显然，这样的排错过程烦琐且效率低下。

15.8.1　分布式链路追踪的简单定义

为了提高排错效率，快速定位和解决问题，引入了链路追踪。因为链路追踪大多涉及部署在不同服务器上的多个服务，需要跨服务进行链路追踪，所以又引入了分布式链路追踪。

分布式链路追踪可以带来的主要好处有以下几个：

- ❑ 收集链路日志，用于进行相关的业务分析。
- ❑ 记录完整的调用链路过程，方便链路还原。
- ❑ 进行链路拓扑追踪，可以分析服务依赖关系。
- ❑ 收集链路性能数据，用于进行性能 / 延迟优化分析。
- ❑ 异常问题快速精准的定位。

做链路追踪，需要遵循的步骤如下：

1）应用数据代码埋点。

2）链路数据上报。

3）链路数据存储。

4）数据信息查询及展示。

各个服务节点之间的调用均采用了链路埋点的方式，调用请求过程通过对应的 TraceID 将服务节点串联起来，并把相关的数据信息上传及存储起来，以备查询使用。这样就实现了对业务请求调用链路过程进行跟踪和监控的目的。基于此，用户可以从整体上把握一个请求过程的具体时间消耗在哪里、相关的请求参数是怎么样的、相关的错误异常信息是什么、异常是在哪一个服务节点上出现的等。

15.8.2　OpenTracing 数据模型

由于早期的不同系统之间的 API 不一样，难以兼容，所以 OpenTracing 诞生了。OpenTracing 定义了一套分布式追踪的 API 规范标准，它和平台、厂商等都无关。开发者只需要对接实现 OpenTracing API 即可实现对应的链路追踪。OpenTracing 支持各种编程语言的 SDK，如 Go、Python、Java、PHP、JavaScript 等。

下面介绍 OpenTracing 中的核心数据模型。

1. Trace

Trace（调用链）是对一个链路调用链的定义，也可以表述为一个事务或者流程在（分布式）系统中的执行过程。一个 Trace 中有多个由 Span 组成的有向无环图（Directed Acyclic Graph，DAG)，它是对一次请求链路整个过程的跟踪描述。它主要提供了 3 个接口：

- ❑ 用于创建 Span（startSpan() 函数）：主要用于创建对应的 Span 对象，包括父子 Span。
- ❑ 解析上下文（Extract() 函数）：主要用于在跨服务进程中解析及还原上一个传入的 Span 信息，通常通过获取请求的 headers 进行参数信息提取。
- ❑ 透传上下文（Inject() 函数）：主要用于注入当前激活的 SpanContext，方便下一个 Span 继续透传。它可以透传除了 SpanContext 以外的一些其他参数信息。

2. Span

Span 归属调用链中某个过程的执行过程，也可以称为跨度。

- ❑ 它是一个逻辑执行单元，代表调用链中被命名并计时的连续性执行片段。
- ❑ 它是分布式链路追踪中最小的跟踪单元。
- ❑ 每个 Span 都有一个 operation name，表示 Span 的操作名称。
- ❑ 每个 Span 都有一个 start timestamp 和 finish timestamp，表示开始时间戳和结束时间戳。
- ❑ **Span 和 Span 之间的 References 关系**是一种父与子的关系。Span 之间可以存在嵌套，也可以是并排关系。Span 上下之间的位置存在顺序关系。在父与子的关系描述中，它又有两个分类：
  - ○ Childof 描述 "谁是谁的子层 Span"。
  - ○ FollowsFrom 描述 "我来自哪个父层 Span"。
- ❑ 每个 Span 都有属于自己的 Span ID，并且包含自己的上级 Span ID。
- ❑ 每个 Span 都可以选择性地设置对应的 Tags 标签，以 Key-Value 的形式表示。
- ❑ 每个 Span 都可以选择性地设置对应的 Logs，用于记录简单的、结构化的日志，必须是字符串类型，以 Key-Value 的形式表示。

3. SpanContext()

SpanContext() 是调用链中的某个过程上下文，也可以称为跨度上下文，它强调的是不同 Span 的关联。

- ❏ 它主要负责传递跨进程 Span 信息。
- ❏ 它一般用在网络或消息总线传递 SpanContext 上下文的场景中。
- ❏ 对于网络请求，一般通过 HTTP 请求头传递一些 Span 信息，主要包含 Trace ID、Span ID 和其他需要传递到下游的上下文信息。

15.8.3　Jaeger 介绍

业界常见的分布式追踪系统主要有 Jaeger、Skywalking、zipkin、Tempo 等。其中 Jaeger 是基于与供应商无关的 OpenTracing API 协议范围开发出来的，它实现了 OpenTracing 协议要求的规范。它主要受 Dapper 和 OpenZipkin 启发，由 Uber（美国共享出行巨头公司）使用 golang 开发的。它是 CNCF（云原生计算基金会）的开源项目。Jaeger 的架构如图 15-1 所示。

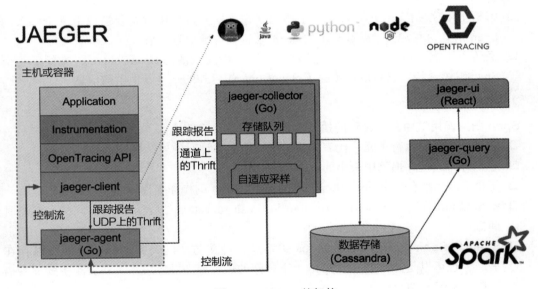

图 15-1　Jaeger 的架构

在图 15-1 中，涉及的主要角色有：

- ❏ Host or Container：表示主机或容器对象，也就是当前运行的服务所在的主机或容器。
- ❏ Application：表示当前应用服务对象。
- ❏ Instrumentation：是一种插桩，主要描述如何将一段代码注入目标程序中。
- ❏ OpenTracing API：表示 OpenTracing API 标准协议规范。
- ❏ jaeger-client：指实现了 OpenTracing API 标准协议规范的 Jaeger 的客户端，它为不

同的语言实现了符合 OpenTracing 标准的 SDK。通过对应的 SDK，可以把 Trace 信息按照应用程序指定的采样策略传递给 jaeger-agent。

- ❑ jaeger-agent：一个独立的网络守护进程服务，主要用于监听指定 UDP 端口上的 Span 数据并进行接收，最终将 Span 数据批量发送给 jaeger-collector。它是一个基础组件，所以通常建议每一个宿主机都进行安装部署。
- ❑ jaeger-collector：主要负责接收 jaeger-agent 发送来的数据，然后将数据写入后端存储。它是一个无状态的组件，因此可以同时运行任意数量的 jaeger-collector。它有pull/push 两种方式。
- ❑ Data Store：主要负责 Span 数据存储，它是一个可插拔的组件，它支持的后端存储类型很多，如 Cassandra、Elasticsearch、memory 等。
- ❑ jaeger-query：主要负责提供 Span 数据查询服务，然后从后端存储系统中检索 Trace并通过 UI 进行展示。它也是一个无状态的组件。

15.8.4　Jaeger 安装和应用

在 FastAPI 中引入 jaeger-client 之前，首先需要安装好 Jaeger 的 Server 端相关服务。为了方便进行测试实验，这里直接用 Jaeger 提供的 all-in-one 镜像进行安装部署。不过需要注意，这种部署方式仅适用于本地测试实验，因为相关的链路数据都是保存在本地内存中的。如果在生产环境中，还需要根据实际情况安装对应的组件。这里可以使用 Docker 安装Server 端，也可以使用 jaeger-1.28.0-windows-amd64>jaeger-all-in-one.exe 来安装。由于这里使用 Windows 系统进行环境开发，所以下载了 jaeger-all-in-one.exe 的版本。下载完成后使用如下 cmd 命令启动 jaeger-all-in-one.exe：

```
D:\xxx\jaeger-1.28.0-windows-amd64>jaeger-all-in-one.exe
```

当然，也可以直接使用 Docker 进行安装，命令如下：

```
$ docker run -d --name jaeger \
-e COLLECTOR_ZIPKIN_HTTP_PORT=9411 \
-p 5775:5775/udp \xiaozhong
-p 6831:6831/udp \
-p 6832:6832/udp \
-p 5778:5778 \
-p 16686:16686 \
-p 14268:14268 \
-p 9411:9411 \
jaegertracing/all-in-one:latest
```

当 Server 端安装好之后，通过浏览器访问 http://localhost:16686 即可访问 Jaeger Server端的 Web UI 界面，如图 15-2 所示。

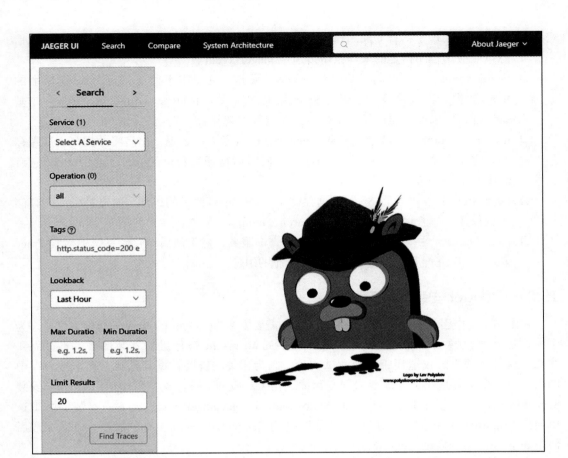

图 15-2　Jaeger Server 端的 Web UI 界面

15.8.5　基于 Jaeger SDK 实现链路追踪

安装 jaeger-client 客户端依赖包，命令如下：

```
jaeger-client==4.8.0
opentracing==2.4.0
```

安装完成后，验证本地服务是否可以记录对应的链路数据，测试代码如下：

```
import logging
import time
from jaeger_client import Config


def construct_span(tracer):
    #定义Span的名称为TestSpan
    with tracer.start_span('TestSpan') as span:
        #设置这个Span传递的日志信息
```

```
        span.log_kv({'event': '父Span', 'other': "我是第一个父的Span"})
        time.sleep(1)
        #定义AliyunTestSpan的子Span，类似第一个追踪的数据的子层级
        with tracer.start_span('TestSpan-ChildSpan-01', child_of=span) as child_
            span:
            time.sleep(2)
            #设置父Span键值对日志信息
            span.log_kv({'event': '我是父Span--日志1'})
            #设置子child_span的日志
            child_span.log_kv({'event': '父Span--第一层子Span-01'})
        with tracer.start_span('TestSpan-ChildSpan-01', child_of=span) as child_
            span:
            time.sleep(3)
            span.log_kv({'event': '我是父Span--日志2'})
            child_span.log_kv({'event': '父Span--第一层子Span-02'})

            with tracer.start_span('TestSpanC-hildSpan-01-01', child_of=child_
                span) as Span3_child_span:
                time.sleep(4)
                span.log_kv({'event': '我是父Span--日志3'})
                Span3_child_span.log_kv({'event': '父Span--第一层子Span-的下一个子
                    Span'})


    return span


if __name__ == "__main__":
    #定义日志输出类型
    log_level = logging.DEBUG
    logging.getLogger('').handlers = []
    #配置日志的默认输出格式
    logging.basicConfig(format='%(asctime)s %(message)s', level=log_level)
    # Jaeger配置信息
    config = Config(
        #服务信息配置
        config={
            # sampler采样
            'sampler': {
                'type': 'const',   #采样类型
                'param': 1,   #采样开关：1,开启全部采样；0,关闭全部
            },
            #配置链接到Agent，通过Agent上报
            'local_agent': {
                #指定了JaegerAgent的host和port
                'reporting_host': '192.168.126.130',
                'reporting_port': 6831,
            },
            'logging': True,
        },
        #这里填写应用名称，即服务的名称
        service_name="MyFirstSpan",
        validate=True
    )
```

```
# 这里的调用也会设置 opentracing.tracer
tracer = config.initialize_tracer()
#创建一个自定义Span
span = construct_span(tracer)
#根据官网提示，这里是必须存在的，因为它基于tornado的异步方式来处理数据上报
time.sleep(2)
#关闭tracer实例，停止当前已经开始但尚未完成的Span
#执行关闭后还会把所有缓存的span刷新或发送到tracer或collector中，确保数据不会丢失
tracer.close()
```

部分核心代码说明如下：

1）从 jaeger_client 导入 Config 类，该 Config 配置类是整个初始化 Trace 的核心。其中的配置项主要有如下几个：

❑ 配置链路追踪的数据采样类型 sampler，采样类型有如下几种：

○ 固定采样（sampler.type=const）：sampler.param=1 表示全采样，sampler.param=0 表示不采样。

○ 按百分比采样（sampler.type=probabilistic）：sampler.param=0.1 表示随机采十分之一的样本。

○ 采样速度限制（sampler.type=ratelimiting）：sampler.param=2.0 表示每秒采样两个 Trace。

○ 动态获取采样率 (sampler.type=remote)：这个是默认配置，可以从 Agent 中获取采样率的动态设置。

❑ 配置需要连接到 jaeger-agen 的配置项信息，如 local_agent。相关参数如下：

○ reporting_host 是 jaeger-agen 的主机地址。

○ reporting_port 是 jaeger-agen 的对应的端口号。

❑ service_name 表示当前服务链路的名称。

2）通过 config.initialize_tracer() 实例化一个 Tracer 对象后，开始基于 Tracer 创建对应的 Span 对象。

3）在 construct_span() 函数中，通过 Tracer 对象创建一系列 Span 对象父子关系的绑定。

上述脚本执行后，最终结果如图 15-3 所示。

15.8.6 FastAPI 整合 Jaeger SDK

上一小节介绍了如何创建对应的链路。接下来介绍如何整合到 FastAPI 框架中，思路如下：

❑ 定义一个中间件，在中间件中解析是否存在上下文的 Span。如果没有对应的父 Span 对象传入，则创建新的父 Span 来作为根链路中的父 Span。

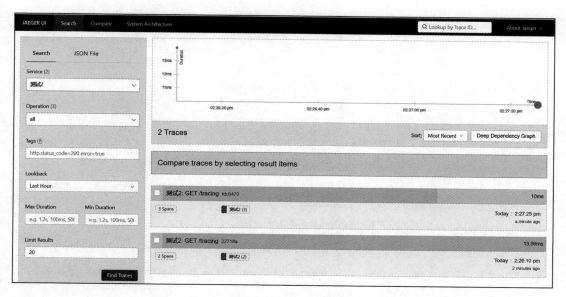

图 15-3　基于 Jaeger SDK 实现的链路追踪结果

❑ 根据解析 SpanContext 信息，提取对应的 Trace 和 Span，以备下一个 Span 进行传递。

根据以往自定义中间件的方式自定义 OpentracingJaegerMiddleware 的中间件，代码如下：

```python
from typing import List, Any
from fastapi import Request
from jaeger_client import Config
from opentracing import Format, tags
from opentracing.scope_managers.asyncio import AsyncioScopeManager
from starlette.middleware.base import BaseHTTPMiddleware
from starlette.responses import Response
from fastapi import FastAPI

class OpentracingJaegerMiddleware(BaseHTTPMiddleware):

    def __init__(self,fastapiapp: FastAPI,*args,**kwargs) -> None:
        super().__init__(*args,**kwargs)
        self.fastapiapp = fastapiapp
        self.fastapiapp.add_event_handler('startup', self.setup_opentracing)

    def setup_opentracing(self):
        #配置连接信息
        jaeger_host = '192.168.126.130'
        jaeger_port = 6831
        service_name = "测试2"
        trace_id_header = "X-TRACE-ID"
        jaeger_sampler_type = "const"
        jaeger_sampler_rate = 1
```

```
            #初始化链路对象
            _tracer_config = Config(
                config={
                    "local_agent": {
                        "reporting_host": jaeger_host,
                        "reporting_port": jaeger_port
                    },
                    "sampler": {
                        "type": jaeger_sampler_type,
                        "param": jaeger_sampler_rate,
                    },
                    "trace_id_header": trace_id_header
                },
                service_name=service_name,
                validate=True,
                scope_manager=AsyncioScopeManager()
            )
            self.fastapiapp.state.tracer = _tracer_config.initialize_tracer()

    async def dispatch(self, request: Request, call_next: Any) -> Response:
        #获取Tracer对象
        tracer = request.app.state.tracer
        #开始解析上下文（extract()函数）:
        #在跨服务进程中解析并还原上一个传入的Span信息
        #通常是通过获取请求的headers进行参数信息提取
        span_context = tracer.extract(format=Format.HTTP_HEADERS,
            carrier=request.headers)
        #开始创建Span对象,通过span_context来决定是否存在层级Span
        span = tracer.start_span(
            operation_name=f"{request.method} {request.url.path}",
            child_of=span_context,
        )

        #如果span_context信息不存在，则默认会创建第一个父Span对象
        # Span Tag: 一组键值对构成的Span标签集合
        #键值对中，键必须为String类型，值可以是字符串、布尔或者数字类型
        #给Span设置HTTP.UTL标签
        span.set_tag(tags.HTTP_URL, str(request.url))
        #设置Client请求协议方式标签
        span.set_tag(tags.PEER_HOST_IPV4, request.client.host or "")
        #设置Client请求来源端口的标签
        span.set_tag(tags.PEER_PORT, request.client.port or "")
        #标记组件tag名称
        span.set_tag(tags.COMPONENT, 'Fastapi')
        #标记表示RPC或其他远程调用的服务器端的范围
        span.set_tag(tags.SPAN_KIND, tags.SPAN_KIND_RPC_SERVER)
        #设置记录请求的HTTP方法
        span.set_tag(tags.HTTP_METHOD, request.method)

        # Scope对象主要是管理Active Span的容器
        # Scope代表当前活跃的Span, 是对当前活跃Span的一个抽象
        # ScopeManager包含一个Scope, Scope又包含了当前Span
        with tracer.scope_manager.activate(span, True) as scope:
            #设置当前Tracer对象，并将它传入上下文中
```

```
        request.state.opentracing_tracer = tracer
        #设置当前激活了的Scope对象，里面包含了所有激活的Span
        request.state.opentracing_scope = scope
        #设置当前解析出来或创建的Span对象，并将它传入上下文中
        request.state.opentracing_span = span
        #下一个response
        response = await call_next(request)

        # inject注入当前span到requests的请求头header中
        headers = {}
        tracer.inject(span, Format.HTTP_HEADERS, headers)
    return response
```

上面的代码中定义了一个基于 BaseHTTPMiddleware 扩展的 OpentracingJaegerMidd-leware 类的中间件。下面对其内部的一些核心代码说明如下：

❑ 传入当前的 app 对象，并调用添加 startup 事件的函数 add_event_handler('startup', self.setup_opentracing)，该函数主要在服务启动时完成 initialize_tracer() 链路对象的初始化处理。

❑ 其中大部分的初始化参数和前面小节示例中的参数一样，不过这里多了一项 scope_manager=AsyncioScopeManager()，表示用于 scope 管理的对象使用异步方式。

❑ 初始化完成后，把创建完成的 Tracer 放置到 self.fastapiapp.state.tracer 对象中，用于后续在中间件中获取该 Tracer 对象。

❑ 中间件的分发函数是处理链路追踪的关键。当有请求过来时，首先提取出对应 request.app.state.tracer 中的 Tracer 对象。

❑ 通过 Tracer 对象调用 extract() 函数进行 span_context 上下文的解析处理，其中最关键的解析过程就是根据请求头信息判断是否存在对应的 Trace ID、Span ID 和其他需要传递到下游的上下文信息。存在则解析成对应的 span_context，并将它放入对应的 child_of=span_context，生成对应的 Span 对象。至于是父 Span 还是子 Span，主要是由 Trace ID 的链路长度来决定的。

❑ span = tracer.start_span() 函数主要负责创建新的 Span，然后根据是否存在 child_of 来创建对应的 Span 层级关系。创建完成对应的 Span 之后，开始给当前的 Span 设置相关的一些字段信息，比如给当前的 Span 设置对应的 Tag 标签。

❑ Span 对象信息准备完成后，开始激活当前这个 Span，交付给当前 Scope 对象进行管理。其中，Scope 对象是管理 Active Span 的容器对象。

❑ 创建出来的 Scope 对象最终会通过 ScopeManager 来进行管理。

❑ 当前激活 Span 成功后，把它传递到 Request 的请求上下文中。

❑ 对应的还有当前的 Tracer 和 Scope，都传递到 Request 的请求上下文中。

❑ 在中间件结束时，通过 tracer.inject(span, Format.HTTP_HEADERS, headers) 对当前 Span 进行 SpanContext 信息透传，方便下一个 Span 继续透传，然后写入响应报文的响应头中。

定义好中间件并注册到 app 的中间件列表中之后，简单定义一个 API 测试接口。在 API 测试接口中，创建了多个子 Span 来模拟相关业务链，代码如下：

```python
from typing import Optional
from fastapi import FastAPI, Header
from fastapi import Request
from middeware import OpentracingJaegerMiddleware

app = FastAPI()
app.add_middleware(OpentracingJaegerMiddleware, fastapiapp=app)

@app.get("/tracing")
def tracing(request: Request, x_trace_id: Optional[str] = Header(None, convert_
underscores=True)):
    #得到当前生效的Tracer
    tracer = request.app.state.tracer
    #判断是否存在对应的上一个层级的Span
    span = request.state.opentracing_span
    #创建新的Span
    with tracer.start_span('new—span-test', child_of=span) as child_span_1:
        span.log_kv({'event': '父类的Span事件信息1'})
        span.log_kv({'event': '父类的Span事件信息2',
                     'request.args': request.query_params, })

        child_span_1.log_kv({'event': 'child_span-down below'})
        with tracer.start_span('new—span-test-childspan', child_of=child_span_1)
            as child_span_2:
            child_span_2.log_kv({'event': 'new—span-test-childspan-childspan'})

    return "ok"
#省略部分代码
```

部分核心代码的解析说明如下：

- ❏ 定义一个 API 路由接口，该接口可以接收自定义传入的 x_trace_id 请求头参数。该参数主要用于模拟从前端接收一个链路 ID，即模拟跨服务传输（从前端到后端）。tracer = request.app.state.tracer 用于接收创建的 Tracer 对象。
- ❏ span = request.state.opentracing_span 用于接收在中间件中创建的 Span 对象。
- ❏ 通过 tracer.start_span() 创建新的 child_span。
- ❏ span.log_kv({'event': '父类的 Span 事件信息 1'}) 表示给中间件中创建的 Span 对象设置一些日志信息。

对于上面的示例，启动服务之后，通过浏览器访问 API：http://127.0.0.1:8000/tracing。链路追踪结果如图 15-4 所示。

15.8.7　基于 Jaeger SDK 的跨服务链路统计

在前面章节介绍的方式中，父 trace_id 是从自己后端生成的。假如需要通过前端传递已存在的 trace_id 来模拟跨服务的链路统计，那么可以在 API 上定义要传递的 x_trace_id 请求头参数。注意，前端传递的 x_trace_id 参数的格式需要遵循一定规则，不是随意可以生成的。用户可以通过分析源码来了解 x_trace_id 生成规则。

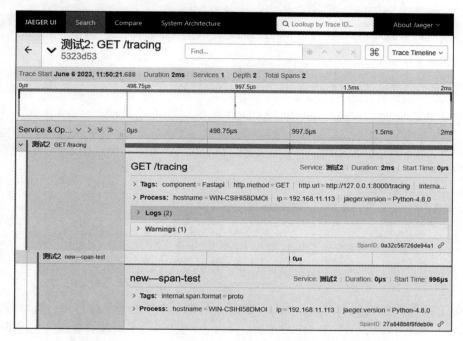

图 15-4　FastAPI 整合 Jaeger SDK 后实现的链路追踪结果图

我们知道，tracer.inject(span, Format.HTTP_HEADERS, headers) 主要用于生成 x_trace_id 请求头信息，该函数内部的代码如下：

```
def inject(self, span_context: Union[Span, SpanContext], format: str,
    carrier: dict) -> None:
    codec = self.codecs.get(format, None)
    if codec is None:
        raise UnsupportedFormatException(format)
    if isinstance(span_context, Span):
        # 灵活地允许将Span作为参数，而不仅仅是SpanContext
        span_context = span_context.context
    if not isinstance(span_context, SpanContext):
        raise ValueError(
            'Expecting Jaeger SpanContext, not %s', type(span_context))
    codec.inject(span_context=span_context, carrier=carrier)
```

由此可见，如果传入的 format 格式不对，对应生成的 codec 格式也会出现错误，紧接着会抛出 UnsupportedFormatException(format) 异常错误。当通过前端输入不符合规则的 x_trace_id 参数时，则会报错，如下所示：

```
#省略部分代码
File "E:\yuanxiao\ceshijJaeger\middeware.py", line 55, in dispatch
```

```
    span_context = tracer.extract(format=Format.HTTP_HEADERS, carrier=request.
        headers)
  File "E:\yuanxiao\ceshijJaeger\venv\lib\site-packages\jaeger_client\tracer.
    py", line 284, in extract
    return codec.extract(carrier)
  File "E:\yuanxiao\ceshijJaeger\venv\lib\site-packages\jaeger_client\codecs.
    py", line 94, in extract
    span_context_from_string(value)
  File "E:\yuanxiao\ceshijJaeger\venv\lib\site-packages\jaeger_client\codecs.
    py", line 241, in span_context_from_string
    raise SpanContextCorruptedException(
opentracing.propagation.SpanContextCorruptedException: malformed trace context
    "22222"
```

可以深入 codec.inject(span_context=span_context, carrier=carrier) 中查看具体生成规则，代码如下：

```
#省略部分代码
def inject(self, span_context, carrier):
    if not isinstance(carrier, dict):
        raise InvalidCarrierException('carrier not a collection')
        #注意：不会对追踪ID进行URL编码，因为冒号分隔符对于HTTP头值不是问题
        carrier[self.trace_id_header] = span_context_to_string(
            trace_id=span_context.trace_id, span_id=span_context.span_id,
            parent_id=span_context.parent_id, flags=span_context.flags)
```

通过上面的代码可以得知，x_trace_id 生成规则中涉及 3 个字段信息，可以通过打印 tracer.inject(span, Format.HTTP_HEADERS, headers) 生成的 headers 查看最终生成的 ID 值，这个 ID 的格式如下：

```
{'x-trace-id': '5323d539c2d64894:219ef8097a0b2407:0:1'}
```

上面的组成格式本质为：

```
{trace-id}:{span-id}:{parent-span-id}:{flags}
```

其中：

❑ trace-id 和 span-id：它们是 SE16 格式的 64 位或 128 位随机数，都可变长度的，较短的值在左侧为填充 0。

❑ parent-span-id：它是一个 Base16 格式的 64 位值，表示父跨度 ID。目前已经弃用，但大多数 Jaeger 客户端仍然保留并将其包含在发送端进行发送，接收端可以进行忽略。

❑ flags：它是一个字节位图，是一个或两个十六进制数字。

在涉及跨服务链路追踪时，需要上游设置对应的 x_trace_id 请求头参数，它的值格式需要遵循上面的格式要求，如图 15-5 所示。

此时查看链路追踪结果，可看到类似前面的结果。回到中间件中的 extract() 函数，它可对 span_context 上下文进行解析处理，生成对应的 Span 对象。比如前端设置请求头 x_trace_id 参数如下：

```
{'x_trace_id': '5323d539c2d64894:219ef8097a0b2407:0:1'}
```

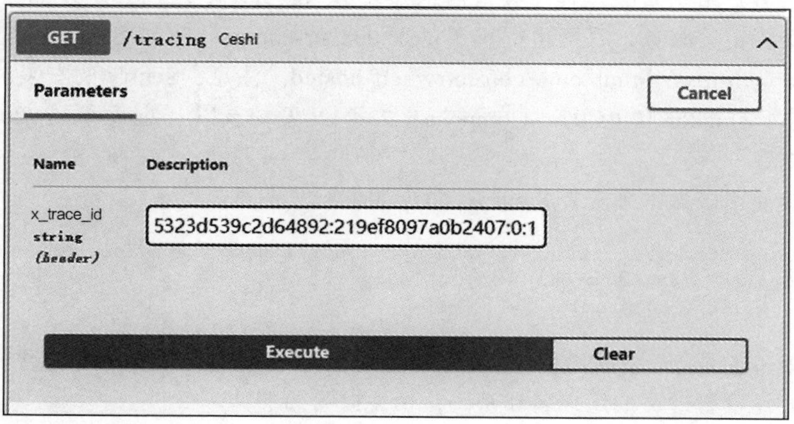

图 15-5　跨服务链路追踪中的 x_trace_id 参数设置

现在将其改为如下形式，会生成一样的 3 层链路追踪结果。

```
{'x_trace_id': '6323d539c2d64822:2cc5a255f18b031f:657f512889db340a:1'}
```

15.9　基于 Sentry 实现错误信息收集

在前面各节的案例中实现了一个全局异常错误处理器。通过这个全局异常错误处理器，可以捕获对应的错误信息，并将这些信息写入本地日志文件中，以备后续查看。但是此类异常错误的抛出往往存在一些问题，如异常错误通知不及时、需要手动查找日志文件并进行定位等。甚至在某些场景下，当应用程序出现错误时，开发人员也未必有权限查看应用日志，一般需要运维人员进行排查。整个排查及定位错误的过程比较繁杂，有可能会涉及权限安全等问题。

为了处理这些问题，需要一个高效的错误监控及错误信息聚合平台，以收集线上应用的错误信息。Sentry 是一个基于 Diango 的实时事件日志和错误收集聚合平台，它专注于应用程序的 Error、Exception、Crash 等错误和异常，可以查看具体的错误信息和调用栈，能快速定位问题代码。当出现异常时，还可以及时通知开发者，以便尽早发现隐蔽的问题，改善产品质量和研发效率。它非常符合前面提出的聚合错误信息以及实时告警通知错误这种需求。它几乎支持所有主流的开发语言和平台，官方也对应提供了各种语言的 SDK，方便开发者快速对接。

15.9.1　Sentry 安装和配置

Sentry 有付费的 SaaS 服务和私有化部署两种安装方式。下面主要以私有化部署来部署。Sentry 分为客户端和服务端，服务端主要负责提供错误消息和日志信息等，以及相关的展示和查询。客户端负责收集程序异常信息并发送到服务端。之前介绍过如何通过 docker-compose 来安装相关服务，官网也提供了基于 docker-compose 安装 Sentry 的脚本。安装脚本的下载地址为 https://github.com/getsentry/self-hosted。注意，Sentry 的安装对服务器配置有一定的要求：Docker 17.05.0+，Compose 1.23.0+，两核及以上处理器，3800MB（最好不低于 8GB）内存。

下面直接使用该脚本来安装 Sentry，命令如下：

```
# git clone https://github.com/getsentry/onpremise.git #复制onpremise安装脚本
# cd onpremise/ #进入onpremise目录下
# ./install.sh #在onpremise目录下进行安装
```

由于涉及安装服务，所以整个安装过程需耐心等待。当安装接近尾声时，安装脚本会提示是否需要设置管理员的用户名和密码，相关提示如下：

```
#省略部分代码
Would you like to create a user account now? [Y/n]: y
Email: 308711822@qq.com
Password:/usr/local/lib/python3.8/getpass.py:91: GetPassWarning: Can not control
    echo on the terminal.
    passwd = fallback_getpass(prompt, stream)
Warning: Password input may be echoed.
    123456
Repeat for confirmation:
Warning: Password input may be echoed.
```

继续等待，直到提示如下命令，表示安装成功了。

```
#省略部分代码
----------------------------------------------------------------

You're all done! Run the following command to get Sentry running:

    docker compose up -d

----------------------------------------------------------------
```

安装完成后，直接使用如下命令运行整个 Sentry 服务：

```
 docker compose up -d
```

Sentry 服务默认使用的端口是 9000，通过浏览器访问 http://192.168.126.130:9000/auth/login/sentry/ 地址即可访问 Sentry 管理系统后台。需要使用上面设置的管理员用户名和密码信息进行登录，如图 15-6 所示。

登录成功后，Sentry 会提示设置发送邮件等相关信息，如图 15-7 所示。

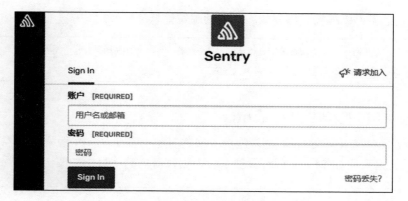

图 15-6　Sentry 管理系统后台登录界面

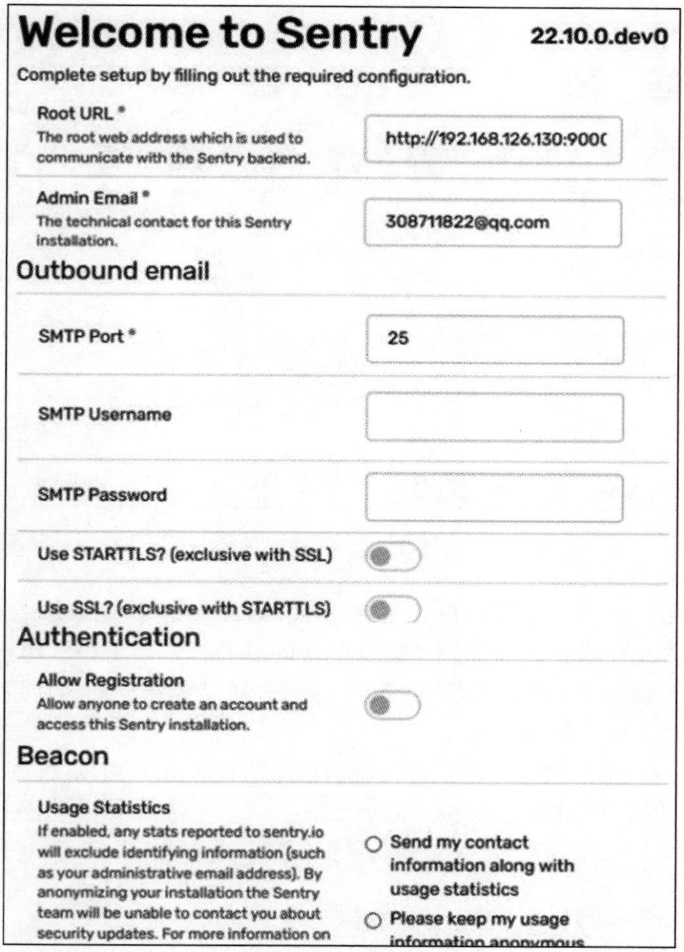

Welcome to Sentry

22.10.0.dev0

Complete setup by filling out the required configuration.

Root URL *
The root web address which is used to communicate with the Sentry backend.

`http://192.168.126.130:900(`

Admin Email *
The technical contact for this Sentry installation.

`308711822@qq.com`

Outbound email

SMTP Port *

`25`

SMTP Username

SMTP Password

Use STARTTLS? (exclusive with SSL)

Use SSL? (exclusive with STARTTLS)

Authentication

Allow Registration
Allow anyone to create an account and access this Sentry installation.

Beacon

Usage Statistics
If enabled, any stats reported to sentry.io will exclude identifying information (such as your administrative email address). By anonymizing your installation the Sentry team will be unable to contact you about security updates. For more information on

○ Send my contact information along with usage statistics

○ Please keep my usage information anonymous

图 15-7　设置 Sentry 发送邮件等相关信息

这里使用的是 QQ 邮箱，需要输入具体的邮箱信息。

> **注意** 图中的 SMTP Password 是授权码，不是真正登录邮箱的账号密码，输入邮箱信息后，继续输入确认密码即可完成登录。

15.9.2 FastAPI 框架中引入 Sentry

上一小节已经完成了 Sentry 安装，接下来将其整合到 FastAPI 框架中。在对接客户端的 SDK 之前，需要先在 Sentry 后台管理系统中创建对应的项目，如图 15-8 所示。

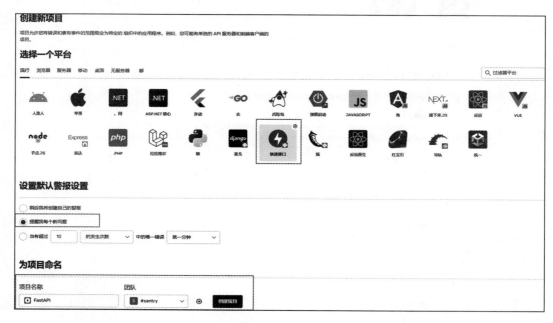

图 15-8　创建项目

如图 15-8 所示，Sentry 已默认创建了对应的 FastAPI 框架项目模板，用户可以直接单击使用。接着设置报警项，这里选择"就每个新问题向我发出警报"单选按钮，然后直接单击"创建项目"按钮。创建完成后，Sentry 默认会跳转到指导如何使用客户端 SDK 进行对接的提示页面中，如图 15-9 所示。

根据页面提示的 SDK 对接流程，可以很轻松地完成 Sentry SDK 的对接。

步骤 1　安装对应的 SDK 依赖包，命令如下：

```
pip install --upgrade sentry-sdk[fastapi]
```

步骤 2　进行 SDK 初始化配置，代码如下：

```
from fastapi import FastAPI
import sentry_sdk
```

```
sentry_sdk.init(
    dsn="http://8360febb6aae46deafde65afd092e481@192.168.126.130:9000/2",
    traces_sample_rate=1.0,
)

app = FastAPI()
```

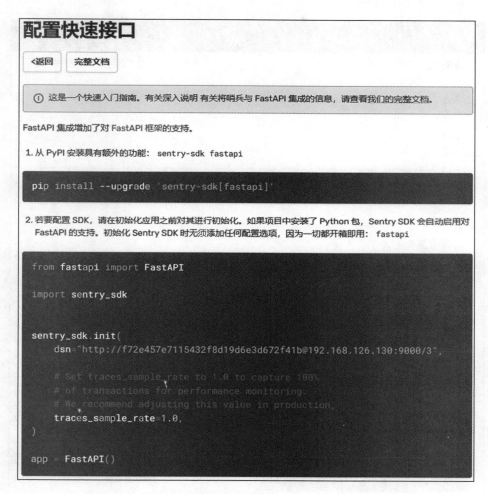

图 15-9　指导如何使用客户端 SDK 进行对接的提示页面

　　在上面的代码示例中，直接导入了 sentry_sdk 包，然后调用的 init() 方法完成对应的初始化工作。需要注意，使用上述配置进行捕获错误和性能数据的处理会有一定的性能损耗。如果要减少捕获的性能数据量，则需要修改 traces_sample_rate 参数为 0～1 之间的值。

　　步骤 3　定义 API，验证错误收集，代码如下：

```
from fastapi import FastAPI
app = FastAPI()
```

```
@app.get("/sentry-debug")
async def trigger_error():
    division_by_zero = 1 / 0
```

步骤 4 启动服务并访问 API 进行测试，然后通过 Sentry 后台查看收到的错误情况，项目详情信息页面如图 15-10 所示。

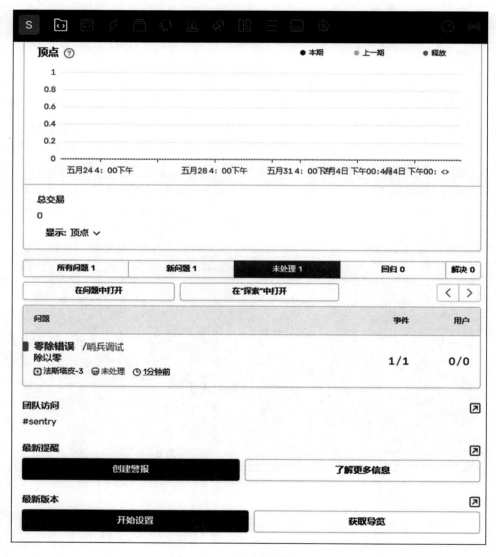

图 15-10　项目详情信息页面

至此，可以看到，API 中的错误已被成功收集了。用户也可以通过单击查看错误明细，项目错误明细信息页面如图 15-11 所示。

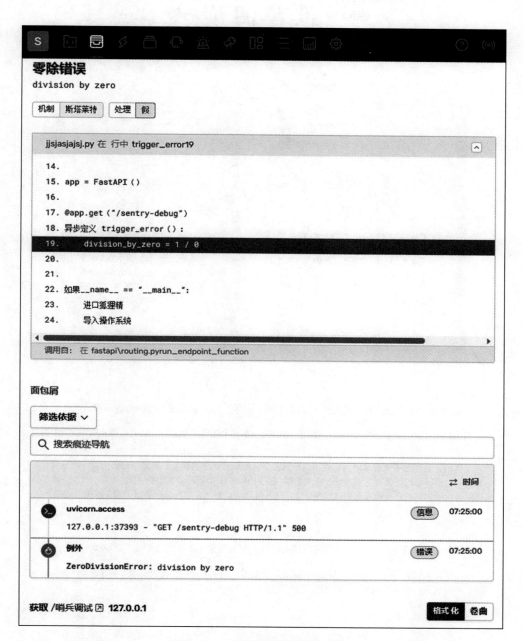

图 15-11　项目错误明细信息页面

推 荐 阅 读

畅销书，由Flask官方团队的开发成员撰写，得到了Flask项目核心维护者的高度认可。

内容上，本书从基础知识到进阶实战，再到Flask原理和工作机制解析，涵盖完整的Flask Web开发学习路径，非常全面。

实战上，本书从开发环境的搭建、项目的建立与组织到程序的编写，再到自动化测试、性能优化，最后到生产环境的搭建和部署上线，详细讲解完整的Flask Web程序开发流程，用5个综合性案例将不同难度层级的知识点及具体原理串联起来，让你在开发技巧、原理实现和编程思想上都获得相应的提升。

畅销书，这不是一本单纯讲解前端编程技巧的书，而是一本注重思想提升和内功修炼的书。

全书以问题为导向，精选了前端开发中的34个疑难问题，从分析问题的原因入手，逐步给出解决方案，并分析各种方案的优劣，最后针对每个问题总结出高效编程的实践和各种性能优化的方法。